I0391460

ISBN 978-1-291-35271-9

9 781291 352719

In copertina foto Nasa della Luna ©
On the cover photo Nasa of the Moon

INTRODUZIONE

Questo libro, il sesto di una serie di dieci, rappresenta una estesa trattazione di quanto presente sul mio sito riguardo la luna ed i fenomeni ad essa correlati. Vengono qui riesaminate le congiunzioni, le occultazioni, con pianeti, stelle ed asteroidi ed esaminate le fasi ed il moto lunare su di un arco temporale molto esteso, dal 2000 al 3000.

Ovviamente dato che l'era contemporanea è il ventunesimo secolo viene dato il più ampio spazio a questo periodo, riservando il resto delle tabelle agli storici, agli studiosi di statistica astronomica o ai più curiosi.

Questo non è un manuale tecnico e di difficile lettura, ma una descrizione completa e molto dettagliata su quello che il cielo ci offre durante la nostra vita, quindi ogni tabella è pronta all'uso ed ogni evento riportato sarà facilmente visibile ad occhio nudo od eventualmente con un modestissimo binocolo.

Un'opera per astrofili, per astronomi, per professionisti o semplici appassionati.

INTRODUCTION

This book, the sixth in a series of ten, is an extended discussion of that on my website about the Moon and its phenomenas. All aspects of conjunctions and occultations between planets, asteroids and stars, on a very extensive period of time, from 2000 to 3000, are reexamined here.

Since the contemporary era is the twenty-first century, for this reason the most room is given to this period, reserving the rest of the tables for historians, astronomical statisticians or the curious.

This is not a technical and difficult to read manual, but a complete and very detailed description of what the sky gives us throughout our lives, so each table is ready for use, and each reported event will be easily visible to the naked eye or possibly with a simple pair of binoculars.

The book is for stargazing astronomers and professionals.

EFFEMERIDI - EPHEMERIDES
2013-2014

Data : ore 00 TU
A.R. e Decl. apparenti
Dist = distanza dalla Terra in km
El = elongazione in °
Mag = magnitudine
Diam. = diametro in secondi
Phase = fase
Ph ang = angolo di fase in °
H = parallasse orizzontale in secondi

Date : 00 UT
A.R. - Decl = Right Ascension - Declination
Dist = distance from the Earth
El = elongation in °
Mag = magnitude
Diam = diameter in "
Phase = in °
Ph. Ang = phase angle in °
H = horizontal parallax in "

Date	A.R.	Decl.	Dist.	El	Mag	Diam	Phase	Ph Ang	H.
01/01/2013	09 26 02	+09 42 27	394900	139.7	-11.7	1815.51	0.882	40.2	3331
02/01/2013	10 13 55	+05 30 58	391299	128.2	-11.4	1832.22	0.810	51.7	3362
03/01/2013	11 01 58	+01 00 44	387237	116.4	-11.0	1851.44	0.723	63.4	3397
04/01/2013	11 50 52	-03 37 39	382770	104.4	-10.6	1873.05	0.626	75.5	3437
05/01/2013	12 41 26	-08 12 07	378024	92.1	-10.2	1896.56	0.519	87.8	3480
06/01/2013	13 34 28	-12 28 28	373214	79.4	-9.7	1921.01	0.409	100.5	3525
07/01/2013	14 30 35	-16 10 02	368642	66.4	-9.1	1944.83	0.301	113.5	3568
08/01/2013	15 30 00	-18 58 11	364685	53.0	-8.4	1965.93	0.200	126.9	3607
09/01/2013	16 32 17	-20 34 52	361751	39.4	-7.5	1981.88	0.114	140.5	3636
10/01/2013	17 36 13	-20 46 52	360210	25.6	-6.4	1990.35	0.049	154.4	3652
11/01/2013	18 40 02	-19 30 29	360326	12.0	-5.2	1989.71	0.011	168.0	3651
12/01/2013	19 42 03	-16 53 31	362187	5.1	-4.4	1979.49	0.002	174.9	3632
13/01/2013	20 41 10	-13 13 01	365678	16.9	-5.7	1960.59	0.022	163.0	3597
14/01/2013	21 37 02	-08 50 27	370497	30.0	-6.8	1935.09	0.067	149.9	3551
15/01/2013	22 29 55	-04 06 56	376205	42.9	-7.8	1905.73	0.134	137.0	3497
16/01/2013	23 20 27	+00 39 30	382301	55.3	-8.5	1875.34	0.216	124.6	3441
17/01/2013	00 09 24	+05 14 39	388291	67.3	-9.2	1846.41	0.308	112.6	3388
18/01/2013	00 57 31	+09 27 38	393745	78.9	-9.7	1820.84	0.405	101.0	3341
19/01/2013	01 45 28	+13 09 58	398329	90.1	-10.1	1799.89	0.502	89.7	3302
20/01/2013	02 33 45	+16 14 43	401821	101.1	-10.5	1784.24	0.598	78.7	3274
21/01/2013	03 22 42	+18 35 50	404113	112.0	-10.9	1774.12	0.688	67.9	3255
22/01/2013	04 12 27	+20 08 11	405198	122.7	-11.2	1769.37	0.771	57.1	3246
23/01/2013	05 02 51	+20 47 40	405153	133.5	-11.5	1769.57	0.845	46.4	3247
24/01/2013	05 53 39	+20 31 49	404121	144.3	-11.8	1774.09	0.906	35.7	3255
25/01/2013	06 44 26	+19 20 24	402284	155.1	-12.1	1782.19	0.954	24.9	3270
26/01/2013	07 34 50	+17 15 45	399840	165.8	-12.4	1793.08	0.985	14.2	3290
27/01/2013	08 24 38	+14 22 48	396979	174.7	-12.6	1806.00	0.998	5.2	3314
28/01/2013	09 13 46	+10 48 45	393862	169.4	-12.5	1820.30	0.992	10.5	3340
29/01/2013	10 02 26	+06 42 41	390609	158.4	-12.2	1835.46	0.965	21.6	3368
30/01/2013	10 51 00	+02 15 02	387297	146.7	-11.9	1851.15	0.918	33.2	3396
31/01/2013	11 40 02	-02 22 36	383966	134.8	-11.5	1867.21	0.853	45.1	3426
01/02/2013	12 30 09	-06 57 37	380640	122.5	-11.2	1883.53	0.770	57.3	3456
02/02/2013	13 22 03	-11 16 11	377346	110.1	-10.8	1899.97	0.673	69.7	3486
03/02/2013	14 16 17	-15 03 19	374148	97.5	-10.4	1916.21	0.566	82.4	3516
04/02/2013	15 13 10	-18 03 08	371160	84.6	-9.9	1931.64	0.454	95.3	3544
05/02/2013	16 12 34	-20 00 13	368560	71.5	-9.3	1945.26	0.342	108.4	3569
06/02/2013	17 13 48	-20 42 03	366579	58.2	-8.7	1955.78	0.237	121.7	3589
07/02/2013	18 15 40	-20 02 11	365470	44.8	-7.9	1961.71	0.146	135.1	3599
08/02/2013	19 16 49	-18 02 33	365465	31.4	-6.9	1961.74	0.073	148.6	3599
09/02/2013	20 16 07	-14 53 43	366719	18.1	-5.8	1955.03	0.025	161.8	3587
10/02/2013	21 12 58	-10 52 29	369265	6.4	-4.6	1941.55	0.003	173.5	3562
11/02/2013	22 07 18	-06 18 26	372989	10.4	-5.0	1922.16	0.008	169.6	3527
12/02/2013	22 59 26	-01 30 52	377636	22.5	-6.2	1898.51	0.038	157.5	3483
13/02/2013	23 49 56	+03 13 14	382847	34.7	-7.2	1872.67	0.089	145.2	3436
14/02/2013	00 39 24	+07 39 59	388201	46.7	-8.0	1846.84	0.158	133.2	3389
15/02/2013	01 28 25	+11 38 25	393278	58.3	-8.7	1823.00	0.238	121.6	3345
16/02/2013	02 17 25	+15 00 04	397696	69.6	-9.3	1802.75	0.327	110.2	3308
17/02/2013	03 06 44	+17 38 23	401150	80.7	-9.8	1787.23	0.420	99.2	3279
18/02/2013	03 56 32	+19 28 19	403428	91.6	-10.2	1777.14	0.515	88.3	3261
19/02/2013	04 46 48	+20 26 11	404424	102.4	-10.6	1772.76	0.608	77.5	3253
20/02/2013	05 37 20	+20 29 46	404138	113.1	-10.9	1774.01	0.698	66.7	3255
21/02/2013	06 27 56	+19 38 28	402662	124.0	-11.2	1780.52	0.780	55.9	3267
22/02/2013	07 18 19	+17 53 40	400174	135.0	-11.5	1791.59	0.854	44.9	3287
23/02/2013	08 08 19	+15 18 48	396913	146.1	-11.8	1806.31	0.915	33.8	3314
24/02/2013	08 57 55	+11 59 27	393158	157.4	-12.1	1823.56	0.962	22.5	3346
25/02/2013	09 47 15	+08 03 21	389197	168.6	-12.4	1842.12	0.990	11.4	3380
26/02/2013	10 36 37	+03 40 17	385296	174.9	-12.6	1860.77	0.998	5.1	3414
27/02/2013	11 26 28	-00 57 59	381676	165.3	-12.3	1878.42	0.984	16.7	3447
28/02/2013	12 17 19	-05 37 54	378489	153.1	-12.0	1894.23	0.946	26.8	3476
01/03/2013	13 09 42	-10 04 24	375818	140.6	-11.7	1907.69	0.887	39.3	3500
02/03/2013	14 04 03	-14 01 27	373680	127.8	-11.3	1918.61	0.807	52.1	3520
03/03/2013	15 00 35	-17 12 58	372051	114.9	-11.0	1927.01	0.712	64.9	3536
04/03/2013	15 59 07	-19 24 16	370895	101.9	-10.6	1933.02	0.604	77.9	3547
05/03/2013	16 59 04	-20 24 04	370192	88.8	-10.1	1936.69	0.491	91.0	3553
06/03/2013	17 59 26	-20 06 41	369957	75.7	-9.6	1937.92	0.378	104.1	3556
07/03/2013	18 59 09	-18 33 15	370246	62.6	-8.9	1936.40	0.271	117.3	3553
08/03/2013	19 57 19	-15 51 43	371143	49.5	-8.2	1931.72	0.176	130.4	3544
09/03/2013	20 53 26	-12 15 14	372735	36.5	-7.3	1923.47	0.099	143.4	3529
10/03/2013	21 47 27	-07 59 58	375074	23.7	-6.3	1911.48	0.042	156.2	3507
11/03/2013	22 39 37	-03 23 01	378150	11.4	-5.1	1895.93	0.010	168.6	3479
12/03/2013	23 30 24	+01 19 07	381865	4.7	-4.4	1877.48	0.002	175.3	3445
13/03/2013	00 20 19	+05 51 33	386032	14.8	-5.5	1857.22	0.017	165.2	3408
14/03/2013	01 09 52	+10 01 28	390388	26.5	-6.5	1836.49	0.053	153.5	3370

8

Date	A.R.	Decl.	Dist.	El	Mag	Diam	Phase	Ph Ang	H.
15/03/2013	01 59 24	+13 38 16	394621	38.0	-7.4	1816.80	0.106	141.9	3333
16/03/2013	02 49 12	+16 33 40	398403	49.3	-8.2	1799.55	0.175	130.6	3302
17/03/2013	03 39 21	+18 41 30	401427	60.4	-8.8	1785.99	0.254	119.5	3277
18/03/2013	04 29 45	+19 57 38	403437	71.3	-9.3	1777.09	0.341	108.5	3261
19/03/2013	05 20 16	+20 19 53	404249	82.1	-9.8	1773.52	0.433	97.7	3254
20/03/2013	06 10 39	+19 47 55	403770	93.0	-10.2	1775.63	0.527	86.9	3258
21/03/2013	07 00 43	+18 23 04	402007	103.9	-10.6	1783.42	0.621	76.0	3272
22/03/2013	07 50 22	+16 08 16	399067	114.9	-11.0	1796.55	0.712	65.0	3296
23/03/2013	08 39 39	+13 07 56	395157	126.2	-11.3	1814.33	0.796	53.7	3329
24/03/2013	09 28 47	+09 28 05	390566	137.7	-11.6	1835.66	0.871	42.2	3368
25/03/2013	10 18 06	+05 16 35	385645	149.6	-11.9	1859.08	0.932	30.3	3411
26/03/2013	11 08 06	+00 43 28	380775	161.8	-12.3	1882.86	0.975	18.2	3455
27/03/2013	11 59 17	-03 58 35	376326	173.7	-12.6	1905.12	0.997	6.3	3496
28/03/2013	12 52 13	-08 34 20	372612	171.7	-12.5	1924.11	0.995	8.3	3530
29/03/2013	13 47 20	-12 46 17	369855	158.9	-12.2	1938.45	0.967	21.0	3557
30/03/2013	14 44 45	-16 16 03	368161	145.7	-11.8	1947.37	0.913	34.2	3573
31/03/2013	15 44 13	-18 46 36	367515	132.4	-11.5	1950.79	0.838	47.5	3579
01/04/2013	16 44 58	-20 05 02	367812	119.0	-11.1	1949.22	0.743	60.9	3576
02/04/2013	17 45 55	-20 05 10	368886	105.7	-10.7	1943.54	0.636	74.2	3566
03/04/2013	18 45 52	-18 48 34	370560	92.5	-10.2	1934.77	0.523	87.3	3550
04/04/2013	19 43 54	-16 23 45	372676	79.5	-9.7	1923.78	0.410	100.4	3530
05/04/2013	20 39 38	-13 03 45	375125	66.6	-9.1	1911.22	0.303	113.3	3507
06/04/2013	21 33 03	-09 03 45	377841	53.9	-8.4	1897.48	0.206	126.0	3482
07/04/2013	22 24 34	-04 39 11	380794	41.4	-7.7	1882.77	0.125	138.5	3455
08/04/2013	23 14 43	-00 04 53	383965	29.1	-6.7	1867.21	0.063	150.9	3426
09/04/2013	00 04 05	+04 25 23	387324	17.0	-5.7	1851.02	0.022	163.0	3396
10/04/2013	00 53 12	+08 39 07	390801	5.4	-4.5	1834.56	0.002	174.6	3366
11/04/2013	01 42 30	+12 25 05	394279	7.2	-4.7	1818.37	0.004	172.8	3336
12/04/2013	02 32 14	+15 33 43	397590	18.4	-5.8	1803.23	0.026	161.5	3309
13/04/2013	03 22 26	+17 57 19	400529	29.6	-6.8	1790.00	0.066	150.3	3284
14/04/2013	04 13 00	+19 30 26	402865	40.7	-7.6	1779.62	0.122	139.2	3265
15/04/2013	05 03 40	+20 10 00	404374	51.6	-8.3	1772.98	0.191	128.2	3253
16/04/2013	05 54 06	+19 55 21	404859	62.5	-8.9	1770.85	0.270	117.4	3249
17/04/2013	06 44 02	+18 47 58	404175	73.3	-9.4	1773.85	0.358	106.5	3255
18/04/2013	07 33 21	+16 50 59	402252	84.3	-9.9	1782.33	0.451	95.6	3270
19/04/2013	08 22 03	+14 08 47	399111	95.3	-10.3	1796.36	0.548	84.5	3296
20/04/2013	09 10 24	+10 46 45	394875	106.6	-10.7	1815.63	0.644	73.2	3331
21/04/2013	09 58 47	+06 51 20	389773	118.2	-11.1	1839.40	0.737	61.7	3375
22/04/2013	10 47 46	+02 30 27	384134	130.2	-11.4	1866.39	0.823	49.7	3424
23/04/2013	11 38 00	-02 05 46	378372	142.6	-11.8	1894.82	0.898	37.3	3477
24/04/2013	12 30 08	-06 44 19	372942	155.4	-12.1	1922.41	0.955	24.5	3527
25/04/2013	13 24 49	-11 08 45	368297	168.6	-12.4	1946.65	0.990	11.4	3572
26/04/2013	14 22 21	-14 59 47	364826	177.6	-12.7	1965.17	1.000	2.4	3606
27/04/2013	15 22 37	-17 57 14	362791	164.0	-12.3	1976.20	0.981	16.0	3626
28/04/2013	16 24 54	-19 43 37	362290	150.1	-12.0	1978.93	0.934	29.8	3631
29/04/2013	17 27 51	-20 08 26	363252	136.3	-11.6	1973.69	0.862	43.6	3621
30/04/2013	18 29 55	-19 10 52	365461	122.6	-11.2	1961.76	0.771	57.2	3599
01/05/2013	19 29 51	-16 59 24	368615	109.2	-10.8	1944.97	0.666	70.7	3569
02/05/2013	20 26 56	-13 48 40	372384	96.1	-10.4	1925.29	0.554	83.8	3533
03/05/2013	21 21 09	-09 55 36	376464	83.2	-9.9	1904.42	0.442	96.7	3494
04/05/2013	22 12 55	-05 36 41	380615	70.6	-9.3	1883.65	0.335	109.2	3456
05/05/2013	23 02 51	-01 06 42	384666	58.4	-8.7	1863.81	0.239	121.5	3420
06/05/2013	23 51 43	+03 21 21	388515	46.3	-8.0	1845.35	0.155	133.6	3386
07/05/2013	00 40 09	+07 35 57	392108	34.5	-7.2	1828.44	0.088	145.4	3355
08/05/2013	01 28 44	+11 26 38	395413	22.9	-6.2	1813.16	0.040	157.0	3327
09/05/2013	02 17 50	+14 43 59	398400	11.5	-5.1	1799.56	0.010	168.5	3302
10/05/2013	03 07 35	+17 19 48	401016	0.3	-3.9	1787.82	0.000	179.7	3280
11/05/2013	03 57 56	+19 07 32	403181	10.9	-5.1	1778.22	0.009	169.0	3263
12/05/2013	04 48 36	+20 02 52	404782	21.9	-6.1	1771.19	0.036	158.0	3250
13/05/2013	05 39 10	+20 04 05	405682	32.8	-7.0	1767.26	0.080	147.1	3243
14/05/2013	06 29 15	+19 12 03	405735	43.7	-7.8	1767.03	0.139	136.2	3242
15/05/2013	07 18 34	+17 29 55	404806	54.6	-8.5	1771.08	0.211	125.3	3250
16/05/2013	08 07 02	+15 02 21	402797	65.5	-9.1	1779.92	0.294	114.4	3266
17/05/2013	08 54 48	+11 55 04	399666	76.6	-9.6	1793.86	0.385	103.3	3291
18/05/2013	09 42 12	+08 14 24	395452	87.8	-10.1	1812.98	0.482	92.0	3326
19/05/2013	10 29 49	+04 07 24	390293	99.4	-10.5	1836.94	0.583	80.5	3370
20/05/2013	11 18 18	-00 17 42	384436	111.3	-10.9	1864.93	0.683	68.5	3422
21/05/2013	12 08 27	-04 50 43	378238	123.7	-11.2	1895.49	0.778	56.2	3478
22/05/2013	13 01 04	-09 18 25	372147	136.5	-11.6	1926.51	0.863	43.4	3535
23/05/2013	13 56 47	-13 23 59	366666	149.8	-11.9	1955.31	0.932	30.1	3588
24/05/2013	14 55 54	-16 47 26	362293	163.5	-12.3	1978.91	0.979	16.5	3631
25/05/2013	15 58 07	-19 08 06	359445	177.1	-12.7	1994.59	0.999	2.9	3660
26/05/2013	17 02 19	-20 09 10	358381	168.2	-12.4	2000.51	0.989	11.8	3671

9

Date	A.R.	Decl.	Dist.	El	Mag	Diam	Phase	Ph Ang	H.
27/05/2013	18 06 44	-19 42 58	359162	154.0	-12.1	1996.16	0.950	25.9	3663
28/05/2013	19 09 37	-17 53 28	361634	140.0	-11.7	1982.52	0.884	39.9	3638
29/05/2013	20 09 40	-14 54 42	365477	126.3	-11.3	1961.67	0.797	53.6	3599
30/05/2013	21 06 25	-11 05 47	370269	112.9	-10.9	1936.29	0.696	66.9	3553
31/05/2013	22 00 02	-06 46 17	375567	100.0	-10.5	1908.97	0.588	79.9	3503
01/06/2013	22 51 10	-02 13 32	380970	87.4	-10.0	1881.90	0.479	92.5	3453
02/06/2013	23 40 36	+02 18 10	386155	75.2	-9.5	1856.63	0.374	104.7	3407
03/06/2013	00 29 06	+06 37 08	390898	63.3	-9.0	1834.10	0.277	116.5	3365
04/06/2013	01 17 22	+10 33 28	395061	51.7	-8.3	1814.77	0.191	128.1	3330
05/06/2013	02 05 56	+13 58 28	398583	40.4	-7.6	1798.74	0.120	139.5	3300
06/06/2013	02 55 06	+16 44 28	401449	29.2	-6.7	1785.89	0.064	150.7	3277
07/06/2013	03 44 58	+18 44 50	403670	18.2	-5.8	1776.07	0.025	161.7	3259
08/06/2013	04 35 21	+19 54 36	405256	7.5	-4.7	1769.12	0.004	172.5	3246
09/06/2013	05 25 53	+20 10 58	406203	4.7	-4.4	1765.00	0.002	175.3	3238
10/06/2013	06 16 09	+19 33 43	406483	15.0	-5.5	1763.78	0.017	165.0	3236
11/06/2013	07 05 44	+18 05 15	406042	25.8	-6.5	1765.70	0.050	154.2	3240
12/06/2013	07 54 25	+15 50 06	404809	36.6	-7.3	1771.07	0.099	143.3	3250
13/06/2013	08 42 10	+12 54 14	402713	47.6	-8.1	1780.29	0.163	132.3	3266
14/06/2013	09 29 13	+09 24 31	399701	58.6	-8.7	1793.70	0.241	121.2	3291
15/06/2013	10 16 00	+05 28 16	395763	69.9	-9.3	1811.55	0.329	109.9	3324
16/06/2013	11 03 08	+01 13 20	390957	81.4	-9.8	1833.82	0.427	98.4	3365
17/06/2013	11 51 22	-03 11 22	385430	93.3	-10.3	1860.12	0.530	86.6	3413
18/06/2013	12 41 30	-07 35 12	379435	105.6	-10.7	1889.51	0.635	74.3	3467
19/06/2013	13 34 22	-11 44 48	373333	118.2	-11.1	1920.39	0.738	61.6	3524
20/06/2013	14 30 35	-15 23 31	367573	131.4	-11.4	1950.49	0.831	48.5	3579
21/06/2013	15 30 23	-18 12 04	362657	144.9	-11.8	1976.93	0.910	35.0	3627
22/06/2013	16 33 17	-19 51 12	359072	158.8	-12.2	1996.67	0.966	21.1	3664
23/06/2013	17 37 58	-20 06 32	357205	172.4	-12.5	2007.10	0.996	7.6	3683
24/06/2013	18 42 38	-18 53 40	357272	171.5	-12.5	2006.72	0.994	8.5	3682
25/06/2013	19 45 29	-16 20 23	359263	157.8	-12.2	1995.60	0.963	22.2	3662
26/06/2013	20 45 22	-12 44 04	362951	143.9	-11.8	1975.32	0.905	36.0	3624
27/06/2013	21 41 58	-08 26 19	367939	130.4	-11.4	1948.55	0.825	49.5	3575
28/06/2013	22 35 34	-03 48 11	373736	117.3	-11.0	1918.32	0.730	62.6	3520
29/06/2013	23 26 51	+00 52 32	379844	104.7	-10.6	1887.47	0.628	75.2	3463
30/06/2013	00 16 36	+05 21 47	385817	92.4	-10.2	1858.25	0.523	87.4	3410
01/07/2013	01 05 33	+09 28 38	391303	80.6	-9.8	1832.20	0.420	99.2	3362
02/07/2013	01 54 19	+13 04 21	396056	69.1	-9.2	1810.21	0.323	110.7	3321
03/07/2013	02 43 23	+16 01 45	399935	57.9	-8.7	1792.66	0.235	122.0	3289
04/07/2013	03 32 57	+18 14 46	402887	46.8	-8.0	1779.52	0.159	133.0	3265
05/07/2013	04 23 02	+19 38 34	404924	36.0	-7.3	1770.57	0.096	144.0	3249
06/07/2013	05 13 24	+20 10 01	406101	25.2	-6.4	1765.44	0.048	154.7	3239
07/07/2013	06 03 42	+19 48 03	406489	14.6	-5.4	1763.75	0.016	165.3	3236
08/07/2013	06 53 33	+18 34 01	406157	5.4	-4.5	1765.19	0.002	174.6	3239
09/07/2013	07 42 38	+16 31 36	405157	9.0	-4.9	1769.55	0.006	171.0	3247
10/07/2013	08 30 49	+13 46 25	403515	19.3	-5.9	1776.75	0.028	160.6	3260
11/07/2013	09 18 10	+10 25 28	401235	30.2	-6.8	1786.85	0.068	149.7	3278
12/07/2013	10 04 59	+06 36 34	398307	41.3	-7.7	1799.98	0.125	138.6	3303
13/07/2013	10 51 43	+02 28 08	394725	52.7	-8.4	1816.32	0.198	127.2	3333
14/07/2013	11 39 01	-01 50 52	390505	64.2	-9.0	1835.94	0.284	115.6	3369
15/07/2013	12 27 35	-06 10 30	385719	76.1	-9.6	1858.73	0.381	103.8	3410
16/07/2013	13 18 12	-10 19 13	380509	88.3	-10.1	1884.18	0.486	91.6	3457
17/07/2013	14 11 34	-14 03 22	375109	100.9	-10.5	1911.30	0.595	79.0	3507
18/07/2013	15 08 10	-17 06 59	369848	113.8	-10.9	1938.49	0.703	66.1	3557
19/07/2013	16 08 01	-19 12 48	365129	127.2	-11.3	1963.54	0.803	52.7	3603
20/07/2013	17 10 23	-20 05 04	361393	140.8	-11.7	1983.84	0.888	39.1	3640
21/07/2013	18 14 15	-19 33 47	359055	154.7	-12.1	1996.76	0.952	25.3	3664
22/07/2013	19 17 42	-17 38 39	358421	168.3	-12.4	2000.29	0.990	11.7	3670
23/07/2013	20 19 20	-14 30 12	359627	174.0	-12.6	1993.58	0.997	6.0	3658
24/07/2013	21 18 19	-10 27 00	362597	161.9	-12.3	1977.25	0.975	18.1	3628
25/07/2013	22 14 29	-05 50 59	367059	148.5	-11.9	1953.22	0.927	31.4	3584
26/07/2013	23 08 08	-01 03 15	372589	135.4	-11.6	1924.23	0.856	44.5	3531
27/07/2013	23 59 53	+03 38 23	378691	122.7	-11.2	1893.22	0.771	57.2	3474
28/07/2013	00 50 23	+07 59 58	384867	110.4	-10.8	1862.84	0.675	69.5	3418
29/07/2013	01 40 15	+11 50 56	390676	98.5	-10.4	1835.14	0.575	81.3	3367
30/07/2013	02 29 58	+15 03 24	395770	87.0	-10.0	1811.52	0.475	92.8	3324
31/07/2013	03 19 50	+17 31 21	399911	75.8	-9.6	1792.76	0.379	104.0	3289
01/08/2013	04 09 59	+19 10 23	402968	64.8	-9.0	1779.16	0.288	115.1	3264
02/08/2013	05 00 19	+19 57 34	404905	53.9	-8.4	1770.65	0.207	125.9	3249
03/08/2013	05 50 37	+19 51 42	405767	43.2	-7.8	1766.89	0.136	136.7	3242
04/08/2013	06 40 35	+18 53 31	405653	32.4	-7.0	1767.39	0.078	147.5	3243
05/08/2013	07 29 59	+17 05 45	404696	21.7	-6.1	1771.57	0.036	158.2	3250
06/08/2013	08 18 37	+14 33 07	403040	11.3	-5.1	1778.85	0.010	168.7	3264
07/08/2013	09 06 32	+11 21 57	400820	5.1	-4.4	1788.70	0.002	174.9	3282

Date	A.R.	Decl.	Dist.	El	Mag	Diam	Phase	Ph Ang	H.
08/08/2013	09 53 53	+07 39 57	398147	13.2	-5.3	1800.71	0.013	166.7	3304
09/08/2013	10 41 01	+03 35 48	395101	24.2	-6.3	1814.59	0.044	155.7	3329
10/08/2013	11 28 26	-00 40 54	391735	35.7	-7.2	1830.18	0.094	144.3	3358
11/08/2013	12 16 43	-04 59 45	388085	47.4	-8.1	1847.39	0.162	132.5	3390
12/08/2013	13 06 30	-09 09 15	384187	59.4	-8.8	1866.14	0.246	120.5	3424
13/08/2013	13 58 24	-12 56 40	380104	71.6	-9.4	1886.18	0.344	108.2	3461
14/08/2013	14 52 53	-16 07 59	375947	84.2	-9.9	1907.04	0.451	95.7	3499
15/08/2013	15 50 07	-18 28 28	371892	97.0	-10.4	1927.83	0.562	82.8	3537
16/08/2013	16 49 49	-19 44 11	368188	110.2	-10.8	1947.23	0.673	69.7	3573
17/08/2013	17 51 11	-19 44 37	365138	123.6	-11.2	1963.49	0.777	56.3	3603
18/08/2013	18 53 02	-18 25 47	363066	137.2	-11.6	1974.70	0.867	42.7	3623
19/08/2013	19 54 05	-15 52 06	362266	150.9	-12.0	1979.06	0.937	29.0	3631
20/08/2013	20 53 27	-12 16 06	362934	164.4	-12.3	1975.42	0.982	15.6	3625
21/08/2013	21 50 39	-07 56 02	365125	175.1	-12.6	1963.56	0.998	4.9	3603
22/08/2013	22 45 44	-03 12 20	368723	166.7	-12.4	1944.40	0.987	13.3	3568
23/08/2013	23 39 03	+01 35 14	373452	154.0	-12.1	1919.78	0.950	25.9	3522
24/08/2013	00 31 05	+06 09 40	378921	141.4	-11.7	1892.07	0.891	38.5	3472
25/08/2013	01 22 20	+10 17 16	384677	129.1	-11.4	1863.76	0.816	50.8	3420
26/08/2013	02 13 11	+13 47 46	390269	117.2	-11.0	1837.06	0.730	62.7	3371
27/08/2013	03 03 56	+16 33 46	395296	105.7	-10.7	1813.69	0.636	74.2	3328
28/08/2013	03 54 40	+18 30 23	399438	94.4	-10.3	1794.89	0.540	85.4	3293
29/08/2013	04 45 21	+19 34 46	402476	83.4	-9.9	1781.34	0.444	96.4	3268
30/08/2013	05 35 51	+19 45 55	404294	72.5	-9.4	1773.33	0.351	107.3	3254
31/08/2013	06 25 56	+19 04 36	404881	61.7	-8.9	1770.76	0.264	118.2	3249
01/09/2013	07 15 27	+17 33 12	404309	50.9	-8.3	1773.26	0.185	129.0	3254
02/09/2013	08 04 19	+15 15 39	402726	40.0	-7.5	1780.23	0.117	139.9	3266
03/09/2013	08 52 33	+12 17 19	400328	29.0	-6.7	1790.89	0.063	151.0	3286
04/09/2013	09 40 21	+08 44 57	397341	17.9	-5.8	1804.36	0.024	162.1	3311
05/09/2013	10 28 00	+04 46 37	393988	7.2	-4.7	1819.71	0.004	172.8	3339
06/09/2013	11 15 58	+00 31 47	390475	7.2	-4.7	1836.09	0.004	172.8	3369
07/09/2013	12 04 43	-03 48 44	386966	18.3	-5.8	1852.73	0.025	161.7	3399
08/09/2013	12 54 47	-08 02 46	383578	30.3	-6.8	1869.10	0.068	149.7	3429
09/09/2013	13 46 41	-11 56 52	380380	42.6	-7.7	1884.81	0.132	137.3	3458
10/09/2013	14 40 45	-15 16 50	377408	55.1	-8.5	1899.66	0.215	124.8	3486
11/09/2013	15 37 05	-17 48 27	374685	67.8	-9.2	1913.46	0.312	112.1	3511
12/09/2013	16 35 26	-19 18 58	372249	80.7	-9.8	1925.98	0.420	99.2	3534
13/09/2013	17 35 08	-19 39 04	370172	93.8	-10.3	1936.79	0.534	86.1	3554
14/09/2013	18 35 14	-18 44 47	368570	107.0	-10.7	1945.21	0.647	72.9	3569
15/09/2013	19 34 45	-16 38 46	367600	120.3	-11.1	1950.34	0.753	59.6	3579
16/09/2013	20 32 58	-13 30 03	367436	133.7	-11.5	1951.21	0.846	46.2	3580
17/09/2013	21 29 29	-09 32 45	368233	147.0	-11.9	1946.99	0.920	32.9	3572
18/09/2013	22 24 19	-05 03 57	370085	160.2	-12.2	1937.24	0.971	19.7	3554
19/09/2013	23 17 46	-00 21 42	372987	172.8	-12.5	1922.17	0.996	7.2	3527
20/09/2013	00 10 12	+04 16 38	376818	172.6	-12.5	1902.63	0.996	7.4	3491
21/09/2013	01 02 04	+08 35 38	381344	160.5	-12.2	1880.05	0.971	19.5	3450
22/09/2013	01 53 42	+12 22 29	386244	148.4	-11.9	1856.20	0.926	31.6	3406
23/09/2013	02 45 15	+15 27 19	391146	136.5	-11.6	1832.94	0.863	43.4	3363
24/09/2013	03 36 46	+17 43 22	395675	125.0	-11.3	1811.96	0.788	54.9	3325
25/09/2013	04 28 09	+19 06 40	399487	113.7	-10.9	1794.67	0.702	66.1	3293
26/09/2013	05 19 10	+19 35 55	402303	102.7	-10.6	1782.10	0.611	77.2	3270
27/09/2013	06 09 36	+19 11 58	403930	91.8	-10.2	1774.93	0.517	88.1	3257
28/09/2013	06 59 17	+17 57 23	404270	80.9	-9.8	1773.43	0.422	98.9	3254
29/09/2013	07 48 10	+15 56 04	403329	70.1	-9.3	1777.57	0.331	109.8	3261
30/09/2013	08 36 21	+13 12 55	401208	59.1	-8.7	1786.97	0.244	120.8	3279
01/10/2013	09 24 05	+09 53 45	398097	47.9	-8.1	1800.93	0.166	132.0	3304
02/10/2013	10 11 44	+06 05 24	394257	36.5	-7.3	1818.47	0.099	143.4	3337
03/10/2013	10 59 45	+01 56 06	389998	24.9	-6.4	1838.33	0.047	155.0	3373
04/10/2013	11 48 42	-02 24 12	385642	13.0	-5.3	1859.10	0.013	167.0	3411
05/10/2013	12 39 06	-06 43 33	381497	2.3	-4.1	1879.30	0.000	177.7	3448
06/10/2013	13 31 27	-10 47 52	377819	12.3	-5.2	1897.59	0.012	167.7	3482
07/10/2013	14 26 04	-14 21 37	374787	25.0	-6.4	1912.94	0.047	155.0	3510
08/10/2013	15 22 58	-17 08 56	372490	37.9	-7.4	1924.74	0.106	142.0	3532
09/10/2013	16 21 47	-18 55 46	370937	51.0	-8.3	1932.80	0.186	128.9	3546
10/10/2013	17 21 43	-19 32 13	370072	64.2	-9.0	1937.32	0.283	115.7	3555
11/10/2013	18 21 44	-18 54 34	369813	77.4	-9.6	1938.67	0.392	102.5	3557
12/10/2013	19 20 51	-17 05 54	370083	90.5	-10.2	1937.25	0.506	89.3	3555
13/10/2013	20 18 22	-14 15 14	370833	103.7	-10.6	1933.34	0.619	76.2	3547
14/10/2013	21 14 01	-10 35 37	372051	116.7	-11.0	1927.01	0.726	63.1	3536
15/10/2013	22 07 54	-06 22 12	373761	129.7	-11.4	1918.20	0.820	50.2	3520
16/10/2013	23 00 26	-01 50 44	375995	142.6	-11.8	1906.80	0.898	37.3	3499
17/10/2013	23 52 06	+02 43 16	378771	155.3	-12.1	1892.82	0.954	24.7	3473
18/10/2013	00 43 22	+07 05 10	382058	167.8	-12.4	1876.53	0.989	12.2	3443
19/10/2013	01 34 40	+11 01 43	385764	178.9	-12.7	1858.51	1.000	1.1	3410

11

Date	A.R.	Decl.	Dist.	El	Mag	Diam	Phase	Ph Ang	H.
20/10/2013	02 26 12	+14 21 32	389721	167.9	-12.4	1839.64	0.989	12.1	3375
21/10/2013	03 17 59	+16 55 46	393700	156.1	-12.1	1821.05	0.958	23.8	3341
22/10/2013	04 09 50	+18 38 24	397429	144.7	-11.8	1803.96	0.908	35.2	3310
23/10/2013	05 01 26	+19 26 37	400619	133.5	-11.5	1789.60	0.845	46.4	3284
24/10/2013	05 52 26	+19 20 30	402996	122.4	-11.2	1779.04	0.769	57.4	3264
25/10/2013	06 42 32	+18 22 32	404329	111.5	-10.9	1773.17	0.685	68.3	3253
26/10/2013	07 31 36	+16 36 55	404453	100.7	-10.5	1772.63	0.594	79.1	3252
27/10/2013	08 19 41	+14 08 51	403287	89.9	-10.1	1777.76	0.500	90.0	3262
28/10/2013	09 07 02	+11 04 03	400848	78.9	-9.7	1788.57	0.405	101.0	3282
29/10/2013	09 54 05	+07 28 43	397256	67.7	-9.2	1804.74	0.312	112.1	3311
30/10/2013	10 41 22	+03 29 44	392738	56.3	-8.6	1825.51	0.224	123.6	3349
31/10/2013	11 29 29	-00 44 44	387608	44.6	-7.9	1849.67	0.144	135.3	3394
01/11/2013	12 19 09	-05 04 35	382254	32.4	-7.0	1875.58	0.078	147.5	3441
02/11/2013	13 10 59	-09 17 04	377099	19.9	-5.9	1901.22	0.030	160.1	3488
03/11/2013	14 05 28	-13 06 39	372553	7.0	-4.7	1924.41	0.004	173.0	3531
04/11/2013	15 02 46	-16 15 52	368963	6.2	-4.6	1943.14	0.003	173.8	3565
05/11/2013	16 02 35	-18 27 27	366565	19.7	-5.9	1955.85	0.029	160.3	3589
06/11/2013	17 04 02	-19 47 46	365452	33.2	-7.1	1961.80	0.082	146.7	3600
07/11/2013	18 05 49	-19 10 14	365575	46.8	-8.0	1961.15	0.158	133.1	3598
08/11/2013	19 06 35	-17 36 57	366769	60.3	-8.8	1954.76	0.253	119.6	3587
09/11/2013	20 05 21	-14 57 45	368802	73.6	-9.5	1943.99	0.360	106.2	3567
10/11/2013	21 01 41	-11 27 10	371425	86.8	-10.0	1930.65	0.473	93.1	3542
11/11/2013	21 55 42	-07 21 25	374419	99.7	-10.5	1914.82	0.586	80.2	3513
12/11/2013	22 47 51	-02 56 21	377618	112.4	-10.9	1898.60	0.692	67.5	3484
13/11/2013	23 38 46	+01 33 24	380917	124.9	-11.3	1882.16	0.787	55.0	3453
14/11/2013	00 29 06	+05 54 35	384261	137.2	-11.6	1865.78	0.867	42.7	3423
15/11/2013	01 19 24	+09 55 04	387621	149.2	-11.9	1849.60	0.930	30.7	3394
16/11/2013	02 10 03	+13 23 59	390971	161.1	-12.2	1833.76	0.973	18.9	3365
17/11/2013	03 01 13	+16 11 53	394260	172.7	-12.5	1818.46	0.996	7.3	3336
18/11/2013	03 52 49	+18 11 28	397401	175.4	-12.6	1804.09	0.998	4.6	3310
19/11/2013	04 44 31	+19 18 01	400262	164.3	-12.3	1791.19	0.982	15.6	3286
20/11/2013	05 35 53	+19 29 58	402671	153.3	-12.0	1780.47	0.947	26.7	3267
21/11/2013	06 26 29	+18 48 43	404435	142.3	-11.7	1772.71	0.896	37.6	3253
22/11/2013	07 15 59	+17 18 11	405353	131.5	-11.4	1768.70	0.832	48.4	3245
23/11/2013	08 04 17	+15 03 49	405248	120.7	-11.1	1769.16	0.756	59.2	3246
24/11/2013	08 51 32	+12 11 54	403986	109.9	-10.8	1774.68	0.671	70.0	3256
25/11/2013	09 38 02	+08 48 57	401502	99.0	-10.5	1785.66	0.579	80.9	3276
26/11/2013	10 24 20	+05 01 36	397822	87.9	-10.1	1802.18	0.483	92.0	3307
27/11/2013	11 11 04	+00 56 57	393073	76.5	-9.6	1823.95	0.385	103.3	3347
28/11/2013	11 59 00	-03 16 52	387497	64.9	-9.0	1850.20	0.289	115.0	3395
29/11/2013	12 48 53	-07 29 46	381447	52.8	-8.4	1879.54	0.198	127.1	3449
30/11/2013	13 41 29	-11 28 49	375365	40.3	-7.6	1909.99	0.119	139.6	3504
01/12/2013	14 37 18	-14 57 56	369752	27.3	-6.6	1938.99	0.056	152.6	3558
02/12/2013	15 36 28	-17 38 46	365101	14.0	-5.4	1963.69	0.015	165.9	3603
03/12/2013	16 38 25	-19 13 29	361833	2.9	-4.2	1981.43	0.001	177.1	3636
04/12/2013	17 41 54	-19 29 14	360222	14.3	-5.4	1990.29	0.015	165.7	3652
05/12/2013	18 45 16	-18 22 25	360349	28.1	-6.7	1989.59	0.059	151.8	3651
06/12/2013	19 46 58	-16 00 05	362097	42.0	-7.7	1979.98	0.129	137.9	3633
07/12/2013	20 46 02	-12 37 27	365181	55.6	-8.5	1963.26	0.218	124.3	3602
08/12/2013	21 42 12	-08 33 27	369225	69.0	-9.2	1941.76	0.322	110.9	3563
09/12/2013	22 35 47	-04 06 51	373825	82.0	-9.8	1917.86	0.431	97.9	3519
10/12/2013	23 27 25	+00 25 47	378619	94.6	-10.3	1893.58	0.541	85.3	3474
11/12/2013	00 17 50	+04 50 36	383320	106.9	-10.7	1870.36	0.647	73.0	3432
12/12/2013	01 07 44	+08 55 57	387732	118.9	-11.1	1849.08	0.743	61.0	3393
13/12/2013	01 57 41	+12 31 55	391741	130.6	-11.4	1830.15	0.826	49.3	3358
14/12/2013	02 48 01	+15 29 54	395300	142.1	-11.7	1813.68	0.895	37.8	3328
15/12/2013	03 38 51	+17 42 44	398396	153.4	-12.0	1799.58	0.947	26.6	3302
16/12/2013	04 30 03	+19 05 08	401029	164.4	-12.3	1787.77	0.982	15.6	3280
17/12/2013	05 21 16	+19 34 10	403187	174.4	-12.6	1778.20	0.998	5.6	3263
18/12/2013	06 12 02	+19 09 47	404833	172.1	-12.5	1770.97	0.995	7.8	3249
19/12/2013	07 01 56	+17 54 36	405893	161.9	-12.3	1766.34	0.975	18.1	3241
20/12/2013	07 50 42	+15 53 35	406268	151.2	-12.0	1764.71	0.938	28.7	3238
21/12/2013	08 38 16	+13 13 06	405839	140.5	-11.7	1766.58	0.886	39.4	3241
22/12/2013	09 24 48	+10 00 15	404487	129.7	-11.4	1772.48	0.820	50.2	3252
23/12/2013	10 10 42	+06 22 15	402118	118.9	-11.1	1782.92	0.742	61.0	3271
24/12/2013	10 56 30	+02 26 25	398686	107.8	-10.8	1798.27	0.654	72.0	3299
25/12/2013	11 42 54	-01 39 39	394221	96.6	-10.4	1818.64	0.559	83.3	3337
26/12/2013	12 30 39	-05 47 30	388848	85.0	-9.9	1843.77	0.458	94.8	3383
27/12/2013	13 20 34	-09 46 55	382806	73.1	-9.4	1872.87	0.356	106.7	3436
28/12/2013	14 13 23	-13 25 13	376450	60.7	-8.8	1904.49	0.257	119.1	3494
29/12/2013	15 09 37	-16 26 48	370241	47.9	-8.1	1936.43	0.166	132.0	3553
30/12/2013	16 09 21	-18 34 07	364705	34.6	-7.2	1965.82	0.089	145.3	3607
31/12/2013	17 11 56	-19 30 34	360372	21.1	-6.0	1989.46	0.034	158.9	3650

12

Date	A.R.	Decl.	Dist.	El	Mag	Diam	Phase	Ph Ang	H.
01/01/2014	18 16 02	−19 05 06	357690	7.9	−4.8	2004.38	0.005	172.0	3678
02/01/2014	19 19 55	−17 16 35	356938	9.0	−4.9	2008.60	0.006	171.0	3685
03/01/2014	20 22 04	−14 15 07	358173	22.4	−6.2	2001.67	0.038	157.5	3673
04/01/2014	21 21 34	−10 19 03	361217	36.3	−7.3	1984.81	0.097	143.6	3642
05/01/2014	22 18 11	−05 50 06	365700	49.9	−8.2	1960.48	0.178	130.0	3597
06/01/2014	23 12 18	−01 08 59	371140	63.1	−8.9	1931.74	0.275	116.8	3544
07/01/2014	00 04 32	+03 26 53	377036	75.8	−9.6	1901.53	0.379	104.0	3489
08/01/2014	00 55 33	+07 43 48	382930	88.2	−10.1	1872.26	0.485	91.7	3435
09/01/2014	01 46 01	+11 31 09	388461	100.1	−10.5	1845.61	0.589	79.8	3386
10/01/2014	02 36 23	+14 40 43	393375	111.7	−10.9	1822.55	0.686	68.2	3344
11/01/2014	03 26 56	+17 06 04	397525	123.0	−11.2	1803.52	0.773	56.9	3309
12/01/2014	04 17 42	+18 42 26	400856	134.1	−11.5	1788.54	0.849	45.8	3282
13/01/2014	05 08 32	+19 26 53	403373	145.0	−11.8	1777.38	0.910	34.9	3261
14/01/2014	05 59 08	+19 18 38	405122	155.7	−12.1	1769.71	0.956	24.2	3247
15/01/2014	06 49 07	+18 19 13	406158	166.2	−12.4	1765.19	0.986	13.8	3239
16/01/2014	07 38 12	+16 32 25	406530	174.6	−12.6	1763.57	0.998	5.4	3236
17/01/2014	08 26 13	+14 03 55	406261	170.0	−12.5	1764.74	0.992	10.0	3238
18/01/2014	09 13 12	+11 00 34	405344	159.9	−12.2	1768.73	0.970	20.1	3245
19/01/2014	09 59 22	+07 29 59	403746	149.2	−11.9	1775.73	0.930	30.7	3258
20/01/2014	10 45 09	+03 40 05	401417	138.3	−11.6	1786.04	0.874	41.6	3277
21/01/2014	11 31 03	−00 21 01	398311	127.3	−11.3	1799.96	0.804	52.6	3303
22/01/2014	12 17 43	−04 24 50	394407	116.0	−11.0	1817.78	0.721	63.8	3335
23/01/2014	13 05 51	−08 22 03	389739	104.5	−10.6	1839.55	0.627	75.3	3375
24/01/2014	13 56 10	−12 02 02	384422	92.7	−10.2	1865.00	0.525	87.2	3422
25/01/2014	14 49 17	−15 12 14	378668	80.5	−9.8	1893.34	0.418	99.4	3474
26/01/2014	15 45 34	−17 38 19	372802	67.8	−9.2	1923.13	0.312	112.0	3529
27/01/2014	16 44 56	−19 05 10	367247	54.7	−8.5	1952.22	0.212	125.1	3582
28/01/2014	17 46 44	−19 19 37	362490	41.3	−7.6	1977.84	0.125	138.6	3629
29/01/2014	18 49 46	−18 14 11	359022	27.5	−6.6	1996.94	0.057	152.4	3664
30/01/2014	19 52 34	−15 50 35	357251	13.8	−5.4	2006.84	0.015	166.1	3682
31/01/2014	20 53 54	−12 20 20	357421	5.1	−4.4	2005.89	0.002	174.9	3680
01/02/2014	21 53 05	−08 02 27	359550	16.2	−5.6	1994.01	0.020	163.7	3659
02/02/2014	22 49 56	−03 19 09	363427	29.8	−6.8	1972.74	0.066	150.2	3620
03/02/2014	23 44 47	+01 28 10	368650	43.1	−7.8	1944.79	0.136	136.8	3568
04/02/2014	00 38 04	+06 01 27	374710	56.0	−8.6	1913.34	0.222	123.8	3511
05/02/2014	01 30 21	+10 06 43	381072	68.5	−9.2	1881.39	0.318	111.3	3452
06/02/2014	02 22 02	+13 33 45	387249	80.6	−9.8	1851.38	0.419	99.3	3397
07/02/2014	03 13 26	+16 15 34	392851	92.2	−10.2	1824.98	0.521	87.6	3348
08/02/2014	04 04 39	+18 07 37	397598	103.5	−10.6	1803.19	0.618	76.3	3308
09/02/2014	04 55 40	+19 07 32	401328	114.6	−11.0	1786.43	0.709	65.3	3278
10/02/2014	05 46 17	+19 14 50	403982	125.5	−11.3	1774.70	0.791	54.4	3256
11/02/2014	06 36 18	+18 30 56	405582	136.3	−11.6	1767.70	0.862	43.6	3243
12/02/2014	07 25 30	+16 59 01	406212	147.0	−11.9	1764.96	0.920	32.9	3238
13/02/2014	08 13 47	+14 43 51	405986	157.6	−12.1	1765.94	0.963	22.3	3240
14/02/2014	09 01 10	+11 51 30	405030	168.0	−12.4	1770.10	0.989	11.9	3248
15/02/2014	09 47 49	+08 29 03	403460	175.5	−12.6	1777.00	0.998	4.5	3260
16/02/2014	10 34 02	+04 44 23	401363	168.2	−12.4	1786.28	0.989	11.8	3277
17/02/2014	11 20 15	+00 46 00	398796	157.4	−12.1	1797.77	0.962	22.5	3299
18/02/2014	12 06 58	−03 17 02	395788	146.3	−11.9	1811.44	0.916	33.6	3324
19/02/2014	12 54 45	−07 14 58	392345	134.8	−11.5	1827.33	0.853	45.1	3353
20/02/2014	13 44 10	−10 57 13	388480	123.2	−11.2	1845.52	0.774	56.7	3386
21/02/2014	14 35 45	−14 12 16	384228	111.2	−10.9	1865.94	0.682	68.6	3424
22/02/2014	15 29 48	−16 47 39	379680	99.0	−10.5	1888.29	0.579	80.9	3465
23/02/2014	16 26 26	−18 30 44	375001	86.4	−10.0	1911.85	0.470	93.4	3508
24/02/2014	17 25 19	−19 10 01	370442	73.5	−9.5	1935.38	0.359	106.3	3551
25/02/2014	18 25 41	−18 37 27	366334	60.3	−8.8	1957.08	0.253	119.6	3591
26/02/2014	19 26 34	−16 50 52	363061	46.8	−8.0	1974.72	0.158	133.1	3623
27/02/2014	20 26 59	−13 55 33	361002	33.0	−7.0	1985.99	0.081	146.9	3644
28/02/2014	21 26 11	−10 04 11	360465	19.2	−5.9	1988.95	0.028	160.8	3649
01/03/2014	22 23 52	−05 34 52	361614	6.2	−4.6	1982.63	0.003	173.8	3638
02/03/2014	23 20 02	−00 48 13	364429	9.7	−4.9	1967.31	0.007	170.3	3610
03/03/2014	00 14 58	+03 55 25	368693	22.8	−6.2	1944.56	0.039	157.2	3568
04/03/2014	01 08 59	+08 18 20	374032	35.8	−7.3	1916.80	0.095	144.2	3517
05/03/2014	02 02 23	+12 06 28	379973	48.4	−8.1	1886.83	0.168	131.5	3462
06/03/2014	02 55 21	+15 09 49	386020	60.5	−8.8	1857.27	0.255	119.3	3408
07/03/2014	03 47 55	+17 22 11	391715	72.3	−9.4	1830.27	0.349	107.5	3358
08/03/2014	04 39 59	+18 40 37	396677	83.7	−9.9	1807.38	0.447	96.1	3316
09/03/2014	05 31 22	+19 04 50	400633	94.9	−10.3	1789.53	0.544	85.0	3283
10/03/2014	06 21 53	+18 36 41	403418	105.8	−10.7	1777.18	0.638	74.0	3261
11/03/2014	07 11 24	+17 19 38	404976	116.6	−11.0	1770.34	0.725	63.2	3248
12/03/2014	07 59 55	+15 18 21	405346	127.4	−11.3	1768.73	0.805	52.4	3245
13/03/2014	08 47 29	+12 38 22	404640	138.3	−11.6	1771.81	0.874	41.6	3251
14/03/2014	09 34 22	+09 26 02	403027	149.2	−11.9	1778.90	0.930	30.8	3264

13

Date	A.R.	Decl.	Dist.	El	Mag	Diam	Phase	Ph Ang	H.
15/03/2014	10 20 53	+05 48 27	400703	160.2	-12.2	1789.22	0.970	19.8	3283
16/03/2014	11 07 26	+01 53 37	397871	171.2	-12.5	1801.96	0.994	8.8	3306
17/03/2014	11 54 31	-02 09 30	394717	175.9	-12.6	1816.36	0.999	4.1	3333
18/03/2014	12 42 38	-06 10 48	391393	165.0	-12.3	1831.78	0.983	14.9	3361
19/03/2014	13 32 16	-09 59 03	388010	153.3	-12.0	1847.75	0.947	26.7	3390
20/03/2014	14 23 50	-13 22 03	384633	141.3	-11.7	1863.97	0.890	38.7	3420
21/03/2014	15 17 32	-16 07 08	381302	129.0	-11.4	1880.26	0.815	50.9	3450
22/03/2014	16 13 22	-18 02 02	378044	116.5	-11.0	1896.46	0.724	63.3	3480
23/03/2014	17 10 58	-18 56 21	374906	103.9	-10.6	1912.34	0.621	76.0	3509
24/03/2014	18 09 43	-18 43 04	371971	91.0	-10.2	1927.43	0.510	88.9	3536
25/03/2014	19 08 47	-17 20 13	369378	77.8	-9.6	1940.95	0.396	102.0	3561
26/03/2014	20 07 25	-14 51 33	367322	64.6	-9.0	1951.82	0.286	115.3	3581
27/03/2014	21 05 06	-11 26 25	366031	51.1	-8.3	1958.70	0.187	128.8	3594
28/03/2014	22 01 37	-07 18 40	365732	37.6	-7.4	1960.30	0.104	142.4	3597
29/03/2014	22 57 05	-02 45 10	366601	24.0	-6.3	1955.66	0.044	155.9	3588
30/03/2014	23 51 44	+01 55 51	368713	10.7	-5.0	1944.45	0.009	169.3	3568
31/03/2014	00 45 55	+06 26 30	372014	3.2	-4.2	1927.20	0.001	176.8	3536
01/04/2014	01 39 53	+10 30 35	376308	15.8	-5.5	1905.21	0.019	164.2	3496
02/04/2014	02 33 45	+13 54 56	381284	28.3	-6.7	1880.35	0.060	151.6	3450
03/04/2014	03 27 27	+16 30 05	386552	40.6	-7.6	1854.72	0.121	139.3	3403
04/04/2014	04 20 47	+18 10 37	391698	52.4	-8.3	1830.35	0.196	127.5	3358
05/04/2014	05 13 23	+18 54 51	396331	63.9	-9.0	1808.96	0.281	116.0	3319
06/04/2014	06 04 59	+18 44 18	400116	75.1	-9.5	1791.84	0.373	104.7	3288
07/04/2014	06 55 19	+17 42 43	402806	86.1	-10.0	1779.88	0.468	93.7	3266
08/04/2014	07 44 22	+15 55 16	404252	97.0	-10.4	1773.51	0.562	82.8	3254
09/04/2014	08 32 13	+13 27 50	404407	107.9	-10.8	1772.83	0.655	72.0	3253
10/04/2014	09 19 10	+10 26 36	403325	118.8	-11.1	1777.59	0.742	61.1	3261
11/04/2014	10 05 36	+06 58 07	401146	129.8	-11.4	1787.24	0.821	50.1	3279
12/04/2014	10 52 02	+03 09 26	398087	141.0	-11.7	1800.98	0.889	38.9	3304
13/04/2014	11 39 01	-00 51 26	394412	152.4	-12.0	1817.76	0.943	27.5	3335
14/04/2014	12 27 06	-04 55 10	390410	164.1	-12.3	1836.39	0.981	15.9	3369
15/04/2014	13 16 50	-08 50 42	386366	176.1	-12.6	1855.61	0.999	3.9	3405
16/04/2014	14 08 40	-12 25 15	382529	171.7	-12.5	1874.23	0.995	8.3	3439
17/04/2014	15 02 48	-15 24 56	379090	159.2	-12.2	1891.23	0.968	20.8	3470
18/04/2014	15 59 10	-17 35 58	376170	146.5	-11.9	1905.91	0.917	33.4	3497
19/04/2014	16 57 18	-18 46 33	373819	133.6	-11.5	1917.90	0.845	46.3	3519
20/04/2014	17 56 23	-18 49 07	372033	120.6	-11.1	1927.10	0.755	59.3	3536
21/04/2014	18 55 30	-17 41 48	370779	107.5	-10.7	1933.62	0.651	72.4	3548
22/04/2014	19 53 47	-15 28 55	370025	94.3	-10.3	1937.56	0.539	85.5	3555
23/04/2014	20 50 45	-12 19 55	369764	81.1	-9.8	1938.93	0.424	98.7	3558
24/04/2014	21 46 14	-08 27 48	370024	67.9	-9.2	1937.57	0.313	112.0	3555
25/04/2014	22 40 28	-04 07 32	370864	54.7	-8.5	1933.18	0.212	125.2	3547
26/04/2014	23 33 52	+00 25 04	372358	41.6	-7.7	1925.42	0.127	138.3	3533
27/04/2014	00 26 52	+04 54 11	374557	28.6	-6.7	1914.12	0.061	151.3	3512
28/04/2014	01 19 55	+09 04 38	377467	15.8	-5.5	1899.36	0.019	164.2	3485
29/04/2014	02 13 15	+12 42 39	381018	3.3	-4.2	1881.66	0.001	176.7	3452
30/04/2014	03 06 53	+15 36 51	385053	9.3	-4.9	1861.94	0.007	170.7	3416
01/05/2014	04 00 36	+17 39 06	389340	21.3	-6.1	1841.44	0.034	158.7	3379
02/05/2014	04 54 00	+18 45 07	393589	33.0	-7.0	1821.56	0.081	146.9	3342
03/05/2014	05 46 34	+18 54 31	397486	44.5	-7.9	1803.70	0.144	135.4	3309
04/05/2014	06 37 55	+18 10 13	400721	55.7	-8.6	1789.14	0.219	124.2	3283
05/05/2014	07 27 49	+16 37 26	403027	66.8	-9.1	1778.90	0.304	113.1	3264
06/05/2014	08 16 15	+14 22 33	404198	77.7	-9.6	1773.75	0.394	102.2	3254
07/05/2014	09 03 25	+11 32 20	404109	88.5	-10.1	1774.14	0.489	91.3	3255
08/05/2014	09 49 45	+08 13 31	402733	99.4	-10.5	1780.20	0.583	80.4	3266
09/05/2014	10 35 45	+04 32 49	400140	110.5	-10.8	1791.74	0.676	69.4	3287
10/05/2014	11 22 03	+00 37 16	396501	121.7	-11.2	1808.18	0.764	58.2	3318
11/05/2014	12 09 20	-03 25 06	392073	133.2	-11.5	1828.60	0.843	46.7	3355
12/05/2014	12 58 15	-07 24 42	387188	145.0	-11.8	1851.68	0.910	34.9	3397
13/05/2014	13 49 25	-11 09 46	382216	157.2	-12.1	1875.76	0.961	22.7	3442
14/05/2014	14 43 16	-14 26 20	377536	169.6	-12.5	1899.01	0.992	10.3	3484
15/05/2014	15 39 51	-16 59 05	373490	176.4	-12.6	1919.59	0.999	3.6	3522
16/05/2014	16 38 48	-18 33 26	370339	163.9	-12.3	1935.92	0.981	16.0	3552
17/05/2014	17 39 14	-18 58 29	368239	150.7	-12.0	1946.96	0.936	29.3	3572
18/05/2014	18 39 57	-18 09 53	367222	137.2	-11.6	1952.35	0.868	42.7	3582
19/05/2014	19 39 47	-16 11 01	367218	123.8	-11.2	1952.37	0.779	56.1	3582
20/05/2014	20 37 55	-13 12 02	368081	110.4	-10.8	1947.79	0.675	69.5	3574
21/05/2014	21 34 03	-09 27 20	369635	97.1	-10.4	1939.61	0.563	82.7	3559
22/05/2014	22 28 21	-05 12 52	371708	84.0	-9.9	1928.79	0.449	95.9	3539
23/05/2014	23 21 15	-00 44 30	374167	71.0	-9.3	1916.11	0.339	108.8	3516
24/05/2014	00 13 23	+03 42 50	376921	58.2	-8.7	1902.11	0.238	121.6	3490
25/05/2014	01 05 17	+07 55 21	379919	45.7	-7.9	1887.10	0.151	134.2	3462
26/05/2014	01 57 27	+11 40 28	383130	33.3	-7.1	1871.28	0.082	146.6	3433

14

Date	A.R.	Decl.	Dist.	El	Mag	Diam	Phase	Ph Ang	H.
27/05/2014	02 50 03	+14 47 04	386519	21.2	-6.0	1854.88	0.034	158.8	3403
28/05/2014	03 43 06	+17 06 13	390024	9.5	-4.9	1838.21	0.007	170.5	3373
29/05/2014	04 36 16	+18 31 48	393539	4.3	-4.4	1821.79	0.001	175.7	3343
30/05/2014	05 29 05	+19 01 17	396916	14.8	-5.5	1806.29	0.017	165.2	3314
31/05/2014	06 21 01	+18 35 40	399960	25.9	-6.5	1792.54	0.051	154.0	3289
01/06/2014	07 11 39	+17 19 03	402455	37.0	-7.3	1781.43	0.101	142.9	3269
02/06/2014	08 00 46	+15 17 39	404180	48.0	-8.1	1773.83	0.166	131.9	3255
03/06/2014	08 48 25	+12 38 37	404934	58.8	-8.7	1770.53	0.242	121.1	3249
04/06/2014	09 34 52	+09 29 17	404559	69.7	-9.3	1772.16	0.327	110.2	3252
05/06/2014	10 20 35	+05 56 47	402967	80.5	-9.8	1779.17	0.419	99.3	3264
06/06/2014	11 06 11	+02 08 03	400149	91.6	-10.2	1791.70	0.515	88.3	3287
07/06/2014	11 52 19	-01 49 43	396199	102.8	-10.6	1809.56	0.612	77.1	3320
08/06/2014	12 39 46	-05 48 28	391311	114.3	-11.0	1832.16	0.706	65.6	3362
09/06/2014	13 29 15	-09 38 23	385783	126.1	-11.3	1858.42	0.795	53.8	3410
10/06/2014	14 21 25	-13 07 21	380001	138.3	-11.6	1886.69	0.874	41.6	3462
11/06/2014	15 16 40	-16 00 53	374410	150.9	-12.0	1914.87	0.937	29.0	3513
12/06/2014	16 15 01	-18 03 06	369467	163.8	-12.3	1940.49	0.980	16.1	3560
13/06/2014	17 15 51	-18 59 26	365584	175.3	-12.6	1961.10	0.998	4.7	3598
14/06/2014	18 17 59	-18 40 21	363070	167.7	-12.4	1974.68	0.989	12.3	3623
15/06/2014	19 20 00	-17 04 38	362080	154.2	-12.1	1980.07	0.950	25.7	3633
16/06/2014	20 20 37	-14 20 15	362598	140.5	-11.7	1977.25	0.886	39.4	3628
17/06/2014	21 19 03	-10 42 08	364452	126.8	-11.3	1967.19	0.800	53.1	3609
18/06/2014	22 15 11	-06 28 33	367366	113.3	-10.9	1951.59	0.699	66.6	3581
19/06/2014	23 09 18	-01 57 48	371012	100.1	-10.5	1932.41	0.589	79.8	3546
20/06/2014	00 01 59	+02 33 33	375074	87.1	-10.0	1911.48	0.476	92.7	3507
21/06/2014	00 53 52	+06 51 15	379287	74.5	-9.5	1890.25	0.368	105.3	3468
22/06/2014	01 45 32	+10 43 11	383452	62.2	-8.9	1869.71	0.268	117.7	3431
23/06/2014	02 37 22	+13 59 08	387443	50.1	-8.2	1850.46	0.180	129.8	3395
24/06/2014	03 29 33	+16 30 43	391184	38.3	-7.4	1832.76	0.108	141.6	3363
25/06/2014	04 22 00	+18 11 43	394633	26.8	-6.5	1816.74	0.054	153.1	3333
26/06/2014	05 14 23	+18 58 34	397756	15.7	-5.5	1802.48	0.019	164.3	3307
27/06/2014	06 06 15	+18 50 48	400506	6.0	-4.5	1790.10	0.003	174.0	3284
28/06/2014	06 57 08	+17 50 58	402810	8.9	-4.9	1779.86	0.006	171.1	3266
29/06/2014	07 46 42	+16 04 10	404566	19.1	-5.9	1772.14	0.028	160.8	3251
30/06/2014	08 34 50	+13 37 10	405646	29.8	-6.8	1767.42	0.066	150.1	3243
01/07/2014	09 21 39	+10 37 32	405911	40.6	-7.6	1766.27	0.121	139.3	3241
02/07/2014	10 07 27	+07 12 54	405225	51.3	-8.3	1769.25	0.188	128.5	3246
03/07/2014	10 52 43	+03 30 42	403482	62.2	-8.9	1776.90	0.268	117.7	3260
04/07/2014	11 38 05	-00 21 45	400627	73.2	-9.4	1789.56	0.356	106.7	3283
05/07/2014	12 24 12	-04 16 57	396675	84.3	-9.9	1807.39	0.452	95.5	3316
06/07/2014	13 11 51	-08 06 32	391738	95.8	-10.3	1830.17	0.552	84.1	3358
07/07/2014	14 01 44	-11 40 33	386030	107.6	-10.7	1857.23	0.652	72.3	3408
08/07/2014	14 54 29	-14 46 53	379878	119.8	-11.1	1887.31	0.749	60.1	3463
09/07/2014	15 50 28	-17 11 21	373703	132.4	-11.5	1918.49	0.838	47.5	3520
10/07/2014	16 49 35	-18 38 49	367998	145.4	-11.8	1948.23	0.912	34.5	3575
11/07/2014	17 51 08	-18 56 03	363266	158.8	-12.2	1973.61	0.966	21.2	3621
12/07/2014	18 53 52	-17 55 38	359955	171.7	-12.5	1991.77	0.995	8.3	3655
13/07/2014	19 56 21	-15 39 12	358375	171.0	-12.5	2000.55	0.994	9.0	3671
14/07/2014	20 57 21	-12 17 53	358646	157.8	-12.2	1999.03	0.963	22.2	3668
15/07/2014	21 56 12	-08 09 46	360676	143.9	-11.8	1987.78	0.904	36.0	3647
16/07/2014	22 52 50	-03 35 40	364187	130.2	-11.4	1968.62	0.823	49.7	3612
17/07/2014	23 47 33	+01 04 23	368778	116.8	-11.0	1944.11	0.726	63.1	3567
18/07/2014	00 40 55	+05 33 11	374005	103.7	-10.6	1916.94	0.620	76.1	3517
19/07/2014	01 33 29	+09 36 54	379448	91.1	-10.2	1889.44	0.511	88.8	3467
20/07/2014	02 25 42	+13 04 48	384758	78.9	-9.7	1863.37	0.405	101.0	3419
21/07/2014	03 17 51	+15 48 50	389678	66.9	-9.1	1839.84	0.305	112.9	3376
22/07/2014	04 10 01	+17 43 17	394045	55.3	-8.5	1819.45	0.216	124.5	3338
23/07/2014	05 02 02	+18 44 51	397774	44.0	-7.8	1802.39	0.141	135.9	3307
24/07/2014	05 53 38	+18 52 42	400839	32.8	-7.0	1788.61	0.080	147.1	3282
25/07/2014	06 44 25	+18 08 33	403243	21.9	-6.1	1777.95	0.036	158.0	3262
26/07/2014	07 34 08	+16 36 25	405000	11.5	-5.1	1770.24	0.010	168.5	3248
27/07/2014	08 22 34	+14 22 11	406112	4.9	-4.4	1765.39	0.002	175.1	3239
28/07/2014	09 09 44	+11 32 54	406559	12.4	-5.2	1763.45	0.012	167.6	3236
29/07/2014	09 55 51	+08 16 13	406298	22.7	-6.2	1764.58	0.039	157.2	3238
30/07/2014	10 41 15	+04 39 57	405264	33.4	-7.1	1769.08	0.083	146.5	3246
31/07/2014	11 26 25	+00 51 52	403387	44.3	-7.9	1777.32	0.143	135.6	3261
01/08/2014	12 11 57	-03 00 13	400608	55.3	-8.5	1789.65	0.216	124.6	3284
02/08/2014	12 58 27	-06 48 13	396904	66.4	-9.1	1806.35	0.301	113.4	3314
03/08/2014	13 46 36	-10 23 12	392311	77.9	-9.6	1827.49	0.396	102.0	3353
04/08/2014	14 37 03	-13 34 59	386951	89.6	-10.1	1852.81	0.498	90.3	3400
05/08/2014	15 30 16	-16 11 46	381045	101.7	-10.5	1881.52	0.603	78.2	3452
06/08/2014	16 26 29	-18 00 31	374922	114.2	-10.9	1912.25	0.706	65.6	3509
07/08/2014	17 25 29	-18 48 16	369011	127.2	-11.3	1942.88	0.803	52.6	3565

15

Date	A.R.	Decl.	Dist.	El	Mag	Diam	Phase	Ph Ang	H.
08/08/2014	18 26 33	-18 24 45	363805	140.7	-11.7	1970.69	0.887	39.2	3616
09/08/2014	19 28 34	-16 45 42	359804	154.4	-12.1	1992.60	0.951	25.5	3656
10/08/2014	20 30 19	-13 55 20	357433	168.1	-12.4	2005.82	0.989	11.9	3680
11/08/2014	21 30 51	-10 06 35	356963	174.4	-12.6	2008.46	0.998	5.6	3685
12/08/2014	22 29 42	-05 38 42	358453	161.9	-12.3	2000.11	0.975	18.1	3670
13/08/2014	23 26 48	-00 53 28	361731	148.1	-11.9	1981.98	0.925	31.8	3637
14/08/2014	00 22 25	+03 48 13	366440	134.5	-11.5	1956.52	0.851	45.4	3590
15/08/2014	01 16 57	+08 08 40	372102	121.3	-11.2	1926.75	0.761	58.5	3535
16/08/2014	02 10 45	+11 54 14	378210	108.5	-10.8	1895.63	0.660	71.3	3478
17/08/2014	03 04 05	+14 55 16	384294	96.2	-10.4	1865.62	0.555	83.6	3423
18/08/2014	03 57 01	+17 05 39	389969	84.3	-9.9	1838.47	0.452	95.5	3373
19/08/2014	04 49 30	+18 22 19	394958	72.7	-9.4	1815.25	0.353	107.1	3331
20/08/2014	05 41 19	+18 44 50	399089	61.5	-8.9	1796.45	0.262	118.4	3296
21/08/2014	06 32 15	+18 15 01	402288	50.4	-8.2	1782.17	0.182	129.5	3270
22/08/2014	07 22 04	+16 56 39	404554	39.5	-7.5	1772.19	0.114	140.5	3252
23/08/2014	08 10 41	+14 55 01	405933	28.6	-6.7	1766.17	0.061	151.3	3241
24/08/2014	08 58 07	+12 16 32	406499	17.9	-5.8	1763.71	0.024	162.0	3236
25/08/2014	09 44 32	+09 08 20	406329	7.7	-4.7	1764.45	0.005	172.3	3237
26/08/2014	10 30 15	+05 38 01	405484	5.7	-4.5	1768.12	0.002	174.3	3244
27/08/2014	11 15 38	+01 53 29	404003	15.6	-5.5	1774.60	0.019	164.3	3256
28/08/2014	12 01 12	-01 57 05	401898	26.5	-6.5	1783.90	0.053	153.5	3273
29/08/2014	12 47 27	-05 45 11	399161	37.6	-7.4	1796.13	0.104	142.3	3296
30/08/2014	13 34 57	-09 21 47	395781	48.9	-8.1	1811.47	0.172	131.0	3324
31/08/2014	14 24 13	-12 37 10	391763	60.4	-8.8	1830.05	0.254	119.5	3358
01/09/2014	15 15 40	-15 20 49	387154	72.1	-9.4	1851.83	0.348	107.7	3398
02/09/2014	16 09 35	-17 21 32	382071	84.2	-9.9	1876.47	0.451	95.6	3443
03/09/2014	17 05 56	-18 28 14	376713	96.7	-10.4	1903.16	0.560	83.2	3492
04/09/2014	18 04 20	-18 31 22	371380	109.6	-10.8	1930.49	0.668	70.3	3542
05/09/2014	19 04 04	-17 25 02	366455	122.8	-11.2	1956.43	0.772	57.1	3590
06/09/2014	20 04 18	-15 09 07	362377	136.4	-11.6	1978.46	0.863	43.5	3630
07/09/2014	21 04 13	-11 50 31	359577	150.3	-12.0	1993.86	0.935	29.6	3658
08/09/2014	22 03 17	-07 42 59	358408	164.4	-12.3	2000.36	0.982	15.6	3670
09/09/2014	23 01 17	-03 05 18	359068	176.9	-12.6	1996.69	0.999	3.1	3664
10/09/2014	23 58 17	+01 41 23	361548	166.8	-12.4	1982.99	0.987	13.1	3638
11/09/2014	00 54 28	+06 16 35	365632	153.2	-12.0	1960.84	0.947	26.7	3598
12/09/2014	01 50 04	+10 22 37	370930	139.9	-11.7	1932.83	0.883	40.0	3546
13/09/2014	02 45 10	+13 46 00	376954	127.0	-11.3	1901.94	0.802	52.9	3490
14/09/2014	03 39 46	+16 17 57	383194	114.6	-11.0	1870.97	0.709	65.3	3433
15/09/2014	04 33 40	+17 54 00	389180	102.6	-10.6	1842.20	0.610	77.3	3380
16/09/2014	05 26 38	+18 33 28	394529	91.0	-10.2	1817.22	0.510	88.9	3334
17/09/2014	06 18 24	+18 18 35	398967	79.7	-9.7	1797.01	0.412	100.2	3297
18/09/2014	07 08 49	+17 13 35	402328	68.6	-9.2	1781.99	0.319	111.2	3270
19/09/2014	07 57 51	+15 24 02	404554	57.7	-8.7	1772.19	0.234	122.2	3252
20/09/2014	08 45 34	+12 56 14	405671	46.9	-8.0	1767.31	0.159	133.0	3243
21/09/2014	09 32 13	+09 56 56	405770	36.0	-7.3	1766.88	0.096	143.9	3242
22/09/2014	10 18 09	+06 33 11	404985	25.2	-6.4	1770.30	0.048	154.8	3248
23/09/2014	11 03 47	+02 52 28	403467	14.2	-5.4	1776.96	0.015	165.7	3260
24/09/2014	11 49 34	-00 57 12	401363	3.5	-4.3	1786.28	0.001	176.5	3277
25/09/2014	12 36 01	-04 47 12	398800	8.3	-4.8	1797.76	0.005	171.6	3298
26/09/2014	13 23 36	-08 28 04	395872	19.6	-5.9	1811.06	0.029	160.3	3323
27/09/2014	14 12 46	-11 49 36	392638	31.2	-6.9	1825.97	0.073	148.7	3350
28/09/2014	15 03 50	-14 41 04	389135	43.0	-7.8	1842.41	0.135	136.9	3380
29/09/2014	15 56 57	-16 51 32	385388	54.9	-8.5	1860.32	0.214	125.0	3413
30/09/2014	16 52 04	-18 10 46	381441	67.1	-9.2	1879.57	0.307	112.7	3449
01/10/2014	17 48 48	-18 30 25	377375	79.6	-9.7	1899.82	0.411	100.2	3486
02/10/2014	18 46 36	-17 45 20	373335	92.4	-10.2	1920.38	0.522	87.5	3524
03/10/2014	19 44 47	-15 54 50	369538	105.5	-10.7	1940.11	0.634	74.4	3560
04/10/2014	20 42 49	-13 03 27	366269	118.8	-11.1	1957.43	0.742	61.1	3592
05/10/2014	21 40 19	-09 20 54	363849	132.4	-11.5	1970.45	0.838	47.5	3615
06/10/2014	22 37 12	-05 01 25	362594	146.2	-11.8	1977.27	0.916	33.8	3628
07/10/2014	23 33 34	-00 22 29	362745	160.0	-12.2	1976.45	0.970	19.9	3626
08/10/2014	00 29 39	+04 16 40	364416	173.8	-12.6	1967.38	0.997	6.2	3610
09/10/2014	01 25 40	+08 37 11	367555	172.6	-12.5	1950.58	0.996	7.4	3579
10/10/2014	02 21 42	+12 22 23	371942	159.3	-12.2	1927.58	0.968	20.6	3537
11/10/2014	03 17 37	+15 19 25	377216	146.4	-11.9	1900.63	0.917	33.5	3487
12/10/2014	04 13 07	+17 20 17	382936	133.9	-11.5	1872.23	0.848	45.9	3435
13/10/2014	05 07 45	+18 21 59	388639	121.9	-11.2	1844.76	0.765	58.0	3385
14/10/2014	06 01 06	+18 25 45	393897	110.2	-10.8	1820.13	0.674	69.6	3340
15/10/2014	06 52 50	+17 36 03	398353	98.9	-10.5	1799.77	0.579	81.0	3302
16/10/2014	07 42 51	+15 59 06	401749	87.8	-10.0	1784.56	0.482	92.0	3274
17/10/2014	08 31 13	+13 41 54	403933	76.9	-9.6	1774.92	0.388	103.0	3257
18/10/2014	09 18 15	+10 51 33	404858	66.0	-9.1	1770.86	0.298	113.8	3249
19/10/2014	10 04 19	+07 35 01	404574	55.2	-8.5	1772.10	0.216	124.7	3251

16

Date	A.R.	Decl.	Dist.	El	Mag	Diam	Phase	Ph Ang	H.
20/10/2014	10 49 57	+03 59 16	403214	44.3	-7.9	1778.08	0.143	135.6	3262
21/10/2014	11 35 41	+00 11 36	400968	33.2	-7.1	1788.04	0.082	146.7	3281
22/10/2014	12 22 05	-03 39 55	398066	22.0	-6.1	1801.07	0.037	157.9	3305
23/10/2014	13 09 42	-07 26 10	394746	10.6	-5.0	1816.22	0.009	169.4	3332
24/10/2014	13 58 59	-10 56 44	391234	1.5	-4.0	1832.52	0.000	178.5	3362
25/10/2014	14 50 17	-14 00 05	387716	13.0	-5.3	1849.15	0.013	166.9	3393
26/10/2014	15 43 42	-16 24 15	384329	25.1	-6.4	1865.45	0.048	154.8	3423
27/10/2014	16 39 04	-17 57 58	381154	37.4	-7.4	1880.99	0.104	142.5	3451
28/10/2014	17 35 55	-18 32 19	378228	50.0	-8.2	1895.54	0.179	129.9	3478
29/10/2014	18 33 31	-18 02 17	375564	62.6	-8.9	1908.98	0.271	117.2	3503
30/10/2014	19 31 08	-16 27 44	373176	75.5	-9.5	1921.20	0.376	104.4	3525
31/10/2014	20 28 11	-13 53 33	371104	88.5	-10.1	1931.93	0.488	91.4	3545
01/11/2014	21 24 21	-10 28 53	369436	101.6	-10.5	1940.65	0.602	78.3	3561
02/11/2014	22 19 39	-06 26 09	368305	114.3	-11.0	1946.61	0.711	65.0	3572
03/11/2014	23 14 22	-02 00 00	367878	128.2	-11.4	1948.87	0.810	51.7	3576
04/11/2014	00 08 52	+02 33 26	368322	141.5	-11.7	1946.52	0.892	38.4	3572
05/11/2014	01 03 33	+06 57 25	369764	154.8	-12.1	1938.93	0.953	25.1	3558
06/11/2014	01 58 43	+10 55 36	372247	167.9	-12.4	1925.99	0.989	12.1	3534
07/11/2014	02 54 22	+14 13 22	375705	177.5	-12.7	1908.27	1.000	2.5	3501
08/11/2014	03 50 15	+16 39 26	379952	166.1	-12.4	1886.94	0.985	13.9	3462
09/11/2014	04 45 53	+18 07 03	384704	153.8	-12.0	1863.63	0.949	26.1	3419
10/11/2014	05 40 38	+18 34 28	389604	141.9	-11.7	1840.19	0.894	38.1	3376
11/11/2014	06 33 56	+18 04 28	394275	130.2	-11.4	1818.39	0.824	49.7	3336
12/11/2014	07 25 24	+16 43 02	398354	118.9	-11.1	1799.77	0.743	61.0	3302
13/11/2014	08 14 57	+14 37 51	401529	107.8	-10.7	1785.54	0.654	72.1	3276
14/11/2014	09 02 44	+11 56 56	403567	96.9	-10.4	1776.52	0.561	83.0	3260
15/11/2014	09 49 10	+08 47 59	404331	86.1	-10.0	1773.16	0.467	93.8	3253
16/11/2014	10 34 46	+05 18 12	403784	75.2	-9.5	1775.57	0.374	104.6	3258
17/11/2014	11 20 09	+01 34 27	401992	64.3	-9.0	1783.48	0.285	115.5	3272
18/11/2014	12 05 59	-02 16 04	399116	53.3	-8.4	1796.34	0.202	126.6	3296
19/11/2014	12 52 56	-06 05 24	395400	42.0	-7.7	1813.22	0.129	137.9	3327
20/11/2014	13 41 36	-09 44 04	391148	30.5	-6.9	1832.93	0.070	149.4	3363
21/11/2014	14 32 30	-13 00 54	386695	18.7	-5.8	1854.03	0.027	161.2	3402
22/11/2014	15 25 55	-15 43 12	382374	7.1	-4.7	1874.99	0.004	172.9	3440
23/11/2014	16 21 45	-17 37 55	378475	7.1	-4.7	1894.30	0.004	172.9	3476
24/11/2014	17 19 32	-18 33 34	375217	19.3	-5.9	1910.75	0.028	160.7	3506
25/11/2014	18 18 24	-18 22 41	372728	32.1	-7.0	1923.51	0.077	147.8	3529
26/11/2014	19 17 19	-17 03 47	371039	45.1	-7.9	1932.27	0.148	134.8	3545
27/11/2014	20 15 24	-14 41 48	370103	58.2	-8.7	1937.15	0.238	121.7	3554
28/11/2014	21 12 07	-11 26 55	369827	71.4	-9.3	1938.60	0.341	108.5	3557
29/11/2014	22 07 22	-07 32 36	370107	84.5	-9.9	1937.13	0.453	95.4	3554
30/11/2014	23 01 24	-03 13 45	370862	97.6	-10.4	1933.19	0.567	82.3	3547
01/12/2014	23 54 44	+01 14 27	372049	110.6	-10.8	1927.02	0.677	69.3	3536
02/12/2014	00 47 54	+05 37 05	373667	123.5	-11.2	1918.68	0.777	56.4	3520
03/12/2014	01 41 23	+09 39 46	375745	136.3	-11.6	1908.07	0.862	43.6	3501
04/12/2014	02 35 30	+13 09 03	378309	148.9	-11.9	1895.13	0.928	31.1	3477
05/12/2014	03 30 16	+15 53 16	381359	161.2	-12.2	1879.98	0.973	18.8	3449
06/12/2014	04 25 23	+17 43 39	384839	172.6	-12.5	1862.97	0.996	7.4	3418
07/12/2014	05 20 19	+18 35 27	388625	172.7	-12.5	1844.82	0.996	7.3	3385
08/12/2014	06 14 21	+18 28 26	392524	161.7	-12.3	1826.50	0.975	18.2	3351
09/12/2014	07 06 56	+17 26 34	396289	150.4	-12.0	1809.15	0.935	29.5	3319
10/12/2014	07 57 42	+15 36 43	399640	139.2	-11.7	1793.98	0.879	40.7	3292
11/12/2014	08 46 33	+13 07 18	402298	128.2	-11.4	1782.13	0.810	51.7	3270
12/12/2014	09 33 42	+10 06 55	404011	117.3	-11.0	1774.57	0.731	62.5	3256
13/12/2014	10 19 35	+06 43 39	404579	106.6	-10.7	1772.08	0.644	73.3	3251
14/12/2014	11 04 46	+03 04 54	403882	95.8	-10.3	1775.14	0.552	84.1	3257
15/12/2014	11 49 56	-00 42 20	401890	84.9	-9.9	1783.94	0.457	94.9	3273
16/12/2014	12 35 47	-04 30 57	398674	73.9	-9.5	1798.32	0.363	105.9	3300
17/12/2014	13 23 02	-08 13 00	394416	62.7	-8.9	1817.74	0.272	117.2	3335
18/12/2014	14 12 23	-11 38 59	389396	51.1	-8.3	1841.17	0.187	128.7	3378
19/12/2014	15 04 21	-14 37 32	383982	39.3	-7.5	1867.14	0.113	140.6	3426
20/12/2014	15 59 13	-16 55 30	378594	27.0	-6.6	1893.71	0.055	152.9	3475
21/12/2014	16 56 48	-18 19 25	373670	14.7	-5.4	1918.66	0.016	165.3	3520
22/12/2014	17 56 26	-18 37 54	369604	4.9	-4.4	1939.77	0.002	175.1	3559
23/12/2014	18 57 01	-17 44 56	366696	13.5	-5.3	1955.15	0.014	166.5	3587
24/12/2014	19 57 19	-15 42 00	365110	26.6	-6.5	1963.64	0.053	153.3	3603
25/12/2014	20 56 21	-12 38 17	364854	40.0	-7.6	1965.02	0.118	139.9	3605
26/12/2014	21 53 37	-08 48 27	365800	53.5	-8.4	1959.94	0.203	126.4	3596
27/12/2014	22 49 06	-04 29 46	367721	66.8	-9.1	1949.70	0.304	113.0	3577
28/12/2014	23 43 11	+00 00 31	370349	80.0	-9.7	1935.86	0.414	99.9	3552
29/12/2014	00 36 24	+04 26 29	373426	92.9	-10.2	1919.92	0.527	86.9	3523
30/12/2014	01 29 19	+08 34 00	376741	105.6	-10.7	1903.02	0.636	74.2	3492
31/12/2014	02 22 24	+12 10 46	380150	118.1	-11.1	1885.96	0.736	61.8	3460

Date	A.R.	Decl.	Dist.	El	Mag	Diam	Phase	Ph Ang	H.
01/01/2015	03 15 55	+15 06 18	383566	130.3	-11.4	1869.16	0.824	49.6	3430
02/01/2015	04 09 50	+17 12 17	386950	142.3	-11.7	1852.81	0.896	37.6	3400
03/01/2015	05 03 52	+18 23 14	390280	154.0	-12.1	1837.00	0.950	25.9	3371
04/01/2015	05 57 30	+18 37 06	393527	165.3	-12.3	1821.85	0.984	14.6	3343
05/01/2015	06 50 12	+17 55 35	396633	174.5	-12.6	1807.58	0.998	5.5	3317
06/01/2015	07 41 28	+16 23 39	399499	169.7	-12.5	1794.61	0.992	10.3	3293
07/01/2015	08 31 03	+14 08 36	401987	159.3	-12.2	1783.51	0.968	20.7	3272
08/01/2015	09 18 57	+11 18 56	403921	148.5	-11.9	1774.96	0.927	31.4	3257
09/01/2015	10 05 23	+08 03 19	405113	137.8	-11.6	1769.74	0.871	42.1	3247
10/01/2015	10 50 48	+04 30 00	405377	127.0	-11.3	1768.59	0.802	52.9	3245
11/01/2015	11 35 43	+00 46 36	404560	116.3	-11.0	1772.16	0.723	63.6	3252
12/01/2015	12 20 48	-02 59 37	402561	105.5	-10.7	1780.96	0.635	74.4	3268
13/01/2015	13 06 44	-06 41 20	399360	94.5	-10.3	1795.24	0.541	85.3	3294
14/01/2015	13 54 13	-10 10 31	395029	83.3	-9.9	1814.92	0.443	96.5	3330
15/01/2015	14 43 55	-13 17 49	389755	71.8	-9.4	1839.48	0.345	108.0	3375
16/01/2015	15 36 21	-15 52 13	383836	60.0	-8.8	1867.85	0.251	119.9	3427
17/01/2015	16 31 44	-17 41 12	377675	47.7	-8.1	1898.32	0.164	132.2	3483
18/01/2015	17 29 54	-18 32 08	371754	35.0	-7.2	1928.55	0.091	144.9	3539
19/01/2015	18 30 09	-18 14 50	366584	21.9	-6.1	1955.75	0.036	158.0	3588
20/01/2015	19 31 23	-16 44 47	362637	9.1	-4.9	1977.03	0.006	170.8	3628
21/01/2015	20 32 24	-14 05 33	360271	7.8	-4.7	1990.02	0.005	172.2	3651
22/01/2015	21 32 15	-10 28 53	359667	20.7	-6.0	1993.36	0.032	159.2	3657
23/01/2015	22 30 28	-06 12 28	360798	34.5	-7.2	1987.11	0.088	145.5	3646
24/01/2015	23 27 01	-01 36 23	363447	48.2	-8.1	1972.63	0.167	131.7	3619
25/01/2015	00 22 13	+02 59 53	367259	61.6	-8.9	1952.15	0.263	118.3	3582
26/01/2015	01 16 32	+07 19 25	371821	74.7	-9.5	1928.20	0.370	105.1	3538
27/01/2015	02 10 22	+11 08 26	376729	87.5	-10.0	1903.08	0.479	92.4	3492
28/01/2015	03 04 04	+14 16 16	381645	99.9	-10.5	1878.57	0.587	80.0	3447
29/01/2015	03 57 43	+16 35 18	386316	112.0	-10.9	1855.86	0.688	67.9	3405
30/01/2015	04 51 14	+18 00 43	390582	123.8	-11.2	1835.58	0.779	56.1	3368
31/01/2015	05 44 20	+18 30 37	394364	135.3	-11.6	1817.98	0.856	44.6	3336
01/02/2015	06 36 37	+18 00 63	397635	146.6	-11.9	1803.02	0.918	33.3	3308
02/02/2015	07 27 44	+16 50 46	400397	157.7	-12.2	1790.59	0.963	22.3	3285
03/02/2015	08 17 26	+14 50 44	402654	168.4	-12.4	1780.55	0.990	11.6	3267
04/02/2015	09 05 39	+12 13 27	404394	175.8	-12.6	1772.89	0.999	4.2	3253
05/02/2015	09 52 30	+09 07 06	405574	168.2	-12.4	1767.73	0.989	11.8	3243
06/02/2015	10 38 16	+05 40 04	406122	157.7	-12.2	1765.34	0.963	22.2	3239
07/02/2015	11 23 22	+02 00 30	405938	147.0	-11.9	1766.15	0.920	32.9	3240
08/02/2015	12 08 19	-01 43 41	404911	136.3	-11.6	1770.63	0.862	43.6	3249
09/02/2015	12 53 41	-05 24 53	402940	125.4	-11.3	1779.29	0.791	54.4	3265
10/02/2015	13 40 03	-08 55 14	399956	114.5	-11.0	1792.56	0.708	65.4	3289
11/02/2015	14 28 03	-12 06 24	395952	103.3	-10.6	1810.69	0.616	76.6	3322
12/02/2015	15 18 11	-14 49 06	391001	91.9	-10.2	1833.62	0.518	88.0	3364
13/02/2015	16 10 51	-16 53 01	385283	80.1	-9.7	1860.83	0.415	99.8	3414
14/02/2015	17 06 10	-18 07 11	379091	67.9	-9.2	1891.22	0.313	112.0	3470
15/02/2015	18 03 54	-18 21 16	372832	55.2	-8.5	1922.97	0.215	124.7	3528
16/02/2015	19 03 27	-17 27 43	366999	42.1	-7.7	1953.53	0.129	137.8	3584
17/02/2015	20 03 54	-15 24 21	362124	28.5	-6.7	1979.83	0.061	151.4	3633
18/02/2015	21 04 21	-12 16 22	358700	14.7	-5.5	1998.74	0.016	165.2	3667
19/02/2015	22 04 05	-08 16 32	357092	3.4	-4.2	2007.74	0.001	176.6	3684
20/02/2015	23 02 46	-03 43 29	357467	14.5	-5.4	2005.63	0.016	165.4	3680
21/02/2015	00 00 22	+01 01 22	359756	28.5	-6.7	1992.87	0.061	151.5	3657
22/02/2015	00 57 02	+05 37 08	363672	42.3	-7.7	1971.41	0.131	137.6	3617
23/02/2015	01 53 03	+09 45 45	368778	55.7	-8.6	1944.11	0.219	124.2	3567
24/02/2015	02 48 33	+13 13 23	374568	68.7	-9.2	1914.06	0.319	111.2	3512
25/02/2015	03 43 37	+15 50 41	380554	81.3	-9.8	1883.95	0.425	98.6	3457
26/02/2015	04 38 05	+17 32 30	386322	93.4	-10.3	1855.83	0.531	86.5	3405
27/02/2015	05 31 45	+18 17 24	391559	105.1	-10.7	1831.00	0.632	74.7	3360
28/02/2015	06 24 19	+18 07 02	396067	116.6	-11.0	1810.16	0.725	63.2	3321
01/03/2015	07 15 33	+17 05 25	399744	127.8	-11.3	1793.51	0.808	52.0	3291
02/03/2015	08 05 18	+15 18 18	402569	138.9	-11.7	1780.93	0.877	41.0	3268
03/03/2015	08 53 35	+12 52 35	404573	149.8	-11.9	1772.10	0.933	30.1	3251
04/03/2015	09 40 33	+09 55 47	405814	160.7	-12.2	1766.69	0.972	19.3	3241
05/03/2015	10 26 31	+06 35 44	406352	171.3	-12.5	1764.35	0.994	8.6	3237
06/03/2015	11 11 49	+03 00 22	406234	176.7	-12.6	1764.86	0.999	3.3	3238
07/03/2015	11 56 55	-00 42 16	405477	166.5	-12.4	1768.15	0.986	13.5	3244
08/03/2015	12 42 17	-04 24 08	404072	155.6	-12.1	1774.30	0.956	24.3	3255
09/03/2015	13 28 25	-07 56 58	401986	144.7	-11.8	1783.51	0.908	35.2	3272
10/03/2015	14 15 48	-11 12 13	399177	133.6	-11.5	1796.06	0.845	46.3	3295
11/03/2015	15 04 52	-14 00 58	395617	122.3	-11.2	1812.22	0.768	57.6	3325
12/03/2015	15 55 55	-16 13 56	391315	110.8	-10.8	1832.14	0.678	69.1	3362
13/03/2015	16 49 06	-17 41 42	386346	99.0	-10.5	1855.71	0.579	80.9	3405
14/03/2015	17 44 21	-18 15 28	380874	86.8	-10.0	1882.37	0.474	93.0	3454

18

Date	A.R.	Decl.	Dist.	El	Mag	Diam	Phase	Ph Ang	H.
15/03/2015	18 41 17	-17 48 13	375164	74.3	-9.5	1911.02	0.366	105.6	3506
16/03/2015	19 39 24	-16 16 15	369586	61.3	-8.8	1939.86	0.261	118.6	3559
17/03/2015	20 38 04	-13 40 49	364589	47.9	-8.1	1966.45	0.165	132.0	3608
18/03/2015	21 36 47	-10 09 03	360656	34.1	-7.1	1987.89	0.086	145.8	3647
19/03/2015	22 35 14	-05 54 07	358227	20.0	-6.0	2001.37	0.030	159.9	3672
20/03/2015	23 33 19	-01 14 06	357615	5.9	-4.5	2004.80	0.003	174.1	3678
21/03/2015	00 31 06	+03 30 07	358939	8.5	-4.8	1997.40	0.005	171.5	3665
22/03/2015	01 28 41	+07 57 33	362087	22.4	-6.2	1980.04	0.038	157.5	3633
23/03/2015	02 26 07	+11 49 49	366741	36.1	-7.3	1954.91	0.096	143.8	3587
24/03/2015	03 23 15	+14 52 59	372440	49.3	-8.2	1925.00	0.175	130.5	3532
25/03/2015	04 19 48	+16 58 40	378660	62.1	-8.9	1893.38	0.267	117.8	3474
26/03/2015	05 15 20	+18 03 49	384896	74.4	-9.5	1862.70	0.367	105.5	3418
27/03/2015	06 09 27	+18 09 58	390714	86.3	-10.0	1834.96	0.469	93.6	3367
28/03/2015	07 01 51	+17 21 49	395787	97.8	-10.4	1811.44	0.569	82.1	3324
29/03/2015	07 52 25	+15 45 59	399901	109.0	-10.8	1792.81	0.664	70.8	3289
30/03/2015	08 41 12	+13 29 57	402952	120.0	-11.1	1779.23	0.751	59.8	3265
31/03/2015	09 28 28	+10 41 20	404927	130.9	-11.4	1770.56	0.828	48.9	3249
01/04/2015	10 14 34	+07 27 43	405883	141.8	-11.7	1766.39	0.893	38.1	3241
02/04/2015	10 59 57	+03 56 35	405924	152.6	-12.0	1766.21	0.944	27.3	3241
03/04/2015	11 45 06	+00 15 31	405176	163.5	-12.3	1769.47	0.980	16.4	3247
04/04/2015	12 30 31	-03 27 35	403762	174.5	-12.6	1775.66	0.998	5.5	3258
05/04/2015	13 16 42	-07 04 24	401790	174.4	-12.6	1784.38	0.998	5.5	3274
06/04/2015	14 04 05	-10 25 58	399339	163.2	-12.3	1795.33	0.979	16.7	3294
07/04/2015	14 53 01	-13 22 55	396455	151.9	-12.0	1808.39	0.941	28.0	3318
08/04/2015	15 43 45	-15 45 35	393163	140.4	-11.7	1823.53	0.886	39.5	3346
09/04/2015	16 36 19	-17 24 39	389476	128.7	-11.4	1840.80	0.813	51.2	3377
10/04/2015	17 30 34	-18 11 52	385423	116.7	-11.0	1860.15	0.726	63.2	3413
11/04/2015	18 26 06	-18 01 05	381073	104.5	-10.6	1881.39	0.626	75.4	3452
12/04/2015	19 22 28	-16 49 16	376555	92.0	-10.2	1903.96	0.519	87.9	3493
13/04/2015	20 19 11	-14 37 15	372080	79.1	-9.7	1926.86	0.407	100.7	3535
14/04/2015	21 15 55	-11 30 13	367937	66.0	-9.1	1948.55	0.297	113.9	3575
15/04/2015	22 12 29	-07 37 43	364478	52.5	-8.4	1967.05	0.196	127.4	3609
16/04/2015	23 09 00	-03 13 24	362071	38.7	-7.5	1980.13	0.110	141.2	3633
17/04/2015	00 05 39	+01 25 38	361042	24.8	-6.4	1985.77	0.046	155.1	3644
18/04/2015	01 02 40	+06 00 13	361606	10.9	-5.1	1982.67	0.009	169.0	3638
19/04/2015	02 00 12	+10 10 51	363810	3.5	-4.3	1970.66	0.001	176.5	3616
20/04/2015	02 58 08	+13 40 04	367515	16.8	-5.6	1950.79	0.021	163.2	3579
21/04/2015	03 56 08	+16 14 41	372409	30.0	-6.8	1925.16	0.067	149.9	3532
22/04/2015	04 53 35	+17 47 20	378065	42.8	-7.8	1896.35	0.134	137.1	3479
23/04/2015	05 49 49	+18 16 44	384004	55.2	-8.5	1867.03	0.216	124.7	3426
24/04/2015	06 44 15	+17 46 40	389757	67.2	-9.2	1839.47	0.307	112.7	3375
25/04/2015	07 36 33	+16 24 12	394922	78.8	-9.7	1815.41	0.404	101.1	3331
26/04/2015	08 26 40	+14 17 57	399187	90.0	-10.1	1796.01	0.502	89.8	3295
27/04/2015	09 14 50	+11 36 37	402348	101.1	-10.5	1781.90	0.597	78.8	3269
28/04/2015	10 01 26	+08 28 27	404308	112.0	-10.9	1773.27	0.688	67.9	3254
29/04/2015	10 47 00	+05 01 03	405068	122.8	-11.2	1769.94	0.772	57.0	3247
30/04/2015	11 32 08	+01 21 42	404711	133.7	-11.5	1771.50	0.846	46.2	3250
01/05/2015	12 17 24	-02 22 16	403382	144.6	-11.8	1777.34	0.908	35.3	3261
02/05/2015	13 03 24	-06 03 03	401268	155.6	-12.1	1786.70	0.956	24.3	3278
03/05/2015	13 50 39	-09 31 59	398570	166.7	-12.4	1798.79	0.987	13.2	3300
04/05/2015	14 39 33	-12 39 26	395484	176.7	-12.6	1812.83	0.999	3.3	3326
05/05/2015	15 30 23	-15 15 06	392178	169.5	-12.5	1828.11	0.992	10.5	3354
06/05/2015	16 23 10	-17 08 39	388782	157.9	-12.2	1844.08	0.963	22.1	3384
07/05/2015	17 17 40	-18 10 49	385385	145.9	-11.8	1860.33	0.914	34.0	3413
08/05/2015	18 13 23	-18 14 51	382042	133.7	-11.5	1876.62	0.846	46.2	3443
09/05/2015	19 09 40	-17 17 40	378788	121.3	-11.2	1892.74	0.760	58.6	3473
10/05/2015	20 05 57	-15 20 33	375663	108.6	-10.8	1908.48	0.661	71.3	3502
11/05/2015	21 01 48	-12 29 02	372737	95.7	-10.3	1923.46	0.551	84.1	3529
12/05/2015	21 57 05	-08 52 15	370126	82.7	-9.8	1937.03	0.438	97.2	3554
13/05/2015	22 51 56	-04 42 17	367997	69.4	-9.3	1948.24	0.325	110.4	3575
14/05/2015	23 46 43	-00 13 29	366557	56.0	-8.6	1955.89	0.222	123.8	3589
15/05/2015	00 41 51	+04 18 03	366024	42.6	-7.7	1958.74	0.132	137.3	3594
16/05/2015	01 37 43	+08 35 08	366580	29.1	-6.7	1955.77	0.063	150.8	3588
17/05/2015	02 34 29	+12 20 44	368329	15.8	-5.6	1946.48	0.019	164.1	3571
18/05/2015	03 32 01	+15 19 41	371256	4.3	-4.4	1931.14	0.001	175.7	3543
19/05/2015	04 29 51	+17 20 44	375212	11.6	-5.1	1910.78	0.010	168.4	3506
20/05/2015	05 27 14	+18 18 14	379928	24.0	-6.3	1887.06	0.043	155.9	3462
21/05/2015	06 23 21	+18 12 32	385046	36.2	-7.3	1861.97	0.097	143.7	3416
22/05/2015	07 17 31	+17 09 02	390169	48.1	-8.1	1837.53	0.167	131.7	3371
23/05/2015	08 09 24	+15 16 19	394903	59.7	-8.8	1815.50	0.249	120.1	3331
24/05/2015	08 59 01	+12 44 07	398902	71.0	-9.3	1797.30	0.339	108.8	3298
25/05/2015	09 46 39	+09 41 55	401894	82.1	-9.8	1783.92	0.433	97.7	3273
26/05/2015	10 32 47	+06 10 19	403700	93.0	-10.2	1775.94	0.528	86.8	3258

19

Date	A.R.	Decl.	Dist.	El	Mag	Diam	Phase	Ph Ang	H.
27/05/2015	11 18 04	+02 41 00	404240	103.9	-10.6	1773.56	0.621	76.0	3254
28/05/2015	12 03 08	-01 02 53	403534	114.8	-11.0	1776.67	0.710	65.1	3260
29/05/2015	12 48 40	-04 46 11	401691	125.7	-11.3	1784.82	0.793	54.2	3275
30/05/2015	13 35 18	-08 21 02	398899	136.8	-11.6	1797.31	0.865	43.1	3298
31/05/2015	14 23 38	-11 38 33	395406	148.1	-11.9	1813.19	0.925	31.8	3327
01/06/2015	15 14 03	-14 28 33	391491	159.5	-12.2	1831.32	0.969	20.4	3360
02/06/2015	16 06 44	-16 40 00	387439	170.8	-12.5	1850.47	0.994	9.2	3395
03/06/2015	17 01 33	-18 02 05	383514	173.9	-12.6	1869.41	0.997	6.1	3430
04/06/2015	17 58 00	-18 25 54	379928	162.8	-12.3	1887.06	0.978	17.1	3462
05/06/2015	18 55 19	-17 46 25	376829	150.4	-12.0	1902.57	0.935	29.5	3491
06/06/2015	19 52 40	-16 03 48	374295	137.7	-11.6	1915.46	0.870	42.2	3515
07/06/2015	20 49 21	-13 23 38	372341	124.8	-11.3	1925.51	0.786	55.1	3533
08/06/2015	21 45 03	-09 55 51	370947	111.7	-10.9	1932.75	0.686	68.1	3546
09/06/2015	22 39 45	-05 53 20	370079	98.6	-10.4	1937.28	0.576	81.3	3555
10/06/2015	23 33 48	-01 30 30	369721	85.4	-10.0	1939.16	0.461	94.4	3558
11/06/2015	00 27 40	+02 57 33	369883	72.3	-9.4	1938.30	0.349	107.6	3556
12/06/2015	01 21 53	+07 15 30	370612	59.1	-8.7	1934.49	0.244	120.8	3549
13/06/2015	02 16 51	+11 08 14	371967	46.0	-8.0	1927.45	0.154	133.9	3537
14/06/2015	03 12 45	+14 21 38	374002	33.1	-7.0	1916.96	0.082	146.8	3517
15/06/2015	04 09 24	+16 43 44	376732	20.5	-6.0	1903.06	0.032	159.5	3492
16/06/2015	05 06 18	+18 06 23	380107	8.7	-4.8	1886.17	0.006	171.2	3461
17/06/2015	06 02 41	+18 26 27	383996	7.1	-4.7	1867.07	0.004	172.8	3426
18/06/2015	06 57 46	+17 46 07	388191	18.0	-5.8	1846.89	0.025	162.0	3389
19/06/2015	07 50 55	+16 11 57	392425	29.6	-6.8	1826.97	0.065	150.4	3352
20/06/2015	08 41 54	+13 53 11	396392	41.0	-7.6	1808.68	0.123	138.9	3319
21/06/2015	09 30 43	+10 59 56	399788	52.2	-8.3	1793.31	0.194	127.7	3290
22/06/2015	10 17 45	+07 41 51	402337	63.2	-9.0	1781.96	0.276	116.6	3269
23/06/2015	11 03 28	+04 07 38	403815	74.2	-9.5	1775.43	0.365	105.7	3258
24/06/2015	11 48 33	+00 24 60	404077	85.0	-9.9	1774.28	0.458	94.8	3255
25/06/2015	12 33 39	-03 18 54	403066	95.9	-10.3	1778.73	0.553	84.0	3264
26/06/2015	13 19 28	-06 56 55	400823	106.8	-10.7	1788.68	0.646	73.0	3282
27/06/2015	14 06 41	-10 21 12	397487	118.0	-11.1	1803.70	0.736	61.9	3309
28/06/2015	14 55 53	-13 22 44	393287	129.4	-11.4	1822.96	0.818	50.5	3345
29/06/2015	15 47 29	-15 51 09	388529	141.1	-11.7	1845.28	0.889	38.9	3386
30/06/2015	16 41 35	-17 35 12	383574	153.0	-12.0	1869.12	0.946	26.9	3429
01/07/2015	17 37 58	-18 24 09	378798	165.1	-12.3	1892.68	0.983	14.9	3473
02/07/2015	18 35 56	-18 09 48	374556	174.8	-12.6	1914.12	0.998	5.1	3512
03/07/2015	19 34 36	-16 48 57	371135	167.2	-12.4	1931.76	0.988	12.8	3544
04/07/2015	20 33 00	-14 24 46	368726	154.4	-12.1	1944.39	0.951	25.5	3568
05/07/2015	21 30 27	-11 06 32	367399	141.2	-11.7	1951.41	0.890	38.7	3580
06/07/2015	22 26 40	-07 08 07	367114	127.8	-11.3	1952.92	0.807	52.1	3583
07/07/2015	23 21 44	-02 45 37	367748	114.5	-11.0	1949.56	0.708	65.4	3577
08/07/2015	00 16 00	+01 44 21	369128	101.2	-10.5	1942.27	0.598	78.7	3564
09/07/2015	01 10 01	+06 05 57	371080	88.0	-10.1	1932.05	0.484	91.8	3545
10/07/2015	02 04 14	+10 04 34	373454	75.0	-9.5	1919.77	0.372	104.8	3522
11/07/2015	02 58 58	+13 27 09	376146	62.2	-8.9	1906.03	0.268	117.6	3497
12/07/2015	03 54 20	+16 02 43	379090	49.6	-8.2	1891.23	0.177	130.2	3470
13/07/2015	04 50 04	+17 43 09	382249	37.3	-7.4	1875.60	0.103	142.7	3441
14/07/2015	05 45 40	+18 24 02	385589	25.2	-6.4	1859.35	0.048	154.8	3412
15/07/2015	06 40 29	+18 05 21	389056	13.5	-5.3	1842.78	0.014	166.4	3381
16/07/2015	07 33 53	+16 51 14	392561	4.8	-4.4	1826.33	0.002	175.2	3351
17/07/2015	08 25 29	+14 49 07	395968	11.8	-5.2	1810.62	0.011	168.2	3322
18/07/2015	09 15 06	+12 08 19	399099	22.6	-6.2	1796.41	0.039	157.3	3296
19/07/2015	10 02 53	+08 58 40	401744	33.7	-7.1	1784.58	0.084	146.2	3274
20/07/2015	10 49 11	+05 29 34	403686	44.6	-7.9	1776.00	0.145	135.3	3259
21/07/2015	11 34 31	+01 49 36	404716	55.5	-8.5	1771.48	0.218	124.4	3250
22/07/2015	12 19 27	-01 53 31	404665	66.3	-9.1	1771.70	0.300	113.5	3251
23/07/2015	13 04 40	-05 32 34	403422	77.2	-9.6	1777.16	0.390	102.7	3261
24/07/2015	13 50 49	-09 00 13	400955	88.1	-10.1	1788.10	0.485	91.7	3281
25/07/2015	14 38 32	-12 08 38	397325	99.3	-10.5	1804.43	0.582	80.6	3311
26/07/2015	15 28 21	-14 48 52	392697	110.7	-10.8	1825.70	0.678	69.2	3350
27/07/2015	16 20 38	-16 50 52	387337	122.4	-11.2	1850.96	0.769	57.5	3396
28/07/2015	17 15 28	-18 03 58	381608	134.5	-11.5	1878.75	0.851	45.4	3447
29/07/2015	18 12 33	-18 18 19	375939	147.0	-11.9	1907.08	0.920	32.9	3499
30/07/2015	19 11 12	-17 27 06	370789	159.9	-12.2	1933.57	0.970	20.1	3548
31/07/2015	20 10 31	-15 28 55	366589	172.5	-12.5	1955.72	0.996	7.5	3588
01/08/2015	21 09 36	-12 29 15	363683	171.5	-12.5	1971.35	0.995	8.4	3617
02/08/2015	22 07 50	-08 40 07	362271	158.4	-12.2	1979.03	0.965	21.6	3631
03/08/2015	23 04 58	-04 18 17	362388	144.7	-11.8	1978.39	0.908	35.2	3630
04/08/2015	00 01 06	+00 17 25	363901	131.0	-11.4	1970.17	0.828	48.9	3615
05/08/2015	00 56 32	+04 48 27	366555	117.4	-11.0	1955.90	0.731	62.5	3589
06/08/2015	01 51 40	+08 58 07	370031	104.1	-10.6	1937.53	0.623	75.8	3555
07/08/2015	02 46 48	+12 32 26	374003	91.1	-10.2	1916.95	0.511	88.8	3517

20

Date	A.R.	Decl.	Dist.	El	Mag	Diam	Phase	Ph Ang	H.
08/08/2015	03 42 04	+15 20 31	378186	78.4	-9.7	1895.75	0.401	101.5	3478
09/08/2015	04 37 22	+17 14 44	382363	66.0	-9.1	1875.04	0.297	113.9	3440
10/08/2015	05 32 25	+18 11 04	386386	53.8	-8.4	1855.52	0.206	126.1	3404
11/08/2015	06 26 43	+18 09 08	390172	41.9	-7.7	1837.51	0.129	138.0	3371
12/08/2015	07 19 49	+17 12 03	393673	30.3	-6.8	1821.17	0.068	149.7	3341
13/08/2015	08 11 21	+15 25 52	396859	18.9	-5.8	1806.55	0.027	161.1	3315
14/08/2015	09 01 09	+12 58 36	399693	7.9	-4.8	1793.74	0.005	172.0	3291
15/08/2015	09 49 17	+09 59 20	402113	5.2	-4.5	1782.95	0.002	174.8	3271
16/08/2015	10 35 57	+06 37 16	404027	15.4	-5.5	1774.50	0.018	164.6	3256
17/08/2015	11 21 34	+03 01 18	405317	26.2	-6.5	1768.85	0.052	153.7	3245
18/08/2015	12 06 36	-00 40 14	405843	37.0	-7.3	1766.56	0.101	142.9	3241
19/08/2015	12 51 35	-04 19 36	405465	47.8	-8.1	1768.21	0.165	132.0	3244
20/08/2015	13 37 07	-07 49 18	404064	58.7	-8.7	1774.34	0.241	121.2	3256
21/08/2015	14 23 44	-11 01 48	401562	69.6	-9.3	1785.39	0.327	110.2	3276
22/08/2015	15 11 59	-13 49 10	397949	80.8	-9.8	1801.60	0.421	99.1	3306
23/08/2015	16 02 18	-16 02 44	393304	92.1	-10.2	1822.88	0.520	87.7	3345
24/08/2015	16 54 54	-17 33 17	387808	103.9	-10.6	1848.71	0.621	76.0	3392
25/08/2015	17 49 48	-18 11 35	381752	116.0	-11.0	1878.04	0.720	63.9	3446
26/08/2015	18 46 40	-17 49 43	375535	128.5	-11.4	1909.13	0.812	51.4	3503
27/08/2015	19 44 56	-16 23 03	369633	141.5	-11.7	1939.62	0.892	38.4	3559
28/08/2015	20 43 53	-13 52 09	364557	154.9	-12.1	1966.62	0.953	25.0	3608
29/08/2015	21 42 51	-10 24 06	360783	168.7	-12.4	1987.20	0.990	11.3	3646
30/08/2015	22 41 23	-06 12 23	358673	176.3	-12.6	1998.88	0.999	3.7	3668
31/08/2015	23 39 20	-01 35 21	358410	162.7	-12.3	2000.35	0.977	17.3	3670
01/09/2015	00 36 46	+03 06 20	359961	148.6	-11.9	1991.73	0.927	31.3	3654
02/09/2015	01 33 51	+07 32 29	363096	134.7	-11.5	1974.54	0.852	45.2	3623
03/09/2015	02 30 45	+11 25 33	367436	121.1	-11.2	1951.21	0.759	58.8	3580
04/09/2015	03 27 29	+14 32 06	372538	107.9	-10.8	1924.49	0.655	71.9	3531
05/09/2015	04 23 52	+16 43 19	377963	95.2	-10.3	1896.87	0.546	84.7	3480
06/09/2015	05 19 37	+17 55 04	383334	82.8	-9.8	1870.29	0.438	97.1	3432
07/09/2015	06 14 19	+18 07 26	388368	70.7	-9.3	1846.05	0.336	109.1	3387
08/09/2015	07 07 36	+17 23 54	392875	59.0	-8.7	1824.87	0.243	120.9	3348
09/09/2015	07 59 11	+15 50 31	396755	47.5	-8.1	1807.03	0.163	132.4	3316
10/09/2015	08 49 01	+13 34 53	399971	36.2	-7.3	1792.50	0.097	143.7	3289
11/09/2015	09 37 11	+10 45 25	402527	25.1	-6.4	1781.11	0.047	154.8	3268
12/09/2015	10 23 58	+07 30 45	404444	14.1	-5.4	1772.67	0.015	165.9	3252
13/09/2015	11 09 42	+03 59 26	405733	3.3	-4.2	1767.04	0.001	176.7	3242
14/09/2015	11 54 50	+00 19 47	406385	7.8	-4.7	1764.20	0.005	172.2	3237
15/09/2015	12 39 50	-03 20 05	406366	18.6	-5.8	1764.28	0.026	161.3	3237
16/09/2015	13 25 12	-06 52 20	405616	29.5	-6.8	1767.55	0.065	150.4	3243
17/09/2015	14 11 23	-10 09 06	404058	40.4	-7.6	1774.36	0.120	139.5	3256
18/09/2015	14 58 51	-13 02 26	401623	51.4	-8.3	1785.12	0.189	128.5	3275
19/09/2015	15 47 55	-15 24 15	398267	62.5	-8.9	1800.16	0.270	117.3	3303
20/09/2015	16 38 50	-17 06 23	393997	73.9	-9.5	1819.67	0.363	106.0	3339
21/09/2015	17 31 40	-18 00 52	388899	85.6	-10.0	1843.53	0.463	94.3	3382
22/09/2015	18 26 16	-18 00 41	383155	97.6	-10.4	1871.17	0.567	82.3	3433
23/09/2015	19 22 18	-17 00 49	377057	110.0	-10.8	1901.43	0.672	69.9	3489
24/09/2015	20 19 20	-14 59 36	371005	122.9	-11.2	1932.44	0.772	57.0	3546
25/09/2015	21 16 56	-11 59 57	365480	136.2	-11.6	1961.66	0.861	43.7	3599
26/09/2015	22 14 46	-08 10 15	360994	150.0	-11.9	1986.03	0.933	30.0	3644
27/09/2015	23 12 44	-03 44 25	358015	164.1	-12.3	2002.56	0.981	15.9	3674
28/09/2015	00 10 48	+00 59 01	356882	178.3	-12.7	2008.92	1.000	1.7	3686
29/09/2015	01 09 06	+05 38 57	357729	167.4	-12.4	2004.16	0.988	12.6	3677
30/09/2015	02 07 39	+09 54 19	360462	153.2	-12.0	1988.96	0.947	26.7	3649
01/10/2015	03 06 21	+13 26 56	364772	139.4	-11.7	1965.46	0.880	40.5	3606
02/10/2015	04 04 51	+16 03 45	370207	126.0	-11.3	1936.61	0.795	53.9	3553
03/10/2015	05 02 39	+17 37 53	376251	113.1	-10.9	1905.50	0.697	66.8	3496
04/10/2015	05 59 10	+18 08 23	382408	100.6	-10.5	1874.82	0.593	79.3	3440
05/10/2015	06 53 52	+17 39 09	388259	88.6	-10.1	1846.57	0.489	91.3	3388
06/10/2015	07 46 30	+16 17 07	393485	76.9	-9.6	1822.04	0.388	103.0	3343
07/10/2015	08 37 00	+14 10 46	397884	65.5	-9.1	1801.90	0.294	114.3	3306
08/10/2015	09 25 34	+11 28 59	401353	54.4	-8.5	1786.32	0.210	125.5	3278
09/10/2015	10 12 31	+08 20 22	403875	43.4	-7.8	1775.17	0.137	136.5	3257
10/10/2015	10 58 18	+04 53 09	405491	32.5	-7.0	1768.09	0.079	147.4	3244
11/10/2015	11 43 26	+01 15 15	406277	21.7	-6.1	1764.67	0.035	158.3	3238
12/10/2015	12 28 25	-02 25 28	406319	10.9	-5.1	1764.49	0.009	169.1	3237
13/10/2015	13 13 45	-06 01 10	405689	1.7	-4.0	1767.23	0.000	178.3	3242
14/10/2015	13 59 52	-09 23 40	404438	11.2	-5.1	1772.70	0.010	168.8	3253
15/10/2015	14 47 10	-12 24 38	402587	22.1	-6.1	1780.85	0.037	157.8	3267
16/10/2015	15 35 55	-14 55 36	400132	33.2	-7.1	1791.78	0.082	146.7	3288
17/10/2015	16 26 16	-16 48 19	397053	44.4	-7.9	1805.67	0.144	135.4	3313
18/10/2015	17 18 12	-17 55 10	393339	55.9	-8.6	1822.72	0.220	124.0	3344
19/10/2015	18 11 30	-18 09 55	389011	67.6	-9.2	1843.00	0.310	112.3	3382

21

Date	A.R.	Decl.	Dist.	El	Mag	Diam	Phase	Ph Ang	H.
20/10/2015	19 05 52	-17 28 20	384146	79.5	-9.7	1866.34	0.410	100.3	3424
21/10/2015	20 00 57	-15 48 58	378905	91.8	-10.2	1892.15	0.517	88.0	3472
22/10/2015	20 56 27	-13 13 46	373545	104.5	-10.6	1919.30	0.626	75.4	3522
23/10/2015	21 52 12	-09 48 24	368419	117.5	-11.0	1946.01	0.732	62.3	3571
24/10/2015	22 48 16	-05 42 40	363951	131.0	-11.4	1969.90	0.829	48.9	3614
25/10/2015	23 44 48	-01 10 27	360589	144.8	-11.8	1988.26	0.909	35.1	3648
26/10/2015	00 42 04	+03 30 33	358735	158.8	-12.2	1998.54	0.966	21.2	3667
27/10/2015	01 40 17	+08 00 12	358659	172.6	-12.5	1998.96	0.996	7.4	3668
28/10/2015	02 39 26	+11 58 00	360442	172.3	-12.5	1989.07	0.995	7.7	3650
29/10/2015	03 39 14	+15 06 00	363947	158.7	-12.2	1969.92	0.966	21.2	3614
30/10/2015	04 39 01	+17 11 45	368843	145.3	-11.8	1943.77	0.912	34.6	3566
31/10/2015	05 37 57	+18 09 55	374666	132.3	-11.5	1913.56	0.837	47.6	3511
01/11/2015	06 35 09	+18 02 09	380899	119.7	-11.1	1882.25	0.749	60.2	3454
02/11/2015	07 30 02	+16 55 21	387043	107.6	-10.7	1852.37	0.652	72.3	3399
03/11/2015	08 22 21	+14 59 14	392674	95.9	-10.3	1825.81	0.553	83.9	3350
04/11/2015	09 12 13	+12 24 13	397469	84.5	-9.9	1803.78	0.454	95.3	3310
05/11/2015	09 59 59	+09 20 06	401223	73.4	-9.5	1786.90	0.359	106.4	3279
06/11/2015	10 46 12	+05 55 42	403836	62.5	-8.9	1775.34	0.270	117.3	3257
07/11/2015	11 31 27	+02 18 56	405309	51.7	-8.3	1768.89	0.191	128.2	3246
08/11/2015	12 16 21	-01 22 45	405717	41.0	-7.6	1767.11	0.123	138.9	3242
09/11/2015	13 01 30	-05 01 57	405186	30.2	-6.8	1769.42	0.068	149.7	3247
10/11/2015	13 47 26	-08 30 52	403874	19.4	-5.9	1775.17	0.029	160.5	3257
11/11/2015	14 34 37	-11 41 07	401939	8.9	-4.9	1783.72	0.006	171.1	3273
12/11/2015	15 23 22	-14 23 48	399525	5.0	-4.4	1794.50	0.002	175.0	3293
13/11/2015	16 13 48	-16 29 51	396743	15.0	-5.5	1807.08	0.017	165.0	3316
14/11/2015	17 05 51	-17 50 50	393669	26.2	-6.5	1821.19	0.052	153.7	3342
15/11/2015	17 59 13	-18 19 52	390343	37.8	-7.4	1836.71	0.106	142.1	3370
16/11/2015	18 53 26	-17 52 41	386788	49.6	-8.2	1853.59	0.177	130.2	3401
17/11/2015	19 48 00	-16 28 14	383027	61.7	-8.9	1871.79	0.264	118.2	3434
18/11/2015	20 42 33	-14 09 02	379112	74.0	-9.5	1891.12	0.363	105.9	3470
19/11/2015	21 36 53	-11 00 51	375149	86.6	-10.0	1911.10	0.471	93.3	3507
20/11/2015	22 31 05	-07 12 27	371313	99.4	-10.5	1930.84	0.583	80.4	3543
21/11/2015	23 25 25	-02 55 17	367856	112.6	-10.9	1948.99	0.693	67.3	3576
22/11/2015	00 20 20	+01 36 38	365082	126.0	-11.3	1963.80	0.794	53.9	3603
23/11/2015	01 16 17	+06 06 51	363314	139.5	-11.7	1973.35	0.881	40.4	3621
24/11/2015	02 13 35	+10 17 09	362836	153.1	-12.0	1975.95	0.946	26.8	3626
25/11/2015	03 12 18	+13 49 10	363829	166.5	-12.4	1970.56	0.986	13.5	3616
26/11/2015	04 12 02	+16 26 45	366321	175.3	-12.6	1957.15	0.998	4.6	3591
27/11/2015	05 11 59	+17 59 01	370169	165.0	-12.3	1936.81	0.983	14.9	3554
28/11/2015	06 11 07	+18 22 09	375074	152.3	-12.0	1911.48	0.943	27.6	3507
29/11/2015	07 08 24	+17 39 38	380625	139.9	-11.7	1883.60	0.883	40.1	3456
30/11/2015	08 03 11	+16 00 17	386362	127.7	-11.3	1855.63	0.807	52.1	3405
01/12/2015	08 55 14	+13 35 29	391832	116.0	-11.0	1829.73	0.720	63.9	3357
02/12/2015	09 44 42	+10 54 22	396642	104.6	-10.6	1807.54	0.627	75.2	3316
03/12/2015	10 32 03	+07 15 00	400483	93.5	-10.3	1790.20	0.532	86.3	3285
04/12/2015	11 17 55	+03 38 48	403154	82.6	-9.8	1778.34	0.437	97.3	3263
05/12/2015	12 02 58	-00 03 54	404561	71.8	-9.4	1772.16	0.345	108.1	3252
06/12/2015	12 47 55	-03 45 59	404714	61.0	-8.8	1771.49	0.259	118.8	3250
07/12/2015	13 33 25	-07 20 19	403713	50.3	-8.2	1775.88	0.181	129.6	3258
08/12/2015	14 20 05	-10 39 14	401730	39.4	-7.5	1784.64	0.114	140.5	3274
09/12/2015	15 08 22	-13 34 13	398990	28.4	-6.7	1796.90	0.060	151.6	3297
10/12/2015	15 58 34	-15 55 59	395741	17.3	-5.7	1811.65	0.023	162.6	3324
11/12/2015	16 50 43	-17 35 03	392226	7.1	-4.7	1827.89	0.004	172.9	3354
12/12/2015	17 44 34	-18 23 29	388663	8.4	-4.8	1844.65	0.005	171.6	3385
13/12/2015	18 39 34	-18 13 28	385218	19.4	-5.9	1861.14	0.029	160.6	3415
14/12/2015	19 35 03	-17 04 27	382001	31.4	-6.9	1876.82	0.073	148.6	3444
15/12/2015	20 30 23	-14 58 01	379065	43.7	-7.8	1891.35	0.139	136.2	3470
16/12/2015	21 25 08	-12 00 33	376425	56.2	-8.6	1904.62	0.223	123.7	3495
17/12/2015	22 19 12	-08 21 43	374080	68.9	-9.2	1916.56	0.321	111.0	3517
18/12/2015	23 12 45	-04 13 26	372039	81.8	-9.8	1927.07	0.430	98.1	3536
19/12/2015	00 06 14	+00 10 54	370352	94.8	-10.3	1935.85	0.543	85.1	3552
20/12/2015	01 00 11	+04 36 50	369116	107.9	-10.8	1942.33	0.655	72.0	3564
21/12/2015	01 55 08	+08 48 56	368472	121.1	-11.2	1945.73	0.759	58.8	3570
22/12/2015	02 51 26	+12 31 22	368582	134.3	-11.5	1945.15	0.850	45.6	3569
23/12/2015	03 49 08	+15 28 56	369592	147.4	-11.9	1939.83	0.922	32.5	3559
24/12/2015	04 47 50	+17 28 57	371590	160.3	-12.2	1929.40	0.971	19.6	3540
25/12/2015	05 46 43	+18 23 29	374570	172.2	-12.5	1914.05	0.995	7.8	3512
26/12/2015	06 44 49	+18 11 03	378412	171.7	-12.5	1894.62	0.995	8.3	3476
27/12/2015	07 41 08	+16 56 30	382886	160.2	-12.2	1872.48	0.971	19.7	3436
28/12/2015	08 35 05	+14 49 26	387674	148.4	-11.9	1849.35	0.926	31.6	3393
29/12/2015	09 26 26	+12 01 42	392412	136.7	-11.6	1827.03	0.865	43.2	3352
30/12/2015	10 15 24	+08 45 16	396728	125.3	-11.3	1807.15	0.790	54.5	3316
31/12/2015	11 02 26	+05 10 49	400286	114.2	-10.9	1791.09	0.706	65.6	3286

Date	A.R.			Decl.			Dist.	El	Mag	Diam	Phase	Ph Ang	H.
01/01/2016	11	48	09	+01	27	32	402810	103.3	-10.6	1779.86	0.616	76.6	3266
02/01/2016	12	33	14	-02	16	46	404114	92.5	-10.2	1774.12	0.523	87.4	3255
03/01/2016	13	18	23	-05	55	02	404108	81.7	-9.8	1774.14	0.429	98.1	3255
04/01/2016	14	04	18	-09	20	18	402807	70.9	-9.3	1779.88	0.337	109.0	3266
05/01/2016	14	51	35	-12	25	02	400326	59.9	-8.8	1790.91	0.251	119.9	3286
06/01/2016	15	40	44	-15	00	52	396874	48.8	-8.1	1806.48	0.172	131.1	3315
07/01/2016	16	32	00	-16	58	36	392733	37.4	-7.4	1825.53	0.104	142.5	3349
08/01/2016	17	25	25	-18	08	49	388236	25.8	-6.5	1846.68	0.050	154.1	3388
09/01/2016	18	20	37	-18	23	19	383732	14.1	-5.4	1868.35	0.015	165.9	3428
10/01/2016	19	16	58	-17	36	52	379548	4.7	-4.4	1888.95	0.002	175.3	3466
11/01/2016	20	13	41	-15	48	55	375954	12.5	-5.2	1907.00	0.012	167.4	3499
12/01/2016	21	10	05	-13	04	17	373130	25.0	-6.4	1921.44	0.047	154.9	3525
13/01/2016	22	05	42	-09	32	41	371155	37.9	-7.4	1931.66	0.106	142.0	3544
14/01/2016	23	00	29	-05	27	19	370014	51.0	-8.3	1937.62	0.186	128.9	3555
15/01/2016	23	54	37	-01	03	14	369621	64.1	-9.0	1939.68	0.283	115.8	3559
16/01/2016	00	48	33	+03	23	57	369858	77.2	-9.6	1938.44	0.391	102.6	3557
17/01/2016	01	42	46	+07	38	55	370609	90.3	-10.1	1934.51	0.504	89.5	3549
18/01/2016	02	37	44	+11	27	02	371793	103.3	-10.6	1928.35	0.616	76.5	3538
19/01/2016	03	33	40	+14	34	51	373373	116.2	-11.0	1920.19	0.722	63.6	3523
20/01/2016	04	30	31	+16	50	56	375352	129.0	-11.4	1910.06	0.816	50.8	3505
21/01/2016	05	27	52	+18	07	06	377753	141.7	-11.7	1897.92	0.893	38.2	3482
22/01/2016	06	25	00	+18	19	41	380591	154.1	-12.1	1883.77	0.950	25.8	3456
23/01/2016	07	21	07	+17	30	13	383843	166.2	-12.4	1867.81	0.986	13.8	3427
24/01/2016	08	15	31	+15	45	04	387428	176.0	-12.6	1850.53	0.999	4.0	3395
25/01/2016	09	07	47	+13	14	01	391198	168.6	-12.4	1832.69	0.990	11.4	3363
26/01/2016	09	57	52	+10	08	25	394942	157.3	-12.1	1815.32	0.961	22.6	3331
27/01/2016	10	45	59	+06	39	37	398406	146.0	-11.8	1799.53	0.915	33.9	3302
28/01/2016	11	32	32	+02	57	59	401317	135.0	-11.5	1786.48	0.854	44.9	3278
29/01/2016	12	18	07	-00	47	24	403410	124.0	-11.2	1777.21	0.781	55.9	3261
30/01/2016	13	03	19	-04	28	40	404462	113.2	-10.9	1772.59	0.698	66.7	3252
31/01/2016	13	48	48	-07	58	34	404310	102.4	-10.6	1773.26	0.609	77.4	3254
01/02/2016	14	35	09	-11	10	08	402874	91.6	-10.2	1779.58	0.515	88.3	3265
02/02/2016	15	22	57	-13	56	00	400174	80.6	-9.8	1791.58	0.420	99.2	3287
03/02/2016	16	12	38	-16	08	10	396334	69.5	-9.3	1808.94	0.326	110.4	3319
04/02/2016	17	04	26	-17	38	05	391583	58.0	-8.7	1830.89	0.236	121.9	3359
05/02/2016	17	58	20	-18	17	12	386249	46.2	-8.0	1856.17	0.155	133.7	3406
06/02/2016	18	53	59	-17	58	21	380735	34.0	-7.1	1883.06	0.086	145.9	3455
07/02/2016	19	50	50	-16	37	32	375482	21.5	-6.1	1909.40	0.035	158.4	3503
08/02/2016	20	48	10	-14	15	31	370920	8.8	-4.8	1932.89	0.006	171.2	3546
09/02/2016	21	45	22	-10	58	52	367411	5.7	-4.5	1951.35	0.003	174.3	3580
10/02/2016	22	42	03	-06	59	35	365197	18.7	-5.8	1963.17	0.027	161.2	3602
11/02/2016	23	38	09	-02	33	36	364368	32.3	-7.0	1967.64	0.078	147.6	3610
12/02/2016	00	33	49	+02	01	09	364857	45.9	-8.0	1965.01	0.153	134.0	3605
13/02/2016	01	29	21	+06	26	41	366472	59.4	-8.8	1956.34	0.246	120.5	3590
14/02/2016	02	25	06	+10	26	28	368949	72.7	-9.4	1943.21	0.353	107.2	3565
15/02/2016	03	21	15	+13	46	23	372005	85.8	-10.0	1927.25	0.465	94.0	3536
16/02/2016	04	17	47	+16	15	22	375388	98.7	-10.4	1909.88	0.577	81.2	3504
17/02/2016	05	14	27	+17	46	05	378907	111.3	-10.9	1892.14	0.683	68.6	3472
18/02/2016	06	10	45	+18	15	16	382438	123.7	-11.2	1874.67	0.778	56.2	3440
19/02/2016	07	06	07	+17	43	58	385912	135.8	-11.6	1857.80	0.859	44.1	3409
20/02/2016	08	00	02	+16	17	07	389298	147.8	-11.9	1841.64	0.923	32.2	3379
21/02/2016	08	52	08	+14	02	38	392574	159.5	-12.2	1826.27	0.968	20.5	3351
22/02/2016	09	42	21	+11	10	19	395702	171.0	-12.5	1811.83	0.994	9.0	3324
23/02/2016	10	30	47	+07	50	36	398613	177.0	-12.7	1798.60	0.999	3.0	3300
24/02/2016	11	17	45	+04	13	48	401194	166.2	-12.4	1787.03	0.986	13.8	3279
25/02/2016	12	03	42	+00	29	29	403299	155.1	-12.1	1777.70	0.954	24.8	3262
26/02/2016	12	49	06	-03	13	36	404752	144.2	-11.8	1771.32	0.906	35.7	3250
27/02/2016	13	34	31	-06	47	30	405372	133.4	-11.5	1768.61	0.844	46.5	3245
28/02/2016	14	20	26	-10	04	49	404994	122.6	-11.2	1770.26	0.770	57.3	3248
29/02/2016	15	07	22	-12	58	20	403493	111.7	-10.9	1776.85	0.686	68.1	3260
01/03/2016	15	55	44	-15	20	48	400808	100.8	-10.5	1788.75	0.595	79.1	3282
02/03/2016	16	45	49	-17	04	46	396967	89.6	-10.1	1806.06	0.498	90.2	3314
03/03/2016	17	37	46	-18	02	47	392096	78.2	-9.7	1828.49	0.399	101.7	3355
04/03/2016	18	31	30	-18	07	57	386438	66.4	-9.1	1855.27	0.301	113.4	3404
05/03/2016	19	26	44	-17	15	04	380346	54.2	-8.5	1884.98	0.209	125.6	3459
06/03/2016	20	23	03	-15	21	53	374264	41.6	-7.7	1915.62	0.127	138.3	3515
07/03/2016	21	19	58	-12	30	40	368694	28.5	-6.7	1944.56	0.061	151.4	3568
08/03/2016	22	17	08	-08	48	59	364135	15.0	-5.5	1968.90	0.017	165.0	3613
09/03/2016	23	14	19	-04	29	51	361008	1.2	-4.0	1985.95	0.000	178.8	3644
10/03/2016	00	11	33	+00	09	17	359587	12.9	-5.3	1993.81	0.013	167.1	3658
11/03/2016	01	08	56	+04	48	26	359945	27.0	-6.6	1991.82	0.055	153.0	3655
12/03/2016	02	06	36	+09	07	28	361953	40.9	-7.6	1980.77	0.123	139.0	3634
13/03/2016	03	04	35	+12	48	28	365313	54.6	-8.5	1962.55	0.211	125.3	3601

Date	A.R.	Decl.	Dist.	El	Mag	Diam	Phase	Ph Ang	H.
14/03/2016	04 02 44	+15 37 36	369631	68.0	-9.2	1939.63	0.314	111.9	3559
15/03/2016	05 00 38	+17 26 10	374486	81.0	-9.8	1914.48	0.423	98.9	3513
16/03/2016	05 57 47	+18 10 57	379501	93.6	-10.3	1889.18	0.533	86.2	3466
17/03/2016	06 53 36	+17 53 36	384375	105.9	-10.7	1865.23	0.638	74.0	3422
18/03/2016	07 47 40	+16 39 40	388899	117.9	-11.1	1843.53	0.735	62.0	3382
19/03/2016	08 39 45	+14 37 11	392953	129.6	-11.4	1824.51	0.819	50.3	3348
20/03/2016	09 29 51	+11 55 32	396483	141.1	-11.7	1808.27	0.889	38.8	3318
21/03/2016	10 18 10	+08 44 24	399476	152.4	-12.0	1794.72	0.943	27.6	3293
22/03/2016	11 05 04	+05 13 24	401937	163.5	-12.3	1783.72	0.980	16.4	3273
23/03/2016	11 50 59	+01 31 43	403866	174.5	-12.6	1775.21	0.998	5.5	3257
24/03/2016	12 36 23	-02 11 55	405236	174.3	-12.6	1769.20	0.998	5.6	3246
25/03/2016	13 21 44	-05 49 14	405996	163.5	-12.3	1765.90	0.980	16.4	3240
26/03/2016	14 07 31	-09 12 17	406062	152.7	-12.0	1765.61	0.944	27.3	3239
27/03/2016	14 54 07	-12 13 22	405336	141.8	-11.7	1768.77	0.894	38.1	3245
28/03/2016	15 41 52	-14 45 03	403718	130.9	-11.4	1775.86	0.828	48.9	3258
29/03/2016	16 31 00	-16 40 08	401128	120.0	-11.1	1787.32	0.751	59.9	3279
30/03/2016	17 21 38	-17 51 53	397535	108.8	-10.8	1803.48	0.662	71.1	3309
31/03/2016	18 13 42	-18 14 15	392977	97.4	-10.4	1824.40	0.566	82.4	3347
01/04/2016	19 07 02	-17 42 36	387586	85.7	-10.0	1849.77	0.464	94.1	3394
02/04/2016	20 01 23	-16 14 19	381604	73.6	-9.5	1878.77	0.360	106.2	3447
03/04/2016	20 56 29	-13 49 43	375385	61.1	-8.8	1909.89	0.259	118.8	3504
04/04/2016	21 52 09	-10 32 53	369382	48.1	-8.1	1940.94	0.167	131.8	3561
05/04/2016	22 48 19	-06 32 20	364107	34.7	-7.2	1969.05	0.089	145.3	3613
06/04/2016	23 45 05	-02 01 20	360070	20.8	-6.0	1991.13	0.033	159.1	3653
07/04/2016	00 42 37	+02 42 25	357694	7.0	-4.6	2004.36	0.004	173.0	3678
08/04/2016	01 41 05	+07 18 16	357233	8.1	-4.8	2006.94	0.005	171.9	3682
09/04/2016	02 40 28	+11 24 51	358721	22.1	-6.1	1998.61	0.037	157.9	3667
10/04/2016	03 40 33	+14 43 19	361964	36.0	-7.3	1980.71	0.096	143.9	3634
11/04/2016	04 40 44	+17 00 04	366587	49.7	-8.2	1955.73	0.177	130.2	3588
12/04/2016	05 40 13	+18 08 37	372111	62.9	-8.9	1926.70	0.273	117.0	3535
13/04/2016	06 38 10	+18 09 30	378040	75.7	-9.5	1896.48	0.377	104.2	3480
14/04/2016	07 33 58	+17 08 49	383926	88.0	-10.1	1867.41	0.484	91.9	3426
15/04/2016	08 27 18	+15 15 57	389413	99.9	-10.5	1841.09	0.588	79.9	3378
16/04/2016	09 18 10	+12 41 29	394252	111.5	-10.9	1818.50	0.685	68.3	3337
17/04/2016	10 06 53	+09 35 52	398298	122.9	-11.2	1800.02	0.772	57.0	3303
18/04/2016	10 53 53	+06 08 46	401494	134.0	-11.5	1785.70	0.848	45.9	3276
19/04/2016	11 39 43	+02 29 04	403844	145.0	-11.8	1775.30	0.910	34.9	3257
20/04/2016	12 24 57	-01 14 55	405393	155.8	-12.1	1768.52	0.956	24.1	3245
21/04/2016	13 10 06	-04 55 13	406200	166.5	-12.4	1765.01	0.986	13.4	3238
22/04/2016	13 55 41	-08 23 55	406314	176.0	-12.6	1764.51	0.999	4.0	3237
23/04/2016	14 42 06	-11 33 05	405769	170.7	-12.5	1766.88	0.993	9.3	3242
24/04/2016	15 29 40	-14 14 47	404570	160.1	-12.2	1772.12	0.970	19.8	3251
25/04/2016	16 18 32	-16 21 21	402696	149.2	-11.9	1780.37	0.930	30.7	3267
26/04/2016	17 08 46	-17 45 42	400116	138.2	-11.6	1791.84	0.873	41.7	3288
27/04/2016	18 00 12	-18 21 55	396803	126.9	-11.3	1806.81	0.801	52.9	3315
28/04/2016	18 52 37	-18 05 45	392755	115.5	-11.0	1825.43	0.716	64.4	3349
29/04/2016	19 45 41	-16 55 07	388028	103.8	-10.5	1847.67	0.620	76.1	3390
30/04/2016	20 39 11	-14 50 31	382750	91.8	-10.2	1873.14	0.517	88.1	3437
01/05/2016	21 32 59	-11 55 12	377149	79.4	-9.7	1900.96	0.409	100.5	3488
02/05/2016	22 27 08	-08 15 33	371551	66.6	-9.1	1929.60	0.302	113.3	3540
03/05/2016	23 21 52	-04 01 15	366372	53.3	-8.4	1956.88	0.202	126.6	3591
04/05/2016	00 17 33	+00 34 13	362078	39.7	-7.5	1980.09	0.116	140.2	3633
05/05/2016	01 14 32	+05 13 43	359122	25.9	-6.5	1996.40	0.050	154.1	3663
06/05/2016	02 13 07	+09 37 10	357856	12.1	-5.2	2003.45	0.011	167.9	3676
07/05/2016	03 13 15	+13 23 35	358477	5.1	-4.4	1999.98	0.002	174.9	3670
08/05/2016	04 14 30	+16 14 24	360956	17.5	-5.7	1986.24	0.023	162.5	3644
09/05/2016	05 15 58	+17 56 54	365053	31.1	-6.9	1963.95	0.072	148.9	3603
10/05/2016	06 16 31	+18 26 36	370361	44.4	-7.9	1935.80	0.143	135.5	3552
11/05/2016	07 15 03	+17 47 10	376380	57.3	-8.6	1904.84	0.231	122.6	3495
12/05/2016	08 10 54	+16 08 04	382603	69.7	-9.3	1873.87	0.328	110.2	3438
13/05/2016	09 03 49	+13 41 34	388570	81.7	-9.8	1845.09	0.429	98.1	3385
14/05/2016	09 54 01	+10 40 02	393917	93.3	-10.3	1820.04	0.530	86.5	3339
15/05/2016	10 41 57	+07 14 39	398389	104.7	-10.6	1799.61	0.628	75.2	3302
16/05/2016	11 28 16	+03 35 04	401839	115.7	-11.0	1784.16	0.718	64.1	3274
17/05/2016	12 13 36	-00 10 18	404218	126.7	-11.3	1773.66	0.799	53.2	3254
18/05/2016	12 58 38	-03 53 50	405554	137.5	-11.6	1767.82	0.869	42.4	3244
19/05/2016	13 43 56	-07 28 01	405930	148.2	-11.9	1766.18	0.925	31.7	3241
20/05/2016	14 30 04	-10 45 16	405460	158.9	-12.2	1768.23	0.967	21.0	3244
21/05/2016	15 17 23	-13 37 36	404267	169.3	-12.5	1773.45	0.991	10.7	3254
22/05/2016	16 06 08	-15 56 56	402463	175.0	-12.6	1781.39	0.998	5.0	3268
23/05/2016	16 56 22	-17 35 27	400140	166.6	-12.4	1791.74	0.986	13.4	3287
24/05/2016	17 47 54	-18 26 21	397359	155.7	-12.1	1804.28	0.956	24.3	3310
25/05/2016	18 40 24	-18 24 47	394157	144.3	-11.8	1818.94	0.907	35.6	3337

Date	A.R.	Decl.	Dist.	El	Mag	Diam	Phase	Ph Ang	H.
26/05/2016	19 33 25	-17 28 29	390557	132.8	-11.5	1835.70	0.840	47.1	3368
27/05/2016	20 26 34	-15 38 12	386589	120.9	-11.1	1854.54	0.758	58.9	3403
28/05/2016	21 19 36	-12 57 39	382313	108.8	-10.8	1875.29	0.662	71.0	3441
29/05/2016	22 12 31	-09 33 14	377840	96.4	-10.4	1897.48	0.557	83.4	3482
30/05/2016	23 05 32	-05 33 48	373356	83.7	-9.9	1920.27	0.446	96.2	3523
31/05/2016	23 59 05	-01 10 36	369122	70.7	-9.3	1942.30	0.335	109.2	3564
01/06/2016	00 53 40	+03 22 31	365466	57.3	-8.6	1961.73	0.231	122.6	3599
02/06/2016	01 49 50	+07 49 05	362747	43.7	-7.8	1976.44	0.139	136.2	3626
03/06/2016	02 47 53	+11 50 29	361302	30.0	-6.8	1984.34	0.067	150.0	3641
04/06/2016	03 47 49	+15 07 40	361380	16.4	-5.6	1983.91	0.020	163.6	3640
05/06/2016	04 49 04	+17 24 06	363079	5.3	-4.5	1974.63	0.002	174.7	3623
06/06/2016	05 50 36	+18 29 16	366319	13.0	-5.3	1957.16	0.013	167.0	3591
07/06/2016	06 51 07	+18 20 56	370844	25.9	-6.5	1933.28	0.050	154.1	3547
08/06/2016	07 49 29	+17 05 05	376264	38.7	-7.5	1905.43	0.110	141.2	3496
09/06/2016	08 44 58	+14 53 18	382117	51.1	-8.3	1876.25	0.187	128.8	3443
10/06/2016	09 37 27	+11 59 22	387935	63.2	-9.0	1848.11	0.275	116.7	3391
11/06/2016	10 27 11	+08 36 36	393293	74.8	-9.5	1822.93	0.371	105.0	3345
12/06/2016	11 14 44	+04 56 32	397853	86.2	-10.0	1802.03	0.468	93.6	3306
13/06/2016	12 00 47	+01 08 47	401377	97.3	-10.4	1786.22	0.565	82.5	3277
14/06/2016	12 46 05	-02 38 31	403731	108.2	-10.8	1775.80	0.658	71.6	3258
15/06/2016	13 31 17	-06 18 06	404884	119.1	-11.1	1770.74	0.744	60.8	3249
16/06/2016	14 17 04	-09 42 51	404889	129.9	-11.4	1770.72	0.821	50.0	3249
17/06/2016	15 03 56	-12 45 19	403871	140.7	-11.7	1775.19	0.888	39.2	3257
18/06/2016	15 52 18	-15 17 37	401999	151.6	-12.0	1783.45	0.940	28.3	3272
19/06/2016	16 42 18	-17 11 38	399469	162.5	-12.3	1794.75	0.977	17.4	3293
20/06/2016	17 33 54	-18 19 37	396479	172.7	-12.5	1808.28	0.996	7.3	3318
21/06/2016	18 26 45	-18 35 21	393207	172.1	-12.5	1823.33	0.995	7.8	3345
22/06/2016	19 20 22	-17 55 09	389798	161.4	-12.2	1839.27	0.974	18.5	3375
23/06/2016	20 14 12	-16 18 54	386359	149.7	-11.9	1855.65	0.932	30.2	3405
24/06/2016	21 07 47	-13 50 07	382957	137.6	-11.6	1872.13	0.870	42.3	3435
25/06/2016	22 00 56	-10 35 43	379639	125.3	-11.3	1888.49	0.789	54.6	3465
26/06/2016	22 53 40	-06 45 09	376447	112.7	-10.9	1904.51	0.694	67.2	3494
27/06/2016	23 46 21	-02 29 54	373442	99.9	-10.5	1919.83	0.587	80.0	3523
28/06/2016	00 39 28	+01 57 02	370727	86.9	-10.0	1933.89	0.474	93.0	3548
29/06/2016	01 33 37	+06 21 12	368453	73.7	-9.5	1945.83	0.361	106.2	3570
30/06/2016	02 29 17	+10 26 44	366814	60.4	-8.8	1954.52	0.254	119.5	3586
01/07/2016	03 26 47	+13 56 59	366024	46.9	-8.0	1958.74	0.159	133.0	3594
02/07/2016	04 26 01	+16 35 59	366276	33.4	-7.1	1957.39	0.083	146.5	3591
03/07/2016	05 26 22	+18 10 56	367696	20.1	-6.0	1949.84	0.031	159.8	3578
04/07/2016	06 26 48	+18 34 56	370303	7.7	-4.7	1936.11	0.005	172.3	3552
05/07/2016	07 26 06	+17 48 40	373987	8.2	-4.8	1917.03	0.005	171.8	3517
06/07/2016	08 23 15	+15 59 54	378515	20.2	-6.0	1894.10	0.031	159.8	3475
07/07/2016	09 17 41	+13 21 00	383551	32.5	-7.0	1869.23	0.078	147.5	3430
08/07/2016	10 09 20	+10 06 01	388707	44.5	-7.9	1844.44	0.144	135.4	3384
09/07/2016	10 58 30	+06 28 14	393588	56.1	-8.6	1821.56	0.222	123.7	3342
10/07/2016	11 45 45	+02 39 08	397832	67.5	-9.2	1802.13	0.310	112.4	3307
11/07/2016	12 31 45	-01 11 48	401144	78.6	-9.7	1787.25	0.403	101.2	3279
12/07/2016	13 17 14	-04 56 35	403316	89.6	-10.1	1777.63	0.498	90.2	3262
13/07/2016	14 02 50	-08 28 06	404237	100.5	-10.5	1773.58	0.592	79.4	3254
14/07/2016	14 49 13	-11 39 23	403897	111.3	-10.9	1775.07	0.683	68.5	3257
15/07/2016	15 36 53	-14 23 16	402378	122.3	-11.2	1781.77	0.768	57.6	3269
16/07/2016	16 26 10	-16 32 03	399847	133.4	-11.5	1793.05	0.844	46.5	3290
17/07/2016	17 17 13	-17 57 54	396532	144.6	-11.8	1808.04	0.908	35.3	3317
18/07/2016	18 09 53	-18 33 33	392706	156.1	-12.1	1825.66	0.957	23.9	3350
19/07/2016	19 03 48	-18 13 35	388656	167.6	-12.4	1844.68	0.988	12.3	3385
20/07/2016	19 58 22	-16 55 41	384656	176.3	-12.6	1863.86	0.999	3.7	3420
21/07/2016	20 53 02	-14 41 36	380936	166.8	-12.4	1882.06	0.987	13.2	3453
22/07/2016	21 47 21	-11 37 24	377667	154.5	-12.1	1898.35	0.951	25.5	3483
23/07/2016	22 41 08	-07 52 49	374948	141.7	-11.7	1912.12	0.893	38.2	3508
24/07/2016	23 34 31	-03 40 19	372814	128.8	-11.4	1923.07	0.814	51.1	3528
25/07/2016	00 27 50	+00 46 01	371252	115.8	-11.0	1931.16	0.718	64.1	3543
26/07/2016	01 21 34	+05 11 16	370230	102.6	-10.6	1936.49	0.611	77.2	3553
27/07/2016	02 16 12	+09 20 07	369723	89.4	-10.1	1939.14	0.496	90.4	3558
28/07/2016	03 12 09	+12 57 23	369733	76.2	-9.6	1939.09	0.382	103.6	3558
29/07/2016	04 09 30	+15 48 50	370295	63.0	-8.9	1936.15	0.274	116.8	3552
30/07/2016	05 08 01	+17 42 27	371467	49.9	-8.2	1930.04	0.179	130.0	3541
31/07/2016	06 07 01	+18 30 21	373307	36.8	-7.3	1920.53	0.100	143.1	3524
01/08/2016	07 05 36	+18 10 18	375846	24.0	-6.3	1907.55	0.043	156.0	3500
02/08/2016	08 02 47	+16 46 17	379054	11.4	-5.1	1891.41	0.010	168.6	3470
03/08/2016	08 57 53	+14 27 31	382825	3.1	-4.2	1872.78	0.001	176.9	3436
04/08/2016	09 50 35	+11 26 21	386975	14.0	-5.4	1852.69	0.015	166.0	3399
05/08/2016	10 40 55	+07 56 02	391248	25.8	-6.5	1832.46	0.050	154.2	3362
06/08/2016	11 29 16	+04 09 06	395347	37.3	-7.4	1813.46	0.103	142.6	3327

Date	A.R.	Decl.	Dist.	El	Mag	Diam	Phase	Ph Ang	H.
07/08/2016	12 16 07	+00 16 28	398962	48.7	-8.1	1797.03	0.171	131.2	3297
08/08/2016	13 02 06	-03 32 35	401803	59.8	-8.8	1784.32	0.250	120.0	3274
09/08/2016	13 47 49	-07 10 11	403627	70.8	-9.3	1776.26	0.337	109.1	3259
10/08/2016	14 33 54	-10 29 11	404262	81.7	-9.8	1773.47	0.429	98.2	3254
11/08/2016	15 20 53	-13 22 47	403622	92.6	-10.2	1776.28	0.524	87.3	3259
12/08/2016	16 09 12	-15 44 01	401718	103.5	-10.6	1784.70	0.618	76.3	3275
13/08/2016	16 59 10	-17 25 44	398661	114.7	-11.0	1798.38	0.710	65.2	3300
14/08/2016	17 50 49	-18 20 48	394657	126.0	-11.3	1816.63	0.795	53.9	3333
15/08/2016	18 44 01	-18 22 58	389994	137.7	-11.6	1838.35	0.870	42.2	3373
16/08/2016	19 38 24	-17 27 56	385023	149.7	-11.9	1862.09	0.932	30.3	3417
17/08/2016	20 33 26	-15 34 46	380124	162.0	-12.3	1886.08	0.976	18.0	3461
18/08/2016	21 28 39	-12 46 48	375666	174.6	-12.6	1908.46	0.998	5.4	3502
19/08/2016	22 23 43	-09 11 58	371966	172.1	-12.5	1927.45	0.995	7.9	3537
20/08/2016	23 18 31	-05 02 19	369246	158.9	-12.2	1941.65	0.967	21.0	3563
21/08/2016	00 13 12	-00 32 55	367611	145.5	-11.8	1950.28	0.913	34.4	3578
22/08/2016	01 08 01	+03 59 26	367051	132.1	-11.5	1953.26	0.836	47.8	3584
23/08/2016	02 03 22	+08 17 42	367457	118.6	-11.1	1951.10	0.740	61.3	3580
24/08/2016	02 59 32	+12 05 37	368662	105.2	-10.7	1944.73	0.633	74.6	3568
25/08/2016	03 56 36	+15 08 52	370483	92.0	-10.2	1935.16	0.519	87.8	3551
26/08/2016	04 54 25	+17 16 06	372760	78.9	-9.7	1923.34	0.405	100.9	3529
27/08/2016	05 52 30	+18 20 01	375372	66.0	-9.1	1909.96	0.298	113.8	3504
28/08/2016	06 50 10	+18 18 14	378244	53.3	-8.4	1895.46	0.202	126.6	3478
29/08/2016	07 46 39	+17 13 31	381336	40.8	-7.6	1880.09	0.122	139.1	3450
30/08/2016	08 41 23	+15 13 04	384621	28.5	-6.7	1864.03	0.061	151.5	3420
31/08/2016	09 34 04	+12 27 13	388057	16.4	-5.6	1847.53	0.020	163.6	3390
01/09/2016	10 24 40	+09 07 49	391569	4.5	-4.4	1830.96	0.002	175.5	3359
02/09/2016	11 13 24	+05 26 51	395038	7.2	-4.7	1814.88	0.004	172.8	3330
03/09/2016	12 00 43	+01 35 37	398298	18.7	-5.8	1800.02	0.026	161.3	3303
04/09/2016	12 47 03	-02 15 46	401144	29.9	-6.8	1787.25	0.067	150.0	3279
05/09/2016	13 32 59	-05 58 27	403354	41.0	-7.6	1777.46	0.123	138.9	3261
06/09/2016	14 18 59	-09 24 33	404712	51.9	-8.3	1771.50	0.192	128.0	3250
07/09/2016	15 05 34	-12 26 54	405026	62.8	-8.9	1770.12	0.272	117.1	3248
08/09/2016	15 53 08	-14 58 45	404163	73.6	-9.5	1773.90	0.360	106.2	3255
09/09/2016	16 42 00	-16 53 31	402061	84.6	-9.9	1783.18	0.454	95.3	3272
10/09/2016	17 32 19	-18 04 50	398748	95.7	-10.3	1797.99	0.551	84.2	3299
11/09/2016	18 24 06	-18 26 49	394356	107.0	-10.7	1818.02	0.647	72.9	3336
12/09/2016	19 17 11	-17 54 46	389123	118.6	-11.1	1842.46	0.741	61.2	3381
13/09/2016	20 11 17	-16 26 01	383390	130.7	-11.4	1870.02	0.827	49.2	3431
14/09/2016	21 06 02	-14 01 05	377574	143.1	-11.8	1898.82	0.900	36.8	3484
15/09/2016	22 01 12	-10 44 29	372142	156.0	-12.1	1926.54	0.957	23.9	3535
16/09/2016	22 56 37	-06 45 17	367547	169.3	-12.5	1950.62	0.991	10.7	3579
17/09/2016	23 52 19	-02 16 58	364177	176.9	-12.6	1968.68	0.999	3.1	3612
18/09/2016	00 48 28	+02 23 22	362285	163.2	-12.3	1978.95	0.979	16.7	3631
19/09/2016	01 45 17	+06 56 30	361959	149.4	-11.9	1980.73	0.930	30.6	3634
20/09/2016	02 42 56	+11 03 08	363111	135.5	-11.6	1974.45	0.857	44.4	3623
21/09/2016	03 41 22	+14 25 57	365508	121.9	-11.2	1961.50	0.765	58.0	3599
22/09/2016	04 40 18	+16 51 38	368836	108.4	-10.8	1943.81	0.659	71.4	3567
23/09/2016	05 39 11	+18 12 10	372753	95.3	-10.3	1923.38	0.548	84.5	3529
24/09/2016	06 37 16	+18 25 26	376952	82.5	-9.8	1901.95	0.436	97.3	3490
25/09/2016	07 33 53	+17 34 42	381189	70.0	-9.3	1880.81	0.330	109.8	3451
26/09/2016	08 28 32	+15 47 22	385295	57.8	-8.7	1860.77	0.235	122.1	3414
27/09/2016	09 21 01	+13 13 23	389171	45.8	-8.0	1842.24	0.152	134.0	3380
28/09/2016	10 11 25	+10 03 48	392765	34.1	-7.1	1825.38	0.086	145.8	3349
29/09/2016	11 00 01	+06 29 46	396050	22.6	-6.2	1810.24	0.039	157.4	3321
30/09/2016	11 47 13	+02 41 56	398998	11.3	-5.1	1796.87	0.010	168.6	3297
01/10/2016	12 33 31	-01 09 44	401561	2.3	-4.1	1785.40	0.000	177.7	3276
02/10/2016	13 19 24	-04 56 05	403661	11.4	-5.1	1776.11	0.010	168.6	3259
03/10/2016	14 05 20	-08 28 38	405186	22.3	-6.2	1769.42	0.037	157.7	3247
04/10/2016	14 51 43	-11 39 34	406000	33.1	-7.0	1765.88	0.081	146.8	3240
05/10/2016	15 38 55	-14 21 39	405958	43.9	-7.8	1766.06	0.140	136.0	3240
06/10/2016	16 27 09	-16 28 11	404924	54.7	-8.5	1770.57	0.212	125.2	3249
07/10/2016	17 16 32	-17 53 06	402800	65.6	-9.1	1779.91	0.294	114.3	3266
08/10/2016	18 07 06	-18 31 05	399545	76.6	-9.6	1794.41	0.385	103.3	3292
09/10/2016	18 58 42	-18 18 00	395200	87.8	-10.1	1814.14	0.482	92.0	3329
10/10/2016	19 51 11	-17 11 12	389907	99.4	-10.5	1838.76	0.583	80.5	3374
11/10/2016	20 44 21	-15 10 11	383921	111.3	-10.9	1867.43	0.683	68.6	3426
12/10/2016	21 38 05	-12 17 11	377609	123.6	-11.2	1898.64	0.778	56.2	3484
13/10/2016	22 32 23	-08 37 46	371434	136.5	-11.6	1930.21	0.863	43.4	3542
14/10/2016	23 27 23	-04 21 33	365912	149.7	-11.9	1959.34	0.932	30.2	3595
15/10/2016	00 23 19	+00 17 31	361554	163.3	-12.3	1982.96	0.979	16.7	3638
16/10/2016	01 20 28	+05 01 25	358784	175.9	-12.6	1998.27	0.999	4.1	3666
17/10/2016	02 19 02	+09 29 17	357860	167.7	-12.4	2003.42	0.989	12.3	3676
18/10/2016	03 18 59	+13 19 57	358831	153.7	-12.0	1998.01	0.949	26.2	3666

26

Date	A.R.	Decl.	Dist.	El	Mag	Diam	Phase	Ph Ang	H.
19/10/2016	04 19 54	+16 15 04	361523	139.8	-11.7	1983.13	0.883	40.1	3639
20/10/2016	05 20 59	+18 02 16	365592	126.2	-11.3	1961.05	0.796	53.7	3598
21/10/2016	06 21 16	+18 36 56	370593	112.9	-10.9	1934.59	0.695	67.0	3550
22/10/2016	07 19 46	+18 02 01	376066	100.0	-10.5	1906.44	0.588	79.8	3498
23/10/2016	08 15 51	+16 26 00	381595	87.6	-10.0	1878.82	0.480	92.3	3447
24/10/2016	09 09 15	+14 00 16	386853	75.5	-9.5	1853.28	0.376	104.4	3400
25/10/2016	10 00 07	+10 56 54	391616	63.7	-9.0	1830.74	0.280	116.1	3359
26/10/2016	10 48 49	+07 27 25	395753	52.2	-8.3	1811.60	0.195	127.6	3324
27/10/2016	11 35 55	+03 42 14	399209	41.0	-7.6	1795.92	0.123	138.9	3295
28/10/2016	12 21 58	-00 09 10	401985	30.0	-6.8	1783.52	0.067	150.0	3272
29/10/2016	13 07 34	-03 58 03	404102	19.1	-5.9	1774.17	0.028	160.8	3255
30/10/2016	13 53 13	-07 36 05	405585	8.8	-4.8	1767.68	0.006	171.2	3243
31/10/2016	14 39 21	-10 55 14	406441	5.2	-4.5	1763.96	0.002	174.7	3236
01/11/2016	15 26 20	-13 47 46	406649	14.5	-5.4	1763.06	0.016	165.4	3235
02/11/2016	16 14 20	-16 06 22	406160	25.1	-6.4	1765.18	0.047	154.9	3239
03/11/2016	17 03 25	-17 44 28	404903	35.8	-7.3	1770.66	0.095	144.1	3249
04/11/2016	17 53 30	-18 36 37	402802	46.6	-8.0	1779.90	0.157	133.2	3266
05/11/2016	18 44 23	-18 38 51	399794	57.6	-8.7	1793.29	0.233	122.2	3290
06/11/2016	19 35 49	-17 49 02	395860	68.8	-9.2	1811.11	0.321	111.0	3323
07/11/2016	20 27 36	-16 07 04	391047	80.3	-9.7	1833.40	0.417	99.6	3364
08/11/2016	21 19 38	-13 34 59	385492	92.1	-10.2	1859.82	0.519	87.8	3412
09/11/2016	22 11 59	-10 17 05	379441	104.2	-10.6	1889.48	0.624	75.6	3467
10/11/2016	23 04 54	-06 20 14	373254	116.8	-11.0	1920.80	0.727	63.0	3524
11/11/2016	23 58 46	-01 54 31	367386	129.9	-11.4	1951.48	0.822	50.0	3581
12/11/2016	00 54 05	+02 46 16	362356	143.4	-11.8	1978.57	0.902	36.5	3630
13/11/2016	01 51 18	+07 24 25	358669	157.2	-12.1	1998.91	0.961	22.8	3668
14/11/2016	02 50 40	+11 38 56	356736	170.6	-12.5	2009.74	0.993	9.4	3688
15/11/2016	03 52 02	+15 08 03	356791	172.2	-12.5	2009.43	0.995	7.8	3687
16/11/2016	04 54 44	+17 33 05	358835	159.1	-12.2	1997.98	0.967	20.9	3666
17/11/2016	05 57 32	+18 42 40	362637	145.4	-11.8	1977.03	0.912	34.6	3628
18/11/2016	06 59 04	+18 34 59	367784	131.9	-11.5	1949.37	0.835	48.0	3577
19/11/2016	07 58 09	+17 17 07	373762	118.9	-11.1	1918.19	0.743	61.0	3520
20/11/2016	08 54 09	+15 01 43	380046	106.3	-10.7	1886.47	0.642	73.5	3461
21/11/2016	09 46 58	+12 03 17	386169	94.2	-10.3	1856.56	0.538	85.6	3406
22/11/2016	10 36 59	+08 35 30	391759	82.5	-9.8	1830.07	0.436	97.4	3358
23/11/2016	11 24 47	+04 50 14	396561	71.1	-9.3	1807.91	0.339	108.7	3317
24/11/2016	12 11 05	+00 57 23	400430	60.0	-8.8	1790.44	0.251	119.9	3285
25/11/2016	12 56 36	-02 54 25	403318	49.1	-8.2	1777.62	0.173	130.8	3262
26/11/2016	13 41 57	-06 37 23	405248	38.3	-7.4	1769.15	0.108	141.6	3246
27/11/2016	14 27 44	-10 03 57	406293	27.6	-6.6	1764.60	0.057	152.3	3238
28/11/2016	15 14 21	-13 06 30	406545	17.1	-5.7	1763.51	0.022	162.9	3236
29/11/2016	16 02 07	-15 37 29	406093	7.5	-4.7	1765.47	0.004	172.5	3239
30/11/2016	16 51 07	-17 29 37	405010	7.3	-4.7	1770.19	0.004	172.7	3248
01/12/2016	17 41 15	-18 36 36	403338	17.0	-5.7	1777.53	0.022	163.0	3261
02/12/2016	18 32 13	-18 53 44	401088	27.7	-6.6	1787.50	0.058	152.2	3280
03/12/2016	19 23 39	-18 18 30	398249	38.8	-7.5	1800.25	0.111	141.2	3303
04/12/2016	20 15 11	-16 51 01	394804	50.0	-8.2	1815.96	0.179	129.9	3332
05/12/2016	21 06 36	-14 33 49	390753	61.5	-8.9	1834.78	0.262	118.4	3366
06/12/2016	21 57 50	-11 31 41	386140	73.3	-9.4	1856.70	0.357	106.6	3407
07/12/2016	22 49 05	-07 51 19	381080	85.4	-10.0	1881.35	0.461	94.5	3452
08/12/2016	23 40 46	-03 41 21	375780	97.8	-10.4	1907.89	0.569	82.1	3501
09/12/2016	00 33 27	+00 47 21	370543	110.6	-10.8	1934.85	0.677	69.2	3550
10/12/2016	01 27 47	+05 21 10	365762	123.9	-11.2	1960.14	0.779	56.0	3597
11/12/2016	02 24 19	+09 43 15	361882	137.4	-11.6	1981.16	0.869	42.5	3635
12/12/2016	03 23 25	+13 34 01	359334	151.2	-12.0	1995.21	0.939	28.7	3661
13/12/2016	04 24 53	+16 33 14	358461	164.9	-12.3	2000.07	0.983	15.0	3670
14/12/2016	05 27 56	+18 23 43	359440	175.2	-12.4	1994.62	0.998	4.8	3660
15/12/2016	06 31 10	+18 55 49	362237	165.4	-12.4	1979.22	0.984	14.6	3632
16/12/2016	07 33 02	+18 09 55	366603	152.2	-12.0	1955.65	0.942	27.8	3588
17/12/2016	08 32 14	+16 15 40	372124	139.1	-11.7	1926.63	0.878	40.8	3535
18/12/2016	09 28 09	+13 28 09	378294	126.4	-11.3	1895.21	0.798	53.5	3477
19/12/2016	10 20 46	+10 03 42	384592	114.2	-10.9	1864.17	0.706	65.7	3420
20/12/2016	11 10 32	+06 17 06	390546	102.3	-10.6	1835.75	0.608	77.5	3368
21/12/2016	11 58 08	+02 20 30	395778	90.9	-10.2	1811.48	0.509	88.9	3324
22/12/2016	12 44 20	-01 36 18	400023	79.8	-9.7	1792.26	0.412	100.1	3288
23/12/2016	13 29 53	-05 25 15	403130	68.8	-9.2	1778.45	0.321	111.0	3263
24/12/2016	14 15 30	-08 59 08	405054	58.0	-8.7	1770.00	0.236	121.8	3248
25/12/2016	15 01 44	-12 10 58	405839	47.3	-8.0	1766.58	0.162	132.6	3241
26/12/2016	15 49 04	-14 53 40	405598	36.6	-7.3	1767.63	0.099	143.3	3243
27/12/2016	16 37 43	-17 00 01	404485	25.8	-6.5	1772.49	0.050	154.1	3252
28/12/2016	17 27 43	-18 23 04	402671	15.1	-5.5	1780.48	0.017	164.8	3267
29/12/2016	18 18 52	-18 56 59	400322	5.5	-4.5	1790.92	0.002	174.5	3286
30/12/2016	19 10 46	-18 37 57	397581	8.9	-4.9	1803.27	0.006	171.1	3309

Date	A.R.	Decl.	Dist.	El	Mag	Diam	Phase	Ph Ang	H.
31/12/2016	20 02 56	-17 24 57	394550	19.7	-5.9	1817.12	0.029	160.2	3334
01/01/2017	20 54 56	-15 20 09	391297	31.1	-6.9	1832.23	0.072	148.8	3362
02/01/2017	21 46 31	-12 28 39	387854	42.9	-7.8	1848.50	0.134	137.0	3392
03/01/2017	22 37 41	-08 57 56	384241	54.8	-8.5	1865.88	0.213	125.0	3424
04/01/2017	23 28 41	-04 57 18	380489	67.1	-9.1	1884.27	0.306	112.8	3457
05/01/2017	00 20 00	-00 37 30	376668	79.5	-9.7	1903.39	0.410	100.3	3492
06/01/2017	01 12 15	+03 49 12	372904	92.3	-10.2	1922.60	0.521	87.6	3528
07/01/2017	02 06 05	+08 08 51	369401	105.3	-10.7	1940.83	0.633	74.6	3561
08/01/2017	03 02 04	+12 05 31	366425	118.6	-11.1	1956.59	0.740	61.3	3590
09/01/2017	04 00 29	+15 21 55	364286	132.0	-11.5	1968.08	0.836	47.8	3611
10/01/2017	05 01 05	+17 41 10	363282	145.7	-11.8	1973.52	0.913	34.2	3621
11/01/2017	06 03 05	+18 49 57	363645	159.3	-12.2	1971.55	0.968	20.7	3617
12/01/2017	07 05 09	+18 42 00	365480	172.4	-12.5	1961.66	0.996	7.6	3599
13/01/2017	08 05 51	+17 20 08	368730	172.5	-12.5	1944.37	0.996	7.5	3568
14/01/2017	09 04 03	+14 55 14	373173	159.9	-12.2	1921.22	0.970	20.1	3525
15/01/2017	09 59 15	+11 42 52	378451	147.2	-11.9	1894.42	0.921	32.7	3476
16/01/2017	10 51 26	+07 59 37	384127	134.9	-11.5	1866.43	0.853	45.0	3425
17/01/2017	11 41 04	+04 00 25	389741	123.0	-11.2	1839.55	0.773	56.9	3375
18/01/2017	12 28 46	-00 02 26	394866	111.4	-10.9	1815.67	0.684	68.4	3331
19/01/2017	13 15 17	-03 59 07	399149	100.2	-10.5	1796.18	0.590	79.7	3296
20/01/2017	14 01 19	-07 41 39	402333	89.2	-10.1	1781.97	0.494	90.7	3270
21/01/2017	14 47 31	-11 03 07	404269	78.3	-9.7	1773.44	0.400	101.5	3254
22/01/2017	15 34 27	-13 56 57	404914	67.6	-9.2	1770.61	0.310	112.3	3249
23/01/2017	16 22 32	-16 16 36	404326	56.8	-8.6	1773.19	0.227	123.1	3253
24/01/2017	17 11 58	-17 55 29	402648	45.9	-8.0	1780.58	0.152	134.0	3267
25/01/2017	18 02 44	-18 47 23	400088	34.8	-7.2	1791.97	0.090	145.1	3288
26/01/2017	18 54 38	-18 47 19	396892	23.6	-6.3	1806.40	0.042	156.3	3314
27/01/2017	19 47 13	-17 52 30	393324	12.2	-5.2	1822.79	0.011	167.8	3344
28/01/2017	20 40 02	-16 03 14	389630	2.2	-4.1	1840.07	0.000	177.8	3376
29/01/2017	21 32 40	-13 23 23	386018	11.9	-5.2	1857.28	0.011	168.0	3408
30/01/2017	22 24 54	-10 00 07	382639	24.0	-6.3	1873.69	0.044	155.9	3438
31/01/2017	23 16 47	-06 03 24	379580	36.4	-7.3	1888.79	0.098	143.5	3466
01/02/2017	00 08 34	-01 45 08	376875	49.0	-8.2	1902.34	0.173	130.9	3490
02/02/2017	01 00 42	+02 41 23	374524	61.7	-8.9	1914.28	0.264	118.1	3512
03/02/2017	01 53 46	+07 02 02	372520	74.6	-9.5	1924.58	0.369	105.2	3531
04/02/2017	02 48 15	+11 01 56	370876	87.7	-10.0	1933.12	0.481	92.2	3547
05/02/2017	03 44 33	+14 25 55	369648	100.8	-10.5	1939.54	0.595	79.1	3559
06/02/2017	04 42 42	+16 59 24	368937	114.0	-10.9	1943.27	0.704	65.9	3566
07/02/2017	05 42 20	+18 30 05	368881	127.2	-11.3	1943.57	0.803	52.6	3566
08/02/2017	06 42 36	+18 50 12	369622	140.5	-11.7	1939.67	0.886	39.4	3559
09/02/2017	07 42 24	+17 58 31	371270	153.7	-12.0	1931.07	0.948	26.2	3543
10/02/2017	08 40 41	+16 00 55	373861	166.7	-12.4	1917.68	0.987	13.2	3519
11/02/2017	09 36 43	+13 09 04	377331	178.9	-12.7	1900.04	1.000	1.1	3486
12/02/2017	10 30 13	+09 37 45	381509	167.8	-12.4	1879.24	0.989	12.2	3448
13/02/2017	11 21 18	+05 42 21	386124	155.6	-12.1	1856.77	0.955	24.4	3407
14/02/2017	12 10 25	+01 36 55	390841	143.7	-11.8	1834.37	0.903	36.3	3366
15/02/2017	12 58 05	-02 26 37	395297	132.1	-11.5	1813.69	0.836	47.8	3328
16/02/2017	13 44 56	-06 18 30	399141	120.8	-11.1	1796.22	0.757	59.1	3296
17/02/2017	14 31 33	-09 50 39	402072	109.7	-10.8	1783.13	0.670	70.1	3272
18/02/2017	15 18 29	-12 56 08	403859	98.8	-10.5	1775.24	0.578	81.0	3257
19/02/2017	16 06 11	-15 28 40	404367	88.0	-10.1	1773.01	0.484	91.9	3253
20/02/2017	16 54 57	-17 22 16	403558	77.2	-9.6	1776.56	0.390	102.7	3260
21/02/2017	17 44 55	-18 31 13	401499	66.2	-9.1	1785.67	0.300	113.6	3276
22/02/2017	18 36 04	-18 50 29	398355	55.1	-8.5	1799.77	0.215	124.8	3302
23/02/2017	19 28 11	-18 16 22	394378	43.7	-7.8	1817.92	0.139	136.1	3335
24/02/2017	20 20 56	-16 47 21	389883	32.1	-7.0	1838.88	0.077	147.8	3374
25/02/2017	21 13 57	-14 24 56	385223	20.1	-6.0	1861.12	0.031	159.8	3415
26/02/2017	22 07 01	-11 14 05	380750	7.8	-4.7	1882.99	0.005	172.2	3455
27/02/2017	23 00 00	-07 23 28	376775	4.8	-4.4	1902.85	0.002	175.1	3491
28/02/2017	23 53 01	-03 04 56	373537	17.7	-5.7	1919.34	0.024	162.2	3522
01/03/2017	00 46 20	+01 27 09	371171	30.8	-6.9	1931.58	0.071	149.1	3544
02/03/2017	01 40 20	+05 56 50	369710	44.0	-7.8	1939.21	0.141	135.9	3558
03/03/2017	02 35 24	+10 07 32	369097	57.2	-8.6	1942.43	0.230	122.6	3564
04/03/2017	03 31 47	+13 43 09	369218	70.5	-9.3	1941.80	0.334	109.4	3563
05/03/2017	04 29 30	+16 29 14	369941	83.7	-9.9	1938.00	0.446	96.2	3556
06/03/2017	05 28 14	+18 14 23	371153	96.8	-10.4	1931.67	0.560	83.1	3544
07/03/2017	06 27 19	+18 51 38	372777	109.8	-10.8	1923.25	0.671	70.0	3529
08/03/2017	07 25 57	+18 19 38	374784	122.7	-11.2	1912.96	0.771	57.2	3510
09/03/2017	08 23 16	+16 42 42	377172	135.5	-11.6	1900.85	0.857	44.4	3488
10/03/2017	09 18 43	+14 10 03	379950	148.1	-11.9	1886.95	0.925	31.9	3462
11/03/2017	10 12 01	+10 53 57	383106	160.4	-12.2	1871.40	0.971	19.5	3434
12/03/2017	11 03 14	+07 08 03	386585	172.5	-12.5	1854.56	0.996	7.5	3403
13/03/2017	11 52 41	+03 05 54	390271	175.0	-12.6	1837.04	0.998	5.0	3371

28

Date	A.R.	Decl.	Dist.	El	Mag	Diam	Phase	Ph Ang	H.
14/03/2017	12 40 49	-01 00 04	393988	163.5	-12.3	1819.72	0.980	16.4	3339
15/03/2017	13 28 08	-04 58 51	397507	152.1	-12.0	1803.60	0.942	27.8	3309
16/03/2017	14 15 07	-08 41 01	400574	140.9	-11.7	1789.80	0.888	39.0	3284
17/03/2017	15 02 14	-11 58 26	402927	129.8	-11.4	1779.34	0.821	50.0	3265
18/03/2017	15 49 52	-14 44 09	404332	118.9	-11.1	1773.16	0.743	60.9	3253
19/03/2017	16 38 16	-16 52 00	404603	108.1	-10.8	1771.98	0.657	71.8	3251
20/03/2017	17 27 36	-18 16 38	403626	97.3	-10.4	1776.26	0.564	82.6	3259
21/03/2017	18 17 53	-18 53 27	401377	86.3	-10.0	1786.22	0.469	93.5	3277
22/03/2017	19 09 01	-18 38 57	397933	75.2	-9.5	1801.68	0.374	104.6	3306
23/03/2017	20 00 49	-17 31 07	393476	63.9	-9.0	1822.08	0.281	116.0	3343
24/03/2017	20 53 06	-15 30 00	388292	52.2	-8.3	1846.41	0.194	127.7	3388
25/03/2017	21 45 42	-12 38 18	382750	40.1	-7.6	1873.15	0.118	139.8	3437
26/03/2017	22 38 37	-09 01 49	377279	27.7	-6.6	1900.31	0.058	152.2	3487
27/03/2017	23 31 57	-04 49 56	372323	14.9	-5.5	1925.60	0.017	165.0	3533
28/03/2017	00 25 57	-00 15 40	368285	3.3	-4.2	1946.72	0.001	176.7	3572
29/03/2017	01 20 56	+04 24 44	365469	12.5	-5.2	1961.72	0.012	167.5	3599
30/03/2017	02 17 12	+08 52 46	364040	25.9	-6.5	1969.41	0.051	154.0	3614
31/03/2017	03 14 55	+12 49 20	364004	39.6	-7.5	1969.61	0.115	140.3	3614
01/04/2017	04 13 58	+15 56 54	365223	53.2	-8.4	1963.04	0.201	126.7	3602
02/04/2017	05 13 52	+18 01 54	367455	66.7	-9.1	1951.11	0.303	113.2	3580
03/04/2017	06 13 50	+18 56 33	370417	79.9	-9.7	1935.51	0.413	100.0	3551
04/04/2017	07 12 58	+18 39 47	373831	92.9	-10.2	1917.84	0.526	87.0	3519
05/04/2017	08 10 26	+17 16 39	377467	105.6	-10.7	1899.36	0.636	74.3	3485
06/04/2017	09 05 43	+14 56 40	381161	118.1	-11.1	1880.95	0.736	61.8	3451
07/04/2017	09 58 42	+11 51 47	384808	130.3	-11.4	1863.13	0.824	49.6	3418
08/04/2017	10 49 32	+08 14 46	388352	142.3	-11.7	1846.13	0.896	37.6	3387
09/04/2017	11 38 36	+04 18 06	391758	154.0	-12.1	1830.07	0.950	25.9	3358
10/04/2017	12 26 25	+00 13 29	394992	165.4	-12.4	1815.09	0.984	14.6	3330
11/04/2017	13 13 29	-03 48 18	397995	175.3	-12.6	1801.39	0.998	4.7	3305
12/04/2017	14 00 19	-07 37 30	400677	170.6	-12.5	1789.34	0.993	9.4	3283
13/04/2017	14 47 19	-11 05 12	402909	159.9	-12.2	1779.42	0.970	20.0	3265
14/04/2017	15 34 51	-14 03 30	404536	149.1	-11.9	1772.27	0.929	30.9	3252
15/04/2017	16 23 05	-16 25 26	405388	138.2	-11.6	1768.54	0.874	41.7	3245
16/04/2017	17 12 08	-18 05 08	405301	127.4	-11.3	1768.92	0.805	52.4	3246
17/04/2017	18 01 56	-18 57 56	404142	116.6	-11.0	1773.99	0.725	63.2	3255
18/04/2017	18 52 22	-19 00 35	401832	105.7	-10.7	1784.19	0.637	74.1	3274
19/04/2017	19 43 14	-18 11 21	398364	94.7	-10.3	1799.72	0.542	85.2	3302
20/04/2017	20 34 23	-16 30 16	393829	83.3	-9.9	1820.45	0.443	96.5	3340
21/04/2017	21 25 46	-13 59 11	388422	71.7	-9.4	1845.79	0.344	108.1	3387
22/04/2017	22 17 26	-10 42 10	382451	59.7	-8.8	1874.61	0.249	120.2	3440
23/04/2017	23 09 36	-06 45 48	376322	47.3	-8.0	1905.14	0.161	132.6	3496
24/04/2017	00 02 40	-02 19 52	370515	34.4	-7.2	1935.00	0.088	145.5	3550
25/04/2017	00 57 02	+02 22 11	365531	21.2	-6.1	1961.38	0.034	158.7	3599
26/04/2017	01 53 09	+07 03 10	361826	8.3	-4.8	1981.47	0.005	171.7	3636
27/04/2017	02 51 20	+11 22 49	359736	8.4	-4.8	1992.98	0.005	171.6	3657
28/04/2017	03 51 30	+15 00 02	359419	21.6	-6.1	1994.74	0.035	158.3	3660
29/04/2017	04 53 11	+17 36 11	360825	35.5	-7.2	1986.96	0.093	144.5	3646
30/04/2017	05 55 21	+18 58 49	363721	49.2	-8.2	1971.14	0.174	130.7	3617
01/05/2017	06 56 47	+19 04 00	367747	62.7	-8.9	1949.56	0.271	117.2	3577
02/05/2017	07 56 17	+17 56 22	372488	75.8	-9.6	1924.75	0.379	104.1	3532
03/05/2017	08 53 08	+15 46 42	377542	88.5	-10.1	1898.98	0.489	91.3	3484
04/05/2017	09 47 06	+12 48 43	382573	100.9	-10.5	1874.01	0.596	78.9	3438
05/05/2017	10 38 24	+09 16 26	387330	113.0	-10.9	1850.99	0.696	66.9	3396
06/05/2017	11 27 31	+05 22 46	391652	124.7	-11.3	1830.57	0.786	55.1	3359
07/05/2017	12 15 05	+01 19 12	395452	136.2	-11.6	1812.98	0.862	43.7	3326
08/05/2017	13 01 45	-02 44 03	398696	147.5	-11.9	1798.23	0.922	32.4	3299
09/05/2017	13 48 06	-06 37 42	401379	158.5	-12.2	1786.21	0.965	21.4	3277
10/05/2017	14 34 39	-10 13 05	403498	169.0	-12.4	1776.83	0.991	11.0	3260
11/05/2017	15 21 48	-13 22 01	405038	174.9	-12.6	1770.07	0.998	5.0	3248
12/05/2017	16 09 46	-15 56 56	405960	167.0	-12.4	1766.05	0.987	13.0	3240
13/05/2017	16 58 37	-17 51 10	406198	156.6	-12.1	1765.02	0.959	23.3	3238
14/05/2017	17 48 16	-18 59 18	405666	145.9	-11.8	1767.33	0.915	34.0	3243
15/05/2017	18 38 30	-19 17 38	404272	135.1	-11.6	1773.42	0.855	44.8	3254
16/05/2017	19 29 00	-18 44 23	401938	124.2	-11.2	1783.72	0.782	55.7	3273
17/05/2017	20 19 33	-17 19 49	398621	113.1	-10.9	1798.56	0.698	66.7	3300
18/05/2017	21 10 00	-15 06 05	394341	101.9	-10.6	1818.09	0.604	78.0	3336
19/05/2017	22 00 23	-12 07 04	389197	90.3	-10.1	1842.11	0.504	89.6	3380
20/05/2017	22 50 58	-08 28 25	383396	78.3	-9.7	1869.99	0.400	101.5	3431
21/05/2017	23 42 09	-04 17 42	377249	66.0	-9.1	1900.46	0.297	113.9	3487
22/05/2017	00 34 30	+00 14 53	371173	53.1	-8.4	1931.57	0.201	126.7	3544
23/05/2017	01 28 40	+04 55 48	365658	39.9	-7.5	1960.70	0.117	140.0	3598
24/05/2017	02 25 12	+09 27 42	361214	26.3	-6.5	1984.82	0.052	153.6	3642
25/05/2017	03 24 25	+13 29 55	358294	12.8	-5.3	2001.00	0.012	167.2	3671

Date	A.R.	Decl.	Dist.	El	Mag	Diam	Phase	Ph Ang	H.
26/05/2017	04 26 10	+16 40 47	357210	5.6	-4.5	2007.07	0.002	174.4	3683
27/05/2017	05 29 38	+18 41 41	358072	17.5	-5.7	2002.24	0.023	162.5	3674
28/05/2017	06 33 24	+19 21 45	360763	31.2	-6.9	1987.30	0.073	148.7	3646
29/05/2017	07 35 51	+18 40 43	364966	44.9	-7.9	1964.42	0.146	135.0	3604
30/05/2017	08 35 40	+16 47 56	370236	58.2	-8.7	1936.45	0.238	121.7	3553
31/05/2017	09 32 14	+13 58 34	376079	71.1	-9.3	1906.37	0.339	108.7	3498
01/06/2017	10 25 30	+10 29 16	382029	83.6	-9.9	1876.68	0.445	96.3	3443
02/06/2017	11 15 55	+06 35 23	387695	95.6	-10.3	1849.25	0.550	84.2	3393
03/06/2017	12 04 12	+02 29 52	392790	107.3	-10.7	1825.26	0.650	72.5	3349
04/06/2017	12 51 05	-01 36 33	397133	118.7	-11.1	1805.31	0.741	61.1	3312
05/06/2017	13 37 17	-05 34 48	400632	129.9	-11.4	1789.54	0.822	50.0	3283
06/06/2017	14 23 29	-09 16 40	403269	140.9	-11.7	1777.84	0.889	39.0	3262
07/06/2017	15 10 10	-12 34 27	405074	151.7	-12.0	1769.92	0.941	28.2	3247
08/06/2017	15 57 42	-15 20 42	406099	162.4	-12.3	1765.45	0.977	17.6	3239
09/06/2017	16 46 15	-17 28 23	406399	172.3	-12.5	1764.14	0.996	7.7	3237
10/06/2017	17 35 47	-18 51 24	406015	173.4	-12.6	1765.81	0.997	6.6	3240
11/06/2017	18 26 02	-19 25 04	404964	163.7	-12.3	1770.40	0.980	16.3	3248
12/06/2017	19 16 39	-19 06 53	403239	153.0	-12.0	1777.97	0.946	27.0	3262
13/06/2017	20 07 16	-17 56 42	400819	142.0	-11.7	1788.70	0.895	37.9	3282
14/06/2017	20 57 36	-15 56 47	397679	130.8	-11.4	1802.83	0.828	49.0	3308
15/06/2017	21 47 33	-13 11 26	393815	119.5	-11.1	1820.52	0.747	60.4	3340
16/06/2017	22 37 14	-09 46 37	389266	107.3	-10.7	1841.79	0.654	72.0	3379
17/06/2017	23 27 01	-05 49 40	384140	95.9	-10.3	1866.37	0.552	84.0	3424
18/06/2017	00 17 26	-01 29 31	378634	83.6	-9.9	1893.51	0.445	96.3	3474
19/06/2017	01 09 11	+03 02 54	373041	70.8	-9.3	1921.89	0.337	109.0	3526
20/06/2017	02 02 59	+07 33 53	367750	57.7	-8.7	1949.55	0.234	122.2	3577
21/06/2017	02 59 28	+11 46 26	363208	44.2	-7.8	1973.93	0.142	135.7	3622
22/06/2017	03 58 56	+15 20 45	359872	30.4	-6.8	1992.22	0.069	149.6	3655
23/06/2017	05 01 08	+17 56 29	358130	16.5	-5.6	2001.92	0.021	163.5	3673
24/06/2017	06 05 04	+19 17 00	358222	4.4	-4.4	2001.40	0.001	175.6	3672
25/06/2017	07 09 08	+19 14 09	360186	13.1	-5.3	1990.49	0.013	166.9	3652
26/06/2017	08 11 37	+17 50 52	363845	26.6	-6.5	1970.47	0.053	153.3	3615
27/06/2017	09 11 13	+15 19 44	368837	40.1	-7.6	1943.80	0.118	139.8	3567
28/06/2017	10 07 25	+11 58 25	374687	53.1	-8.4	1913.45	0.201	126.8	3511
29/06/2017	11 00 18	+08 05 08	380885	65.7	-9.1	1882.32	0.295	114.2	3454
30/06/2017	11 50 25	+03 55 52	386955	77.8	-9.6	1852.79	0.396	102.0	3399
01/07/2017	12 38 31	-00 16 27	392504	89.6	-10.1	1826.60	0.498	90.3	3351
02/07/2017	13 25 24	-04 21 37	397242	101.0	-10.5	1804.81	0.597	78.8	3311
03/07/2017	14 11 48	-08 11 13	400991	112.2	-10.9	1787.94	0.690	67.7	3280
04/07/2017	14 58 21	-11 37 51	403672	123.2	-11.2	1776.06	0.775	56.7	3259
05/07/2017	15 45 34	-14 34 35	405292	134.1	-11.5	1768.96	0.848	45.8	3246
06/07/2017	16 33 44	-16 54 42	405918	144.9	-11.8	1766.23	0.909	35.0	3241
07/07/2017	17 22 59	-18 31 56	405658	155.7	-12.1	1767.37	0.956	24.2	3243
08/07/2017	18 13 10	-19 21 01	404634	166.5	-12.4	1771.84	0.986	13.5	3251
09/07/2017	19 03 58	-19 18 20	402966	176.2	-12.6	1779.17	0.999	3.8	3264
10/07/2017	19 54 58	-18 22 42	400754	170.5	-12.5	1788.99	0.993	9.5	3282
11/07/2017	20 45 46	-16 35 37	398071	159.5	-12.2	1801.05	0.968	20.5	3305
12/07/2017	21 36 06	-14 01 16	394965	148.1	-11.9	1815.22	0.925	31.8	3331
13/07/2017	22 25 56	-10 45 56	391462	136.5	-11.6	1831.46	0.863	43.4	3360
14/07/2017	23 15 28	-06 57 37	387593	124.7	-11.3	1849.74	0.785	55.2	3394
15/07/2017	00 05 06	-02 45 34	383405	112.6	-10.9	1869.95	0.693	67.3	3431
16/07/2017	00 55 27	+01 39 39	378993	100.2	-10.5	1891.71	0.590	79.6	3471
17/07/2017	01 47 12	+06 05 56	374520	87.6	-10.0	1914.31	0.480	92.3	3512
18/07/2017	02 41 03	+10 19 04	370222	74.5	-9.5	1936.53	0.368	105.3	3553
19/07/2017	03 37 32	+14 02 38	366408	61.2	-8.8	1956.69	0.260	118.7	3590
20/07/2017	04 36 52	+16 58 44	363431	47.6	-8.1	1972.72	0.164	132.3	3620
21/07/2017	05 38 38	+18 50 12	361636	33.8	-7.1	1982.51	0.085	146.2	3638
22/07/2017	06 41 45	+19 24 31	361300	19.9	-5.9	1984.35	0.030	160.1	3641
23/07/2017	07 44 42	+18 37 37	362568	6.2	-4.6	1977.41	0.003	173.8	3628
24/07/2017	08 45 56	+16 35 34	365411	8.2	-4.8	1962.03	0.005	171.8	3600
25/07/2017	09 44 25	+13 32 37	369619	21.5	-6.1	1939.69	0.035	158.4	3559
26/07/2017	10 39 46	+09 47 03	374836	34.6	-7.2	1912.69	0.089	145.3	3509
27/07/2017	11 32 09	+05 37 10	380613	47.3	-8.0	1883.66	0.161	132.6	3456
28/07/2017	12 22 07	+01 18 51	386478	59.5	-8.8	1855.08	0.247	120.4	3404
29/07/2017	13 10 24	-02 55 08	391991	71.3	-9.3	1828.99	0.341	108.5	3356
30/07/2017	13 57 41	-06 54 49	396786	82.8	-9.8	1806.88	0.439	97.1	3315
31/07/2017	14 44 41	-10 32 08	400595	94.0	-10.3	1789.70	0.536	85.9	3284
01/08/2017	15 31 57	-13 40 14	403255	105.0	-10.7	1777.90	0.631	74.8	3262
02/08/2017	16 19 55	-16 12 47	404709	115.9	-11.0	1771.51	0.720	63.9	3250
03/08/2017	17 08 50	-18 03 56	404989	126.8	-11.3	1770.28	0.800	53.1	3248
04/08/2017	17 58 43	-19 08 24	404204	137.7	-11.6	1773.72	0.870	42.2	3254
05/08/2017	18 49 25	-19 22 00	402515	148.7	-11.9	1781.16	0.928	31.2	3268
06/08/2017	19 40 36	-18 42 28	400118	159.9	-12.2	1791.84	0.970	20.1	3288

Date	A.R.	Decl.	Dist.	El	Mag	Diam	Phase	Ph Ang	H.
07/08/2017	20 31 52	-17 09 56	397214	171.2	-12.5	1804.94	0.994	8.8	3312
08/08/2017	21 22 53	-14 47 24	393992	177.1	-12.7	1819.70	0.999	2.8	3339
09/08/2017	22 13 28	-11 40 37	390610	165.5	-12.4	1835.45	0.984	14.5	3368
10/08/2017	23 03 40	-07 57 42	387186	153.6	-12.0	1851.68	0.948	26.4	3397
11/08/2017	23 53 43	-03 48 34	383796	141.4	-11.7	1868.04	0.891	38.5	3427
12/08/2017	00 44 04	+00 35 23	380488	129.0	-11.4	1884.28	0.816	50.9	3457
13/08/2017	01 35 17	+05 01 37	377300	116.4	-11.0	1900.20	0.724	63.4	3487
14/08/2017	02 27 58	+09 16 21	374279	103.7	-10.6	1915.54	0.619	76.2	3515
15/08/2017	03 22 40	+13 04 41	371512	90.7	-10.2	1929.81	0.507	89.2	3541
16/08/2017	04 19 42	+16 10 59	369131	77.5	-9.6	1942.25	0.393	102.4	3564
17/08/2017	05 18 58	+18 20 07	367318	64.1	-9.0	1951.84	0.283	115.7	3581
18/08/2017	06 19 53	+19 19 43	366283	50.7	-8.3	1957.36	0.184	129.2	3591
19/08/2017	07 21 20	+19 03 03	366230	37.1	-7.4	1957.64	0.102	142.8	3592
20/08/2017	08 22 04	+17 31 15	367214	23.6	-6.3	1951.86	0.042	156.4	3581
21/08/2017	09 20 58	+14 53 21	369587	10.2	-5.0	1939.85	0.008	169.8	3559
22/08/2017	10 17 23	+11 24 16	372983	3.1	-4.2	1922.20	0.001	176.9	3527
23/08/2017	11 11 12	+07 21 26	377299	16.0	-5.6	1900.20	0.019	164.0	3487
24/08/2017	12 02 40	+03 01 57	382229	28.5	-6.7	1875.70	0.061	151.4	3442
25/08/2017	12 52 19	-01 19 08	387391	40.7	-7.6	1850.70	0.122	139.2	3396
26/08/2017	13 40 44	-05 29 33	392388	52.5	-8.4	1827.14	0.197	127.4	3352
27/08/2017	14 28 32	-09 19 26	396839	64.0	-9.0	1806.64	0.282	115.8	3315
28/08/2017	15 16 16	-12 40 52	400427	75.2	-9.5	1790.45	0.374	104.6	3285
29/08/2017	16 04 21	-15 27 16	402915	86.3	-10.0	1779.40	0.469	93.6	3265
30/08/2017	16 53 06	-17 32 57	404164	97.2	-10.4	1773.90	0.564	82.7	3255
31/08/2017	17 42 40	-18 53 00	404135	108.0	-10.8	1774.03	0.656	71.8	3255
01/09/2017	18 32 59	-19 23 22	402887	119.0	-11.1	1779.52	0.743	60.9	3265
02/09/2017	19 23 54	-19 01 18	400567	130.0	-11.4	1789.83	0.822	49.9	3284
03/09/2017	20 15 07	-17 45 56	397394	141.3	-11.7	1804.12	0.890	38.6	3310
04/09/2017	21 06 23	-15 38 43	393637	152.7	-12.0	1821.34	0.945	27.2	3342
05/09/2017	21 57 30	-12 43 47	389587	164.4	-12.3	1840.27	0.982	15.5	3377
06/09/2017	22 48 26	-09 08 04	385531	176.2	-12.6	1859.63	0.999	3.8	3412
07/09/2017	23 39 19	-05 01 02	381719	170.9	-12.5	1878.20	0.994	9.0	3446
08/09/2017	00 30 30	-00 34 29	378341	158.5	-12.2	1894.97	0.965	21.5	3477
09/09/2017	01 22 22	+03 57 54	375514	145.7	-11.8	1909.24	0.914	34.2	3503
10/09/2017	02 15 25	+08 21 07	373284	132.8	-11.5	1920.64	0.841	47.1	3524
11/09/2017	03 10 05	+12 19 21	371643	119.8	-11.1	1929.12	0.749	60.1	3540
12/09/2017	04 06 36	+15 36 52	370552	106.7	-10.7	1934.81	0.645	73.2	3550
13/09/2017	05 04 54	+17 59 17	369971	93.5	-10.3	1937.84	0.532	86.3	3556
14/09/2017	06 04 29	+19 15 15	369887	80.3	-9.7	1938.29	0.417	99.5	3556
15/09/2017	07 04 32	+19 18 26	370319	67.2	-9.2	1936.02	0.307	112.7	3552
16/09/2017	08 04 01	+18 08 52	371320	54.0	-8.4	1930.80	0.207	125.9	3543
17/09/2017	09 02 03	+15 53 02	372954	41.0	-7.6	1922.34	0.123	138.9	3527
18/09/2017	09 58 03	+12 42 42	375267	28.1	-6.7	1910.50	0.059	151.9	3505
19/09/2017	10 51 50	+08 52 40	378256	15.4	-5.5	1895.40	0.018	164.5	3478
20/09/2017	11 43 36	+04 38 44	381845	3.9	-4.3	1877.58	0.001	176.1	3445
21/09/2017	12 33 44	+00 16 04	385878	10.1	-5.0	1857.96	0.008	169.9	3409
22/09/2017	13 22 44	-04 01 48	390122	21.9	-6.1	1837.75	0.036	158.1	3372
23/09/2017	14 11 05	-08 03 20	394291	33.5	-7.1	1818.32	0.083	146.4	3336
24/09/2017	14 59 16	-11 38 55	398073	44.9	-7.9	1801.04	0.146	135.0	3305
25/09/2017	15 47 39	-14 40 43	401166	56.0	-8.6	1787.15	0.221	123.9	3279
26/09/2017	16 36 29	-17 02 23	403307	67.0	-9.1	1777.67	0.306	112.9	3262
27/09/2017	17 25 54	-18 38 51	404295	77.9	-9.6	1773.32	0.396	102.0	3254
28/09/2017	18 15 53	-19 26 16	404014	88.7	-10.1	1774.56	0.490	91.2	3256
29/09/2017	19 06 19	-19 22 06	402443	99.6	-10.5	1781.48	0.585	80.3	3291
30/09/2017	19 57 01	-18 25 16	399662	110.6	-10.8	1793.88	0.677	69.3	3291
01/10/2017	20 47 49	-16 36 26	395849	121.8	-11.2	1811.16	0.765	58.0	3323
02/10/2017	21 38 38	-13 58 17	391275	133.3	-11.5	1832.33	0.844	46.5	3362
03/10/2017	22 29 29	-10 35 47	386282	145.2	-11.8	1856.02	0.911	34.8	3405
04/10/2017	23 20 32	-06 36 26	381254	157.3	-12.1	1880.49	0.961	22.7	3450
05/10/2017	00 12 06	-02 10 37	376579	169.5	-12.5	1903.84	0.992	10.5	3493
06/10/2017	01 04 36	+02 28 25	372603	175.0	-12.6	1924.15	0.998	5.0	3530
07/10/2017	01 58 27	+07 04 49	369587	163.2	-12.3	1939.86	0.979	16.7	3559
08/10/2017	02 54 02	+11 20 46	367675	150.1	-12.0	1949.95	0.934	29.9	3578
09/10/2017	03 51 29	+14 58 07	366885	136.7	-11.6	1954.14	0.864	43.2	3586
10/10/2017	04 50 37	+17 40 15	367127	123.3	-11.2	1952.85	0.775	56.6	3583
11/10/2017	05 50 50	+19 14 35	368233	110.0	-10.8	1946.99	0.672	69.9	3572
12/10/2017	06 51 12	+19 34 37	370006	96.8	-10.4	1937.66	0.560	83.1	3555
13/10/2017	07 50 41	+18 40 49	372263	83.7	-9.9	1925.91	0.447	96.1	3534
14/10/2017	08 48 25	+16 40 03	374859	70.9	-9.3	1912.58	0.337	109.0	3509
15/10/2017	09 43 56	+13 43 40	377701	58.2	-8.7	1898.19	0.237	121.7	3483
16/10/2017	10 37 10	+10 05 24	380739	45.7	-7.9	1883.04	0.152	134.2	3455
17/10/2017	11 28 24	+05 59 36	383947	33.5	-7.1	1867.30	0.083	146.4	3426
18/10/2017	12 18 05	+01 40 11	387300	21.6	-6.1	1851.14	0.035	158.4	3396

Date	A.R.	Decl.	Dist.	El	Mag	Diam	Phase	Ph Ang	H.
19/10/2017	13 06 44	-02 39 50	390744	10.2	-5.0	1834.82	0.008	169.7	3367
20/10/2017	13 54 54	-06 48 45	394184	5.2	-4.5	1818.81	0.002	174.8	3337
21/10/2017	14 43 00	-10 36 01	397478	14.7	-5.4	1803.74	0.016	165.3	3309
22/10/2017	15 31 23	-13 52 33	400437	25.6	-6.5	1790.41	0.049	154.3	3285
23/10/2017	16 20 16	-16 30 42	402847	36.6	-7.3	1779.70	0.099	143.3	3265
24/10/2017	17 09 42	-18 24 25	404486	47.4	-8.1	1772.49	0.163	132.4	3252
25/10/2017	17 59 35	-19 29 20	405148	58.2	-8.7	1769.59	0.238	121.6	3247
26/10/2017	18 49 44	-19 42 51	404674	69.0	-9.2	1771.66	0.322	110.9	3251
27/10/2017	19 39 58	-19 04 08	402968	79.8	-9.7	1779.16	0.413	100.0	3264
28/10/2017	20 30 06	-17 33 57	400022	90.8	-10.2	1792.27	0.508	89.1	3288
29/10/2017	21 20 04	-15 14 41	395926	101.9	-10.6	1810.81	0.604	77.9	3322
30/10/2017	22 09 58	-12 10 14	390881	113.4	-10.9	1834.18	0.699	66.5	3365
31/10/2017	23 00 03	-08 26 13	385194	125.2	-11.3	1861.26	0.789	54.7	3415
01/11/2017	23 50 43	-04 10 25	379265	137.4	-11.6	1890.36	0.868	42.5	3468
02/11/2017	00 42 29	+00 26 32	373558	150.0	-11.9	1919.24	0.933	30.0	3521
03/11/2017	01 35 56	+05 10 42	368552	162.8	-12.3	1945.30	0.978	17.2	3569
04/11/2017	02 31 33	+09 44 37	364678	174.2	-12.6	1965.97	0.997	5.8	3607
05/11/2017	03 29 37	+13 48 06	362256	168.2	-12.4	1979.12	0.989	11.8	3631
06/11/2017	04 30 00	+17 00 39	361438	154.9	-12.1	1983.59	0.953	25.1	3640
07/11/2017	05 32 01	+19 04 54	362194	141.2	-11.7	1979.45	0.890	38.7	3632
08/11/2017	06 34 29	+19 50 23	364328	127.6	-11.3	1967.86	0.806	52.3	3611
09/11/2017	07 35 59	+19 15 50	367530	114.2	-10.9	1950.71	0.706	65.7	3579
10/11/2017	08 35 22	+17 28 33	371443	101.0	-10.5	1930.16	0.597	78.8	3541
11/11/2017	09 31 58	+14 41 33	375725	88.2	-10.1	1908.17	0.486	91.6	3501
12/11/2017	10 25 44	+11 10 05	380091	75.7	-9.6	1886.25	0.378	104.2	3461
13/11/2017	11 16 59	+07 09 15	384338	63.5	-9.0	1865.41	0.278	116.4	3423
14/11/2017	12 06 19	+02 52 49	388337	51.6	-8.3	1846.19	0.190	128.3	3387
15/11/2017	12 54 24	-01 26 59	392025	39.9	-7.5	1828.83	0.117	140.0	3356
16/11/2017	13 41 54	-05 39 12	395375	28.5	-6.7	1813.33	0.061	151.5	3327
17/11/2017	14 29 23	-09 33 48	398372	17.4	-5.7	1799.69	0.023	162.6	3302
18/11/2017	15 17 15	-13 01 30	400991	7.4	-4.7	1787.94	0.004	172.6	3280
19/11/2017	16 05 47	-15 54 00	403177	7.5	-4.7	1778.24	0.004	172.5	3263
20/11/2017	16 55 03	-18 04 07	404842	17.3	-5.7	1770.93	0.023	162.7	3249
21/11/2017	17 44 54	-19 26 22	405866	27.8	-6.6	1766.46	0.058	152.1	3241
22/11/2017	18 35 05	-19 57 15	406111	38.5	-7.5	1765.40	0.109	141.4	3239
23/11/2017	19 25 15	-19 35 33	405434	49.2	-8.2	1768.34	0.174	130.7	3245
24/11/2017	20 15 07	-18 22 12	403719	60.0	-8.8	1775.85	0.251	119.9	3258
25/11/2017	21 04 31	-16 19 56	400892	70.9	-9.3	1788.38	0.337	109.0	3281
26/11/2017	21 53 29	-13 32 53	396954	82.0	-9.8	1806.12	0.431	97.9	3314
27/11/2017	22 42 15	-10 06 20	391996	93.3	-10.3	1828.96	0.530	86.5	3356
28/11/2017	23 31 16	-06 06 44	386223	105.0	-10.7	1856.30	0.631	74.8	3406
29/11/2017	00 21 06	-01 42 09	379954	117.2	-11.0	1886.93	0.729	62.7	3462
30/11/2017	01 12 29	+02 56 49	373615	129.7	-11.4	1918.94	0.820	50.2	3521
01/12/2017	02 06 08	+07 36 18	367714	142.8	-11.8	1949.74	0.899	37.1	3577
02/12/2017	03 02 40	+11 58 23	362784	156.2	-12.1	1976.23	0.958	23.8	3626
03/12/2017	04 02 21	+15 41 54	359304	169.5	-12.5	1995.37	0.992	10.5	3661
04/12/2017	05 04 52	+18 25 05	357622	173.4	-12.6	2004.76	0.997	6.5	3678
05/12/2017	06 09 07	+19 50 23	357882	160.6	-12.2	2003.30	0.972	19.4	3676
06/12/2017	07 13 26	+19 49 25	359999	146.7	-11.9	1991.52	0.918	33.2	3654
07/12/2017	08 16 04	+18 25 28	363683	133.0	-11.5	1971.35	0.842	46.9	3617
08/12/2017	09 15 44	+15 51 29	368507	119.6	-11.1	1945.54	0.748	60.3	3570
09/12/2017	10 11 59	+12 25 17	373991	106.6	-10.7	1917.02	0.644	73.3	3517
10/12/2017	11 04 58	+08 25 08	379677	94.0	-10.3	1888.31	0.536	85.8	3465
11/12/2017	11 55 19	+04 07 07	385185	81.9	-9.8	1861.30	0.430	98.0	3415
12/12/2017	12 43 46	-00 15 23	390238	70.0	-9.3	1837.20	0.330	109.8	3371
13/12/2017	13 31 10	-04 31 25	394662	58.5	-8.7	1816.61	0.240	121.4	3333
14/12/2017	14 18 11	-08 31 33	398373	47.2	-8.0	1799.68	0.161	132.7	3302
15/12/2017	15 05 27	-12 07 16	401357	36.1	-7.3	1786.30	0.097	143.8	3277
16/12/2017	15 53 22	-15 10 39	403640	25.2	-6.4	1776.20	0.048	154.7	3259
17/12/2017	16 42 08	-17 34 22	405258	14.5	-5.4	1769.11	0.016	165.4	3246
18/12/2017	17 31 43	-19 12 12	406243	5.0	-4.4	1764.82	0.002	175.0	3238
19/12/2017	18 21 53	-19 59 32	406601	8.6	-4.8	1763.27	0.006	171.4	3235
20/12/2017	19 12 13	-19 54 02	406307	18.8	-5.8	1764.54	0.027	161.1	3238
21/12/2017	20 02 19	-18 55 56	405307	29.5	-6.8	1768.90	0.065	150.4	3246
22/12/2017	20 51 50	-17 07 50	403531	40.3	-7.6	1776.68	0.119	139.6	3260
23/12/2017	21 40 39	-14 34 19	400908	51.3	-8.3	1788.31	0.188	128.6	3281
24/12/2017	22 28 50	-11 21 16	397394	62.4	-8.9	1804.12	0.269	117.5	3310
25/12/2017	23 16 44	-07 35 29	392997	73.7	-9.5	1824.30	0.361	106.1	3347
26/12/2017	00 04 53	-03 24 33	387804	85.4	-10.0	1848.73	0.461	94.5	3392
27/12/2017	00 53 58	+01 02 41	382000	97.4	-10.4	1876.82	0.566	82.5	3444
28/12/2017	01 44 47	+05 35 27	375885	109.8	-10.8	1907.35	0.671	70.0	3500
29/12/2017	02 38 10	+10 00 02	369870	122.7	-11.2	1938.37	0.771	57.2	3557
30/12/2017	03 34 46	+13 59 08	364445	136.1	-11.6	1967.22	0.861	43.8	3610

32

Date	A.R.	Decl.	Dist.	El	Mag	Diam	Phase	Ph Ang	H.
31/12/2017	04 34 51	+17 12 25	360132	149.8	-11.9	1990.79	0.932	30.1	3653
01/01/2018	05 38 01	+19 19 11	357399	163.8	-12.3	2006.01	0.980	16.2	3681
02/01/2018	06 42 58	+20 03 22	356573	176.7	-12.6	2010.66	0.999	3.3	3689
03/01/2018	07 47 52	+19 19 01	357770	167.1	-12.4	2003.93	0.987	12.9	3677
04/01/2018	08 50 51	+17 12 34	360864	154.3	-12.0	1986.75	0.946	26.8	3645
05/01/2018	09 50 40	+14 00 21	365515	139.5	-11.7	1961.47	0.881	40.4	3599
06/01/2018	10 46 56	+10 03 06	371242	126.2	-11.3	1931.21	0.796	53.6	3543
07/01/2018	11 39 55	+05 40 55	377507	113.4	-10.9	1899.16	0.700	66.4	3485
08/01/2018	12 30 18	+01 10 47	383802	101.1	-10.5	1868.01	0.598	78.7	3427
09/01/2018	13 18 54	-03 13 59	389700	89.2	-10.1	1839.74	0.495	90.6	3376
10/01/2018	14 06 31	-07 23 03	394885	77.7	-9.6	1815.58	0.395	102.2	3331
11/01/2018	14 53 53	-11 07 58	399158	66.4	-9.1	1796.15	0.301	113.4	3296
12/01/2018	15 41 34	-14 21 26	402427	55.4	-8.5	1781.55	0.217	124.5	3269
13/01/2018	16 29 54	-16 56 48	404689	44.5	-7.9	1771.60	0.144	135.4	3250
14/01/2018	17 19 05	-18 48 05	406002	33.7	-7.1	1765.87	0.084	146.2	3240
15/01/2018	18 08 59	-19 50 21	406461	22.9	-6.2	1763.88	0.040	157.0	3236
16/01/2018	18 59 19	-20 00 19	406170	12.2	-5.2	1765.14	0.011	167.8	3239
17/01/2018	19 49 41	-19 17 03	405227	2.0	-4.1	1769.25	0.000	178.0	3246
18/01/2018	20 39 39	-17 42 10	403700	9.9	-5.0	1775.94	0.007	170.1	3258
19/01/2018	21 28 57	-15 19 46	401626	20.8	-6.0	1785.11	0.033	159.1	3275
20/01/2018	22 17 30	-12 15 58	399013	32.0	-7.0	1796.80	0.076	147.9	3297
21/01/2018	23 05 26	-08 38 13	395849	43.3	-7.8	1811.16	0.137	136.6	3323
22/01/2018	23 53 07	-04 34 53	392124	54.8	-8.5	1828.37	0.212	125.1	3355
23/01/2018	00 41 09	-00 15 08	387854	66.5	-9.1	1848.49	0.302	113.4	3392
24/01/2018	01 30 12	+04 10 55	383112	78.5	-9.7	1871.37	0.402	101.3	3434
25/01/2018	02 21 04	+08 31 35	378048	90.9	-10.2	1896.44	0.509	89.0	3480
26/01/2018	03 14 29	+12 32 59	372909	103.6	-10.6	1922.58	0.619	76.3	3528
27/01/2018	04 11 01	+15 58 45	368033	116.7	-11.0	1948.05	0.726	63.2	3574
28/01/2018	05 10 48	+18 30 45	363833	130.2	-11.4	1970.53	0.823	49.7	3616
29/01/2018	06 13 19	+19 51 50	360743	144.0	-11.8	1987.41	0.905	35.9	3647
30/01/2018	07 17 16	+19 50 03	359149	158.0	-12.2	1996.24	0.964	22.0	3663
31/01/2018	08 20 59	+18 23 06	359308	172.1	-12.5	1995.35	0.995	7.9	3661
01/02/2018	09 22 51	+15 39 50	361289	173.9	-12.6	1984.41	0.997	6.1	3641
02/02/2018	10 21 52	+11 57 41	364949	160.1	-12.2	1964.51	0.970	19.9	3605
03/02/2018	11 17 44	+07 37 53	369950	146.7	-11.9	1937.95	0.918	33.2	3556
04/02/2018	12 10 47	+03 00 53	375829	133.7	-11.5	1907.64	0.846	46.2	3500
05/02/2018	13 01 35	-01 35 58	382068	121.2	-11.2	1876.49	0.760	58.7	3443
06/02/2018	13 50 53	-05 59 10	388170	109.2	-10.8	1846.99	0.665	70.7	3389
07/02/2018	14 39 23	-09 58 25	393710	97.5	-10.4	1821.00	0.567	82.3	3341
08/02/2018	15 27 42	-13 25 45	398366	86.2	-10.0	1799.71	0.468	93.6	3302
09/02/2018	16 16 17	-16 14 40	401933	75.2	-9.5	1783.75	0.373	104.7	3273
10/02/2018	17 05 24	-18 19 44	404314	64.3	-9.0	1773.24	0.284	115.6	3254
11/02/2018	17 55 06	-19 36 27	405514	53.4	-8.4	1767.99	0.203	126.4	3244
12/02/2018	18 45 17	-20 01 33	405617	42.5	-7.7	1767.54	0.133	137.2	3243
13/02/2018	19 35 40	-19 33 26	404763	31.8	-7.0	1771.27	0.075	148.1	3250
14/02/2018	20 25 54	-18 12 40	403126	20.9	-6.0	1778.47	0.033	159.1	3263
15/02/2018	21 15 41	-16 02 12	400884	9.8	-5.0	1788.41	0.007	170.2	3281
16/02/2018	22 04 51	-13 07 15	398203	1.9	-4.1	1800.45	0.000	178.1	3303
17/02/2018	22 53 27	-09 35 03	395216	12.9	-5.3	1814.06	0.013	167.0	3328
18/02/2018	23 41 41	-05 34 22	392018	24.5	-6.4	1828.86	0.045	155.4	3356
19/02/2018	00 29 59	-01 15 13	388664	36.3	-7.3	1844.64	0.098	143.6	3385
20/02/2018	01 18 53	+03 11 25	385181	48.3	-8.1	1861.32	0.168	131.6	3415
21/02/2018	02 09 01	+07 33 30	381595	60.5	-8.8	1878.81	0.255	119.4	3447
22/02/2018	03 01 01	+11 37 46	377949	72.9	-9.4	1896.94	0.355	106.9	3481
23/02/2018	03 55 27	+15 09 41	374334	85.6	-10.0	1915.26	0.463	94.2	3514
24/02/2018	04 52 33	+17 53 51	370904	98.6	-10.4	1932.97	0.576	81.3	3547
25/02/2018	05 52 09	+19 35 21	367882	111.8	-10.9	1948.85	0.687	68.1	3576
26/02/2018	06 53 31	+20 02 21	365543	125.2	-11.3	1961.32	0.789	54.7	3599
27/02/2018	07 55 27	+19 09 12	364177	138.8	-11.6	1968.68	0.877	41.1	3612
28/02/2018	08 56 37	+16 58 46	364036	152.4	-12.0	1969.44	0.944	27.5	3614
01/03/2018	09 55 58	+13 42 18	365278	166.0	-12.4	1962.74	0.985	14.0	3601
02/03/2018	10 52 56	+09 37 06	367919	177.6	-12.7	1948.65	1.000	2.3	3575
03/03/2018	11 47 29	+05 02 57	371814	166.8	-12.4	1928.24	0.987	13.2	3538
04/03/2018	12 39 57	+00 10 02	376674	154.0	-12.1	1903.36	0.950	26.0	3492
05/03/2018	13 30 52	-04 17 57	382106	141.5	-11.7	1876.30	0.892	38.4	3443
06/03/2018	14 20 48	-08 34 35	387665	129.4	-11.4	1849.39	0.818	50.5	3393
07/03/2018	15 10 17	-12 20 24	392919	117.7	-11.1	1824.67	0.733	62.2	3348
08/03/2018	15 59 43	-15 27 30	397484	106.3	-10.7	1803.71	0.641	73.6	3309
09/03/2018	16 49 23	-17 49 55	401064	95.2	-10.3	1787.61	0.546	84.7	3280
10/03/2018	17 39 22	-19 23 16	403462	84.2	-9.9	1776.99	0.451	95.6	3260
11/03/2018	18 29 37	-20 04 39	404585	73.4	-9.4	1772.05	0.359	106.4	3251
12/03/2018	19 19 58	-19 52 38	404447	62.6	-8.9	1772.66	0.271	117.3	3252
13/03/2018	20 10 11	-18 47 29	403150	51.7	-8.3	1778.36	0.191	128.1	3263

Date	A.R.	Decl.	Dist.	El	Mag	Diam	Phase	Ph Ang	H.
14/03/2018	21 00 03	-16 51 21	400874	40.7	-7.6	1788.46	0.122	139.2	3281
15/03/2018	21 49 29	-14 08 15	397850	29.6	-6.8	1802.05	0.066	150.3	3306
16/03/2018	22 38 30	-10 44 15	394341	18.3	-5.8	1818.09	0.025	161.7	3336
17/03/2018	23 27 18	-06 47 13	390607	7.2	-4.7	1835.47	0.004	172.8	3368
18/03/2018	00 16 13	-02 26 57	386882	6.6	-4.6	1853.14	0.003	173.3	3400
19/03/2018	01 05 43	+02 05 03	383353	18.2	-5.8	1870.20	0.025	161.8	3431
20/03/2018	01 56 19	+06 35 43	380144	30.4	-6.8	1885.99	0.069	149.5	3460
21/03/2018	02 48 34	+10 50 33	377319	42.9	-7.8	1900.11	0.135	137.0	3486
22/03/2018	03 42 52	+14 34 11	374894	55.7	-8.5	1912.39	0.219	124.2	3509
23/03/2018	04 39 23	+17 31 09	372864	68.5	-9.2	1922.81	0.318	111.3	3528
24/03/2018	05 37 56	+19 27 25	371226	81.5	-9.8	1931.29	0.427	98.3	3544
25/03/2018	06 37 53	+20 12 15	370007	94.6	-10.3	1937.66	0.541	85.3	3555
26/03/2018	07 38 16	+19 40 27	369274	107.8	-10.7	1941.50	0.654	72.1	3562
27/03/2018	08 37 59	+17 53 41	369132	121.0	-11.2	1942.25	0.758	58.9	3564
28/03/2018	09 36 12	+15 00 22	369707	134.2	-11.5	1939.23	0.849	45.7	3558
29/03/2018	10 32 27	+11 14 10	371108	147.3	-11.9	1931.91	0.921	32.6	3545
30/03/2018	11 26 40	+06 51 47	373392	160.2	-12.2	1920.09	0.971	19.8	3523
31/03/2018	12 19 10	+02 10 46	376533	172.3	-12.5	1904.07	0.995	7.7	3494
01/04/2018	13 10 23	-02 32 02	380406	172.5	-12.5	1884.69	0.996	7.5	3458
02/04/2018	14 00 49	-07 01 35	384787	161.0	-12.2	1863.23	0.973	19.0	3419
03/04/2018	14 50 56	-11 05 08	389378	149.2	-11.9	1841.26	0.930	30.8	3378
04/04/2018	15 41 04	-14 32 23	393837	137.5	-11.6	1820.41	0.870	42.4	3340
05/04/2018	16 31 23	-17 15 28	397821	126.2	-11.3	1802.18	0.796	53.7	3307
06/04/2018	17 21 57	-19 08 52	401016	115.1	-11.0	1787.82	0.713	64.8	3280
07/04/2018	18 12 38	-20 09 11	403169	104.1	-10.6	1778.27	0.623	75.7	3263
08/04/2018	19 03 13	-20 15 04	404109	93.3	-10.3	1774.14	0.530	86.6	3255
09/04/2018	19 53 30	-19 27 01	403758	82.5	-9.8	1775.68	0.436	97.4	3258
10/04/2018	20 43 17	-17 47 09	402140	71.6	-9.4	1782.83	0.343	108.3	3271
11/04/2018	21 32 33	-15 19 05	399376	60.5	-8.8	1795.16	0.255	119.3	3294
12/04/2018	22 21 23	-12 07 52	395680	49.3	-8.2	1811.94	0.175	130.6	3325
13/04/2018	23 10 03	-08 19 59	391338	37.8	-7.4	1832.04	0.106	142.1	3361
14/04/2018	23 58 55	-04 03 42	386688	26.1	-6.5	1854.07	0.051	153.8	3402
15/04/2018	00 48 31	+00 30 37	382084	14.3	-5.4	1876.41	0.016	165.7	3443
16/04/2018	01 39 24	+05 10 17	377861	4.9	-4.4	1897.38	0.002	175.1	3481
17/04/2018	02 32 06	+09 40 06	374293	12.9	-5.3	1915.47	0.013	167.1	3515
18/04/2018	03 27 02	+13 42 59	371565	25.4	-6.4	1929.53	0.049	154.5	3540
19/04/2018	04 24 18	+17 01 10	369759	38.4	-7.4	1938.96	0.109	141.5	3558
20/04/2018	05 23 38	+19 18 23	368856	51.6	-8.3	1943.70	0.190	128.3	3566
21/04/2018	06 24 14	+20 22 36	368768	64.9	-9.0	1944.17	0.289	115.0	3567
22/04/2018	07 24 59	+20 08 19	369364	78.1	-9.7	1941.03	0.398	101.8	3561
23/04/2018	08 24 44	+18 37 43	370517	91.2	-10.2	1934.99	0.512	88.6	3550
24/04/2018	09 22 38	+15 59 36	372126	104.3	-10.6	1926.62	0.624	75.6	3535
25/04/2018	10 18 18	+12 27 21	374128	117.2	-11.0	1916.31	0.729	62.7	3516
26/04/2018	11 11 46	+08 16 25	376501	129.9	-11.4	1904.24	0.822	50.0	3494
27/04/2018	12 03 28	+03 42 42	379235	142.5	-11.7	1890.50	0.897	37.4	3469
28/04/2018	12 53 56	-00 58 27	382320	154.8	-12.1	1875.25	0.952	25.2	3441
29/04/2018	13 43 44	-05 32 48	385710	166.5	-12.4	1858.77	0.986	13.4	3410
30/04/2018	14 33 24	-09 47 21	389312	175.0	-12.6	1841.57	0.998	5.0	3379
01/05/2018	15 23 19	-13 30 37	392977	167.6	-12.4	1824.39	0.988	12.3	3347
02/05/2018	16 13 41	-16 33 03	396504	156.6	-12.1	1808.17	0.959	23.3	3318
03/05/2018	17 04 29	-18 47 13	399654	145.5	-11.8	1793.91	0.912	34.4	3291
04/05/2018	17 55 32	-20 08 12	402181	134.4	-11.5	1782.65	0.851	45.4	3271
05/05/2018	18 46 31	-20 33 44	403847	123.5	-11.2	1775.29	0.777	56.3	3257
06/05/2018	19 37 05	-20 03 59	404456	112.7	-10.9	1772.62	0.694	67.2	3252
07/05/2018	20 26 59	-18 41 15	403872	101.9	-10.6	1775.18	0.604	78.0	3257
08/05/2018	21 16 06	-16 29 25	402040	91.0	-10.2	1783.27	0.510	88.9	3272
09/05/2018	22 04 32	-13 33 28	398999	79.9	-9.7	1796.86	0.414	99.9	3297
10/05/2018	22 52 33	-09 59 17	394891	68.7	-9.2	1815.56	0.319	111.2	3331
11/05/2018	23 40 37	-05 53 45	389958	57.1	-8.6	1838.52	0.229	122.8	3373
12/05/2018	00 29 19	-01 25 18	384537	45.2	-7.9	1864.44	0.148	134.7	3421
13/05/2018	01 19 20	+03 15 29	379031	33.0	-7.0	1891.52	0.081	147.0	3471
14/05/2018	02 11 20	+07 55 07	373879	20.4	-6.0	1917.59	0.032	159.5	3518
15/05/2018	03 05 56	+12 16 48	369499	8.3	-4.8	1940.32	0.005	171.7	3560
16/05/2018	04 03 26	+16 01 14	366235	8.3	-4.8	1957.61	0.005	171.7	3592
17/05/2018	05 03 39	+18 48 38	364308	21.0	-6.0	1967.96	0.033	159.0	3611
18/05/2018	06 05 47	+20 22 25	363786	34.5	-7.2	1970.79	0.088	145.5	3616
19/05/2018	07 08 27	+20 33 16	364583	48.0	-8.1	1966.48	0.166	131.8	3608
20/05/2018	08 10 09	+19 21 29	366497	61.6	-8.9	1956.21	0.263	118.3	3589
21/05/2018	09 09 39	+16 56 20	369255	74.9	-9.5	1941.60	0.371	105.0	3562
22/05/2018	10 06 21	+13 32 51	372573	87.9	-10.1	1924.31	0.483	91.9	3531
23/05/2018	11 00 18	+09 28 04	376199	100.8	-10.5	1905.76	0.595	79.1	3497
24/05/2018	11 51 55	+04 58 35	379939	113.3	-10.9	1887.00	0.699	66.5	3462
25/05/2018	12 41 54	+00 19 26	383661	125.6	-11.3	1868.70	0.792	54.3	3429

Date	A.R.	Decl.	Dist.	El	Mag	Diam	Phase	Ph Ang	H.
26/05/2018	13 30 58	-04 15 57	387286	137.7	-11.6	1851.20	0.870	42.2	3397
27/05/2018	14 19 47	-08 35 35	390768	149.5	-11.9	1834.71	0.931	30.4	3366
28/05/2018	15 08 52	-12 28 29	394070	161.0	-12.2	1819.34	0.973	19.0	3338
29/05/2018	15 58 34	-15 44 49	397141	171.8	-12.5	1805.27	0.995	8.2	3312
30/05/2018	16 48 57	-18 16 13	399904	173.8	-12.6	1792.79	0.997	6.1	3289
31/05/2018	17 39 53	-19 56 16	402247	163.9	-12.3	1782.35	0.980	16.1	3270
01/06/2018	18 31 01	-20 41 09	404029	153.1	-12.0	1774.49	0.946	26.8	3256
02/06/2018	19 21 53	-20 29 53	405090	142.3	-11.7	1769.85	0.896	37.6	3247
03/06/2018	20 12 05	-19 24 14	405269	131.5	-11.4	1769.06	0.832	48.4	3246
04/06/2018	21 01 20	-17 28 07	404427	120.6	-11.1	1772.75	0.756	59.2	3253
05/06/2018	21 49 37	-14 46 54	402469	109.7	-10.8	1781.37	0.670	70.1	3268
06/06/2018	22 37 07	-11 26 48	399368	98.7	-10.4	1795.20	0.577	81.2	3294
07/06/2018	23 24 16	-07 34 31	395179	87.4	-10.0	1814.23	0.479	92.4	3329
08/06/2018	00 11 39	-03 17 26	390064	75.8	-9.6	1838.02	0.379	104.0	3372
09/06/2018	01 00 01	+01 15 49	384289	63.9	-9.0	1865.64	0.281	115.9	3423
10/06/2018	01 50 09	+05 54 30	378225	51.6	-8.3	1895.55	0.190	128.3	3478
11/06/2018	02 42 51	+10 24 42	372328	38.8	-7.5	1925.58	0.111	141.1	3533
12/06/2018	03 38 46	+14 28 55	367088	25.6	-6.4	1953.06	0.049	154.3	3584
13/06/2018	04 38 08	+17 46 41	362980	12.2	-5.2	1975.17	0.011	167.7	3624
14/06/2018	05 40 31	+19 57 25	360379	4.2	-4.3	1989.42	0.001	175.8	3650
15/06/2018	06 44 42	+20 45 16	359503	16.7	-5.6	1994.27	0.021	163.2	3659
16/06/2018	07 48 51	+20 04 09	360370	30.6	-6.9	1989.47	0.070	149.3	3650
17/06/2018	08 51 15	+17 59 45	362806	44.5	-7.9	1976.11	0.144	135.4	3626
18/06/2018	09 50 41	+14 47 13	366489	58.1	-8.7	1956.26	0.237	121.8	3589
19/06/2018	10 46 50	+10 46 10	371017	71.4	-9.3	1932.38	0.341	108.5	3546
20/06/2018	11 39 59	+06 16 09	375983	84.3	-9.9	1906.86	0.451	95.6	3499
21/06/2018	12 30 48	+01 34 23	381028	96.8	-10.4	1881.61	0.561	83.0	3452
22/06/2018	13 20 06	-03 04 47	385874	109.0	-10.8	1857.98	0.664	70.8	3409
23/06/2018	14 08 41	-07 29 27	390330	120.9	-11.1	1836.77	0.758	58.9	3370
24/06/2018	14 57 14	-11 29 22	394285	132.6	-11.5	1818.34	0.839	47.3	3336
25/06/2018	15 46 14	-14 55 22	397691	144.0	-11.8	1802.77	0.905	35.9	3308
26/06/2018	16 35 57	-17 39 23	400534	155.2	-12.1	1789.97	0.954	24.7	3284
27/06/2018	17 26 22	-19 34 37	402813	166.3	-12.4	1779.85	0.986	13.7	3266
28/06/2018	18 17 16	-20 36 14	404517	176.4	-12.6	1772.35	0.999	3.5	3252
29/06/2018	19 08 11	-20 41 58	405616	171.1	-12.5	1767.55	0.994	8.9	3243
30/06/2018	19 58 38	-19 52 22	406056	160.4	-12.2	1765.63	0.971	19.5	3240
01/07/2018	20 48 13	-18 10 45	405756	149.6	-11.9	1766.94	0.932	30.3	3242
02/07/2018	21 36 43	-15 42 26	404627	138.7	-11.6	1771.87	0.876	41.2	3251
03/07/2018	22 24 11	-12 34 02	402586	127.8	-11.3	1780.85	0.807	52.1	3267
04/07/2018	23 10 55	-08 52 49	399579	116.7	-11.0	1794.25	0.726	63.2	3292
05/07/2018	23 57 25	-04 46 20	395605	105.4	-10.7	1812.28	0.634	74.5	3325
06/07/2018	00 44 20	-00 22 41	390737	93.8	-10.3	1834.85	0.535	86.0	3367
07/07/2018	01 32 29	+04 08 56	385147	82.0	-9.8	1861.49	0.431	97.9	3415
08/07/2018	02 22 42	+08 37 24	379113	69.7	-9.3	1891.12	0.327	110.2	3470
09/07/2018	03 15 50	+12 48 38	373018	56.9	-8.6	1922.01	0.228	123.0	3527
10/07/2018	04 12 29	+16 25 06	367333	43.7	-7.8	1951.76	0.139	136.2	3581
11/07/2018	05 12 47	+19 06 48	362563	30.1	-6.8	1977.44	0.068	149.9	3628
12/07/2018	06 16 07	+20 34 20	359182	16.1	-5.6	1996.05	0.020	163.9	3662
13/07/2018	07 21 01	+20 34 14	357550	2.3	-4.1	2005.16	0.000	177.7	3679
14/07/2018	08 25 32	+19 04 03	357839	12.6	-5.2	2003.54	0.012	167.4	3676
15/07/2018	09 27 55	+16 13 45	359999	26.7	-6.5	1991.52	0.054	153.2	3654
16/07/2018	10 27 10	+12 22 17	363770	40.6	-7.6	1970.88	0.121	139.3	3616
17/07/2018	11 23 07	+07 51 59	368737	54.1	-8.4	1944.33	0.208	125.8	3567
18/07/2018	12 16 09	+03 03 54	374417	67.2	-9.2	1914.83	0.307	112.7	3513
19/07/2018	13 07 02	-01 44 23	380333	79.9	-9.7	1885.05	0.413	100.0	3459
20/07/2018	13 56 36	-06 18 59	386070	92.1	-10.2	1857.04	0.519	87.8	3407
21/07/2018	14 45 34	-10 28 55	391312	103.9	-10.6	1832.16	0.622	75.9	3362
22/07/2018	15 34 34	-14 05 18	395849	115.5	-11.0	1811.16	0.716	64.4	3323
23/07/2018	16 24 01	-17 00 37	399566	126.8	-11.3	1794.31	0.800	53.1	3292
24/07/2018	17 14 04	-19 08 31	402428	137.9	-11.6	1781.55	0.872	42.0	3269
25/07/2018	18 04 38	-20 24 12	404454	148.9	-11.9	1772.63	0.929	31.0	3252
26/07/2018	18 55 24	-20 44 45	405694	159.9	-12.2	1767.21	0.970	20.1	3242
27/07/2018	19 45 56	-20 09 46	406203	170.8	-12.5	1764.99	0.994	9.2	3238
28/07/2018	20 35 48	-18 41 30	406029	178.3	-12.7	1765.75	1.000	1.7	3240
29/07/2018	21 24 43	-16 24 36	405195	167.4	-12.4	1769.38	0.988	12.5	3246
30/07/2018	22 12 33	-13 25 30	403701	156.4	-12.1	1775.93	0.959	23.5	3258
31/07/2018	22 59 28	-09 51 50	401525	145.4	-11.8	1785.56	0.912	34.5	3276
01/08/2018	23 45 49	-05 51 48	398640	134.2	-11.5	1798.48	0.849	45.7	3300
02/08/2018	00 32 10	-01 33 59	395029	122.8	-11.2	1814.92	0.772	57.1	3330
03/08/2018	01 19 10	+02 52 26	390715	111.2	-10.9	1834.96	0.682	68.7	3367
04/08/2018	02 07 37	+07 17 20	385781	99.3	-10.5	1858.43	0.582	80.6	3410
05/08/2018	02 58 19	+11 28 45	380391	87.1	-10.0	1884.76	0.476	92.8	3458
06/08/2018	03 52 00	+15 12 20	374812	74.4	-9.5	1912.81	0.367	105.4	3510

Date	A.R.	Decl.	Dist.	El	Mag	Diam	Phase	Ph Ang	H.
07/08/2018	04 49 07	+18 11 16	369403	61.4	-8.9	1940.82	0.262	118.5	3561
08/08/2018	05 49 36	+20 07 31	364599	47.9	-8.1	1966.39	0.166	132.0	3608
09/08/2018	06 52 39	+20 45 08	360862	34.1	-7.1	1986.76	0.086	145.8	3645
10/08/2018	07 56 47	+19 55 03	358610	20.0	-6.0	1999.23	0.030	159.9	3668
11/08/2018	09 00 14	+17 39 00	358135	5.9	-4.5	2001.89	0.003	174.1	3673
12/08/2018	10 01 35	+14 09 53	359540	8.5	-4.8	1994.06	0.005	171.5	3659
13/08/2018	11 00 04	+09 48 15	362710	22.4	-6.2	1976.64	0.038	157.5	3627
14/08/2018	11 55 40	+04 57 10	367332	36.1	-7.3	1951.76	0.096	143.9	3581
15/08/2018	12 48 51	-00 01 56	372957	49.3	-8.2	1922.33	0.175	130.6	3527
16/08/2018	13 40 17	-04 51 21	379075	62.0	-8.9	1891.30	0.267	117.8	3470
17/08/2018	14 30 40	-09 17 16	385197	74.3	-9.5	1861.24	0.366	105.5	3415
18/08/2018	15 20 38	-13 09 15	390901	86.2	-10.0	1834.09	0.468	93.6	3365
19/08/2018	16 10 38	-16 19 21	395867	97.7	-10.4	1811.08	0.569	82.1	3323
20/08/2018	17 00 55	-18 41 30	399885	109.0	-10.8	1792.88	0.664	70.9	3290
21/08/2018	17 51 32	-20 11 16	402853	120.1	-11.1	1779.67	0.751	59.8	3265
22/08/2018	18 42 17	-20 45 59	404755	131.0	-11.4	1771.31	0.829	48.9	3250
23/08/2018	19 32 52	-20 24 56	405647	141.8	-11.7	1767.41	0.894	38.1	3243
24/08/2018	20 22 55	-19 09 41	405630	152.7	-12.0	1767.49	0.945	27.2	3243
25/08/2018	21 12 10	-17 04 02	404827	163.5	-12.3	1770.99	0.980	16.4	3249
26/08/2018	22 00 27	-14 13 42	403361	174.2	-12.6	1777.43	0.997	5.8	3261
27/08/2018	22 47 51	-10 45 57	401340	173.7	-12.6	1786.38	0.997	6.3	3278
28/08/2018	23 34 36	-06 49 10	398842	162.8	-12.3	1797.57	0.978	17.2	3298
29/08/2018	00 21 09	-02 32 28	395920	151.5	-12.0	1810.84	0.940	28.5	3323
30/08/2018	01 08 02	+01 54 16	392600	139.9	-11.7	1826.15	0.883	40.0	3351
31/08/2018	01 55 55	+06 20 28	388904	128.2	-11.4	1843.50	0.810	51.7	3382
01/09/2018	02 45 31	+10 34 22	384864	116.2	-11.0	1862.85	0.722	63.7	3418
02/09/2018	03 37 27	+14 22 51	380555	103.9	-10.6	1883.95	0.622	75.9	3457
03/09/2018	04 32 14	+17 31 14	376110	91.4	-10.2	1906.21	0.513	88.5	3498
04/09/2018	05 29 58	+19 44 01	371742	78.5	-9.7	1928.61	0.402	101.3	3539
05/09/2018	06 30 17	+20 46 42	367736	65.3	-9.1	1949.62	0.292	114.5	3577
06/09/2018	07 32 13	+20 28 49	364439	51.8	-8.3	1967.26	0.192	128.0	3610
07/09/2018	08 34 23	+18 47 24	362207	38.1	-7.4	1979.38	0.107	141.8	3632
08/09/2018	09 35 31	+15 48 46	361352	24.3	-6.3	1984.06	0.045	155.6	3640
09/09/2018	10 34 40	+11 47 48	362072	10.7	-5.0	1980.12	0.009	169.3	3633
10/09/2018	11 31 32	+07 04 47	364398	5.0	-4.4	1967.48	0.002	175.0	3610
11/09/2018	12 26 17	+02 01 42	368181	17.6	-5.7	1947.27	0.023	162.4	3573
12/09/2018	13 19 20	-03 00 53	373104	30.6	-6.9	1921.57	0.070	149.3	3526
13/09/2018	14 11 16	-07 45 31	378740	43.4	-7.8	1892.97	0.137	136.5	3473
14/09/2018	15 02 37	-11 58 28	384616	55.7	-8.5	1864.05	0.219	124.2	3420
15/09/2018	15 53 47	-15 29 27	390273	67.6	-9.2	1837.04	0.310	112.3	3371
16/09/2018	16 44 59	-18 11 11	395315	79.1	-9.7	1813.61	0.407	100.7	3328
17/09/2018	17 36 15	-19 58 54	399440	90.4	-10.1	1794.88	0.504	89.5	3293
18/09/2018	18 27 27	-20 50 05	402451	101.4	-10.5	1781.45	0.600	78.5	3269
19/09/2018	19 18 21	-20 44 22	404261	112.3	-10.9	1773.47	0.691	67.6	3254
20/09/2018	20 08 38	-19 43 17	404875	123.1	-11.2	1770.78	0.774	56.8	3249
21/09/2018	20 58 06	-17 50 18	404384	133.9	-11.5	1772.94	0.847	46.0	3253
22/09/2018	21 46 40	-15 10 27	402939	144.8	-11.8	1779.29	0.909	35.1	3265
23/09/2018	22 34 25	-11 50 13	400733	155.8	-12.1	1789.09	0.956	24.2	3283
24/09/2018	23 21 34	-07 57 17	397972	166.7	-12.4	1801.50	0.987	13.3	3305
25/09/2018	00 08 32	-03 40 34	394854	175.6	-12.6	1815.72	0.999	4.4	3331
26/09/2018	00 55 48	+00 49 53	391550	168.7	-12.4	1831.05	0.990	11.3	3360
27/09/2018	01 43 58	+05 22 47	388190	157.2	-12.1	1846.89	0.961	22.7	3389
28/09/2018	02 33 37	+09 45 31	384860	145.3	-11.8	1862.88	0.912	34.6	3418
29/09/2018	03 25 18	+13 44 16	381608	133.1	-11.5	1878.75	0.843	46.8	3447
30/09/2018	04 19 26	+17 04 17	378465	120.7	-11.1	1894.35	0.756	59.2	3476
01/10/2018	05 16 03	+19 30 44	375463	108.1	-10.8	1909.50	0.656	71.8	3504
02/10/2018	06 14 51	+20 50 23	372665	95.3	-10.3	1923.84	0.547	84.6	3530
03/10/2018	07 15 01	+20 53 45	370180	82.2	-9.8	1936.75	0.434	97.6	3554
04/10/2018	08 15 28	+19 37 25	368169	69.1	-9.2	1947.33	0.322	110.8	3573
05/10/2018	09 15 08	+17 05 19	366836	55.7	-8.6	1954.41	0.219	124.2	3586
06/10/2018	10 13 15	+13 28 19	366394	42.3	-7.7	1956.76	0.131	137.6	3590
07/10/2018	11 09 32	+09 02 30	367025	29.0	-6.7	1953.40	0.063	151.0	3584
08/10/2018	12 04 06	+04 06 50	368831	15.9	-5.6	1943.83	0.019	164.1	3567
09/10/2018	12 57 20	-00 59 02	371796	5.2	-4.4	1928.33	0.002	174.8	3538
10/10/2018	13 49 44	-05 56 31	375771	12.0	-5.2	1907.93	0.011	167.9	3501
11/10/2018	14 41 45	-10 29 13	380487	24.2	-6.3	1884.29	0.044	155.8	3457
12/10/2018	15 33 46	-14 23 46	385585	36.3	-7.3	1859.37	0.097	143.6	3412
13/10/2018	16 25 54	-17 30 00	390667	48.1	-8.1	1835.18	0.167	131.8	3367
14/10/2018	17 18 08	-19 41 09	395339	59.6	-8.8	1813.50	0.248	120.3	3327
15/10/2018	18 10 13	-20 53 41	399252	70.8	-9.3	1795.72	0.337	109.0	3295
16/10/2018	19 01 50	-21 06 57	402136	81.8	-9.8	1782.85	0.430	98.0	3271
17/10/2018	19 52 40	-20 22 47	403811	92.7	-10.2	1775.45	0.525	87.1	3258
18/10/2018	20 42 29	-18 44 54	404202	103.5	-10.6	1773.73	0.618	76.3	3254

Date	A.R.	Decl.	Dist.	El	Mag	Diam	Phase	Ph Ang	H.
19/10/2018	21 31 13	-16 18 25	403333	114.3	-11.0	1777.56	0.707	65.5	3261
20/10/2018	22 19 01	-13 09 22	401322	125.3	-11.3	1786.46	0.789	54.6	3278
21/10/2018	23 06 10	-09 24 36	398370	136.3	-11.6	1799.70	0.862	43.6	3302
22/10/2018	23 53 07	-05 11 56	394738	147.6	-11.9	1816.26	0.922	32.3	3332
23/10/2018	00 40 26	-00 40 28	390719	159.0	-12.2	1834.94	0.967	20.9	3367
24/10/2018	01 28 42	+03 58 59	386615	170.2	-12.5	1854.42	0.993	9.8	3402
25/10/2018	02 18 35	+08 33 40	382698	173.8	-12.6	1873.40	0.997	6.2	3437
26/10/2018	03 10 36	+12 48 42	379188	163.1	-12.3	1890.74	0.978	16.9	3469
27/10/2018	04 05 09	+16 27 41	376229	150.7	-12.0	1905.61	0.937	29.2	3496
28/10/2018	05 02 13	+19 14 04	373888	138.0	-11.6	1917.54	0.872	41.9	3518
29/10/2018	06 01 22	+20 53 13	372163	125.1	-11.3	1926.43	0.789	54.7	3535
30/10/2018	07 01 41	+21 15 13	371009	112.1	-10.9	1932.42	0.690	67.7	3546
31/10/2018	08 01 57	+20 17 00	370371	99.1	-10.5	1935.75	0.580	80.8	3552
01/11/2018	09 01 06	+18 02 55	370209	86.0	-10.0	1936.60	0.466	93.9	3553
02/11/2018	09 58 25	+14 43 38	370518	72.9	-9.4	1934.98	0.354	106.9	3550
03/11/2018	10 53 42	+10 33 53	371334	59.9	-8.8	1930.73	0.250	120.0	3543
04/11/2018	11 47 11	+05 50 22	372719	46.9	-8.0	1923.56	0.159	133.0	3529
05/11/2018	12 39 23	+00 50 22	374732	34.1	-7.1	1913.22	0.086	145.8	3510
06/11/2018	13 30 52	-04 09 13	377403	21.5	-6.1	1899.68	0.035	158.4	3486
07/11/2018	14 22 13	-08 52 25	380698	9.7	-4.9	1883.24	0.007	170.3	3455
08/11/2018	15 13 52	-13 04 43	384502	6.2	-4.6	1864.61	0.003	173.7	3421
09/11/2018	16 06 02	-16 33 45	388622	16.7	-5.6	1844.84	0.021	163.2	3385
10/11/2018	16 58 39	-19 10 01	392796	28.2	-6.7	1825.24	0.060	151.8	3349
11/11/2018	17 51 25	-20 47 26	396722	39.5	-7.5	1807.18	0.115	140.4	3316
12/11/2018	18 43 53	-21 23 38	400089	50.7	-8.3	1791.97	0.184	129.2	3288
13/11/2018	19 35 31	-20 59 45	402611	61.7	-8.9	1780.74	0.264	118.2	3267
14/11/2018	20 25 59	-19 39 35	404056	72.5	-9.4	1774.37	0.351	107.3	3256
15/11/2018	21 15 05	-17 28 45	404265	83.3	-9.9	1773.46	0.443	96.5	3254
16/11/2018	22 02 55	-14 33 44	403172	94.1	-10.3	1778.26	0.537	85.7	3263
17/11/2018	22 49 48	-11 01 20	400813	105.0	-10.7	1788.73	0.631	74.8	3282
18/11/2018	23 36 13	-06 58 41	397325	116.1	-11.0	1804.43	0.721	63.7	3311
19/11/2018	00 22 49	-02 33 30	392946	127.5	-11.3	1824.54	0.805	52.4	3348
20/11/2018	01 10 18	+02 05 11	387998	139.2	-11.7	1847.81	0.879	40.7	3390
21/11/2018	01 59 25	+06 46 16	382861	151.1	-12.0	1872.60	0.938	28.8	3436
22/11/2018	02 50 55	+11 15 51	377940	163.4	-12.3	1896.98	0.979	16.6	3481
23/11/2018	03 45 19	+15 17 04	373615	174.6	-12.6	1918.94	0.998	5.4	3521
24/11/2018	04 42 49	+18 31 06	370199	169.3	-12.5	1936.65	0.991	10.7	3553
25/11/2018	05 43 01	+20 39 37	367891	156.5	-12.1	1948.80	0.959	23.5	3576
26/11/2018	06 44 54	+21 28 40	366759	143.2	-11.8	1954.82	0.901	36.7	3587
27/11/2018	07 46 57	+20 52 25	366743	129.8	-11.4	1954.90	0.821	50.1	3587
28/11/2018	08 47 41	+18 54 38	367688	116.5	-11.0	1949.87	0.724	63.4	3578
29/11/2018	09 46 07	+15 47 11	369384	103.2	-10.6	1940.92	0.616	76.6	3561
30/11/2018	10 41 54	+11 46 31	371620	90.2	-10.1	1929.25	0.503	89.7	3540
01/12/2018	11 35 15	+07 10 24	374214	77.3	-9.6	1915.87	0.391	102.6	3515
02/12/2018	12 26 48	+02 15 52	377044	64.6	-9.0	1901.49	0.286	115.3	3489
03/12/2018	13 17 17	-02 41 22	380036	52.1	-8.3	1886.52	0.193	127.8	3461
04/12/2018	14 07 27	-07 26 55	383162	39.8	-7.5	1871.13	0.116	140.1	3433
05/12/2018	14 57 54	-11 47 27	386404	27.7	-6.6	1855.43	0.058	152.2	3404
06/12/2018	15 49 03	-15 30 49	389736	15.9	-5.6	1839.57	0.019	164.0	3375
07/12/2018	16 41 01	-18 26 28	393095	5.1	-4.4	1823.85	0.002	174.8	3346
08/12/2018	17 33 35	-20 26 20	396373	8.5	-4.8	1808.77	0.005	171.5	3319
09/12/2018	18 26 17	-21 25 40	399410	19.4	-5.9	1795.01	0.028	160.6	3293
10/12/2018	19 18 30	-21 23 31	402011	30.4	-6.8	1783.40	0.069	149.5	3272
11/12/2018	20 09 41	-20 22 36	403955	41.3	-7.7	1774.82	0.125	138.6	3256
12/12/2018	20 59 24	-18 28 21	405027	52.1	-8.3	1770.12	0.194	127.8	3248
13/12/2018	21 47 36	-15 47 48	405041	62.9	-8.9	1770.06	0.273	117.0	3248
14/12/2018	22 34 27	-12 28 32	403864	73.7	-9.5	1775.22	0.361	106.2	3257
15/12/2018	23 20 23	-08 38 02	401440	84.6	-9.9	1785.94	0.454	95.3	3277
16/12/2018	00 06 00	-04 23 43	397807	95.6	-10.3	1802.24	0.551	84.2	3307
17/12/2018	00 52 05	+00 06 38	393112	107.0	-10.7	1823.77	0.647	72.9	3346
18/12/2018	01 39 28	+04 44 08	387612	118.7	-11.1	1849.65	0.741	61.2	3394
19/12/2018	02 29 01	+09 17 38	381671	130.7	-11.4	1878.44	0.827	49.2	3447
20/12/2018	03 21 32	+13 32 49	375736	143.2	-11.8	1908.11	0.901	36.7	3501
21/12/2018	04 17 37	+17 11 53	370295	156.2	-12.1	1936.15	0.958	23.8	3552
22/12/2018	05 17 18	+19 54 39	365824	169.4	-12.5	1959.81	0.992	10.6	3596
23/12/2018	06 19 53	+21 22 01	362711	175.9	-12.6	1976.63	0.999	4.1	3627
24/12/2018	07 23 54	+21 21 11	361199	162.6	-12.3	1984.91	0.977	17.3	3642
25/12/2018	08 27 26	+19 50 13	361342	148.8	-11.9	1984.12	0.928	31.2	3641
26/12/2018	09 28 51	+16 58 51	363008	135.0	-11.5	1975.01	0.854	44.9	3624
27/12/2018	10 27 15	+13 05 02	365918	121.4	-11.2	1959.31	0.761	58.5	3595
28/12/2018	11 22 34	+08 29 49	369711	108.1	-10.8	1939.20	0.656	71.8	3558
29/12/2018	12 15 18	+03 33 20	374015	95.1	-10.3	1916.89	0.546	84.8	3517
30/12/2018	13 06 14	-01 26 56	378499	82.4	-9.8	1894.18	0.435	97.4	3475

Date	A.R.	Decl.	Dist.	El	Mag	Diam	Phase	Ph Ang	H.
31/12/2018	13 56 13	-06 16 19	382910	70.1	-9.3	1872.36	0.331	109.8	3435
01/01/2019	14 46 00	-10 42 20	387082	58.0	-8.7	1852.18	0.236	121.8	3398
02/01/2019	15 36 13	-14 33 59	390921	46.2	-8.0	1833.99	0.155	133.7	3365
03/01/2019	16 27 10	-17 41 36	394391	34.6	-7.2	1817.85	0.089	145.3	3335
04/01/2019	17 18 53	-19 57 06	397484	23.2	-6.2	1803.71	0.041	156.8	3309
05/01/2019	18 11 05	-21 14 41	400191	11.9	-5.2	1791.51	0.011	168.0	3287
06/01/2019	19 03 14	-21 31 41	402484	1.3	-4.0	1781.30	0.000	178.7	3268
07/01/2019	19 54 42	-20 48 58	404302	10.3	-5.0	1773.29	0.008	169.7	3254
08/01/2019	20 44 57	-19 10 43	405550	21.1	-6.0	1767.84	0.034	158.8	3244
09/01/2019	21 33 40	-16 43 35	406102	32.0	-7.0	1765.43	0.076	148.0	3239
10/01/2019	22 20 53	-13 35 30	405820	42.8	-7.7	1766.66	0.134	137.1	3241
11/01/2019	23 06 49	-09 54 49	404571	53.6	-8.4	1772.12	0.204	126.3	3251
12/01/2019	23 52 00	-05 49 38	402256	64.5	-9.0	1782.31	0.286	115.4	3270
13/01/2019	00 37 04	-01 27 54	398835	75.5	-9.5	1797.60	0.376	104.3	3298
14/01/2019	01 22 49	+03 02 11	394347	86.8	-10.0	1818.06	0.473	93.1	3336
15/01/2019	02 10 07	+07 31 28	388934	98.4	-10.4	1843.36	0.574	81.5	3382
16/01/2019	02 59 52	+11 48 41	382857	110.3	-10.8	1872.62	0.675	69.5	3436
17/01/2019	03 52 53	+15 39 35	376490	122.8	-11.2	1904.29	0.771	57.1	3494
18/01/2019	04 49 43	+18 46 36	370306	135.7	-11.6	1936.09	0.858	44.2	3552
19/01/2019	05 50 18	+20 50 13	364836	149.0	-11.9	1965.12	0.929	30.9	3606
20/01/2019	06 53 46	+21 32 34	360601	162.8	-12.3	1988.20	0.978	17.1	3648
21/01/2019	07 58 29	+20 43 08	358027	176.9	-12.6	2002.49	0.999	3.1	3674
22/01/2019	09 02 28	+18 23 19	357369	168.8	-12.4	2006.18	0.991	11.1	3681
23/01/2019	10 04 09	+14 46 45	358656	154.6	-12.1	1998.98	0.952	25.3	3668
24/01/2019	11 02 48	+10 15 11	361689	140.7	-11.7	1982.21	0.887	39.3	3637
25/01/2019	11 58 26	+05 12 40	366094	127.0	-11.3	1958.36	0.802	52.9	3593
26/01/2019	12 51 38	+00 01 15	371398	113.8	-10.9	1930.40	0.702	66.1	3542
27/01/2019	13 43 12	-05 00 49	377117	100.9	-10.5	1901.12	0.596	78.9	3488
28/01/2019	14 33 54	-09 39 11	382820	88.6	-10.1	1872.80	0.489	91.3	3436
29/01/2019	15 24 26	-13 42 29	388171	76.6	-9.6	1846.99	0.385	103.3	3389
30/01/2019	16 15 15	-17 01 41	392941	64.9	-9.0	1824.56	0.289	115.0	3348
31/01/2019	17 06 35	-19 29 34	397003	53.5	-8.4	1805.90	0.203	126.4	3313
01/02/2019	17 58 18	-21 00 53	400311	42.3	-7.7	1790.97	0.131	137.6	3286
02/02/2019	18 50 06	-21 32 45	402876	31.2	-6.9	1779.57	0.073	148.7	3265
03/02/2019	19 41 26	-21 05 07	404738	20.3	-6.0	1771.38	0.031	159.7	3250
04/02/2019	20 31 50	-19 40 58	405938	9.5	-4.9	1766.14	0.007	170.5	3240
05/02/2019	21 20 56	-17 25 49	406505	2.3	-4.1	1763.68	0.000	177.7	3236
06/02/2019	22 08 34	-14 27 07	406436	12.4	-5.2	1763.98	0.012	167.5	3237
07/02/2019	22 54 54	-10 53 17	405698	23.2	-6.2	1767.19	0.041	156.7	3242
08/02/2019	23 40 14	-06 53 05	404236	34.1	-7.1	1773.58	0.086	145.9	3254
09/02/2019	00 25 06	-02 35 15	401981	45.0	-7.9	1783.53	0.147	134.9	3272
10/02/2019	01 10 09	+01 51 29	398876	56.1	-8.6	1797.41	0.222	123.8	3298
11/02/2019	01 56 10	+06 18 04	394904	67.4	-9.2	1815.50	0.309	112.5	3331
12/02/2019	02 43 56	+10 34 24	390107	78.9	-9.7	1837.82	0.405	100.9	3372
13/02/2019	03 34 16	+14 28 40	384618	90.8	-10.2	1864.04	0.508	89.1	3420
14/02/2019	04 27 50	+17 46 42	378679	103.0	-10.6	1893.28	0.614	76.8	3474
15/02/2019	05 24 59	+20 12 05	372639	115.7	-11.0	1923.97	0.718	64.1	3530
16/02/2019	06 25 27	+21 27 49	366948	128.9	-11.4	1953.81	0.815	51.0	3585
17/02/2019	07 28 17	+21 19 54	362113	142.5	-11.7	1979.90	0.897	37.4	3633
18/02/2019	08 31 57	+19 41 59	358631	156.4	-12.1	1999.12	0.958	23.6	3668
19/02/2019	09 34 48	+16 38 48	356903	170.3	-12.5	2008.79	0.993	9.7	3686
20/02/2019	10 35 36	+12 26 02	357152	174.2	-12.6	2007.40	0.997	5.8	3683
21/02/2019	11 33 54	+07 26 30	359369	160.5	-12.2	1995.01	0.972	19.4	3661
22/02/2019	12 29 47	+02 05 07	363316	146.7	-11.9	1973.34	0.918	33.2	3621
23/02/2019	13 23 48	-03 15 00	368574	133.3	-11.5	1945.19	0.843	46.6	3569
24/02/2019	14 16 37	-08 14 46	374628	120.3	-11.1	1913.76	0.753	59.6	3511
25/02/2019	15 08 49	-12 39 25	380950	107.7	-10.7	1881.99	0.653	72.1	3453
26/02/2019	16 00 53	-16 18 09	387071	95.6	-10.3	1852.24	0.550	84.2	3398
27/02/2019	16 53 01	-19 03 21	392617	83.9	-9.9	1826.07	0.448	95.9	3350
28/02/2019	17 45 13	-20 50 10	397331	72.6	-9.4	1804.40	0.351	107.3	3311
01/03/2019	18 37 15	-21 36 23	401069	61.5	-8.9	1787.59	0.262	118.4	3280
02/03/2019	19 28 44	-21 22 19	403783	50.5	-8.2	1775.57	0.183	129.4	3258
03/03/2019	20 19 16	-20 10 45	405501	39.7	-7.5	1768.05	0.116	140.2	3244
04/03/2019	21 08 33	-18 06 42	406302	29.0	-6.7	1764.57	0.063	151.0	3238
05/03/2019	21 56 30	-15 16 52	406288	18.3	-5.8	1764.62	0.025	161.6	3238
06/03/2019	22 43 10	-11 49 06	405565	8.1	-4.8	1767.77	0.005	171.9	3243
07/03/2019	23 28 51	-07 51 59	404221	5.5	-4.5	1773.65	0.002	174.5	3254
08/03/2019	00 13 59	-03 34 31	402314	15.4	-5.5	1782.05	0.018	164.6	3270
09/03/2019	00 59 08	+00 53 56	399875	26.3	-6.5	1792.93	0.052	153.6	3290
10/03/2019	01 44 56	+05 23 37	396907	37.5	-7.4	1806.33	0.104	142.4	3314
11/03/2019	02 32 04	+09 44 02	393405	48.9	-8.1	1822.41	0.172	131.0	3344
12/03/2019	03 21 13	+13 43 37	389379	60.5	-8.8	1841.25	0.255	119.4	3378
13/03/2019	04 12 58	+17 09 29	384876	72.4	-9.4	1862.80	0.350	107.5	3418

Date	A.R.	Decl.	Dist.	El	Mag	Diam	Phase	Ph Ang	H.
14/03/2019	05 07 42	+19 47 26	380009	84.6	-9.9	1886.65	0.454	95.3	3462
15/03/2019	06 05 21	+21 22 56	374976	97.1	-10.4	1911.98	0.563	82.7	3508
16/03/2019	07 05 23	+21 43 07	370069	110.0	-10.8	1937.33	0.672	69.8	3555
17/03/2019	08 06 43	+20 39 55	365657	123.3	-11.2	1960.71	0.776	56.6	3598
18/03/2019	09 08 06	+18 12 55	362156	136.9	-11.6	1979.66	0.866	43.0	3632
19/03/2019	10 08 26	+14 30 49	359969	150.7	-12.0	1991.69	0.936	29.2	3654
20/03/2019	11 07 04	+09 50 17	359404	164.4	-12.3	1994.82	0.982	15.5	3660
21/03/2019	12 03 55	+04 33 13	360614	175.3	-12.6	1988.13	0.998	4.7	3648
22/03/2019	12 59 17	-00 56 38	363548	166.2	-12.4	1972.08	0.986	13.8	3618
23/03/2019	13 53 38	-06 16 46	367958	153.0	-12.0	1948.45	0.946	26.9	3575
24/03/2019	14 47 30	-11 07 50	373439	140.0	-11.7	1919.85	0.883	39.9	3523
25/03/2019	15 41 14	-15 14 39	379501	127.3	-11.3	1889.18	0.804	52.5	3466
26/03/2019	16 34 57	-18 26 27	385642	115.2	-11.0	1859.10	0.714	64.7	3411
27/03/2019	17 28 36	-20 36 43	391407	103.4	-10.6	1831.71	0.617	76.5	3361
28/03/2019	18 21 50	-21 42 45	396431	91.9	-10.2	1808.50	0.518	87.9	3318
29/03/2019	19 14 16	-21 45 15	400457	80.8	-9.8	1790.32	0.421	99.0	3285
30/03/2019	20 05 31	-20 47 41	403337	69.9	-9.3	1777.54	0.329	110.0	3261
31/03/2019	20 55 19	-18 55 30	405028	59.1	-8.7	1770.11	0.244	120.8	3248
01/04/2019	21 43 36	-16 15 27	405577	48.3	-8.1	1767.72	0.168	131.6	3243
02/04/2019	22 30 33	-12 55 04	405094	37.5	-7.4	1769.82	0.104	142.4	3247
03/04/2019	23 16 27	-09 02 25	403738	26.8	-6.5	1775.77	0.054	153.2	3258
04/04/2019	00 01 48	-04 45 59	401686	16.1	-5.6	1784.84	0.020	163.9	3275
05/04/2019	00 47 08	-00 14 56	399111	6.4	-4.6	1796.36	0.003	173.6	3296
06/04/2019	01 33 05	+04 20 46	396169	8.8	-4.8	1809.70	0.006	171.2	3320
07/04/2019	02 20 17	+08 50 04	392976	19.4	-5.9	1824.40	0.029	160.5	3347
08/04/2019	03 09 22	+13 00 39	389616	30.9	-6.9	1840.14	0.072	149.0	3376
09/04/2019	04 00 48	+16 38 57	386136	42.8	-7.8	1856.72	0.134	137.1	3407
10/04/2019	04 54 53	+19 30 44	382571	54.9	-8.5	1874.02	0.213	125.0	3438
11/04/2019	05 51 31	+21 22 01	378961	67.2	-9.2	1891.87	0.307	112.7	3471
12/04/2019	06 50 08	+22 01 04	375380	79.8	-9.7	1909.92	0.413	100.1	3504
13/04/2019	07 49 50	+21 20 38	371954	92.6	-10.2	1927.51	0.524	87.2	3537
14/04/2019	08 49 30	+19 19 52	368869	105.7	-10.7	1943.63	0.637	74.1	3566
15/04/2019	09 48 14	+16 04 59	366371	119.0	-11.1	1956.88	0.744	60.8	3591
16/04/2019	10 45 33	+11 48 40	364732	132.5	-11.5	1965.68	0.839	47.4	3607
17/04/2019	11 41 24	+06 48 15	364208	146.1	-11.8	1968.50	0.915	33.8	3612
18/04/2019	12 36 06	+01 23 57	364987	159.5	-12.2	1964.31	0.968	20.5	3604
19/04/2019	13 30 10	-04 03 03	367132	172.0	-12.5	1952.83	0.995	8.0	3583
20/04/2019	14 24 08	-09 12 16	370563	171.4	-12.5	1934.75	0.994	8.6	3550
21/04/2019	15 18 22	-13 45 20	375048	159.3	-12.2	1911.61	0.968	20.6	3507
22/04/2019	16 13 01	-17 27 23	380239	146.9	-11.9	1885.52	0.919	33.0	3460
23/04/2019	17 07 56	-20 07 57	385719	134.7	-11.5	1858.73	0.852	45.2	3410
24/04/2019	18 02 39	-21 41 28	391057	122.9	-11.2	1833.36	0.773	57.0	3364
25/04/2019	18 56 36	-22 07 12	395856	111.4	-10.9	1811.13	0.684	68.4	3323
26/04/2019	19 49 12	-21 28 26	399789	100.2	-10.5	1793.31	0.590	79.6	3290
27/04/2019	20 40 05	-19 51 15	402620	89.2	-10.1	1780.70	0.495	90.6	3267
28/04/2019	21 29 09	-17 23 16	404217	78.4	-9.7	1773.67	0.400	101.5	3254
29/04/2019	22 16 32	-14 12 35	404547	67.5	-9.2	1772.22	0.310	112.3	3252
30/04/2019	23 02 38	-10 27 16	403675	56.7	-8.6	1776.05	0.226	123.2	3259
01/05/2019	23 47 58	-06 15 23	401746	45.8	-7.9	1784.57	0.152	134.1	3274
02/05/2019	00 33 11	-01 45 17	398969	34.7	-7.2	1797.00	0.089	145.2	3297
03/05/2019	01 18 58	+02 53 51	395592	23.4	-6.3	1812.34	0.042	156.5	3325
04/05/2019	02 06 02	+07 31 27	391877	12.3	-5.2	1829.52	0.012	167.7	3357
05/05/2019	02 55 03	+11 55 04	388074	4.6	-4.4	1847.45	0.002	175.4	3390
06/05/2019	03 46 34	+15 50 21	384394	13.4	-5.3	1865.13	0.014	166.6	3422
07/05/2019	04 40 52	+19 01 37	380993	25.3	-6.4	1881.78	0.048	154.6	3453
08/05/2019	05 37 49	+21 13 17	377967	37.7	-7.4	1896.85	0.105	142.2	3480
09/05/2019	06 36 46	+22 12 19	375360	50.1	-8.2	1910.02	0.182	129.5	3505
10/05/2019	07 36 38	+21 50 56	373178	63.3	-9.0	1921.19	0.276	116.6	3525
11/05/2019	08 36 12	+20 08 34	371422	76.2	-9.6	1930.28	0.382	103.6	3542
12/05/2019	09 34 29	+17 11 53	370103	89.3	-10.1	1937.15	0.495	90.5	3554
13/05/2019	10 30 58	+13 13 20	369272	102.5	-10.6	1941.51	0.610	77.3	3562
14/05/2019	11 25 41	+08 28 53	369011	115.8	-11.0	1942.89	0.718	64.1	3565
15/05/2019	12 19 04	+03 16 18	369429	129.0	-11.4	1940.69	0.815	50.9	3561
16/05/2019	13 11 44	-02 06 00	370632	142.2	-11.7	1934.39	0.895	37.7	3549
17/05/2019	14 04 23	-07 19 37	372688	155.2	-12.1	1923.72	0.954	24.7	3530
18/05/2019	14 57 34	-12 06 46	375594	167.8	-12.4	1908.83	0.989	12.1	3502
19/05/2019	15 51 36	-16 11 15	379256	175.8	-12.6	1890.40	0.999	4.1	3469
20/05/2019	16 46 28	-19 19 39	383486	165.7	-12.4	1869.55	0.985	14.2	3430
21/05/2019	17 41 45	-21 22 42	388012	153.9	-12.1	1847.74	0.949	26.1	3390
22/05/2019	18 36 45	-22 16 17	392512	142.1	-11.7	1826.56	0.895	37.8	3351
23/05/2019	19 30 41	-22 01 31	396648	130.7	-11.4	1807.51	0.827	49.2	3316
24/05/2019	20 22 56	-20 43 46	400099	119.4	-11.1	1791.92	0.747	60.4	3288
25/05/2019	21 13 08	-18 31 05	402594	108.4	-10.8	1780.82	0.659	71.5	3267

Date	A.R.	Decl.	Dist.	El	Mag	Diam	Phase	Ph Ang	H.
26/05/2019	22 01 20	-15 32 29	403935	97.5	-10.4	1774.90	0.567	82.4	3257
27/05/2019	22 47 50	-11 56 55	404012	86.6	-10.0	1774.56	0.472	93.2	3256
28/05/2019	23 33 10	-07 52 46	402813	75.7	-9.6	1779.85	0.378	104.1	3266
29/05/2019	00 18 03	-03 28 04	400422	64.7	-9.0	1790.47	0.287	115.2	3285
30/05/2019	01 03 13	+01 09 00	397020	53.5	-8.4	1805.82	0.203	126.4	3313
31/05/2019	01 49 30	+05 49 13	392865	42.0	-7.7	1824.92	0.129	137.9	3348
01/06/2019	02 37 43	+10 21 29	388276	30.3	-6.8	1846.49	0.069	149.7	3388
02/06/2019	03 28 34	+14 32 12	383604	18.2	-5.8	1868.97	0.025	161.7	3429
03/06/2019	04 22 32	+18 05 13	379193	6.3	-4.6	1890.72	0.003	173.7	3469
04/06/2019	05 19 41	+20 42 58	375342	7.8	-4.7	1910.11	0.005	172.2	3505
05/06/2019	06 19 27	+22 09 10	372274	20.5	-6.0	1925.85	0.032	159.5	3534
06/06/2019	07 20 37	+22 12 35	370112	33.6	-7.1	1937.11	0.084	146.4	3554
07/06/2019	08 21 42	+20 50 18	368876	46.8	-8.0	1943.60	0.159	133.1	3566
08/06/2019	09 21 20	+18 08 40	368504	60.2	-8.8	1945.56	0.252	119.7	3570
09/06/2019	10 18 44	+14 21 15	368880	73.5	-9.5	1943.58	0.359	106.4	3566
10/06/2019	11 13 46	+09 45 31	369874	86.7	-10.0	1938.35	0.473	93.1	3557
11/06/2019	12 06 52	+04 39 56	371373	99.9	-10.5	1930.53	0.587	80.0	3542
12/06/2019	12 58 45	-00 37 32	373299	112.9	-10.9	1920.57	0.696	67.0	3524
13/06/2019	13 50 12	-05 50 02	375610	125.8	-11.3	1908.75	0.793	54.1	3502
14/06/2019	14 41 57	-10 41 35	378289	138.5	-11.6	1895.23	0.875	41.4	3477
15/06/2019	15 34 35	-14 57 14	381322	151.0	-12.0	1880.16	0.938	28.9	3450
16/06/2019	16 28 16	-18 23 31	384672	163.3	-12.3	1863.78	0.979	16.6	3420
17/06/2019	17 22 52	-20 49 36	388258	175.2	-12.6	1846.57	0.998	4.8	3388
18/06/2019	18 17 48	-22 08 36	391947	172.3	-12.5	1829.19	0.995	7.7	3356
19/06/2019	19 12 14	-22 18 33	395553	160.8	-12.2	1812.52	0.972	19.2	3326
20/06/2019	20 05 23	-21 22 34	398850	149.4	-11.9	1797.53	0.931	30.5	3298
21/06/2019	20 56 38	-19 27 38	401592	138.2	-11.6	1785.26	0.873	41.7	3276
22/06/2019	21 45 46	-16 42 57	403540	127.2	-11.3	1776.64	0.803	52.7	3260
23/06/2019	22 32 54	-13 18 19	404484	116.3	-11.0	1772.49	0.722	63.6	3252
24/06/2019	23 18 29	-09 23 03	404271	105.4	-10.7	1773.43	0.634	74.5	3254
25/06/2019	00 03 09	-05 05 40	402818	94.5	-10.3	1779.83	0.540	85.4	3266
26/06/2019	00 47 39	-00 34 13	400136	83.4	-9.9	1791.76	0.444	96.4	3287
27/06/2019	01 32 50	+04 03 04	396333	72.2	-9.4	1808.95	0.348	107.7	3319
28/06/2019	02 19 35	+08 36 51	391621	60.7	-8.8	1830.71	0.256	119.2	3359
29/06/2019	03 08 46	+12 55 38	386306	48.8	-8.1	1855.90	0.171	131.1	3405
30/06/2019	04 01 08	+16 45 01	380774	36.5	-7.3	1882.87	0.099	143.4	3455
01/07/2019	04 57 05	+19 47 47	375455	23.9	-6.3	1909.54	0.043	156.1	3504
02/07/2019	05 56 28	+21 45 33	370778	10.8	-5.0	1933.63	0.009	169.2	3548
03/07/2019	06 58 20	+22 22 25	367117	2.7	-4.2	1952.91	0.001	177.3	3583
04/07/2019	08 01 06	+21 29 49	364737	16.2	-5.6	1965.65	0.020	163.7	3607
05/07/2019	09 03 02	+19 09 48	363755	30.0	-6.8	1970.96	0.067	149.9	3616
06/07/2019	10 02 50	+15 34 46	364134	43.7	-7.8	1968.90	0.139	136.2	3613
07/07/2019	10 59 55	+11 03 49	365706	57.4	-8.6	1960.44	0.231	122.5	3597
08/07/2019	11 54 28	+05 58 15	368217	70.8	-9.3	1947.07	0.337	109.0	3573
09/07/2019	12 47 08	+00 38 24	371383	84.1	-9.9	1930.48	0.450	95.8	3542
10/07/2019	13 38 42	-04 37 38	374939	97.0	-10.4	1912.17	0.562	82.8	3508
11/07/2019	14 30 01	-09 34 03	378672	109.7	-10.8	1893.32	0.670	70.1	3474
12/07/2019	15 21 47	-13 56 55	382430	122.2	-11.2	1874.71	0.767	57.7	3440
13/07/2019	16 14 24	-17 33 59	386120	134.4	-11.5	1856.79	0.851	45.5	3407
14/07/2019	17 07 56	-20 14 56	389685	146.4	-11.9	1839.81	0.917	33.5	3376
15/07/2019	18 02 05	-21 52 16	393086	158.2	-12.2	1823.89	0.964	21.8	3346
16/07/2019	18 56 12	-22 22 23	396274	169.8	-12.5	1809.22	0.992	10.2	3320
17/07/2019	19 49 28	-21 46 09	399179	178.7	-12.7	1796.05	1.000	1.3	3295
18/07/2019	20 41 13	-20 08 42	401697	167.6	-12.4	1784.79	0.988	12.4	3275
19/07/2019	21 31 00	-17 38 14	403692	156.5	-12.1	1775.97	0.959	23.4	3259
20/07/2019	22 18 47	-14 24 31	405008	145.5	-11.8	1770.20	0.913	34.4	3248
21/07/2019	23 04 47	-10 37 29	405480	134.6	-11.5	1768.14	0.852	45.3	3244
22/07/2019	23 49 32	-06 26 32	404961	123.8	-11.2	1770.41	0.779	56.1	3248
23/07/2019	00 33 40	-02 00 20	403339	112.8	-10.9	1777.53	0.695	67.0	3261
24/07/2019	01 17 59	+02 32 53	400564	101.8	-10.6	1789.84	0.604	78.0	3284
25/07/2019	02 03 20	+07 04 34	396668	90.6	-10.2	1807.42	0.507	89.2	3316
26/07/2019	02 50 36	+11 24 59	391779	79.1	-9.7	1829.97	0.407	100.7	3358
27/07/2019	03 40 38	+15 22 14	386135	67.3	-9.2	1856.72	0.308	112.6	3407
28/07/2019	04 34 07	+18 41 39	380078	55.0	-8.5	1886.31	0.214	124.8	3461
29/07/2019	05 31 19	+21 06 01	374045	42.4	-7.7	1916.74	0.131	137.6	3517
30/07/2019	06 31 53	+22 17 45	368523	29.2	-6.7	1945.46	0.064	150.7	3570
31/07/2019	07 34 38	+22 02 58	364002	15.7	-5.5	1969.62	0.019	164.3	3614
01/08/2019	08 37 54	+20 16 28	360896	2.5	-4.1	1986.57	0.000	177.5	3645
02/08/2019	09 39 58	+17 04 40	359477	12.5	-5.2	1994.41	0.012	167.4	3659
03/08/2019	10 39 44	+12 44 17	359825	26.6	-6.5	1992.49	0.053	153.4	3656
04/08/2019	11 36 53	+07 38 06	361818	40.5	-7.6	1981.51	0.121	139.4	3636
05/08/2019	12 31 44	+02 10 04	365172	54.3	-8.5	1963.31	0.209	125.6	3602
06/08/2019	13 24 57	-03 17 52	369499	67.7	-9.2	1940.32	0.311	112.2	3560

Date	A.R.	Decl.	Dist.	El	Mag	Diam	Phase	Ph Ang	H.
07/08/2019	14 17 19	-08 27 12	374385	80.7	-9.8	1915.00	0.421	99.1	3514
08/08/2019	15 09 35	-13 02 45	379453	93.4	-10.3	1889.42	0.531	86.5	3467
09/08/2019	16 02 14	-16 52 17	384398	105.7	-10.7	1865.11	0.636	74.2	3422
10/08/2019	16 55 28	-19 46 12	389003	117.7	-11.1	1843.03	0.733	62.2	3382
11/08/2019	17 49 10	-21 37 38	393138	129.4	-11.4	1823.65	0.818	50.5	3346
12/08/2019	18 42 52	-22 22 59	396737	140.9	-11.7	1807.11	0.888	39.0	3316
13/08/2019	19 35 56	-22 02 25	399778	152.1	-12.0	1793.36	0.942	27.8	3290
14/08/2019	20 27 44	-20 39 50	402258	173.2	-12.3	1782.30	0.979	16.7	3270
15/08/2019	21 17 48	-18 22 12	404171	173.8	-12.6	1773.87	0.997	6.2	3255
16/08/2019	22 05 58	-15 18 29	405491	173.8	-12.6	1768.09	0.997	6.2	3244
17/08/2019	22 52 22	-11 38 31	406168	163.3	-12.3	1765.14	0.979	16.6	3239
18/08/2019	23 37 23	-07 32 04	406127	152.6	-12.0	1765.32	0.944	27.3	3239
19/08/2019	00 21 32	-03 08 30	405277	141.8	-11.7	1769.03	0.893	38.1	3246
20/08/2019	01 05 31	+01 23 16	403528	130.9	-11.4	1776.69	0.828	49.0	3260
21/08/2019	01 50 03	+05 54 30	400813	119.9	-11.1	1788.73	0.750	60.0	3282
22/08/2019	02 35 58	+10 15 53	397109	108.7	-10.8	1805.41	0.661	71.2	3313
23/08/2019	03 24 03	+14 17 00	392467	97.3	-10.4	1826.77	0.564	82.6	3352
24/08/2019	04 15 02	+17 45 29	387026	85.5	-10.0	1852.45	0.462	94.3	3399
25/08/2019	05 09 24	+20 26 48	381032	73.4	-9.4	1881.59	0.358	106.5	3452
26/08/2019	06 07 11	+22 05 05	374843	60.8	-8.8	1912.66	0.257	119.0	3509
27/08/2019	07 07 50	+22 25 24	368911	47.8	-8.1	1943.41	0.165	132.1	3566
28/08/2019	08 10 05	+21 17 47	363742	34.4	-7.2	1971.03	0.088	145.6	3616
29/08/2019	09 12 27	+18 41 13	359838	20.6	-6.0	1992.41	0.032	159.3	3656
30/08/2019	10 13 36	+14 45 23	357607	7.2	-4.7	2004.85	0.004	172.7	3679
31/08/2019	11 12 45	+09 49 19	357288	9.1	-4.9	2006.63	0.006	170.9	3682
01/09/2019	12 09 50	+04 17 20	358903	22.8	-6.2	1997.60	0.039	157.2	3665
02/09/2019	13 05 15	-01 25 12	362247	36.6	-7.3	1979.16	0.099	143.3	3631
03/09/2019	13 59 36	-06 55 09	366940	50.2	-8.2	1953.85	0.181	129.7	3585
04/09/2019	14 53 31	-11 53 12	372506	63.4	-9.0	1924.66	0.277	116.5	3531
05/09/2019	15 47 28	-16 04 21	378450	76.1	-9.6	1894.43	0.381	103.7	3476
06/09/2019	16 41 40	-19 17 43	384330	88.4	-10.1	1865.44	0.487	91.4	3423
07/09/2019	17 36 00	-21 26 21	389795	100.3	-10.5	1839.29	0.591	79.5	3375
08/09/2019	18 30 06	-22 27 09	394601	111.9	-10.9	1816.89	0.687	68.0	3334
09/09/2019	19 23 26	-22 20 42	398604	123.2	-11.2	1798.64	0.775	56.7	3300
10/09/2019	20 15 25	-21 10 58	401749	134.3	-11.5	1784.56	0.850	45.6	3274
11/09/2019	21 05 42	-19 04 37	404042	145.2	-11.8	1774.43	0.911	34.7	3256
12/09/2019	21 54 07	-16 10 01	405530	156.0	-12.1	1767.93	0.957	24.0	3244
13/09/2019	22 40 48	-12 36 29	406269	166.5	-12.4	1764.71	0.986	13.5	3238
14/09/2019	23 26 04	-08 33 34	406313	175.0	-12.6	1764.51	0.998	4.9	3237
15/09/2019	00 10 25	-04 10 46	405696	169.9	-12.5	1767.20	0.992	10.1	3242
16/09/2019	00 54 27	+00 22 35	404422	155.2	-12.2	1772.77	0.969	20.4	3253
17/09/2019	01 38 48	+04 57 06	402476	148.8	-11.9	1781.34	0.928	31.2	3268
18/09/2019	02 24 11	+09 23 06	399828	137.7	-11.6	1793.14	0.871	42.1	3290
19/09/2019	03 11 19	+13 30 06	396452	126.5	-11.3	1808.40	0.799	53.3	3318
20/09/2019	04 00 50	+17 06 32	392353	115.1	-11.0	1827.30	0.713	64.8	3353
21/09/2019	04 53 11	+19 59 32	387586	103.4	-10.6	1849.77	0.617	76.5	3394
22/09/2019	05 48 31	+21 55 20	382287	91.4	-10.2	1875.41	0.513	88.5	3441
23/09/2019	06 46 32	+22 40 41	376685	79.0	-9.7	1903.30	0.405	100.9	3492
24/09/2019	07 46 26	+22 05 16	371113	66.1	-9.1	1931.88	0.299	113.7	3545
25/09/2019	08 47 04	+20 04 41	365990	52.9	-8.4	1958.92	0.199	127.0	3594
26/09/2019	09 47 18	+16 42 42	361781	39.3	-7.5	1981.71	0.114	140.6	3636
27/09/2019	10 46 22	+12 11 38	358938	25.5	-6.4	1997.41	0.049	154.4	3665
28/09/2019	11 44 01	+06 50 56	357811	11.9	-5.2	2003.70	0.011	168.1	3676
29/09/2019	12 40 25	+01 04 22	358580	6.0	-4.5	1999.40	0.003	174.0	3669
30/09/2019	13 36 04	-04 42 56	361206	18.1	-5.8	1984.87	0.025	161.9	3642
01/10/2019	14 31 28	-10 07 26	365433	31.5	-6.9	1961.91	0.074	148.4	3600
02/10/2019	15 27 02	-14 49 04	370843	44.8	-7.9	1933.28	0.146	135.1	3547
03/10/2019	16 22 55	-18 32 37	376931	57.6	-8.7	1902.06	0.233	122.3	3490
04/10/2019	17 18 53	-21 08 16	383182	69.9	-9.3	1871.03	0.330	109.9	3433
05/10/2019	18 14 29	-22 31 41	389139	81.9	-9.8	1842.39	0.431	98.0	3380
06/10/2019	19 09 04	-22 43 30	394438	93.4	-10.3	1817.64	0.531	86.4	3335
07/10/2019	20 02 03	-21 48 24	398830	104.7	-10.6	1797.62	0.628	75.2	3298
08/10/2019	20 53 04	-19 53 49	402174	115.7	-11.0	1782.67	0.718	64.1	3271
09/10/2019	21 41 59	-17 08 36	404429	126.6	-11.3	1772.74	0.799	53.3	3253
10/10/2019	22 29 01	-13 42 05	405632	137.4	-11.6	1767.48	0.868	42.5	3243
11/10/2019	23 14 30	-09 43 33	405876	148.1	-11.9	1766.42	0.925	31.8	3241
12/10/2019	23 59 01	-05 22 07	405284	158.7	-12.2	1768.99	0.966	21.2	3246
13/10/2019	00 43 08	-00 46 54	403990	169.1	-12.4	1774.66	0.991	10.9	3256
14/10/2019	01 27 32	+03 52 39	402114	174.9	-12.6	1782.94	0.998	5.1	3271
15/10/2019	02 12 53	+08 26 27	399751	166.6	-12.4	1793.48	0.987	13.3	3291
16/10/2019	02 59 51	+12 43 28	396965	155.8	-12.1	1806.07	0.956	24.2	3314
17/10/2019	03 48 58	+16 31 35	393790	144.5	-11.8	1820.63	0.907	35.4	3340
18/10/2019	04 40 39	+19 37 47	390246	132.9	-11.5	1837.16	0.841	47.0	3371

Date	A.R.	Decl.	Dist.	El	Mag	Diam	Phase	Ph Ang	H.
19/10/2019	05 34 59	+21 48 46	386354	121.1	-11.2	1855.67	0.759	58.8	3405
20/10/2019	06 31 37	+22 52 20	382163	109.0	-10.8	1876.02	0.664	70.8	3442
21/10/2019	07 29 50	+22 39 16	377775	96.6	-10.4	1897.81	0.559	83.2	3482
22/10/2019	08 28 38	+21 05 26	373367	84.0	-9.9	1920.22	0.449	95.9	3523
23/10/2019	09 27 06	+18 13 03	369194	71.0	-9.3	1941.92	0.338	108.9	3563
24/10/2019	10 24 35	+14 10 52	365581	57.6	-8.7	1961.11	0.233	122.2	3598
25/10/2019	11 20 55	+09 13 23	362891	44.1	-7.8	1975.65	0.141	135.8	3625
26/10/2019	12 16 19	+03 39 28	361466	30.4	-6.8	1983.44	0.069	149.6	3639
27/10/2019	13 11 19	-02 09 02	361561	16.7	-5.6	1982.92	0.021	163.2	3638
28/10/2019	14 06 29	-07 48 58	363284	5.1	-4.4	1973.51	0.002	174.8	3621
29/10/2019	15 02 19	-12 57 44	366557	12.3	-5.2	1955.89	0.011	167.7	3589
30/10/2019	15 59 01	-17 15 26	371125	25.1	-6.4	1931.82	0.048	154.8	3545
31/10/2019	16 56 21	-20 26 56	376594	37.9	-7.4	1903.76	0.106	142.0	3493
01/11/2019	17 53 44	-22 23 22	382493	50.3	-8.2	1874.40	0.181	129.6	3439
02/11/2019	18 50 17	-23 02 41	388342	62.3	-8.9	1846.17	0.269	117.6	3387
03/11/2019	19 45 10	-22 28 54	393709	73.9	-9.5	1821.00	0.363	105.9	3341
04/11/2019	20 37 47	-20 50 10	398246	85.2	-9.9	1800.26	0.459	94.6	3303
05/11/2019	21 27 54	-18 16 41	401709	96.2	-10.4	1784.74	0.556	83.6	3275
06/11/2019	22 15 43	-14 58 56	403964	107.1	-10.7	1774.78	0.648	72.7	3256
07/11/2019	23 01 38	-11 06 46	404983	117.9	-11.1	1770.31	0.735	61.9	3248
08/11/2019	23 46 17	-06 49 16	404829	128.7	-11.4	1770.98	0.813	51.2	3249
09/11/2019	00 30 21	-02 15 02	403638	139.5	-11.7	1776.21	0.881	40.4	3259
10/11/2019	01 14 35	+02 27 08	401597	150.5	-12.0	1785.24	0.935	29.5	3276
11/11/2019	01 59 45	+07 07 42	398923	161.5	-12.2	1797.21	0.974	18.5	3297
12/11/2019	02 46 33	+11 35 46	395830	172.2	-12.5	1811.25	0.995	7.8	3323
13/11/2019	03 35 36	+15 38 44	392514	173.8	-12.6	1826.55	0.997	6.2	3351
14/11/2019	04 27 19	+19 02 35	389132	163.0	-12.3	1842.42	0.978	17.0	3380
15/11/2019	05 21 46	+21 32 42	385792	151.2	-12.0	1858.37	0.938	28.8	3410
16/11/2019	06 18 33	+22 55 42	382555	139.0	-11.7	1874.10	0.878	40.9	3439
17/11/2019	07 16 48	+23 01 51	379451	126.7	-11.3	1889.43	0.800	53.2	3467
18/11/2019	08 15 24	+21 47 15	376498	114.2	-10.9	1904.25	0.706	65.7	3494
19/11/2019	09 13 17	+19 14 47	373731	101.4	-10.5	1918.35	0.600	78.5	3520
20/11/2019	10 09 47	+15 33 23	371223	88.5	-10.1	1931.31	0.488	91.4	3544
21/11/2019	11 04 45	+10 56 31	369103	75.4	-9.5	1942.40	0.375	104.5	3564
22/11/2019	11 58 32	+05 40 30	367548	62.1	-8.9	1950.62	0.267	117.8	3579
23/11/2019	12 51 43	+00 03 31	366768	48.7	-8.1	1954.77	0.171	131.2	3587
24/11/2019	13 45 05	-05 34 53	366964	35.3	-7.2	1953.72	0.092	144.6	3585
25/11/2019	14 39 19	-10 54 25	368280	22.0	-6.1	1946.74	0.036	158.0	3572
26/11/2019	15 34 53	-15 34 55	370762	9.0	-4.9	1933.71	0.006	171.0	3548
27/11/2019	16 31 50	-19 18 14	374326	5.4	-4.5	1915.30	0.002	174.5	3514
28/11/2019	17 29 42	-21 50 32	378757	17.6	-5.7	1892.89	0.023	162.4	3473
29/11/2019	18 27 33	-23 04 29	383734	29.9	-6.8	1868.34	0.067	150.0	3428
30/11/2019	19 24 17	-23 00 11	388871	41.9	-7.7	1843.66	0.128	138.0	3383
01/12/2019	20 18 54	-21 44 11	393763	53.5	-8.4	1820.76	0.204	126.4	3341
02/12/2019	21 10 51	-19 27 07	398033	64.9	-9.0	1801.22	0.289	115.0	3305
03/12/2019	22 00 05	-16 20 56	401367	75.9	-9.6	1786.26	0.380	103.9	3277
04/12/2019	22 46 55	-12 37 06	403540	86.9	-10.0	1776.64	0.474	93.0	3260
05/12/2019	23 31 59	-08 25 45	404426	97.7	-10.4	1772.75	0.568	82.2	3253
06/12/2019	00 16 02	-03 55 43	404003	108.5	-10.8	1774.61	0.660	71.4	3256
07/12/2019	00 59 53	+00 44 43	402351	119.4	-11.1	1781.89	0.746	60.5	3269
08/12/2019	01 44 23	+05 27 08	399643	130.4	-11.4	1793.97	0.825	49.5	3292
09/12/2019	02 30 24	+10 01 52	396121	141.7	-11.7	1809.91	0.893	38.2	3321
10/12/2019	03 18 42	+14 17 22	392084	153.2	-12.0	1828.55	0.947	26.7	3355
11/12/2019	04 09 54	+17 59 44	387848	165.0	-12.3	1848.52	0.983	15.0	3392
12/12/2019	05 04 15	+20 53 12	383718	176.7	-12.6	1868.42	0.999	3.3	3428
13/12/2019	06 01 30	+22 41 53	379954	170.3	-12.5	1886.93	0.993	9.7	3462
14/12/2019	07 00 46	+23 12 52	376744	157.7	-12.2	1903.00	0.963	22.2	3492
15/12/2019	08 00 43	+22 19 35	374194	144.9	-11.8	1915.97	0.910	35.0	3515
16/12/2019	08 59 55	+20 03 52	372325	132.0	-11.5	1925.59	0.835	47.9	3533
17/12/2019	09 57 24	+16 35 27	371095	118.9	-11.1	1931.97	0.743	61.0	3545
18/12/2019	10 52 47	+12 09 24	370433	105.8	-10.7	1935.42	0.637	74.0	3551
19/12/2019	11 46 17	+07 03 15	370269	92.7	-10.2	1936.28	0.525	87.2	3553
20/12/2019	12 38 33	+01 35 02	370563	79.6	-9.7	1934.75	0.411	100.3	3550
21/12/2019	13 30 26	-03 57 21	371315	66.5	-9.1	1930.83	0.302	113.4	3543
22/12/2019	14 22 48	-09 16 18	372568	53.5	-8.4	1924.33	0.203	126.4	3531
23/12/2019	15 16 19	-14 04 19	374380	40.5	-7.6	1915.02	0.121	139.4	3514
24/12/2019	16 11 25	-18 04 32	376798	27.7	-6.6	1902.73	0.058	152.2	3491
25/12/2019	17 07 59	-21 02 06	379825	15.1	-5.5	1887.57	0.017	164.8	3463
26/12/2019	18 05 23	-22 46 19	383392	2.7	-4.2	1870.01	0.001	177.3	3431
27/12/2019	19 02 34	-23 12 40	387351	9.5	-4.9	1850.89	0.007	170.5	3396
28/12/2019	19 58 23	-22 23 39	391478	21.3	-6.1	1831.38	0.034	158.6	3360
29/12/2019	20 51 53	-20 27 40	395492	32.9	-7.0	1812.79	0.081	147.0	3326
30/12/2019	21 42 40	-17 36 31	399088	44.2	-7.8	1796.46	0.142	135.7	3296

Date	A.R.	Decl.	Dist.	El	Mag	Diam	Phase	Ph Ang	H.
31/12/2019	22 30 47	-14 02 52	401965	55.3	-8.5	1783.60	0.216	124.6	3273
01/01/2020	23 16 41	-09 58 25	403860	66.2	-9.1	1775.23	0.300	113.6	3257
02/01/2020	00 01 02	-05 33 22	404577	77.0	-9.6	1772.09	0.389	102.8	3251
03/01/2020	00 44 39	-00 56 31	404001	87.9	-10.1	1774.62	0.483	92.0	3256
04/01/2020	01 28 25	+03 44 01	402115	98.7	-10.4	1782.94	0.577	81.1	3271
05/01/2020	02 13 14	+08 19 52	399008	109.8	-10.8	1796.82	0.670	70.1	3297
06/01/2020	03 00 00	+12 41 18	394874	121.0	-11.2	1815.63	0.759	58.8	3331
07/01/2020	03 49 32	+16 36 24	390001	132.6	-11.5	1838.32	0.839	47.3	3373
08/01/2020	04 42 24	+19 50 36	384756	144.6	-11.8	1863.38	0.908	35.3	3419
09/01/2020	05 38 45	+22 07 21	379550	156.9	-12.1	1888.94	0.960	23.1	3466
10/01/2020	06 38 04	+23 10 32	374795	169.6	-12.5	1912.90	0.992	10.4	3510
11/01/2020	07 39 08	+22 48 25	370858	177.1	-12.7	1933.21	0.999	2.8	3547
12/01/2020	08 40 20	+20 57 41	368006	164.0	-12.3	1948.19	0.981	15.9	3575
13/01/2020	09 40 12	+17 45 14	366378	150.6	-12.0	1956.85	0.936	29.4	3590
14/01/2020	10 37 51	+13 26 25	365971	137.1	-11.6	1959.02	0.867	42.8	3594
15/01/2020	11 33 09	+08 21 16	366659	123.6	-11.2	1955.35	0.778	56.3	3588
16/01/2020	12 26 33	+02 50 52	368238	110.2	-10.8	1946.97	0.674	69.6	3572
17/01/2020	13 18 50	-02 44 45	370471	97.0	-10.4	1935.23	0.563	82.8	3551
18/01/2020	14 10 51	-08 07 28	373141	84.1	-9.9	1921.38	0.449	95.8	3525
19/01/2020	15 03 27	-13 00 45	376078	71.3	-9.3	1906.38	0.341	108.6	3498
20/01/2020	15 57 09	-17 09 37	379172	58.7	-8.7	1890.82	0.241	121.2	3469
21/01/2020	16 52 11	-20 20 47	382365	46.3	-8.0	1875.03	0.155	133.6	3440
22/01/2020	17 48 15	-22 23 50	385634	34.1	-7.1	1859.13	0.087	145.8	3411
23/01/2020	18 44 37	-23 12 42	388959	22.2	-6.2	1843.25	0.037	157.8	3382
24/01/2020	19 40 15	-22 46 58	392299	10.5	-5.0	1827.55	0.008	169.4	3353
25/01/2020	20 34 11	-21 11 59	395578	2.6	-4.2	1812.40	0.001	177.4	3325
26/01/2020	21 25 48	-18 37 30	398668	12.9	-5.3	1798.36	0.013	167.1	3300
27/01/2020	22 14 52	-15 15 34	401398	24.0	-6.3	1786.12	0.043	156.0	3277
28/01/2020	23 01 36	-11 18 28	403567	35.0	-7.2	1776.52	0.091	144.9	3260
29/01/2020	23 46 31	-06 57 37	404963	45.8	-8.0	1770.40	0.152	134.1	3248
30/01/2020	00 30 17	-02 23 03	405386	56.6	-8.6	1768.55	0.226	123.2	3245
31/01/2020	01 13 42	+02 16 22	404679	67.4	-9.2	1771.64	0.309	112.5	3251
01/02/2020	01 57 36	+06 52 16	402747	78.2	-9.7	1780.14	0.399	101.6	3266
02/02/2020	02 42 52	+11 15 56	399581	89.2	-10.1	1794.24	0.495	90.6	3292
03/02/2020	03 30 22	+15 17 23	395273	100.4	-10.5	1813.80	0.592	79.4	3328
04/02/2020	04 20 50	+18 44 32	390027	111.9	-10.9	1838.20	0.688	67.9	3373
05/02/2020	05 14 45	+21 22 56	384156	123.8	-11.2	1866.29	0.779	56.1	3424
06/02/2020	06 12 06	+22 56 44	378074	136.1	-11.6	1896.31	0.861	43.8	3479
07/02/2020	07 12 12	+23 11 15	372260	148.9	-11.9	1925.93	0.928	31.0	3534
08/02/2020	08 13 44	+21 57 07	367211	162.0	-12.3	1952.41	0.976	18.0	3582
09/02/2020	09 15 10	+19 14 10	363375	174.6	-12.6	1973.02	0.998	5.3	3620
10/02/2020	10 15 10	+15 12 46	361080	169.6	-12.5	1985.56	0.992	10.3	3643
11/02/2020	11 13 06	+10 11 46	360479	156.0	-12.1	1988.87	0.957	23.9	3649
12/02/2020	12 09 00	+04 34 39	361528	142.2	-11.7	1983.10	0.895	37.7	3639
13/02/2020	13 03 22	-01 14 29	364008	128.5	-11.4	1969.59	0.812	51.4	3614
14/02/2020	13 56 58	-06 53 23	367580	115.0	-11.0	1950.45	0.712	64.9	3579
15/02/2020	14 50 33	-12 02 47	371858	101.9	-10.6	1928.01	0.604	78.0	3538
16/02/2020	15 44 41	-16 26 37	376472	89.1	-10.1	1904.38	0.493	90.8	3494
17/02/2020	16 39 39	-19 52 02	381117	76.6	-9.6	1881.17	0.386	103.2	3452
18/02/2020	17 35 18	-22 09 37	385572	64.5	-9.0	1859.44	0.286	115.4	3412
19/02/2020	18 31 07	-23 14 03	389698	52.6	-8.4	1839.75	0.197	127.2	3376
20/02/2020	19 26 18	-23 04 48	393428	41.0	-7.6	1822.30	0.123	138.9	3344
21/02/2020	20 20 02	-21 46 07	396738	29.7	-6.8	1807.10	0.066	150.3	3316
22/02/2020	21 11 42	-19 26 12	399620	18.6	-5.8	1794.07	0.026	161.4	3292
23/02/2020	22 01 03	-16 15 44	402060	8.1	-4.8	1783.18	0.005	171.8	3272
24/02/2020	22 48 11	-12 26 21	404019	5.9	-4.5	1774.53	0.003	174.1	3256
25/02/2020	23 33 29	-08 09 31	405427	15.6	-5.5	1768.37	0.019	164.4	3245
26/02/2020	00 17 29	-03 35 54	406183	26.2	-6.5	1765.08	0.052	153.7	3239
27/02/2020	01 00 54	+01 04 45	406162	36.9	-7.3	1765.17	0.101	143.0	3239
28/02/2020	01 44 26	+05 43 18	405239	47.6	-8.1	1769.19	0.164	132.3	3246
29/02/2020	02 28 53	+10 10 48	403305	58.4	-8.7	1777.68	0.239	121.4	3262
01/03/2020	03 15 01	+14 17 45	400295	69.4	-9.3	1791.04	0.325	110.5	3286
02/03/2020	04 03 32	+17 53 32	396213	80.5	-9.8	1809.50	0.419	99.3	3320
03/03/2020	04 54 59	+20 45 60	391154	92.0	-10.2	1832.90	0.518	87.9	3363
04/03/2020	05 49 37	+22 41 30	385322	103.7	-10.6	1860.64	0.620	76.1	3414
05/03/2020	06 47 09	+23 26 21	379034	115.9	-11.0	1891.51	0.720	63.9	3471
06/03/2020	07 46 48	+22 49 17	372719	128.6	-11.4	1923.56	0.813	51.3	3529
07/03/2020	08 47 21	+20 44 50	366881	141.7	-11.7	1954.16	0.893	38.2	3586
08/03/2020	09 47 36	+17 16 10	362052	155.1	-12.1	1980.23	0.954	24.8	3633
09/03/2020	10 46 40	+12 35 41	358709	168.3	-12.4	1998.68	0.990	11.4	3667
10/03/2020	11 44 15	+07 03 29	357194	173.8	-12.6	2007.16	0.997	6.1	3683
11/03/2020	12 40 35	+01 04 21	357643	161.3	-12.2	2004.64	0.974	18.6	3678
12/03/2020	13 36 12	-04 55 44	359962	147.5	-11.9	1991.73	0.922	32.4	3654

Date	A.R.			Decl.			Dist.	El	Mag	Diam	Phase	Ph Ang	H.
13/03/2020	14	31	43	-10	32	21	363851	133.8	-11.5	1970.44	0.846	46.1	3615
14/03/2020	15	27	38	-15	24	36	368872	120.4	-11.1	1943.62	0.754	59.5	3566
15/03/2020	16	24	09	-19	16	16	374538	107.4	-10.7	1914.22	0.651	72.5	3512
16/03/2020	17	21	05	-21	56	22	380381	94.9	-10.3	1884.81	0.544	85.0	3458
17/03/2020	18	17	52	-23	19	32	386015	82.8	-9.8	1857.30	0.438	97.1	3408
18/03/2020	19	13	44	-23	26	01	391152	71.0	-9.3	1832.91	0.338	108.9	3363
19/03/2020	20	07	54	-22	20	50	395612	59.5	-8.8	1812.24	0.247	120.3	3325
20/03/2020	20	59	51	-20	12	35	399307	48.3	-8.1	1795.47	0.168	131.6	3294
21/03/2020	21	49	23	-17	11	51	402218	37.3	-7.4	1782.48	0.103	142.6	3270
22/03/2020	22	36	40	-13	29	46	404369	26.5	-6.5	1773.00	0.053	153.5	3253
23/03/2020	23	22	04	-09	17	20	405802	15.9	-5.6	1766.74	0.019	164.1	3242
24/03/2020	00	06	10	-04	44	57	406556	6.6	-4.6	1763.46	0.003	173.4	3236
25/03/2020	00	49	36	-00	02	30	406648	8.2	-4.8	1763.06	0.005	171.8	3235
26/03/2020	01	33	03	+04	40	28	406071	18.1	-5.8	1765.57	0.025	161.9	3239
27/03/2020	02	17	13	+09	14	26	404787	28.7	-6.7	1771.17	0.062	151.3	3250
28/03/2020	03	02	47	+13	29	28	402745	39.5	-7.5	1780.15	0.115	140.4	3266
29/03/2020	03	50	22	+17	14	59	399894	50.5	-8.2	1792.84	0.183	129.4	3289
30/03/2020	04	40	27	+20	19	27	396206	61.7	-8.9	1809.53	0.264	118.2	3320
31/03/2020	05	33	16	+22	30	41	391704	73.1	-9.4	1830.33	0.356	106.8	3358
01/04/2020	06	28	38	+23	36	40	386483	84.8	-9.9	1855.05	0.456	95.0	3404
02/04/2020	07	25	59	+23	27	11	380738	96.9	-10.4	1883.04	0.562	82.9	3455
03/04/2020	08	24	26	+21	56	02	374769	109.5	-10.8	1913.03	0.668	70.4	3510
04/04/2020	09	23	01	+19	02	57	368978	122.4	-11.2	1943.06	0.769	57.5	3565
05/04/2020	10	21	00	+14	54	49	363843	135.8	-11.6	1970.48	0.859	44.1	3615
06/04/2020	11	18	04	+09	45	28	359861	149.5	-11.9	1992.28	0.931	30.4	3656
07/04/2020	12	14	23	+03	54	41	357470	163.3	-12.3	2005.61	0.979	16.6	3680
08/04/2020	13	10	23	-02	13	27	356966	174.9	-12.6	2008.44	0.998	5.1	3685
09/04/2020	14	06	42	-08	12	56	358435	166.5	-12.4	2000.21	0.986	13.4	3670
10/04/2020	15	03	50	-13	38	17	361732	153.0	-12.0	1981.98	0.946	27.0	3637
11/04/2020	16	01	58	-18	07	16	366511	139.4	-11.7	1956.14	0.880	40.5	3589
12/04/2020	17	00	52	-21	23	21	372295	126.3	-11.3	1925.75	0.797	53.6	3533
13/04/2020	17	59	47	-23	17	19	378560	113.6	-10.9	1893.88	0.701	66.3	3475
14/04/2020	18	57	44	-23	47	50	384809	101.3	-10.5	1863.12	0.599	78.5	3418
15/04/2020	19	53	42	-23	00	18	390629	89.5	-10.1	1835.36	0.497	90.4	3368
16/04/2020	20	47	03	-21	04	44	395710	78.0	-9.7	1811.80	0.397	101.9	3324
17/04/2020	21	37	34	-18	13	11	399859	66.8	-9.1	1793.00	0.304	113.1	3290
18/04/2020	22	25	26	-14	37	49	402985	55.8	-8.6	1779.09	0.220	124.1	3264
19/04/2020	23	11	09	-10	29	56	405081	44.9	-7.9	1769.88	0.147	135.0	3247
20/04/2020	23	55	21	-05	59	44	406203	34.2	-7.1	1764.99	0.087	145.8	3238
21/04/2020	00	38	44	-01	16	45	406445	23.5	-6.3	1763.94	0.042	156.5	3236
22/04/2020	01	22	04	+03	29	48	405911	13.0	-5.3	1766.26	0.013	167.0	3241
23/04/2020	02	06	03	+08	10	27	404703	4.5	-4.4	1771.54	0.002	175.5	3250
24/04/2020	02	51	23	+12	35	01	402898	10.6	-5.0	1779.47	0.009	169.4	3265
25/04/2020	03	38	40	+16	32	26	400547	21.2	-6.1	1789.92	0.034	158.7	3284
26/04/2020	04	28	19	+19	50	42	397674	32.3	-7.0	1802.85	0.078	147.6	3308
27/04/2020	05	20	31	+22	17	24	394288	43.7	-7.8	1818.33	0.139	136.2	3336
28/04/2020	06	15	04	+23	40	47	390400	55.3	-8.5	1836.44	0.216	124.6	3369
29/04/2020	07	11	20	+23	51	20	386049	67.1	-9.2	1857.14	0.307	112.7	3407
30/04/2020	08	08	27	+22	43	32	381326	79.3	-9.7	1880.14	0.408	100.6	3450
01/05/2020	09	05	30	+20	17	14	376398	91.8	-10.2	1904.76	0.517	88.1	3495
02/05/2020	10	01	51	+16	37	50	371515	104.6	-10.6	1929.79	0.627	75.2	3541
03/05/2020	10	57	16	+11	56	03	367012	117.8	-11.1	1953.47	0.734	62.0	3584
04/05/2020	11	51	57	+06	27	00	363282	131.4	-11.4	1973.53	0.831	48.5	3621
05/05/2020	12	46	27	+00	29	43	360721	145.2	-11.8	1987.53	0.911	34.7	3647
06/05/2020	13	41	30	-05	33	30	359667	159.1	-12.2	1993.36	0.967	20.8	3657
07/05/2020	14	37	47	-11	18	11	360322	172.6	-12.5	1989.73	0.996	7.4	3651
08/05/2020	15	35	43	-16	19	38	362706	171.8	-12.5	1976.66	0.995	8.2	3627
09/05/2020	16	35	15	-20	15	48	366638	158.6	-12.2	1955.46	0.966	21.4	3588
10/05/2020	17	35	43	-22	50	43	371770	145.4	-11.8	1928.47	0.912	34.5	3538
11/05/2020	18	35	54	-23	57	12	377642	132.6	-11.5	1898.48	0.839	47.3	3483
12/05/2020	19	34	25	-23	37	31	383761	120.2	-11.1	1868.21	0.752	59.3	3428
13/05/2020	20	30	13	-22	01	22	389655	108.2	-10.8	1839.95	0.657	71.6	3376
14/05/2020	21	22	46	-19	22	21	394930	96.6	-10.4	1815.38	0.559	83.2	3331
15/05/2020	22	12	08	-15	54	48	399289	85.4	-10.0	1795.55	0.461	94.5	3294
16/05/2020	22	58	50	-11	51	43	402547	74.3	-9.5	1781.02	0.366	105.6	3268
17/05/2020	23	43	32	-07	24	16	404623	63.4	-9.0	1771.89	0.277	116.5	3251
18/05/2020	00	27	04	-02	42	05	405528	52.6	-8.4	1767.93	0.197	127.3	3244
19/05/2020	01	10	16	+02	06	01	405350	41.7	-7.7	1768.71	0.127	138.2	3245
20/05/2020	01	53	58	+06	51	13	404231	30.8	-6.9	1773.60	0.071	149.1	3254
21/05/2020	02	38	57	+11	23	54	402342	19.9	-5.9	1781.93	0.030	160.1	3269
22/05/2020	03	25	53	+15	33	08	399862	8.9	-4.9	1792.98	0.006	171.1	3290
23/05/2020	04	15	17	+19	06	35	396958	3.7	-4.3	1806.10	0.001	176.3	3314
24/05/2020	05	07	23	+21	50	57	393766	14.5	-5.4	1820.74	0.016	165.4	3341

Date	A.R.	Decl.	Dist.	El	Mag	Diam	Phase	Ph Ang	H.
25/05/2020	06 01 59	+23 33 15	390388	26.2	-6.5	1836.50	0.052	153.7	3370
26/05/2020	06 58 23	+24 02 53	386890	38.1	-7.4	1853.10	0.107	141.8	3400
27/05/2020	07 55 36	+23 13 52	383319	50.3	-8.2	1870.36	0.181	129.6	3432
28/05/2020	08 52 31	+21 06 13	379716	62.6	-8.9	1888.11	0.271	117.2	3464
29/05/2020	09 48 23	+17 45 57	376146	75.2	-9.5	1906.03	0.374	104.6	3497
30/05/2020	10 42 53	+13 23 54	372714	88.1	-10.1	1923.58	0.485	91.8	3529
31/05/2020	11 36 12	+08 14 11	369587	101.2	-10.5	1939.86	0.598	78.6	3559
01/06/2020	12 28 57	+02 33 16	366984	114.6	-11.0	1953.61	0.709	65.3	3585
02/06/2020	13 21 56	-03 20 22	365163	128.1	-11.4	1963.36	0.809	51.8	3602
03/06/2020	14 16 02	-09 06 14	364380	141.7	-11.7	1967.58	0.893	38.2	3610
04/06/2020	15 11 57	-14 22 10	364835	155.4	-12.1	1965.12	0.955	24.5	3606
05/06/2020	16 10 02	-18 45 50	366629	169.0	-12.4	1955.51	0.991	10.9	3588
06/06/2020	17 09 59	-21 57 27	369720	177.2	-12.7	1939.16	0.999	2.8	3558
07/06/2020	18 10 49	-23 43 32	373923	164.2	-12.3	1917.36	0.981	15.7	3518
08/06/2020	19 11 01	-23 59 52	378923	151.5	-12.0	1892.06	0.939	28.5	3472
09/06/2020	20 09 06	-22 51 58	384327	139.0	-11.7	1865.46	0.878	40.9	3423
10/06/2020	21 04 03	-20 32 24	389708	127.0	-11.3	1839.70	0.802	52.9	3375
11/06/2020	21 55 34	-17 16 45	394660	115.4	-11.0	1816.61	0.715	64.5	3333
12/06/2020	22 43 53	-13 20 16	398838	104.0	-10.6	1797.59	0.623	75.8	3298
13/06/2020	23 29 41	-08 56 10	401978	92.9	-10.2	1783.54	0.527	86.9	3272
14/06/2020	00 13 47	-04 15 18	403918	82.0	-9.8	1774.98	0.431	97.9	3257
15/06/2020	00 57 05	+00 33 06	404594	71.1	-9.3	1772.01	0.339	108.8	3251
16/06/2020	01 40 29	+05 20 37	404041	60.2	-8.8	1774.44	0.252	119.7	3256
17/06/2020	02 24 53	+09 58 31	402381	49.2	-8.2	1781.76	0.174	130.7	3269
18/06/2020	03 11 06	+14 16 54	399803	38.1	-7.4	1793.25	0.107	141.8	3290
19/06/2020	03 59 49	+18 04 08	396545	26.7	-6.5	1807.98	0.054	153.2	3317
20/06/2020	04 51 25	+21 06 49	392870	15.2	-5.5	1824.89	0.017	164.8	3348
21/06/2020	05 45 55	+23 10 45	389033	3.3	-4.2	1842.89	0.001	176.7	3381
22/06/2020	06 42 44	+24 03 07	385261	8.8	-4.8	1860.93	0.006	171.2	3414
23/06/2020	07 40 47	+23 35 21	381734	21.1	-6.0	1878.13	0.034	158.9	3446
24/06/2020	08 38 48	+21 45 38	378568	33.6	-7.1	1893.84	0.084	146.3	3475
25/06/2020	09 35 40	+18 39 37	375824	46.4	-8.0	1907.66	0.156	133.5	3500
26/06/2020	10 30 48	+14 28 59	373523	59.3	-8.7	1919.42	0.245	120.6	3522
27/06/2020	11 24 14	+09 29 11	371664	72.3	-9.4	1929.02	0.349	107.6	3539
28/06/2020	12 16 29	+03 57 21	370254	85.5	-10.0	1936.36	0.462	94.4	3553
29/06/2020	13 08 20	-01 48 39	369330	98.7	-10.4	1941.21	0.577	81.2	3562
30/06/2020	14 00 43	-07 30 25	368960	112.0	-10.9	1943.15	0.688	67.9	3565
01/07/2020	14 54 32	-12 48 50	369244	125.3	-11.3	1941.66	0.790	54.6	3563
02/07/2020	15 50 22	-17 24 17	370285	138.6	-11.6	1936.20	0.875	41.4	3553
03/07/2020	16 48 22	-20 57 51	372159	151.7	-12.0	1926.45	0.941	28.2	3535
04/07/2020	17 47 59	-23 13 59	374880	164.8	-12.3	1912.47	0.982	15.2	3509
05/07/2020	18 48 02	-24 03 43	378380	177.3	-12.7	1894.78	0.999	2.7	3477
06/07/2020	19 46 59	-23 27 00	382492	169.7	-12.5	1874.41	0.992	10.2	3439
07/07/2020	20 43 30	-21 32 22	386967	157.8	-12.1	1852.73	0.962	22.4	3399
08/07/2020	21 36 49	-18 33 56	391497	145.7	-11.8	1831.30	0.913	34.3	3360
09/07/2020	22 26 51	-14 47 40	395745	134.1	-11.5	1811.64	0.848	45.8	3324
10/07/2020	23 14 00	-10 28 34	399387	122.7	-11.2	1795.12	0.771	57.1	3294
11/07/2020	23 59 00	-05 49 26	402137	111.6	-10.9	1782.84	0.685	68.2	3271
12/07/2020	00 42 42	-01 00 46	403778	100.7	-10.5	1775.59	0.594	79.2	3258
13/07/2020	01 26 01	+03 48 25	404176	89.8	-10.1	1773.85	0.499	90.1	3255
14/07/2020	02 09 52	+08 29 44	403290	78.9	-9.7	1777.74	0.405	101.0	3262
15/07/2020	02 55 09	+12 54 20	401181	67.9	-9.2	1787.09	0.313	112.0	3279
16/07/2020	03 42 39	+16 51 58	398003	56.7	-8.6	1801.36	0.226	123.2	3305
17/07/2020	04 33 00	+20 10 26	393994	45.3	-7.9	1819.69	0.149	134.6	3339
18/07/2020	05 26 29	+22 35 52	389462	33.6	-7.1	1840.86	0.084	146.3	3378
19/07/2020	06 22 51	+23 54 03	384751	21.6	-6.1	1863.40	0.035	158.4	3419
20/07/2020	07 21 15	+23 53 17	380212	9.2	-4.9	1885.65	0.007	170.6	3460
21/07/2020	08 20 23	+22 27 44	376165	4.5	-4.4	1905.94	0.002	175.5	3497
22/07/2020	09 18 53	+19 39 47	372855	16.8	-5.7	1922.85	0.022	163.1	3528
23/07/2020	10 15 47	+15 39 53	370437	29.9	-6.8	1935.41	0.067	150.0	3551
24/07/2020	11 10 47	+10 44 23	368958	43.2	-7.8	1943.16	0.136	136.7	3565
25/07/2020	12 04 07	+05 12 35	368378	56.5	-8.6	1946.22	0.225	123.4	3571
26/07/2020	12 56 29	-00 35 33	368590	69.8	-9.3	1945.11	0.329	110.0	3569
27/07/2020	13 48 44	-06 20 30	369462	83.1	-9.9	1940.51	0.441	96.8	3560
28/07/2020	14 41 45	-11 43 29	370873	96.3	-10.4	1933.13	0.556	83.6	3547
29/07/2020	15 36 17	-16 26 23	372731	109.3	-10.8	1923.49	0.667	70.5	3529
30/07/2020	16 32 39	-20 12 18	374982	122.2	-11.2	1911.95	0.768	57.6	3508
31/07/2020	17 30 41	-22 46 41	377602	135.0	-11.5	1898.68	0.854	44.9	3484
01/08/2020	18 29 33	-23 59 45	380576	147.5	-11.9	1883.84	0.922	32.4	3456
02/08/2020	19 28 00	-23 48 34	383874	159.8	-12.2	1867.66	0.969	20.1	3427
03/08/2020	20 24 44	-22 17 53	387427	171.5	-12.5	1850.53	0.995	8.5	3395
04/08/2020	21 18 50	-19 38 49	391116	174.5	-12.6	1833.08	0.998	5.5	3363
05/08/2020	22 09 53	-16 05 55	394769	163.7	-12.3	1816.12	0.980	16.2	3332

Date	A.R.	Decl.	Dist.	El	Mag	Diam	Phase	Ph Ang	H.
06/08/2020	22 58 04	-11 54 23	398170	152.4	-12.0	1800.60	0.943	27.5	3304
07/08/2020	23 43 55	-07 18 09	401077	141.3	-11.7	1787.55	0.891	38.6	3280
08/08/2020	00 28 09	-02 29 12	403248	130.2	-11.4	1777.93	0.824	49.6	3262
09/08/2020	01 11 35	+02 22 17	404463	119.3	-11.1	1772.59	0.746	60.5	3252
10/08/2020	01 55 07	+07 07 21	404550	108.5	-10.8	1772.21	0.660	71.4	3252
11/08/2020	02 39 35	+11 37 18	403407	97.6	-10.4	1777.23	0.568	82.2	3261
12/08/2020	03 25 49	+15 42 53	401017	86.7	-10.0	1787.82	0.472	93.2	3280
13/08/2020	04 14 32	+19 13 31	397463	75.5	-9.5	1803.81	0.376	104.3	3310
14/08/2020	05 06 13	+21 56 52	392928	64.1	-9.0	1824.63	0.283	115.7	3348
15/08/2020	06 00 58	+23 39 27	387696	52.4	-8.3	1849.25	0.196	127.5	3393
16/08/2020	06 58 19	+24 08 17	382135	40.3	-7.6	1876.16	0.119	139.6	3442
17/08/2020	07 57 17	+23 13 59	376673	27.9	-6.6	1903.36	0.058	152.0	3492
18/08/2020	08 56 34	+20 53 49	371747	15.2	-5.5	1928.58	0.018	164.7	3539
19/08/2020	09 54 59	+17 13 37	367758	4.5	-4.4	1949.50	0.002	175.5	3577
20/08/2020	10 51 51	+12 27 16	365007	13.0	-5.3	1964.20	0.013	167.0	3604
21/08/2020	11 47 06	+06 54 20	363657	26.3	-6.5	1971.49	0.052	153.6	3617
22/08/2020	12 41 09	+00 57 14	363710	40.0	-7.5	1971.20	0.117	139.9	3617
23/08/2020	13 34 42	-05 01 14	365029	53.6	-8.4	1964.08	0.204	126.3	3604
24/08/2020	14 28 35	-10 39 27	367370	67.0	-9.1	1951.56	0.306	112.8	3581
25/08/2020	15 23 27	-15 37 41	370448	80.3	-9.7	1935.35	0.417	99.6	3551
26/08/2020	16 19 43	-19 38 47	373981	93.2	-10.3	1917.06	0.530	86.6	3517
27/08/2020	17 17 16	-22 28 57	377736	105.9	-10.7	1898.01	0.639	73.9	3482
28/08/2020	18 15 31	-23 59 09	381540	118.4	-11.1	1879.08	0.739	61.5	3448
29/08/2020	19 13 25	-24 06 22	385284	130.6	-11.4	1860.83	0.826	49.3	3414
30/08/2020	20 09 51	-22 54 16	388902	142.5	-11.7	1843.51	0.897	37.4	3382
31/08/2020	21 03 56	-20 32 08	392355	154.1	-12.1	1827.29	0.950	25.8	3353
01/09/2020	21 55 14	-17 12 49	395601	165.4	-12.4	1812.29	0.984	14.6	3325
02/09/2020	22 43 49	-13 10 30	398582	174.6	-12.6	1798.74	0.998	5.4	3300
03/09/2020	23 30 04	-08 38 55	401205	169.9	-12.5	1786.98	0.992	10.0	3279
04/09/2020	00 14 38	-03 50 34	403347	159.5	-12.2	1777.49	0.969	20.4	3261
05/09/2020	00 58 14	+01 03 27	404857	148.8	-11.9	1770.86	0.928	31.2	3249
06/09/2020	01 41 38	+05 53 17	405571	138.0	-11.6	1767.75	0.872	41.9	3243
07/09/2020	02 25 37	+10 29 39	405334	127.2	-11.3	1768.78	0.803	52.7	3245
08/09/2020	03 10 57	+14 43 19	404019	116.4	-11.0	1774.53	0.723	63.5	3256
09/09/2020	03 58 19	+18 24 25	401556	105.5	-10.7	1785.42	0.635	74.4	3276
10/09/2020	04 48 15	+21 22 04	397947	94.4	-10.3	1801.61	0.540	85.4	3306
11/09/2020	05 40 58	+23 24 23	393288	83.1	-9.9	1822.95	0.441	96.8	3345
12/09/2020	06 36 18	+24 19 22	387784	71.4	-9.3	1848.83	0.342	108.4	3392
13/09/2020	07 33 39	+23 56 49	381749	59.4	-8.8	1878.06	0.246	120.5	3446
14/09/2020	08 32 00	+22 10 47	375597	46.9	-8.0	1908.82	0.159	133.0	3502
15/09/2020	09 30 18	+19 01 54	369813	34.0	-7.1	1938.67	0.086	145.9	3557
16/09/2020	10 27 47	+14 38 31	364901	20.8	-6.0	1964.77	0.033	159.1	3605
17/09/2020	11 24 09	+09 16 10	361314	8.1	-4.8	1984.27	0.005	171.8	3641
18/09/2020	12 19 36	+03 15 55	359381	9.1	-4.9	1994.95	0.006	170.9	3660
19/09/2020	13 14 40	-02 57 47	359243	22.3	-6.2	1995.71	0.038	157.7	3662
20/09/2020	14 10 03	-08 59 35	360837	36.1	-7.3	1986.90	0.096	143.8	3646
21/09/2020	15 06 22	-14 25 16	363912	49.8	-8.2	1970.11	0.178	130.1	3615
22/09/2020	16 03 56	-18 53 45	368094	63.2	-9.0	1947.73	0.276	116.6	3574
23/09/2020	17 02 38	-22 08 48	372957	76.3	-9.6	1922.33	0.383	103.6	3527
24/09/2020	18 01 48	-24 00 25	378098	89.0	-10.1	1896.19	0.493	90.8	3479
25/09/2020	19 00 24	-24 25 53	383179	101.3	-10.5	1871.05	0.600	78.5	3433
26/09/2020	19 57 18	-23 29 30	387950	113.3	-10.9	1848.04	0.699	66.5	3391
27/09/2020	20 51 41	-21 20 59	392255	125.0	-11.3	1827.76	0.788	54.8	3354
28/09/2020	21 43 11	-18 13 08	396012	136.5	-11.6	1810.41	0.863	43.4	3322
29/09/2020	22 31 54	-14 19 40	399194	147.7	-11.9	1795.98	0.923	32.2	3295
30/09/2020	23 18 14	-09 53 46	401802	158.7	-12.2	1784.33	0.966	21.3	3274
01/10/2020	00 02 50	-05 07 36	403838	169.1	-12.4	1775.33	0.991	10.8	3257
02/10/2020	00 46 24	-00 12 13	405294	175.0	-12.6	1768.95	0.998	4.9	3246
03/10/2020	01 29 42	+04 42 09	406133	167.0	-12.4	1765.30	0.987	13.0	3239
04/10/2020	02 13 26	+09 25 42	406293	156.6	-12.1	1764.60	0.959	23.3	3238
05/10/2020	02 58 18	+13 48 38	405687	145.9	-11.8	1767.24	0.915	34.0	3242
06/10/2020	03 44 56	+17 40 52	404225	135.2	-11.6	1773.63	0.855	44.7	3254
07/10/2020	04 33 46	+20 51 45	401825	124.3	-11.2	1784.23	0.782	55.6	3274
08/10/2020	05 25 03	+23 10 18	398443	113.2	-10.9	1799.37	0.698	66.7	3301
09/10/2020	06 18 39	+24 25 47	394097	101.9	-10.6	1819.21	0.604	77.9	3338
10/10/2020	07 14 07	+24 28 58	388888	90.3	-10.1	1843.58	0.504	89.5	3383
11/10/2020	08 10 38	+23 13 44	383022	78.4	-9.7	1871.81	0.400	101.5	3434
12/10/2020	09 07 24	+20 38 42	376818	66.0	-9.1	1902.63	0.298	113.9	3491
13/10/2020	10 03 45	+16 48 07	370700	53.2	-8.4	1934.03	0.201	126.7	3549
14/10/2020	10 59 24	+11 52 08	365169	39.9	-7.5	1963.33	0.117	140.0	3602
15/10/2020	11 54 30	+06 06 33	360744	26.2	-6.5	1987.41	0.052	153.7	3647
16/10/2020	12 49 35	-00 07 47	357887	12.6	-5.2	2003.28	0.012	167.4	3676
17/10/2020	13 45 19	-06 26 07	356911	4.9	-4.4	2008.75	0.002	175.0	3686

Date	A.R.	Decl.	Dist.	El	Mag	Diam	Phase	Ph Ang	H.
18/10/2020	14 42 24	-12 21 29	357921	17.3	-5.7	2003.09	0.023	162.7	3675
19/10/2020	15 41 12	-17 27 29	360784	31.1	-6.9	1987.19	0.072	148.8	3646
20/10/2020	16 41 36	-21 21 34	365165	44.7	-7.9	1963.35	0.145	135.2	3602
21/10/2020	17 42 51	-23 48 23	370600	58.0	-8.7	1934.56	0.236	121.8	3550
22/10/2020	18 43 40	-24 42 07	376576	70.9	-9.3	1903.86	0.337	109.0	3493
23/10/2020	19 42 37	-24 06 31	382615	83.3	-9.9	1873.81	0.443	96.6	3438
24/10/2020	20 38 39	-22 12 39	388321	95.3	-10.3	1846.27	0.547	84.6	3388
25/10/2020	21 31 19	-19 15 09	393407	106.9	-10.7	1822.40	0.647	73.0	3344
26/10/2020	22 20 45	-15 29 09	397693	118.2	-11.1	1802.76	0.738	61.6	3308
27/10/2020	23 07 27	-11 08 30	401098	129.4	-11.4	1787.46	0.818	50.5	3280
28/10/2020	23 52 08	-06 22 18	403615	140.3	-11.7	1776.31	0.885	39.6	3259
29/10/2020	00 35 38	-01 30 15	405289	151.2	-12.0	1768.97	0.938	28.7	3246
30/10/2020	01 18 43	+03 26 50	406188	161.9	-12.3	1765.06	0.975	18.1	3238
31/10/2020	02 02 11	+08 16 21	406378	172.3	-12.5	1764.23	0.995	7.7	3237
01/11/2020	02 46 45	+12 48 23	405913	174.8	-12.6	1766.25	0.998	5.2	3241
02/11/2020	03 33 01	+16 52 23	404818	164.8	-12.3	1771.03	0.983	15.1	3249
03/11/2020	04 21 25	+20 17 14	403090	154.0	-12.1	1778.63	0.950	25.9	3263
04/11/2020	05 12 08	+22 51 32	400702	143.0	-11.8	1789.22	0.900	36.9	3283
05/11/2020	06 05 02	+24 24 35	397624	131.9	-11.5	1803.08	0.834	48.0	3308
06/11/2020	06 59 33	+24 47 35	393838	120.5	-11.1	1820.41	0.755	59.4	3340
07/11/2020	07 54 55	+23 55 10	389370	108.9	-10.8	1841.30	0.663	71.0	3378
08/11/2020	08 50 17	+21 46 22	384311	97.0	-10.4	1865.53	0.562	82.9	3423
09/11/2020	09 45 04	+18 24 52	378846	84.7	-9.9	1892.45	0.455	95.1	3472
10/11/2020	10 39 01	+13 58 41	373257	72.1	-9.4	1920.78	0.347	107.8	3524
11/11/2020	11 32 22	+08 39 39	367931	59.0	-8.7	1948.59	0.243	120.9	3575
12/11/2020	12 25 40	+02 43 24	363320	45.5	-7.9	1973.32	0.150	134.4	3621
13/11/2020	13 19 43	-03 30 26	359896	31.6	-6.9	1992.09	0.075	148.3	3655
14/11/2020	14 15 24	-09 38 21	358065	17.6	-5.7	2002.28	0.023	162.4	3674
15/11/2020	15 13 23	-15 13 45	358090	4.0	-4.3	2002.14	0.001	176.0	3674
16/11/2020	16 13 53	-19 49 40	360028	11.1	-5.1	1991.36	0.009	168.8	3654
17/11/2020	17 16 22	-23 03 08	363706	24.9	-6.4	1971.22	0.047	155.1	3617
18/11/2020	18 19 29	-24 40 09	368762	38.3	-7.4	1944.20	0.108	141.6	3567
19/11/2020	19 21 23	-24 38 46	374706	51.4	-8.3	1913.36	0.189	128.5	3511
20/11/2020	20 20 27	-23 08 19	381009	63.9	-9.0	1881.71	0.281	115.9	3453
21/11/2020	21 15 45	-20 25 00	387175	76.0	-9.6	1851.74	0.381	103.8	3398
22/11/2020	22 07 10	-16 46 51	392792	87.7	-10.0	1825.26	0.482	92.1	3349
23/11/2020	22 55 11	-12 30 23	397557	99.1	-10.5	1803.38	0.580	80.8	3309
24/11/2020	23 40 38	-07 49 16	401284	110.2	-10.8	1786.63	0.674	69.7	3278
25/11/2020	00 24 24	-02 54 44	403896	121.1	-11.2	1775.08	0.760	58.7	3257
26/11/2020	01 07 26	+02 03 39	405405	132.0	-11.5	1768.47	0.835	47.9	3245
27/11/2020	01 50 37	+06 56 57	405893	142.8	-11.8	1766.34	0.899	37.1	3241
28/11/2020	02 34 46	+11 35 55	405487	153.6	-12.0	1768.11	0.948	26.3	3244
29/11/2020	03 20 35	+15 50 25	404330	164.5	-12.3	1773.17	0.982	15.5	3253
30/11/2020	04 08 38	+19 29 10	402564	175.4	-12.6	1780.95	0.998	4.6	3268
01/12/2020	04 59 09	+22 20 05	400310	173.3	-12.6	1790.98	0.997	6.7	3286
02/12/2020	05 52 01	+24 11 17	397652	162.1	-12.3	1802.95	0.976	17.9	3308
03/12/2020	06 46 39	+24 52 52	394642	150.6	-12.0	1816.70	0.936	29.3	3333
04/12/2020	07 42 07	+24 18 49	391304	139.0	-11.7	1832.20	0.878	40.9	3362
05/12/2020	08 37 26	+22 28 18	387649	127.2	-11.3	1849.47	0.803	52.6	3393
06/12/2020	09 31 48	+19 25 47	383702	115.2	-11.0	1868.49	0.714	64.7	3428
07/12/2020	10 24 54	+15 19 58	379528	102.9	-10.6	1889.04	0.613	77.0	3466
08/12/2020	11 16 52	+10 22 28	375255	90.3	-10.1	1910.56	0.504	89.5	3506
09/12/2020	12 08 16	+04 47 06	371090	77.4	-9.6	1932.00	0.392	102.4	3545
10/12/2020	12 59 58	-01 10 16	367318	64.2	-9.0	1951.84	0.284	115.7	3581
11/12/2020	13 52 57	-07 11 06	364283	50.7	-8.3	1968.10	0.184	129.2	3611
12/12/2020	14 48 10	-12 53 38	362339	37.0	-7.3	1978.66	0.101	142.9	3630
13/12/2020	15 46 17	-17 53 23	361787	23.1	-6.2	1981.68	0.040	156.8	3636
14/12/2020	16 47 21	-21 45 23	362810	9.3	-4.9	1976.09	0.007	170.7	3626
15/12/2020	17 50 30	-24 08 51	365419	4.4	-4.4	1961.98	0.002	175.6	3600
16/12/2020	18 54 01	-24 52 37	369443	17.9	-5.8	1940.61	0.024	162.1	3561
17/12/2020	19 55 48	-23 58 27	374547	30.9	-6.9	1914.17	0.071	149.0	3512
18/12/2020	20 54 14	-21 39 28	380288	43.6	-7.8	1885.27	0.138	136.3	3459
19/12/2020	21 48 36	-18 14 43	386184	55.8	-8.6	1856.49	0.220	124.1	3406
20/12/2020	22 39 01	-14 03 51	391774	67.6	-9.2	1830.00	0.310	112.3	3358
21/12/2020	23 26 10	-09 23 48	396663	79.0	-9.7	1807.44	0.406	100.8	3316
22/12/2020	00 10 59	-04 28 05	400557	90.1	-10.1	1789.87	0.503	89.7	3284
23/12/2020	00 54 28	+00 32 37	403271	101.1	-10.5	1777.83	0.598	78.8	3262
24/12/2020	01 37 36	+05 29 21	404728	111.9	-10.9	1771.43	0.688	67.9	3250
25/12/2020	02 21 20	+10 13 36	404955	122.7	-11.2	1770.43	0.771	57.1	3248
26/12/2020	03 06 30	+14 36 17	404062	133.6	-11.5	1774.35	0.845	46.3	3256
27/12/2020	03 53 49	+18 27 04	402225	144.5	-11.8	1782.45	0.908	35.4	3270
28/12/2020	04 43 44	+21 34 10	399660	155.6	-12.1	1793.89	0.956	24.3	3291
29/12/2020	05 36 19	+23 44 59	396599	166.9	-12.4	1807.73	0.987	13.1	3317

47

Date	A.R.	Decl.	Dist.	El	Mag	Diam	Phase	Ph Ang	H.
30/12/2020	06 31 08	+24 47 47	393264	177.7	-12.7	1823.06	1.000	2.3	3345
31/12/2020	07 27 18	+24 34 11	389842	169.6	-12.5	1839.07	0.992	10.3	3374

Data : ore 00 TU
A.R. e Decl. Apparenti
RSun = distanza dal Sole
delta = distanza dalla Terra
RA app, Dec app = A.R. e Decl. Apparenti
Elong = elongazione
Phase = fase
Mag = magnitudine

Date : 00 UT
delta = distanze from the Sun
RSun = distance from the Earth
Elong = elongation

CONGIUNZIONI PIANETI-LUNA
CONJUNCTIONS PLANETS-MOON
2000-2030

GG MM AAAA : data nel formato giorno/mese/anno
HH MM : ore e minuti
DIST : distanza minima in gradi tra i corpi, in gradi
ELONG : elongazione dal Sole dei corpi, in gradi
MAG : magnitudine del pianeta
MAGL : magnitudine della Luna
PIANETI : corpi coinvolti : MErcurio, VEnere, MArte, GIove,
                            SAturno, URano, NEttuno

Sono elencate tutte le congiunzioni in cui i corpi distano meno
di 1°

La luna non è indicata in quanto è presente in tutte le
congiunzioni di questa tabella

GG MM AAAA : date in the format dd/mm/yyyy
HH MM : hours and minutes
DIST : minima distance in ° between the bodies
ELONG : elongation in ° from the Sun of the bodies
MAG1 : magnitude of the planet
MAGL : magnitude of the Moon
PIANETI : planets : MErcury, VEnus, MArs, GI (Jupiter),
                    SAturn, URanus, NEptune

All the conjunctions are listed if the bodies have distance less
then 1°

The Moon isn't indicated in the table because it is always
present

GG	MM	AAAA	HH	MM	DIST	ELONG	MAG	MAGL	PIANETA
8	1	2000	5	43	0.213	16	8.0	-7.3	NE
9	1	2000	5	1	0.402	27	5.9	-8.4	UR
4	2	2000	14	20	0.294	11	8.0	-6.4	NE
5	2	2000	14	24	0.535	1	5.9	-1.9	UR
2	3	2000	23	56	0.422	37	8.0	-9.0	NE
4	3	2000	1	3	0.689	26	5.9	-8.3	UR
4	3	2000	1	6	0.626	26	-3.8	-8.3	VE
30	3	2000	9	45	0.655	64	7.9	-10.1	NE
31	3	2000	12	11	0.930	52	5.9	-9.7	UR
26	4	2000	18	43	0.943	90	7.9	-10.8	NE
29	7	2000	17	13	0.821	20	-0.1	-7.8	ME
30	7	2000	11	54	0.625	9	1.6	-6.1	MA
28	8	2000	3	21	0.900	18	1.7	-7.6	MA
19	6	2001	22	0	0.860	21	0.5	-7.9	SA
21	6	2001	3	32	0.728	5	-1.8	-4.8	GI
17	7	2001	13	28	0.573	44	0.4	-9.5	SA
17	7	2001	17	35	0.265	42	-4.0	-9.4	VE
19	7	2001	0	11	0.190	25	-1.9	-8.3	GI
19	7	2001	13	9	0.986	18	-0.5	-7.6	ME
14	8	2001	2	56	0.209	68	0.4	-10.3	SA
15	8	2001	19	47	0.380	46	-1.9	-9.6	GI
10	9	2001	12	49	0.191	93	0.3	-11.0	SA
12	9	2001	12	24	0.955	68	-2.0	-10.4	GI
7	10	2001	18	44	0.511	120	0.2	-11.6	SA
23	10	2001	20	11	0.121	87	-0.1	-10.7	MA
3	11	2001	22	17	0.615	148	0.1	-12.3	SA
1	12	2001	2	5	0.469	177	0.0	-12.7	SA
14	12	2001	6	13	0.822	7	-3.9	-5.7	VE
28	12	2001	7	53	0.214	153	0.0	-12.4	SA
24	1	2002	15	38	0.075	124	0.1	-11.7	SA
26	1	2002	18	56	0.909	151	-2.6	-12.4	GI
21	2	2002	0	21	0.171	96	0.2	-11.0	SA
23	2	2002	2	12	0.864	121	-2.4	-11.7	GI
20	3	2002	9	37	0.444	70	0.3	-10.3	SA
16	4	2002	19	49	0.770	45	0.4	-9.4	SA
14	5	2002	18	49	0.625	27	1.5	-8.4	MA
14	5	2002	23	15	0.840	29	-3.8	-8.6	VE
12	6	2002	11	52	0.942	19	1.6	-7.6	MA
5	12	2002	4	18	0.596	12	-0.7	-6.7	ME
27	1	2003	14	59	0.410	61	1.2	-10.2	MA
29	5	2003	3	57	0.116	22	-3.8	-7.8	VE
17	7	2003	8	1	0.310	135	-2.0	-11.9	MA
6	10	2003	15	40	0.983	137	-2.1	-12.0	MA
26	10	2003	19	53	0.072	18	-3.9	-7.7	VE
25	11	2003	3	16	0.265	17	-0.5	-7.6	ME
26	2	2004	2	16	0.827	68	0.9	-10.2	MA
25	3	2004	23	28	0.784	57	1.2	-9.9	MA
21	5	2004	12	11	0.330	25	-4.1	-8.1	VE
14	10	2004	14	25	0.147	6	-0.9	-5.3	ME
9	11	2004	16	32	0.895	38	-1.6	-9.2	GI
10	11	2004	1	31	0.164	33	-3.9	-8.9	VE
11	11	2004	3	59	0.413	19	1.6	-7.8	MA
14	11	2004	3	0	0.896	21	-0.2	-8.0	ME

50

GG	MM	AAAA	HH	MM	DIST	ELONG	MAG	MAGL	PIANETA
7	12	2004	10	58	0.304	61	-1.7	-10.2	GI
4	1	2005	1	21	0.318	86	-1.9	-10.8	GI
31	1	2005	10	1	0.820	113	-2.1	-11.4	GI
26	3	2005	14	53	0.875	171	-2.4	-12.6	GI
22	4	2005	17	1	0.545	159	-2.3	-12.5	GI
19	5	2005	22	4	0.316	130	-2.2	-11.8	GI
31	5	2005	9	44	0.455	78	0.3	-10.6	MA
16	6	2005	6	29	0.363	-10.	-2.0	-11.1	GI
13	7	2005	17	40	0.670	80	-1.9	-10.5	GI
7	9	2005	8	28	0.561	40	-3.9	-9.2	VE
4	10	2005	11	21	0.801	12	-0.6	-6.6	ME
24	4	2006	14	0	0.401	44	-4.1	-9.6	VE
21	5	2006	11	11	0.845	76	5.9	-10.6	UR
17	6	2006	17	4	0.562	-10.	5.8	-11.2	UR
14	7	2006	22	53	0.347	128	5.8	-11.9	UR
27	7	2006	18	0	0.960	29	1.7	-8.4	MA
11	8	2006	6	10	0.279	155	5.7	-12.5	UR
25	8	2006	13	7	0.485	19	1.7	-7.5	MA
7	9	2006	15	4	0.350	178	5.7	-12.8	UR
21	9	2006	14	36	0.827	-10.	-3.9	-6.1	VE
5	10	2006	0	25	0.445	150	5.7	-12.5	UR
1	11	2006	8	36	0.422	122	5.8	-11.8	UR
28	11	2006	15	3	0.226	95	5.8	-11.1	UR
25	12	2006	21	11	0.068	67	5.9	-10.4	UR
6	1	2007	19	6	0.826	142	0.1	-12.1	SA
20	1	2007	17	26	0.694	21	-3.9	-8.0	VE
22	1	2007	5	27	0.338	41	5.9	-9.4	UR
2	2	2007	23	43	0.833	171	0.1	-12.6	SA
18	2	2007	16	54	0.522	14	5.9	-7.2	UR
2	3	2007	2	22	0.995	159	0.1	-12.4	SA
18	3	2007	6	22	0.663	12	5.9	-6.8	UR
14	4	2007	1	28	0.459	48	0.9	-9.7	MA
14	4	2007	19	28	0.851	38	5.9	-9.2	UR
22	5	2007	19	34	0.737	78	0.4	-10.5	SA
18	6	2007	15	12	0.536	45	-4.4	-9.5	VE
19	6	2007	8	8	0.352	54	0.5	-9.8	SA
16	7	2007	22	33	0.038	30	0.5	-8.6	SA
12	8	2007	16	17	0.207	4	-1.7	-4.2	ME
13	8	2007	13	12	0.391	7	0.6	-5.5	SA
10	9	2007	2	51	0.737	16	0.6	-7.3	SA
17	11	2007	11	57	0.910	85	7.9	-10.8	NE
14	12	2007	18	29	0.611	57	7.9	-10.0	NE
24	12	2007	3	4	0.893	176	-1.7	-12.8	MA
9	1	2008	15	42	0.277	14	-0.9	-7.0	ME
11	1	2008	1	35	0.389	30	8.0	-8.7	NE
7	2	2008	10	45	0.270	4	8.0	-4.1	NE
5	3	2008	14	10	0.170	27	0.2	-8.5	ME
5	3	2008	19	9	0.218	24	-3.8	-8.2	VE
5	3	2008	21	49	0.172	23	8.0	-8.1	NE
2	4	2008	9	15	0.002	50	8.0	-9.7	NE
29	4	2008	19	14	0.272	76	7.9	-10.5	NE
10	5	2008	13	54	0.234	70	1.2	-10.4	MA
27	5	2008	2	44	0.559	-10.	7.9	-11.1	NE

51

GG	MM	AAAA	HH	MM	DIST	ELONG	MAG	MAGL	PIANETA
23	6	2008	8	7	0.751	128	7.9	-11.7	NE
20	7	2008	12	47	0.796	155	7.8	-12.3	NE
16	8	2008	18	17	0.736	178	7.8	-12.6	NE
13	9	2008	1	22	0.694	151	7.8	-12.3	NE
10	10	2008	9	43	0.782	124	7.9	-11.7	NE
1	12	2008	15	35	0.779	43	-4.0	-9.3	VE
29	12	2008	3	46	0.634	18	-0.6	-7.5	ME
29	12	2008	9	28	0.599	20	-1.9	-7.7	GI
25	1	2009	2	45	0.692	13	1.2	-6.8	MA
26	1	2009	4	37	0.033	2	-1.8	-2.2	GI
22	2	2009	21	20	0.988	25	0.1	-8.2	ME
23	2	2009	0	31	0.681	23	-1.9	-8.0	GI
22	4	2009	13	23	0.953	33	-4.5	-8.9	VE
16	5	2010	10	17	0.084	30	-3.8	-8.7	VE
11	9	2010	12	57	0.319	44	-4.6	-9.5	VE
5	11	2010	8	25	0.162	12	-2.9	-6.9	VE
6	12	2010	21	41	0.524	14	1.2	-7.1	MA
30	6	2011	7	35	0.085	13	-3.9	-6.8	VE
27	7	2011	16	51	0.474	39	1.3	-9.1	MA
28	10	2011	2	11	0.223	18	-0.3	-7.7	ME
15	7	2012	3	3	0.498	46	-2.0	-9.4	GI
20	7	2012	7	34	0.527	14	1.6	-7.0	ME
11	8	2012	20	32	0.110	68	-2.1	-10.2	GI
13	8	2012	19	52	0.552	46	-4.3	-9.4	VE
8	9	2012	11	7	0.623	91	-2.3	-10.8	GI
19	9	2012	20	36	0.148	51	1.1	-9.8	MA
5	10	2012	21	0	0.913	117	-2.5	-11.4	GI
2	11	2012	1	10	0.891	145	-2.7	-12.1	GI
29	11	2012	0	59	0.634	175	-2.7	-12.5	GI
26	12	2012	0	15	0.415	154	-2.7	-12.3	GI
22	1	2013	3	9	0.494	124	-2.5	-11.6	GI
18	2	2013	11	46	0.897	97	-2.3	-11.0	GI
9	5	2013	13	59	0.418	5	1.2	-4.6	MA
9	5	2013	19	12	0.286	2	-1.8	-3.1	ME
8	7	2013	11	45	0.095	5	3.7	-4.6	ME
8	9	2013	20	52	0.416	41	-3.9	-9.3	VE
3	11	2013	6	52	0.019	3	3.5	-4.0	ME
1	12	2013	22	33	0.426	15	-0.7	-7.3	ME
29	12	2013	1	7	0.906	47	0.8	-9.7	SA
25	1	2014	13	49	0.558	73	0.7	-10.6	SA
21	2	2014	22	13	0.301	-10.	0.6	-11.2	SA
26	2	2014	5	18	0.345	44	-4.6	-9.6	VE
21	3	2014	3	15	0.242	127	0.5	-11.8	SA
17	4	2014	7	14	0.376	155	0.4	-12.4	SA
14	5	2014	12	8	0.564	176	0.4	-12.7	SA
10	6	2014	18	37	0.616	148	0.5	-12.3	SA
26	6	2014	11	59	0.267	-10.	2.1	-6.3	ME
6	7	2014	1	30	0.202	96	0.0	-11.0	MA
8	7	2014	2	16	0.435	121	0.5	-11.6	SA
4	8	2014	10	31	0.070	95	0.6	-11.0	SA
31	8	2014	19	8	0.351	70	0.7	-10.3	SA
28	9	2014	4	41	0.718	45	0.8	-9.5	SA
22	10	2014	21	32	0.682	12	0.7	-6.6	ME

GG MM AAAA	HH MM	DIST	ELONG	MAG	MAGL	PIANETA
23 10 2014	21 13	0.065	1	-3.9	-1.4	VE
25 10 2014	16 4	0.999	21	0.9	-7.9	SA
29 12 2014	4 29	0.919	95	5.8	-11.1	UR
25 1 2015	11 33	0.588	68	5.9	-10.4	UR
21 2 2015	22 8	0.299	41	5.9	-9.5	UR
21 3 2015	11 16	0.107	15	5.9	-7.3	UR
21 3 2015	22 43	0.928	22	1.2	-8.1	MA
18 4 2015	0 36	0.035	11	5.9	-6.5	UR
15 5 2015	12 3	0.213	36	5.9	-9.1	UR
11 6 2015	20 42	0.465	61	5.9	-10.2	UR
15 6 2015	2 28	0.044	19	0.9	-7.7	ME
9 7 2015	3 11	0.747	86	5.8	-10.8	UR
19 7 2015	0 55	0.398	34	-4.5	-8.8	VE
5 8 2015	9 15	0.965	112	5.8	-11.5	UR
29 9 2015	1 23	0.969	167	5.7	-12.7	UR
8 10 2015	20 8	0.663	45	-4.5	-9.4	VE
11 10 2015	11 22	0.897	17	-0.1	-7.3	ME
26 10 2015	10 51	0.874	165	5.7	-12.7	UR
22 11 2015	19 10	0.900	137	5.7	-12.2	UR
6 12 2015	2 39	0.092	60	1.4	-10.0	MA
7 12 2015	17 20	0.637	42	-4.0	-9.3	VE
6 4 2016	8 8	0.661	16	-3.9	-7.5	VE
3 6 2016	10 5	0.724	24	0.5	-8.3	ME
9 7 2016	9 41	0.812	61	-1.7	-10.0	GI
4 8 2016	21 53	0.540	25	0.2	-8.2	ME
6 8 2016	3 24	0.200	39	-1.6	-9.1	GI
2 9 2016	22 10	0.355	18	-1.6	-7.4	GI
29 9 2016	10 13	0.672	18	-0.4	-7.4	ME
30 9 2016	16 46	0.858	4	-1.6	-4.2	GI
9 11 2016	14 24	0.952	112	7.9	-11.5	NE
6 12 2016	21 42	0.665	84	7.9	-10.8	NE
3 1 2017	4 1	0.377	57	7.9	-10.0	NE
3 1 2017	6 39	0.233	58	0.8	-10.1	MA
30 1 2017	11 20	0.190	30	8.0	-8.7	NE
26 2 2017	20 58	0.094	3	8.0	-3.9	NE
26 3 2017	8 24	0.005	23	8.0	-8.2	NE
22 4 2017	19 56	0.189	49	7.9	-9.7	NE
20 5 2017	5 47	0.450	75	7.9	-10.5	NE
16 6 2017	13 5	0.696	-10.	7.9	-11.1	NE
13 7 2017	18 20	0.829	128	7.8	-11.7	NE
25 7 2017	9 13	0.838	27	0.3	-8.4	ME
9 8 2017	23 7	0.820	154	7.8	-12.3	NE
6 9 2017	5 1	0.737	178	7.8	-12.6	NE
18 9 2017	0 41	0.531	28	-3.8	-8.5	VE
18 9 2017	19 48	0.133	18	1.7	-7.5	MA
18 9 2017	23 21	0.029	16	-0.8	-7.3	ME
3 10 2017	12 40	0.710	152	7.8	-12.3	NE
30 10 2017	21 26	0.837	124	7.8	-11.7	NE
16 2 2018	16 30	0.532	9	-3.9	-6.1	VE
8 9 2018	22 47	0.889	11	-1.3	-6.7	ME
16 11 2018	4 53	0.951	96	-0.4	-11.0	MA
5 1 2019	18 43	0.871	3	0.9	-3.9	SA
31 1 2019	17 37	0.090	45	-4.2	-9.5	VE

GG	MM	AAAA	HH	MM	DIST	ELONG	MAG	MAGL	PIANETA
2	2	2019	7	5	0.621	28	0.9	-8.4	SA
5	2	2019	7	9	0.188	5	-1.3	-4.7	ME
1	3	2019	18	28	0.312	53	0.8	-9.7	SA
29	3	2019	5	0	0.053	79	0.8	-10.5	SA
25	4	2019	14	31	0.372	-10.	0.7	-11.1	SA
22	5	2019	22	18	0.519	131	0.6	-11.8	SA
19	6	2019	3	50	0.441	159	0.5	-12.4	SA
4	7	2019	5	41	0.087	19	1.7	-7.8	MA
16	7	2019	7	17	0.222	173	0.5	-12.5	SA
31	7	2019	20	46	0.587	4	-3.9	-4.4	VE
12	8	2019	9	54	0.039	146	0.5	-12.1	SA
8	9	2019	13	43	0.040	118	0.6	-11.5	SA
5	10	2019	20	38	0.255	92	0.7	-10.9	SA
2	11	2019	7	24	0.593	66	0.8	-10.2	SA
28	11	2019	10	58	0.724	23	-1.8	-8.1	GI
29	11	2019	21	8	0.927	40	0.9	-9.3	SA
26	12	2019	7	32	0.181	1	-1.7	-1.7	GI
29	12	2019	1	57	0.981	34	-3.9	-8.9	VE
23	1	2020	2	42	0.358	21	-1.8	-7.9	GI
18	2	2020	13	26	0.752	58	1.1	-10.0	MA
19	2	2020	19	41	0.928	43	-1.8	-9.4	GI
18	3	2020	8	26	0.738	67	0.8	-10.3	MA
19	6	2020	8	33	0.712	23	-3.9	-8.0	VE
9	8	2020	8	40	0.688	115	-1.3	-11.3	MA
6	9	2020	4	46	0.024	136	-2.1	-11.9	MA
3	10	2020	4	1	0.660	165	-2.6	-12.4	MA
12	12	2020	21	7	0.751	25	-3.9	-8.4	VE
14	12	2020	10	53	0.954	3	-0.8	-3.9	ME
17	4	2021	12	11	0.132	59	1.3	-9.9	MA
12	5	2021	22	31	0.682	12	-3.9	-6.6	VE
3	12	2021	0	53	0.655	18	1.5	-7.8	MA
4	12	2021	12	44	0.024	3	-0.8	-4.0	ME
31	12	2021	19	53	0.926	27	1.4	-8.6	MA
7	3	2022	6	47	0.772	55	5.8	-9.9	UR
3	4	2022	17	53	0.525	29	5.8	-8.5	UR
1	5	2022	4	29	0.366	4	5.9	-4.1	UR
27	5	2022	3	4	0.181	38	-3.9	-9.0	VE
28	5	2022	13	54	0.233	21	5.9	-7.8	UR
22	6	2022	19	8	0.844	70	0.5	-10.3	MA
24	6	2022	22	16	0.047	46	5.8	-9.4	UR
21	7	2022	15	56	0.971	78	0.3	-10.5	MA
22	7	2022	6	13	0.221	71	5.8	-10.3	UR
18	8	2022	14	16	0.518	97	5.7	-11.0	UR
14	9	2022	22	28	0.736	123	5.7	-11.6	UR
12	10	2022	6	13	0.787	151	5.6	-12.3	UR
24	10	2022	16	6	0.344	-10.	-1.1	-6.3	ME
25	10	2022	12	6	0.003	1	-3.9	-1.7	VE
8	11	2022	12	41	0.697	179	5.6	-12.6	UR
24	11	2022	14	42	0.911	9	-0.7	-6.2	ME
5	12	2022	17	33	0.603	152	5.6	-12.3	UR
8	12	2022	4	15	0.535	177	-1.9	-12.6	MA
1	1	2023	21	47	0.655	124	5.7	-11.7	UR
3	1	2023	19	53	0.523	145	-1.3	-12.2	MA

GG	MM	AAAA	HH	MM	DIST	ELONG	MAG	MAGL	PIANETA
29	1	2023	3	29	0.880	96	5.7	-11.0	UR
31	1	2023	4	29	0.103	119	-0.4	-11.5	MA
22	3	2023	20	22	0.473	15	-2.0	-7.3	GI
24	3	2023	10	33	0.100	35	-3.9	-9.0	VE
19	4	2023	17	27	0.108	6	-2.0	-5.2	GI
17	5	2023	12	41	0.718	26	-2.0	-8.4	GI
16	9	2023	20	1	0.584	20	1.6	-7.6	MA
14	10	2023	8	51	0.593	4	-1.2	-4.4	ME
15	10	2023	15	26	0.902	-10.	1.5	-6.3	MA
9	11	2023	10	35	0.886	46	-4.2	-9.4	VE
15	1	2024	21	11	0.838	60	7.9	-10.2	NE
12	2	2024	7	17	0.598	33	7.9	-9.0	NE
10	3	2024	19	50	0.459	7	8.0	-5.6	NE
11	3	2024	3	25	0.901	11	-1.4	-6.7	ME
7	4	2024	8	31	0.372	20	8.0	-7.9	NE
7	4	2024	16	19	0.344	15	-3.9	-7.3	VE
3	5	2024	23	12	0.745	57	0.7	-10.1	SA
4	5	2024	19	9	0.242	46	7.9	-9.6	NE
5	5	2024	2	17	0.171	42	1.0	-9.4	MA
31	5	2024	8	28	0.336	82	0.6	-10.7	SA
1	6	2024	2	56	0.018	71	7.9	-10.5	NE
27	6	2024	14	58	0.068	-10.	0.5	-11.3	SA
28	6	2024	8	43	0.261	97	7.9	-11.1	NE
24	7	2024	20	30	0.347	134	0.4	-12.0	SA
25	7	2024	14	28	0.499	123	7.8	-11.8	NE
21	8	2024	2	43	0.407	161	0.3	-12.6	SA
21	8	2024	21	50	0.610	150	7.8	-12.4	NE
17	9	2024	10	10	0.271	170	0.3	-12.8	SA
18	9	2024	7	6	0.583	177	7.8	-12.8	NE
14	10	2024	18	9	0.101	142	0.4	-12.3	SA
15	10	2024	17	6	0.516	155	7.8	-12.6	NE
11	11	2024	1	40	0.079	114	0.5	-11.6	SA
12	11	2024	1	57	0.546	127	7.8	-11.9	NE
8	12	2024	8	42	0.272	86	0.6	-10.9	SA
9	12	2024	8	39	0.732	99	7.9	-11.2	NE
18	12	2024	9	19	0.867	141	-1.1	-12.2	MA
4	1	2025	16	52	0.604	60	0.6	-10.2	SA
14	1	2025	3	50	0.220	175	-1.4	-12.7	MA
1	2	2025	4	2	0.960	35	0.7	-9.1	SA
9	2	2025	19	51	0.766	147	-1.0	-12.3	MA
1	3	2025	4	23	0.342	16	-0.9	-7.4	ME
30	6	2025	1	17	0.186	59	1.3	-10.0	MA
19	9	2025	12	32	0.728	27	-3.9	-8.4	VE
16	2	2026	18	18	0.708	9	1.1	-6.1	MA
18	2	2026	23	11	0.119	18	-0.5	-7.6	ME
17	6	2026	20	32	0.270	39	-3.9	-9.2	VE
8	9	2026	18	45	0.774	31	-1.7	-8.8	GI
14	9	2026	11	36	0.480	41	-4.6	-9.3	VE
6	10	2026	10	25	0.158	53	-1.8	-9.9	GI
2	11	2026	13	40	0.966	81	0.8	-10.7	MA
2	11	2026	22	47	0.485	76	-1.9	-10.6	GI
7	11	2026	10	44	0.951	22	-4.0	-7.9	VE
8	1	2027	5	19	0.475	5	-1.0	-4.6	ME

GG	MM	AAAA	HH	MM	DIST	ELONG	MAG	MAGL	PIANETA
8	2	2027	3	56	0.319	17	-0.1	-7.3	ME
19	3	2027	9	27	0.869	139	-2.3	-12.2	GI
15	4	2027	14	20	0.916	112	-2.2	-11.5	GI
1	8	2027	15	59	0.287	11	-1.4	-6.6	ME
2	8	2027	5	27	0.604	3	-3.9	-3.6	VE
30	11	2027	13	37	0.864	28	-3.8	-8.5	VE
28	12	2027	16	37	0.696	-10.	-0.9	-6.1	ME
29	12	2027	11	53	0.514	18	1.1	-7.5	MA
27	1	2028	16	42	0.844	12	0.7	-6.5	ME
23	2	2028	0	6	0.202	26	0.2	-8.3	ME
30	3	2028	4	38	0.924	46	-4.4	-9.5	VE
25	5	2028	5	52	0.769	12	-2.6	-6.6	VE
17	8	2028	18	42	0.351	37	1.4	-9.1	MA
15	9	2028	17	43	0.986	43	-4.0	-9.5	VE
13	1	2029	7	47	0.783	17	-3.9	-7.4	VE
11	2	2029	4	23	0.969	26	0.1	-8.3	ME
9	9	2029	8	16	0.746	13	1.3	-7.0	ME
29	9	2029	7	1	0.916	-10.	5.6	-11.2	UR
11	10	2029	1	45	0.858	46	-4.2	-9.7	VE
11	10	2029	16	16	0.060	54	0.9	-10.0	MA
26	10	2029	12	24	0.737	135	5.6	-11.9	UR
22	11	2029	16	25	0.732	163	5.5	-12.5	UR
19	12	2029	20	45	0.838	168	5.5	-12.5	UR
16	1	2030	2	35	0.892	139	5.6	-12.0	UR
12	2	2030	10	0	0.770	111	5.6	-11.3	UR
11	3	2030	18	28	0.491	83	5.7	-10.6	UR
4	4	2030	15	2	0.884	19	-0.1	-7.6	ME
8	4	2030	3	19	0.178	57	5.7	-9.9	UR
5	5	2030	12	14	0.067	32	5.7	-8.6	UR
1	6	2030	2	40	0.334	2	1.4	-2.4	MA
1	6	2030	21	19	0.231	7	5.7	-5.3	UR
29	6	2030	6	45	0.378	18	5.7	-7.4	UR
26	7	2030	16	35	0.583	43	5.7	-9.2	UR
23	8	2030	2	26	0.869	68	5.7	-10.2	UR
29	8	2030	1	54	0.751	5	3.5	-4.8	ME
25	11	2030	13	38	0.593	4	-1.7	-4.5	GI
25	11	2030	22	9	0.719	9	-3.9	-6.3	VE
23	12	2030	10	55	0.013	18	-1.7	-7.8	GI

Per maggiori dettagli consultare il volume "Congiunzioni"
edito dallo stesso autore

For more details to see my book "Conjunctions"

OCCULTAZIONI LUNA-PIANETI
OCCULTATIONS MOON-PLANETS
2000-2030

GG MM AAAA : data nel formato giorno/mese/anno
HH MM : ore e minuti
ELONG : elongazione dal Sole dei corpi, in gradi
MAG : magnitudine del pianeta
MAGL : magnitudine della Luna
T : durata in secondi
PIANETI : corpi coinvolti : MErcurio, VEnere, MArte, GIove,
                            SAturno, URano, NEttuno

GG MM AAAA : date in the format dd/mm/yyyy
HH MM : hours and minutes
ELONG : elongation in ° from the Sun of the bodies
MAG1 : magnitude of the planet
MAGL : magnitude of the Moon
T : duration in seconds
PIANETI : planets : MErcury, VEnus, MArs, GI (Jupiter),
                    SAturn, URanus, NEptune

GG	MM	AAAA	HH	MM	ELONG	MAG	MAGL	T	PIANETA
8	1	2000	5	43	16	8.0	-7.3	3491	NE
9	1	2000	5	1	27	5.9	-8.4	3325	UR
4	2	2000	14	20	11	8.0	-6.4	3421	NE
5	2	2000	14	24	1	5.9	-1.9	3128	UR
2	3	2000	23	56	37	8.0	-9.0	3298	NE
4	3	2000	1	3	26	5.9	-8.3	2841	UR
4	3	2000	1	6	26	-3.8	-8.3	3296	VE
30	3	2000	9	45	64	7.9	-10.1	2939	NE
31	3	2000	12	11	52	5.9	-9.7	2153	UR
26	4	2000	18	43	90	7.9	-10.8	2076	NE
29	7	2000	17	13	20	-0.1	-7.8	2662	ME
30	7	2000	11	54	9	1.6	-6.1	2899	MA
1	8	2000	2	5	14	-3.9	-7.1	2022	VE
13	8	2000	17	5	163	7.8	-12.4	650	NE
28	8	2000	3	21	18	1.7	-7.6	2383	MA
9	9	2000	22	53	136	7.9	-11.9	177	NE
23	5	2001	6	27	3	0.5	-4.0	1548	SA
24	5	2001	7	36	16	-1.9	-7.3	252	GI
19	6	2001	22	0	21	0.5	-7.9	2428	SA
21	6	2001	3	32	5	-1.8	-4.8	2742	GI
17	7	2001	13	28	44	0.4	-9.5	2987	SA
17	7	2001	17	35	42	-4.0	-9.4	3534	VE
19	7	2001	0	11	25	-1.9	-8.3	3299	GI
19	7	2001	13	9	18	-0.5	-7.6	2304	ME
14	8	2001	2	56	68	0.4	-10.3	3351	SA
15	8	2001	19	47	46	-1.9	-9.6	3200	GI
10	9	2001	12	49	93	0.3	-11.0	3394	SA
12	9	2001	12	24	68	-2.0	-10.4	2204	GI
7	10	2001	18	44	120	0.2	-11.6	3118	SA
23	10	2001	20	11	87	-0.1	-10.7	3759	MA
3	11	2001	22	17	148	0.1	-12.3	2935	SA
1	12	2001	2	5	177	0.0	-12.7	3109	SA
14	12	2001	6	13	7	-3.9	-5.7	2753	VE
28	12	2001	7	53	153	0.0	-12.4	3320	SA
30	12	2001	14	0	178	-2.6	-12.8	551	GI
24	1	2002	15	38	124	0.1	-11.7	3420	SA
26	1	2002	18	56	151	-2.6	-12.4	2304	GI
21	2	2002	0	21	96	0.2	-11.0	3459	SA
23	2	2002	2	12	121	-2.4	-11.7	2445	GI
20	3	2002	9	37	70	0.3	-10.3	3279	SA
22	3	2002	11	28	95	-2.2	-11.0	1308	GI
16	4	2002	19	49	45	0.4	-9.4	2688	SA
14	5	2002	7	37	22	0.5	-7.9	1539	SA
14	5	2002	18	49	27	1.5	-8.4	3086	MA
14	5	2002	23	15	29	-3.8	-8.6	2707	VE
12	6	2002	11	52	19	1.6	-7.6	2244	MA
5	12	2002	4	18	12	-0.7	-6.7	3211	ME
30	12	2002	1	37	50	1.4	-9.8	1677	MA
27	1	2003	14	59	61	1.2	-10.2	3278	MA
29	5	2003	3	57	22	-3.8	-7.8	3988	VE
17	7	2003	8	1	135	-2.0	-11.9	3384	MA
9	9	2003	11	59	165	-2.8	-12.5	948	MA
6	10	2003	15	40	137	-2.1	-12.0	1987	MA

GG	MM	AAAA	HH	MM	ELONG	MAG	MAGL	T	PIANETA
25	10	2003	13	10	2	-1.0	-2.6	1937	ME
26	10	2003	19	53	18	-3.9	-7.7	3461	VE
25	11	2003	3	16	17	-0.5	-7.6	3430	ME
26	2	2004	2	16	68	0.9	-10.2	2641	MA
25	3	2004	23	28	57	1.2	-9.9	2775	MA
21	5	2004	12	11	25	-4.1	-8.1	3481	VE
13	10	2004	9	22	9	1.7	-6.2	1631	MA
14	10	2004	14	25	6	-0.9	-5.3	3708	ME
9	11	2004	16	32	38	-1.6	-9.2	2370	GI
10	11	2004	1	31	33	-3.9	-8.9	3645	VE
11	11	2004	3	59	19	1.6	-7.8	3248	MA
14	11	2004	3	0	21	-0.2	-8.0	2508	ME
7	12	2004	10	58	61	-1.7	-10.2	3368	GI
4	1	2005	1	21	86	-1.9	-10.8	3389	GI
31	1	2005	10	1	113	-2.1	-11.4	2573	GI
27	2	2005	13	37	141	-2.3	-12.1	1821	GI
26	3	2005	14	53	171	-2.4	-12.6	2375	GI
9	4	2005	0	40	2	-3.9	-3.0	2105	VE
22	4	2005	17	1	159	-2.3	-12.5	3083	GI
19	5	2005	22	4	130	-2.2	-11.8	3375	GI
31	5	2005	9	44	78	0.3	-10.6	3278	MA
16	6	2005	6	29	104	-2.0	-11.1	3390	GI
13	7	2005	17	40	80	-1.9	-10.5	2971	GI
8	8	2005	5	10	34	-3.8	-8.8	1289	VE
10	8	2005	6	57	57	-1.7	-9.9	1051	GI
7	9	2005	8	28	40	-3.9	-9.2	3403	VE
4	10	2005	11	21	12	-0.6	-6.6	2918	ME
12	12	2005	4	24	138	-1.4	-12.1	1019	MA
27	3	2006	16	17	25	5.9	-8.4	721	UR
24	4	2006	3	17	50	5.9	-9.8	1665	UR
24	4	2006	14	0	44	-4.1	-9.6	3336	VE
21	5	2006	11	11	76	5.9	-10.6	2435	UR
17	6	2006	17	4	102	5.8	-11.2	2935	UR
14	7	2006	22	53	128	5.8	-11.9	3111	UR
27	7	2006	18	0	29	1.7	-8.4	2074	MA
11	8	2006	6	10	155	5.7	-12.5	3102	UR
25	8	2006	13	7	19	1.7	-7.5	3431	MA
7	9	2006	15	4	178	5.7	-12.8	3035	UR
21	9	2006	14	36	10	-3.9	-6.1	2775	VE
5	10	2006	0	25	150	5.7	-12.5	2984	UR
1	11	2006	8	36	122	5.8	-11.8	3060	UR
28	11	2006	15	3	95	5.8	-11.1	3246	UR
10	12	2006	11	57	113	0.2	-11.4	1498	SA
25	12	2006	21	11	67	5.9	-10.4	3298	UR
6	1	2007	19	6	142	0.1	-12.1	2505	SA
19	1	2007	19	8	9	-1.1	-6.1	702	ME
20	1	2007	17	26	21	-3.9	-8.0	2986	VE
22	1	2007	5	27	41	5.9	-9.4	3139	UR
2	2	2007	23	43	171	0.1	-12.6	2470	SA
18	2	2007	16	54	14	5.9	-7.2	2931	UR
2	3	2007	2	22	159	0.1	-12.4	1859	SA
17	3	2007	4	10	27	0.3	-8.6	860	ME
18	3	2007	6	22	12	5.9	-6.8	2741	UR

GG	MM	AAAA	HH	MM	ELONG	MAG	MAGL	T	PIANETA
29	3	2007	5	7	130	0.2	-11.8	1170	SA
14	4	2007	1	28	48	0.9	-9.7	3200	MA
14	4	2007	19	28	38	5.9	-9.2	2411	UR
25	4	2007	10	25	103	0.3	-11.1	1779	SA
12	5	2007	6	9	63	5.9	-10.3	1477	UR
22	5	2007	19	34	78	0.4	-10.5	2768	SA
18	6	2007	15	12	45	-4.4	-9.5	3316	VE
19	6	2007	8	8	54	0.5	-9.8	3344	SA
3	7	2007	20	19	140	7.8	-12.1	644	NE
16	7	2007	22	33	30	0.5	-8.6	3486	SA
31	7	2007	2	20	166	7.8	-12.6	1016	NE
12	8	2007	16	17	4	-1.7	-4.2	3991	ME
13	8	2007	13	12	7	0.6	-5.5	3307	SA
27	8	2007	10	13	167	7.8	-12.6	209	NE
10	9	2007	2	51	16	0.6	-7.3	2762	SA
7	10	2007	14	56	40	0.5	-9.2	960	SA
21	10	2007	4	20	112	7.9	-11.4	1038	NE
17	11	2007	11	57	85	7.9	-10.8	2255	NE
14	12	2007	18	29	57	7.9	-10.0	2963	NE
24	12	2007	3	4	176	-1.7	-12.8	2249	MA
9	1	2008	15	42	14	-0.9	-7.0	3832	ME
11	1	2008	1	35	30	8.0	-8.7	3230	NE
19	1	2008	23	40	145	-1.1	-12.4	1510	MA
7	2	2008	10	45	4	8.0	-4.1	3292	NE
5	3	2008	14	10	27	0.2	-8.5	3639	ME
5	3	2008	19	9	24	-3.8	-8.2	3657	VE
5	3	2008	21	49	23	8.0	-8.1	3331	NE
2	4	2008	9	15	50	8.0	-9.7	3390	NE
12	4	2008	6	0	83	0.9	-10.8	1150	MA
29	4	2008	19	14	76	7.9	-10.5	3347	NE
10	5	2008	13	54	70	1.2	-10.4	3392	MA
27	5	2008	2	44	102	7.9	-11.1	3066	NE
8	6	2008	1	29	58	1.4	-10.1	2050	MA
23	6	2008	8	7	128	7.9	-11.7	2686	NE
20	7	2008	12	47	155	7.8	-12.3	2559	NE
1	8	2008	15	37	3	-1.6	-3.8	698	ME
16	8	2008	18	17	178	7.8	-12.6	2695	NE
13	9	2008	1	22	151	7.8	-12.3	2791	NE
30	9	2008	10	26	14	1.1	-6.9	1559	ME
10	10	2008	9	43	124	7.9	-11.7	2609	NE
6	11	2008	18	14	97	7.9	-11.0	1768	NE
1	12	2008	15	35	43	-4.0	-9.3	2946	VE
29	12	2008	3	46	18	-0.6	-7.5	3380	ME
29	12	2008	9	28	20	-1.9	-7.7	3158	GI
25	1	2009	2	45	13	1.2	-6.8	3041	MA
26	1	2009	4	37	2	-1.8	-2.2	3670	GI
22	2	2009	21	20	25	0.1	-8.2	2077	ME
23	2	2009	0	31	23	-1.9	-8.0	2966	GI
28	2	2009	0	1	35	-4.6	-9.0	948	VE
22	4	2009	13	23	33	-4.5	-8.9	2169	VE
13	9	2009	16	22	69	0.8	-10.4	1673	MA
18	9	2009	23	52	5	3.3	-5.0	1621	ME
12	10	2009	0	53	81	0.6	-10.8	1610	MA

GG	MM	AAAA	HH	MM	ELONG	MAG	MAGL	T	PIANETA
16	5	2010	10	17	30	-3.8	-8.7	3626	VE
11	9	2010	12	57	44	-4.6	-9.5	3367	VE
5	11	2010	8	25	12	-2.9	-6.9	3188	VE
6	12	2010	21	41	14	1.2	-7.1	3237	MA
30	6	2011	7	35	13	-3.9	-6.8	3760	VE
27	7	2011	16	51	39	1.3	-9.1	3314	MA
28	10	2011	2	11	18	-0.3	-7.7	3460	ME
17	6	2012	8	12	25	-1.9	-8.1	903	GI
15	7	2012	3	3	46	-2.0	-9.4	3338	GI
20	7	2012	7	34	14	1.6	-7.0	2994	ME
11	8	2012	20	32	68	-2.1	-10.2	3678	GI
13	8	2012	19	52	46	-4.3	-9.4	3398	VE
8	9	2012	11	7	91	-2.3	-10.8	3110	GI
19	9	2012	20	36	51	1.1	-9.8	3383	MA
5	10	2012	21	0	117	-2.5	-11.4	2248	GI
17	10	2012	2	10	22	-0.1	-8.1	316	ME
2	11	2012	1	10	145	-2.7	-12.1	2309	GI
14	11	2012	10	34	7	1.8	-5.8	1784	ME
29	11	2012	0	59	175	-2.7	-12.5	3026	GI
12	12	2012	0	34	19	-0.4	-7.9	1788	ME
26	12	2012	0	15	154	-2.7	-12.3	3393	GI
22	1	2013	3	9	124	-2.5	-11.6	3317	GI
18	2	2013	11	46	97	-2.3	-11.0	2327	GI
9	5	2013	13	59	5	1.2	-4.6	3498	MA
9	5	2013	19	12	2	-1.8	-3.1	4144	ME
8	7	2013	11	45	5	3.7	-4.6	3402	ME
8	9	2013	20	52	41	-3.9	-9.3	3485	VE
3	11	2013	6	52	3	3.5	-4.0	3029	ME
1	12	2013	9	31	22	0.8	-8.1	664	SA
1	12	2013	22	33	15	-0.7	-7.3	3391	ME
29	12	2013	1	7	47	0.8	-9.7	2309	SA
25	1	2014	13	49	73	0.7	-10.6	3016	SA
21	2	2014	22	13	100	0.6	-11.2	3304	SA
26	2	2014	5	18	44	-4.6	-9.6	3302	VE
21	3	2014	3	15	127	0.5	-11.8	3325	SA
17	4	2014	7	14	155	0.4	-12.4	3188	SA
14	5	2014	12	8	176	0.4	-12.7	2957	SA
10	6	2014	18	37	148	0.5	-12.3	2895	SA
26	6	2014	11	59	10	2.1	-6.3	3343	ME
6	7	2014	1	30	96	0.0	-11.0	3565	MA
8	7	2014	2	16	121	0.5	-11.6	3169	SA
4	8	2014	10	31	95	0.6	-11.0	3447	SA
14	8	2014	16	25	125	5.8	-11.8	1556	UR
31	8	2014	19	8	70	0.7	-10.3	3338	SA
11	9	2014	1	8	153	5.7	-12.5	1800	UR
28	9	2014	4	41	45	0.8	-9.5	2792	SA
8	10	2014	10	3	179	5.7	-12.8	1454	UR
22	10	2014	21	32	12	0.7	-6.6	2731	ME
23	10	2014	21	13	1	-3.9	-1.4	3831	VE
25	10	2014	16	4	21	0.9	-7.9	1941	SA
4	11	2014	17	41	151	5.7	-12.4	833	UR
1	12	2014	23	24	123	5.8	-11.8	1209	UR
29	12	2014	4	29	95	5.8	-11.1	2242	UR

61

GG	MM	AAAA	HH	MM	ELONG	MAG	MAGL	T	PIANETA
25	1	2015	11	33	68	5.9	-10.4	2909	UR
21	2	2015	22	8	41	5.9	-9.5	3141	UR
21	3	2015	11	16	15	5.9	-7.3	3185	UR
21	3	2015	22	43	22	1.2	-8.1	2331	MA
18	4	2015	0	36	11	5.9	-6.5	3205	UR
15	5	2015	12	3	36	5.9	-9.1	3203	UR
11	6	2015	20	42	61	5.9	-10.2	3059	UR
15	6	2015	2	28	19	0.9	-7.7	3396	ME
9	7	2015	3	11	86	5.8	-10.8	2650	UR
19	7	2015	0	55	34	-4.5	-8.8	3471	VE
5	8	2015	9	15	112	5.8	-11.5	2109	UR
1	9	2015	16	30	139	5.7	-12.2	1888	UR
29	9	2015	1	23	167	5.7	-12.7	2103	UR
8	10	2015	20	8	45	-4.5	-9.4	3190	VE
11	10	2015	11	22	17	-0.1	-7.3	2291	ME
26	10	2015	10	51	165	5.7	-12.7	2336	UR
22	11	2015	19	10	137	5.7	-12.2	2284	UR
6	12	2015	2	39	60	1.4	-10.0	3772	MA
7	12	2015	17	20	42	-4.0	-9.3	3317	VE
20	12	2015	1	27	109	5.8	-11.4	1598	UR
6	4	2016	8	8	16	-3.9	-7.5	2982	VE
3	6	2016	10	5	24	0.5	-8.3	2799	ME
25	6	2016	23	58	113	7.9	-11.4	1338	NE
9	7	2016	9	41	61	-1.7	-10.0	2621	GI
23	7	2016	5	4	139	7.8	-12.1	1917	NE
4	8	2016	21	53	25	0.2	-8.2	3449	ME
6	8	2016	3	24	39	-1.6	-9.1	3559	GI
19	8	2016	11	32	166	7.8	-12.6	1875	NE
2	9	2016	22	10	18	-1.6	-7.4	3455	GI
3	9	2016	11	17	24	-3.8	-8.1	1576	VE
15	9	2016	19	57	167	7.8	-12.7	1574	NE
29	9	2016	10	13	18	-0.4	-7.4	3147	ME
30	9	2016	16	46	4	-1.6	-4.2	2464	GI
13	10	2016	5	27	139	7.8	-12.2	1537	NE
9	11	2016	14	24	112	7.9	-11.5	2134	NE
6	12	2016	21	42	84	7.9	-10.8	2846	NE
3	1	2017	4	1	57	7.9	-10.0	3237	NE
3	1	2017	6	39	58	0.8	-10.1	3541	MA
30	1	2017	11	20	30	8.0	-8.7	3331	NE
26	2	2017	20	58	3	8.0	-3.9	3323	NE
26	3	2017	8	24	23	8.0	-8.2	3324	NE
22	4	2017	19	56	49	7.9	-9.7	3313	NE
20	5	2017	5	47	75	7.9	-10.5	3160	NE
16	6	2017	13	5	101	7.9	-11.1	2803	NE
13	7	2017	18	20	128	7.8	-11.7	2479	NE
25	7	2017	9	13	27	0.3	-8.4	2657	ME
9	8	2017	23	7	154	7.8	-12.3	2492	NE
6	9	2017	5	1	178	7.8	-12.6	2681	NE
18	9	2017	0	41	28	-3.8	-8.5	3298	VE
18	9	2017	19	48	18	1.7	-7.5	3473	MA
18	9	2017	23	21	16	-0.8	-7.3	3779	ME
3	10	2017	12	40	152	7.8	-12.3	2741	NE
30	10	2017	21	26	124	7.8	-11.7	2462	NE

GG	MM	AAAA	HH	MM	ELONG	MAG	MAGL	T	PIANETA
27	11	2017	5	59	96	7.9	-11.0	1355	NE
15	2	2018	18	23	2	-1.2	-2.3	1721	ME
16	2	2018	16	30	9	-3.9	-6.1	3470	VE
8	9	2018	22	47	11	-1.3	-6.7	2640	ME
16	11	2018	4	53	96	-0.4	-11.0	2148	MA
9	12	2018	5	21	22	0.9	-7.9	877	SA
5	1	2019	18	43	3	0.9	-3.9	2373	SA
31	1	2019	17	37	45	-4.2	-9.5	3925	VE
2	2	2019	7	5	28	0.9	-8.4	3050	SA
5	2	2019	7	9	5	-1.3	-4.7	4157	ME
1	3	2019	18	28	53	0.8	-9.7	3494	SA
29	3	2019	5	0	79	0.8	-10.5	3609	SA
25	4	2019	14	31	105	0.7	-11.1	3387	SA
22	5	2019	22	18	131	0.6	-11.8	3168	SA
19	6	2019	3	50	159	0.5	-12.4	3249	SA
4	7	2019	5	41	19	1.7	-7.8	3357	MA
16	7	2019	7	17	173	0.5	-12.5	3445	SA
31	7	2019	20	46	4	-3.9	-4.4	3104	VE
12	8	2019	9	54	146	0.5	-12.1	3530	SA
8	9	2019	13	43	118	0.6	-11.5	3547	SA
5	10	2019	20	38	92	0.7	-10.9	3457	SA
2	11	2019	7	24	66	0.8	-10.2	3048	SA
28	11	2019	10	58	23	-1.8	-8.1	2799	GI
29	11	2019	21	8	40	0.9	-9.3	2212	SA
26	12	2019	7	32	1	-1.7	-1.7	3461	GI
29	12	2019	1	57	34	-3.9	-8.9	2146	VE
23	1	2020	2	42	21	-1.8	-7.9	3385	GI
18	2	2020	13	26	58	1.1	-10.0	2834	MA
19	2	2020	19	41	43	-1.8	-9.4	2238	GI
18	3	2020	8	26	67	0.8	-10.3	2893	MA
19	6	2020	8	33	23	-3.9	-8.0	2796	VE
9	8	2020	8	40	115	-1.3	-11.3	2994	MA
6	9	2020	4	46	136	-2.1	-11.9	3642	MA
3	10	2020	4	1	165	-2.6	-12.4	2885	MA
12	12	2020	21	7	25	-3.9	-8.4	2843	VE
14	12	2020	10	53	3	-0.8	-3.9	2390	ME
17	4	2021	12	11	59	1.3	-9.9	3745	MA
12	5	2021	22	31	12	-3.9	-6.6	3220	VE
3	11	2021	19	38	15	-0.8	-7.3	1828	ME
8	11	2021	5	29	47	-4.5	-9.7	1774	VE
3	12	2021	0	53	18	1.5	-7.8	2869	MA
4	12	2021	12	44	3	-0.8	-4.0	3515	ME
31	12	2021	19	53	27	1.4	-8.6	2330	MA
7	2	2022	20	34	82	5.8	-10.6	1336	UR
7	3	2022	6	47	55	5.8	-9.9	2658	UR
3	4	2022	17	53	29	5.8	-8.5	3141	UR
1	5	2022	4	29	4	5.9	-4.1	3342	UR
27	5	2022	3	4	38	-3.9	-9.0	3830	VE
28	5	2022	13	54	21	5.9	-7.8	3469	UR
22	6	2022	19	8	70	0.5	-10.3	2601	MA
24	6	2022	22	16	46	5.8	-9.4	3554	UR
21	7	2022	15	56	78	0.3	-10.5	2098	MA
22	7	2022	6	13	71	5.8	-10.3	3486	UR

GG	MM	AAAA	HH	MM	ELONG	MAG	MAGL	T	PIANETA
18	8	2022	14	16	97	5.7	-11.0	3159	UR
14	9	2022	22	28	123	5.7	-11.6	2726	UR
12	10	2022	6	13	151	5.6	-12.3	2581	UR
24	10	2022	16	6	10	-1.1	-6.3	3674	ME
25	10	2022	12	6	1	-3.9	-1.7	3659	VE
8	11	2022	12	41	179	5.6	-12.6	2783	UR
24	11	2022	14	42	9	-0.7	-6.2	2515	ME
5	12	2022	17	33	152	5.6	-12.3	2977	UR
8	12	2022	4	15	177	-1.9	-12.6	3057	MA
1	1	2023	21	47	124	5.7	-11.7	2904	UR
3	1	2023	19	53	145	-1.3	-12.2	3145	MA
29	1	2023	3	29	96	5.7	-11.0	2345	UR
31	1	2023	4	29	119	-0.4	-11.5	3611	MA
22	2	2023	22	58	37	-2.0	-9.2	1866	GI
25	2	2023	12	14	69	5.8	-10.4	762	UR
28	2	2023	4	13	99	0.3	-11.0	1546	MA
22	3	2023	20	22	15	-2.0	-7.3	3128	GI
24	3	2023	10	33	35	-3.9	-9.0	3681	VE
19	4	2023	17	27	6	-2.0	-5.2	3397	GI
17	5	2023	12	41	26	-2.0	-8.4	2809	GI
1	9	2023	8	24	162	7.8	-12.6	1044	NE
16	9	2023	20	1	20	1.6	-7.6	3226	MA
28	9	2023	18	5	170	7.8	-12.7	651	NE
14	10	2023	8	51	4	-1.2	-4.4	3521	ME
15	10	2023	15	26	10	1.5	-6.3	2364	MA
9	11	2023	10	35	46	-4.2	-9.4	2540	VE
19	12	2023	14	18	88	7.9	-10.9	1513	NE
15	1	2024	21	11	60	7.9	-10.2	2445	NE
12	2	2024	7	17	33	7.9	-9.0	2830	NE
10	3	2024	19	50	7	8.0	-5.6	2960	NE
11	3	2024	3	25	11	-1.4	-6.7	2608	ME
6	4	2024	10	20	33	0.7	-9.0	1761	SA
7	4	2024	8	31	20	8.0	-7.9	3046	NE
7	4	2024	16	19	15	-3.9	-7.3	3340	VE
3	5	2024	23	12	57	0.7	-10.1	2663	SA
4	5	2024	19	9	46	7.9	-9.6	3171	NE
5	5	2024	2	17	42	1.0	-9.4	3368	MA
31	5	2024	8	28	82	0.6	-10.7	3195	SA
1	6	2024	2	56	71	7.9	-10.5	3274	NE
27	6	2024	14	58	107	0.5	-11.3	3298	SA
28	6	2024	8	43	97	7.9	-11.1	3210	NE
24	7	2024	20	30	134	0.4	-12.0	3127	SA
25	7	2024	14	28	123	7.8	-11.8	2980	NE
21	8	2024	2	43	161	0.3	-12.6	3031	SA
21	8	2024	21	50	150	7.8	-12.4	2806	NE
5	9	2024	9	0	25	-3.8	-8.1	1746	VE
17	9	2024	10	10	170	0.3	-12.8	3108	SA
18	9	2024	7	6	177	7.8	-12.8	2817	NE
14	10	2024	18	9	142	0.4	-12.3	3211	SA
15	10	2024	17	6	155	7.8	-12.6	2906	NE
11	11	2024	1	40	114	0.5	-11.6	3290	SA
12	11	2024	1	57	127	7.8	-11.9	2918	NE
8	12	2024	8	42	86	0.6	-10.9	3270	SA

GG	MM	AAAA	HH	MM	ELONG	MAG	MAGL	T	PIANETA
9	12	2024	8	39	99	7.9	-11.2	2672	NE
18	12	2024	9	19	141	-1.1	-12.2	2353	MA
4	1	2025	16	52	60	0.6	-10.2	2929	SA
5	1	2025	14	22	72	7.9	-10.5	1958	NE
14	1	2025	3	50	175	-1.4	-12.7	3237	MA
1	2	2025	4	2	35	0.7	-9.1	2149	SA
1	2	2025	21	38	45	7.9	-9.6	513	NE
9	2	2025	19	51	147	-1.0	-12.3	2601	MA
1	3	2025	4	23	16	-0.9	-7.4	3473	ME
30	6	2025	1	17	59	1.3	-10.0	3584	MA
28	7	2025	18	31	48	1.4	-9.5	1045	MA
19	9	2025	12	32	27	-3.9	-8.4	3022	VE
16	2	2026	18	18	9	1.1	-6.1	2935	MA
18	2	2026	23	11	18	-0.5	-7.6	3630	ME
17	6	2026	20	32	39	-3.9	-9.2	3450	VE
8	9	2026	18	45	31	-1.7	-8.8	2656	GI
14	9	2026	11	36	41	-4.6	-9.3	3384	VE
5	10	2026	6	13	68	1.0	-10.4	1681	MA
6	10	2026	10	25	53	-1.8	-9.9	3384	GI
2	11	2026	13	40	81	0.8	-10.7	2169	MA
2	11	2026	22	47	76	-1.9	-10.6	3157	GI
7	11	2026	10	44	22	-4.0	-7.9	2078	VE
30	11	2026	8	26	101	-2.1	-11.2	1830	GI
8	1	2027	5	19	5	-1.0	-4.6	3780	ME
8	2	2027	3	56	17	-0.1	-7.3	3478	ME
20	2	2027	4	59	169	-2.5	-12.8	1744	GI
6	3	2027	6	33	24	0.4	-8.1	1056	ME
19	3	2027	9	27	139	-2.3	-12.2	2407	GI
15	4	2027	14	20	112	-2.2	-11.5	2299	GI
12	5	2027	21	54	86	-2.0	-10.9	671	GI
1	8	2027	15	59	11	-1.4	-6.6	3548	ME
2	8	2027	5	27	3	-3.9	-3.6	3052	VE
30	11	2027	13	37	28	-3.8	-8.5	2641	VE
28	12	2027	16	37	10	-0.9	-6.1	3253	ME
29	12	2027	11	53	18	1.1	-7.5	3399	MA
27	1	2028	16	42	12	0.7	-6.5	2305	ME
23	2	2028	0	6	26	0.2	-8.3	3767	ME
30	3	2028	4	38	46	-4.4	-9.5	2378	VE
25	5	2028	5	52	12	-2.6	-6.6	2582	VE
17	8	2028	18	42	37	1.4	-9.1	3282	MA
15	9	2028	17	43	43	-4.0	-9.5	2233	VE
20	9	2028	5	23	21	0.5	-8.1	1537	ME
13	1	2029	7	47	17	-3.9	-7.4	2863	VE
11	2	2029	4	23	26	0.1	-8.3	2175	ME
9	9	2029	8	16	13	1.3	-7.0	2491	ME
29	9	2029	7	1	108	5.6	-11.2	2193	UR
11	10	2029	1	45	46	-4.2	-9.7	2601	VE
11	10	2029	16	16	54	0.9	-10.0	3422	MA
26	10	2029	12	24	135	5.6	-11.9	2739	UR
22	11	2029	16	25	163	5.5	-12.5	2737	UR
19	12	2029	20	45	168	5.5	-12.5	2436	UR
16	1	2030	2	35	139	5.6	-12.0	2265	UR
12	2	2030	10	0	111	5.6	-11.3	2667	UR

GG	MM	AAAA	HH	MM	ELONG	MAG	MAGL	T	PIANETA
11	3	2030	18	28	83	5.7	-10.6	3253	UR
4	4	2030	15	2	19	-0.1	-7.6	2475	ME
8	4	2030	3	19	57	5.7	-9.9	3562	UR
5	5	2030	12	14	32	5.7	-8.6	3595	UR
1	6	2030	2	40	2	1.4	-2.4	3639	MA
1	6	2030	21	19	7	5.7	-5.3	3519	UR
29	6	2030	6	45	18	5.7	-7.4	3388	UR
26	7	2030	16	35	43	5.7	-9.2	3096	UR
23	8	2030	2	26	68	5.7	-10.2	2364	UR
29	8	2030	1	54	5	3.5	-4.8	2487	ME
28	10	2030	17	19	26	-1.7	-8.5	1101	GI
25	11	2030	13	38	4	-1.7	-4.5	2895	GI
25	11	2030	22	9	9	-3.9	-6.3	2876	VE
23	12	2030	10	55	18	-1.7	-7.8	3254	GI

Per maggiori dettagli consultare il volume "Occultazioni"
edito dallo stesso autore

For more details to see my book "Occultations"

CONGIUNZIONI LUNA-STELLE
CONJUNCTIONS MOON-STARS
2000-2030

GG MM AAAA : data nel formato giorno/mese/anno
HH MM : ore e minuti
DIST : distanza minima in gradi tra i corpi
ELONG : elongazione in gradi dal Sole dei corpi
MAG1 : magnitudine della Luna
MAG2 : magnitudine della stella
PIANETI : corpi coinvolti : MErcurio, VEnere, MArte, GIove,
                            SAturno, URano, NEttuno

Sono elencate tutte le congiunzioni in cui i corpi distano meno
di 1°

La luna non è indicata in quanto è presente in tutte le
congiunzioni di questa tabella

Stelle fino alla mag 2

GG MM AAAA : date in the format dd/mm/yyyy
HH MM : hours and minutes
DIST : minima distance in ° between the bodies
ELONG : elongation in ° from the Sun of the bodies
MAG1 : magnitude of the Moon
MAG2 : magnitude of the star
PIANETI : planets : MErcury, VEnus, MArs, GI (Jupiter),
                    SAturn, URanus, NEptune

All the conjunctions are listed if the bodies have distance less
then 1°

The Moon isn't indicated in the table because it is always
present

Stars up to magnitude 2

GG	MM	AAAA	HH	MM	DIST	ELONG	MAG1	MAG2	STELLA
3	3	2005	11	49	0.820	93	-11.0	1.1	Antares
17	3	2005	10	8	0.872	86	-10.7	1.7	Elnath
30	3	2005	17	12	0.706	120	-11.7	1.1	Antares
13	4	2005	18	38	0.815	59	-10.0	1.7	Elnath
26	4	2005	23	38	0.713	147	-12.3	1.1	Antares
11	5	2005	3	1	0.868	32	-8.7	1.7	Elnath
24	5	2005	8	9	0.757	172	-12.7	1.1	Antares
7	6	2005	10	26	0.931	7	-5.5	1.7	Elnath
20	6	2005	18	14	0.732	160	-12.6	1.1	Antares
4	7	2005	16	40	0.904	21	-7.7	1.7	Elnath
18	7	2005	4	23	0.592	134	-12.0	1.1	Antares
31	7	2005	22	21	0.766	46	-9.4	1.7	Elnath
14	8	2005	13	7	0.388	108	-11.3	1.1	Antares
28	8	2005	4	29	0.582	72	-10.3	1.7	Elnath
10	9	2005	19	46	0.223	82	-10.7	1.1	Antares
24	9	2005	11	56	0.460	99	-11.0	1.7	Elnath
8	10	2005	1	12	0.175	55	-9.9	1.1	Antares
21	10	2005	20	43	0.466	126	-11.7	1.7	Elnath
4	11	2005	7	18	0.228	28	-8.6	1.1	Antares
18	11	2005	5	54	0.560	153	-12.4	1.7	Elnath
1	12	2005	15	36	0.276	4	-4.5	1.1	Antares
15	12	2005	14	10	0.620	175	-12.6	1.7	Elnath
25	12	2005	14	37	0.808	70	-10.4	1.1	Spica
29	12	2005	1	48	0.210	28	-8.6	1.1	Antares
11	1	2006	20	48	0.550	151	-12.3	1.7	Elnath
21	1	2006	22	44	0.532	98	-11.0	1.1	Spica
25	1	2006	12	7	0.024	56	-10.0	1.1	Antares
8	2	2006	2	25	0.380	123	-11.7	1.7	Elnath
18	2	2006	5	16	0.334	125	-11.7	1.1	Spica
21	2	2006	20	41	0.168	83	-10.8	1.1	Antares
7	3	2006	8	38	0.232	96	-11.0	1.7	Elnath
17	3	2006	11	5	0.273	153	-12.3	1.1	Spica
21	3	2006	3	5	0.250	110	-11.4	1.1	Antares
3	4	2006	16	35	0.208	69	-10.3	1.7	Elnath
13	4	2006	17	22	0.289	178	-12.6	1.1	Spica
17	4	2006	8	36	0.205	137	-12.0	1.1	Antares
1	5	2006	1	56	0.298	42	-9.4	1.7	Elnath
11	5	2006	0	42	0.262	154	-12.3	1.1	Spica
14	5	2006	14	57	0.122	163	-12.5	1.1	Antares
28	5	2006	11	19	0.402	16	-7.3	1.7	Elnath
7	6	2006	8	54	0.119	127	-11.7	1.1	Spica
10	6	2006	22	54	0.109	169	-12.6	1.1	Antares
24	6	2006	19	26	0.417	12	-6.6	1.7	Elnath
4	7	2006	17	15	0.113	101	-11.0	1.1	Spica
8	7	2006	8	7	0.212	144	-12.2	1.1	Antares
22	7	2006	1	53	0.321	37	-9.0	1.7	Elnath
1	8	2006	0	57	0.339	75	-10.4	1.1	Spica
4	8	2006	17	27	0.382	118	-11.5	1.1	Antares
18	8	2006	7	23	0.178	63	-10.1	1.7	Elnath
28	8	2006	7	38	0.466	49	-9.5	1.1	Spica
1	9	2006	1	41	0.512	91	-10.9	1.1	Antares
14	9	2006	13	24	0.095	89	-10.8	1.7	Elnath
24	9	2006	13	37	0.478	23	-7.9	1.1	Spica

GG	MM	AAAA	HH	MM	DIST	ELONG	MAG1	MAG2	STELLA
28	9	2006	8	15	0.523	65	-10.2	1.1	Antares
11	10	2006	21	15	0.138	116	-11.5	1.7	Elnath
21	10	2006	19	42	0.454	5	-4.7	1.1	Spica
25	10	2006	13	49	0.429	38	-9.1	1.1	Antares
8	11	2006	7	1	0.273	143	-12.2	1.7	Elnath
18	11	2006	2	36	0.512	32	-8.7	1.1	Spica
21	11	2006	19	57	0.335	12	-6.6	1.1	Antares
5	12	2006	17	23	0.380	170	-12.7	1.7	Elnath
15	12	2006	10	28	0.704	59	-10.0	1.1	Spica
19	12	2006	3	43	0.352	18	-7.5	1.1	Antares
2	1	2007	2	25	0.361	161	-12.6	1.7	Elnath
11	1	2007	18	46	0.961	87	-10.8	1.1	Spica
15	1	2007	12	52	0.491	45	-9.5	1.1	Antares
29	1	2007	9	10	0.240	133	-12.0	1.7	Elnath
11	2	2007	22	4	0.645	73	-10.4	1.1	Antares
25	2	2007	14	36	0.136	106	-11.3	1.7	Elnath
11	3	2007	6	2	0.691	100	-11.1	1.1	Antares
24	3	2007	20	53	0.152	79	-10.7	1.7	Elnath
30	3	2007	3	31	0.999	141	-12.0	1.4	Regulus
7	4	2007	12	30	0.606	127	-11.7	1.1	Antares
21	4	2007	5	20	0.282	52	-9.9	1.7	Elnath
26	4	2007	9	26	0.875	114	-11.4	1.4	Regulus
4	5	2007	18	16	0.479	154	-12.3	1.1	Antares
18	5	2007	15	25	0.428	26	-8.4	1.7	Elnath
23	5	2007	16	26	0.643	88	-10.7	1.4	Regulus
1	6	2007	0	27	0.422	175	-12.5	1.1	Antares
15	6	2007	1	34	0.486	5	-4.8	1.7	Elnath
20	6	2007	0	43	0.396	62	-10.0	1.4	Regulus
28	6	2007	7	41	0.482	153	-12.3	1.1	Antares
12	7	2007	10	15	0.432	27	-8.5	1.7	Elnath
17	7	2007	9	35	0.234	36	-8.9	1.4	Regulus
25	7	2007	15	53	0.609	127	-11.7	1.1	Antares
8	8	2007	16	54	0.335	53	-9.9	1.7	Elnath
13	8	2007	17	58	0.187	9	-6.1	1.4	Regulus
22	8	2007	0	21	0.701	101	-11.0	1.1	Antares
4	9	2007	22	21	0.296	79	-10.7	1.7	Elnath
10	9	2007	1	5	0.195	17	-7.4	1.4	Regulus
18	9	2007	8	11	0.675	75	-10.4	1.1	Antares
2	10	2007	4	24	0.378	106	-11.3	1.7	Elnath
7	10	2007	6	58	0.148	44	-9.4	1.4	Regulus
15	10	2007	14	54	0.542	48	-9.5	1.1	Antares
29	10	2007	12	43	0.550	133	-12.0	1.7	Elnath
3	11	2007	12	38	0.027	71	-10.4	1.4	Regulus
11	11	2007	20	51	0.402	21	-7.8	1.1	Antares
25	11	2007	23	20	0.700	160	-12.7	1.7	Elnath
30	11	2007	19	36	0.299	98	-11.1	1.4	Regulus
9	12	2007	2	59	0.369	8	-5.8	1.1	Antares
23	12	2007	10	31	0.728	170	-12.8	1.7	Elnath
28	12	2007	4	34	0.545	126	-11.8	1.4	Regulus
5	1	2008	10	2	0.459	35	-8.9	1.1	Antares
19	1	2008	19	59	0.653	143	-12.3	1.7	Elnath
24	1	2008	14	37	0.661	154	-12.4	1.4	Regulus
1	2	2008	18	2	0.572	62	-10.1	1.1	Antares

69

GG	MM	AAAA	HH	MM	DIST	ELONG	MAG1	MAG2	STELLA
16	2	2008	2	44	0.594	116	-11.6	1.7	Elnath
20	2	2008	23	55	0.667	178	-12.7	1.4	Regulus
29	2	2008	2	22	0.582	90	-10.8	1.1	Antares
14	3	2008	8	6	0.652	89	-10.9	1.7	Elnath
19	3	2008	7	14	0.682	151	-12.3	1.4	Regulus
27	3	2008	10	12	0.459	117	-11.4	1.1	Antares
10	4	2008	14	29	0.821	62	-10.2	1.7	Elnath
15	4	2008	12	54	0.807	124	-11.7	1.4	Regulus
23	4	2008	17	8	0.289	144	-12.0	1.1	Antares
20	5	2008	23	19	0.189	169	-12.5	1.1	Antares
17	6	2008	5	21	0.207	163	-12.4	1.1	Antares
14	7	2008	11	52	0.296	137	-11.9	1.1	Antares
10	8	2008	19	11	0.351	111	-11.2	1.1	Antares
7	9	2008	3	8	0.291	85	-10.6	1.1	Antares
4	10	2008	11	6	0.123	58	-9.9	1.1	Antares
31	10	2008	18	30	0.058	31	-8.6	1.1	Antares
28	11	2008	1	5	0.137	6	-5.0	1.1	Antares
25	12	2008	7	10	0.092	24	-8.1	1.1	Antares
21	1	2009	13	28	0.016	52	-9.7	1.1	Antares
17	2	2009	20	42	0.039	79	-10.6	1.1	Antares
17	3	2009	4	53	0.198	107	-11.2	1.1	Antares
13	4	2009	13	19	0.407	134	-11.9	1.1	Antares
10	5	2009	21	7	0.548	160	-12.4	1.1	Antares
7	6	2009	3	50	0.569	172	-12.5	1.1	Antares
4	7	2009	9	45	0.515	147	-12.1	1.1	Antares
31	7	2009	15	42	0.492	121	-11.5	1.1	Antares
27	8	2009	22	32	0.582	95	-10.9	1.1	Antares
24	9	2009	6	36	0.781	69	-10.3	1.1	Antares
21	10	2009	15	25	0.997	42	-9.3	1.1	Antares
21	8	2012	21	52	0.941	55	-10.0	1.1	Spica
18	9	2012	4	59	0.780	29	-8.6	1.1	Spica
15	10	2012	14	33	0.734	3	-3.9	1.1	Spica
12	11	2012	1	36	0.759	26	-8.5	1.1	Spica
9	12	2012	12	0	0.733	54	-10.0	1.1	Spica
5	1	2013	19	55	0.573	82	-10.8	1.1	Spica
2	2	2013	1	35	0.320	109	-11.4	1.1	Spica
1	3	2013	7	14	0.096	137	-12.1	1.1	Spica
28	3	2013	14	49	0.005	164	-12.6	1.1	Spica
25	4	2013	0	30	0.004	169	-12.7	1.1	Spica
22	5	2013	10	55	0.005	142	-12.2	1.1	Spica
18	6	2013	20	20	0.103	116	-11.5	1.1	Spica
16	7	2013	3	45	0.313	90	-10.9	1.1	Spica
12	8	2013	9	26	0.559	64	-10.2	1.1	Spica
8	9	2013	14	56	0.739	38	-9.1	1.1	Spica
5	10	2013	21	57	0.802	11	-6.6	1.1	Spica
2	11	2013	7	8	0.794	16	-7.4	1.1	Spica
29	11	2013	17	30	0.832	44	-9.5	1.1	Spica
25	2	2015	23	16	0.971	93	-11.0	1.0	Aldebaran
25	3	2015	7	9	0.874	66	-10.3	1.0	Aldebaran
21	4	2015	16	48	0.905	39	-9.2	1.0	Aldebaran
19	5	2015	2	44	0.977	13	-6.9	1.0	Aldebaran
15	6	2015	11	23	0.979	15	-7.1	1.0	Aldebaran
12	7	2015	18	9	0.868	40	-9.2	1.0	Aldebaran

GG	MM	AAAA	HH	MM	DIST	ELONG	MAG1	MAG2	STELLA
8	8	2015	23	38	0.690	66	-10.3	1.0	Aldebaran
5	9	2015	5	27	0.546	92	-11.0	1.0	Aldebaran
2	10	2015	13	9	0.518	119	-11.6	1.0	Aldebaran
29	10	2015	23	2	0.597	146	-12.3	1.0	Aldebaran
26	11	2015	9	49	0.677	172	-12.7	1.0	Aldebaran
23	12	2015	19	25	0.647	158	-12.6	1.0	Aldebaran
20	1	2016	2	34	0.499	130	-11.9	1.0	Aldebaran
16	2	2016	8	1	0.337	103	-11.3	1.0	Aldebaran
14	3	2016	14	5	0.279	76	-10.6	1.0	Aldebaran
10	4	2016	22	24	0.347	49	-9.8	1.0	Aldebaran
8	5	2016	8	38	0.457	22	-8.1	1.0	Aldebaran
4	6	2016	19	9	0.499	7	-5.5	1.0	Aldebaran
2	7	2016	4	15	0.427	31	-8.8	1.0	Aldebaran
29	7	2016	11	13	0.291	57	-10.0	1.0	Aldebaran
25	8	2016	16	43	0.192	83	-10.8	1.0	Aldebaran
21	9	2016	22	35	0.206	109	-11.4	1.0	Aldebaran
19	10	2016	6	37	0.323	136	-12.1	1.0	Aldebaran
15	11	2016	17	7	0.444	163	-12.7	1.0	Aldebaran
13	12	2016	4	31	0.458	167	-12.8	1.0	Aldebaran
18	12	2016	18	10	0.981	117	-11.6	1.4	Regulus
9	1	2017	14	27	0.355	140	-12.3	1.0	Aldebaran
15	1	2017	4	9	0.805	145	-12.3	1.4	Regulus
5	2	2017	21	36	0.239	113	-11.5	1.0	Aldebaran
11	2	2017	14	8	0.764	173	-12.7	1.4	Regulus
5	3	2017	3	0	0.227	85	-10.9	1.0	Aldebaran
10	3	2017	22	24	0.768	160	-12.5	1.4	Regulus
1	4	2017	9	9	0.337	58	-10.1	1.0	Aldebaran
7	4	2017	4	35	0.696	133	-11.9	1.4	Regulus
28	4	2017	17	36	0.487	32	-8.9	1.0	Aldebaran
4	5	2017	10	0	0.502	106	-11.2	1.4	Regulus
26	5	2017	3	58	0.565	7	-5.6	1.0	Aldebaran
31	5	2017	16	27	0.245	80	-10.6	1.4	Regulus
22	6	2017	14	38	0.530	22	-8.1	1.0	Aldebaran
28	6	2017	0	50	0.033	54	-9.9	1.4	Regulus
19	7	2017	23	55	0.433	48	-9.7	1.0	Aldebaran
25	7	2017	10	40	0.066	27	-8.5	1.4	Regulus
16	8	2017	6	58	0.379	74	-10.5	1.0	Aldebaran
21	8	2017	20	32	0.073	1	-1.8	1.4	Regulus
12	9	2017	12	28	0.437	100	-11.2	1.0	Aldebaran
18	9	2017	5	0	0.084	25	-8.3	1.4	Regulus
9	10	2017	18	21	0.594	126	-11.9	1.0	Aldebaran
15	10	2017	11	26	0.198	52	-9.8	1.4	Regulus
6	11	2017	2	31	0.753	153	-12.5	1.0	Aldebaran
11	11	2017	16	46	0.432	79	-10.7	1.4	Regulus
3	12	2017	13	12	0.807	175	-12.8	1.0	Aldebaran
8	12	2017	23	11	0.700	107	-11.4	1.4	Regulus
31	12	2017	0	37	0.744	150	-12.5	1.0	Aldebaran
5	1	2018	8	13	0.877	135	-12.1	1.4	Regulus
27	1	2018	10	23	0.670	122	-11.8	1.0	Aldebaran
1	2	2018	19	14	0.919	163	-12.7	1.4	Regulus
23	2	2018	17	21	0.702	95	-11.1	1.0	Aldebaran
1	3	2018	5	59	0.911	169	-12.7	1.4	Regulus
22	3	2018	22	44	0.857	68	-10.4	1.0	Aldebaran

GG	MM	AAAA	HH	MM	DIST	ELONG	MAG1	MAG2	STELLA
28	3	2018	14	31	0.977	142	-12.2	1.4	Regulus
21	9	2023	8	49	0.863	72	-10.4	1.1	Antares
4	10	2023	23	10	0.911	108	-11.3	1.7	Elnath
18	10	2023	14	14	0.815	45	-9.5	1.1	Antares
1	11	2023	8	26	0.912	136	-12.0	1.7	Elnath
14	11	2023	20	39	0.857	18	-7.6	1.1	Antares
28	11	2023	17	57	0.986	163	-12.5	1.7	Elnath
12	12	2023	5	13	0.872	10	-6.4	1.1	Antares
8	1	2024	15	18	0.762	38	-9.2	1.1	Antares
22	1	2024	8	34	0.891	141	-12.1	1.7	Elnath
5	2	2024	1	5	0.544	66	-10.3	1.1	Antares
18	2	2024	14	3	0.691	113	-11.4	1.7	Elnath
3	3	2024	9	3	0.341	93	-11.0	1.1	Antares
16	3	2024	20	32	0.534	86	-10.8	1.7	Elnath
30	3	2024	15	10	0.259	120	-11.6	1.1	Antares
13	4	2024	4	59	0.506	59	-10.1	1.7	Elnath
26	4	2024	20	47	0.295	147	-12.2	1.1	Antares
10	5	2024	14	44	0.581	33	-8.8	1.7	Elnath
24	5	2024	3	20	0.352	172	-12.6	1.1	Antares
7	6	2024	0	14	0.653	8	-5.7	1.7	Elnath
20	6	2024	11	20	0.328	160	-12.4	1.1	Antares
4	7	2024	8	14	0.628	20	-7.8	1.7	Elnath
14	7	2024	3	21	0.810	92	-10.8	1.1	Spica
17	7	2024	20	21	0.189	134	-11.9	1.1	Antares
31	7	2024	14	28	0.496	46	-9.5	1.7	Elnath
10	8	2024	10	53	0.585	66	-10.1	1.1	Spica
14	8	2024	5	18	0.004	108	-11.3	1.1	Antares
27	8	2024	19	54	0.333	72	-10.4	1.7	Elnath
6	9	2024	17	34	0.466	40	-9.1	1.1	Spica
10	9	2024	13	6	0.144	82	-10.6	1.1	Antares
24	9	2024	2	10	0.241	99	-11.1	1.7	Elnath
3	10	2024	23	39	0.456	13	-6.7	1.1	Spica
7	10	2024	19	26	0.160	55	-9.8	1.1	Antares
21	10	2024	10	35	0.278	125	-11.8	1.7	Elnath
31	10	2024	5	49	0.464	14	-6.9	1.1	Spica
4	11	2024	1	5	0.082	28	-8.5	1.1	Antares
17	11	2024	20	54	0.391	153	-12.5	1.7	Elnath
27	11	2024	12	40	0.375	42	-9.2	1.1	Spica
1	12	2024	7	27	0.023	5	-4.6	1.1	Antares
15	12	2024	7	28	0.455	175	-12.8	1.7	Elnath
24	12	2024	20	22	0.153	69	-10.3	1.1	Spica
28	12	2024	15	16	0.086	28	-8.5	1.1	Antares
11	1	2025	16	15	0.389	151	-12.4	1.7	Elnath
21	1	2025	4	32	0.114	97	-11.0	1.1	Spica
25	1	2025	0	10	0.262	55	-9.9	1.1	Antares
7	2	2025	22	38	0.236	123	-11.8	1.7	Elnath
17	2	2025	12	29	0.293	125	-11.6	1.1	Spica
21	2	2025	8	54	0.432	83	-10.7	1.1	Antares
7	3	2025	4	1	0.122	96	-11.1	1.7	Elnath
16	3	2025	19	42	0.335	152	-12.3	1.1	Spica
20	3	2025	16	31	0.481	110	-11.3	1.1	Antares
3	4	2025	10	42	0.133	69	-10.4	1.7	Elnath
13	4	2025	2	6	0.311	178	-12.5	1.1	Spica

GG	MM	AAAA	HH	MM	DIST	ELONG	MAG1	MAG2	STELLA
16	4	2025	22	54	0.409	137	-11.9	1.1	Antares
30	4	2025	19	39	0.247	42	-9.5	1.7	Elnath
10	5	2025	8	9	0.341	154	-12.3	1.1	Spica
14	5	2025	4	47	0.311	163	-12.4	1.1	Antares
28	5	2025	6	3	0.359	17	-7.5	1.7	Elnath
6	6	2025	14	32	0.489	128	-11.7	1.1	Spica
10	6	2025	11	3	0.294	169	-12.5	1.1	Antares
24	6	2025	16	11	0.374	12	-6.7	1.7	Elnath
3	7	2025	21	42	0.718	102	-11.0	1.1	Spica
7	7	2025	18	13	0.391	144	-12.1	1.1	Antares
22	7	2025	0	37	0.285	37	-9.1	1.7	Elnath
31	7	2025	5	36	0.928	76	-10.4	1.1	Spica
4	8	2025	2	13	0.545	118	-11.4	1.1	Antares
18	8	2025	7	0	0.166	63	-10.2	1.7	Elnath
31	8	2025	10	26	0.648	92	-10.8	1.1	Antares
14	9	2025	12	23	0.120	89	-10.9	1.7	Elnath
27	9	2025	18	6	0.629	65	-10.1	1.1	Antares
11	10	2025	18	47	0.197	116	-11.6	1.7	Elnath
25	10	2025	0	49	0.513	39	-9.1	1.1	Antares
8	11	2025	3	42	0.349	143	-12.3	1.7	Elnath
13	11	2025	0	23	0.931	81	-10.7	1.4	Regulus
21	11	2025	6	54	0.409	12	-6.6	1.1	Antares
5	12	2025	14	45	0.456	170	-12.8	1.7	Elnath
10	12	2025	7	49	0.658	108	-11.4	1.4	Regulus
18	12	2025	13	5	0.422	17	-7.4	1.1	Antares
2	1	2026	1	54	0.436	161	-12.7	1.7	Elnath
6	1	2026	17	23	0.431	136	-12.1	1.4	Regulus
14	1	2026	20	3	0.552	45	-9.4	1.1	Antares
29	1	2026	10	55	0.330	133	-12.1	1.7	Elnath
3	2	2026	3	47	0.339	164	-12.6	1.4	Regulus
11	2	2026	3	52	0.683	72	-10.4	1.1	Antares
25	2	2026	17	16	0.261	106	-11.4	1.7	Elnath
2	3	2026	12	59	0.341	168	-12.6	1.4	Regulus
10	3	2026	12	4	0.697	100	-11.0	1.1	Antares
24	3	2026	22	38	0.317	79	-10.7	1.7	Elnath
29	3	2026	19	59	0.314	141	-12.1	1.4	Regulus
6	4	2026	19	56	0.587	127	-11.7	1.1	Antares
21	4	2026	5	25	0.471	52	-9.9	1.7	Elnath
26	4	2026	1	29	0.171	114	-11.5	1.4	Regulus
4	5	2026	2	58	0.446	153	-12.2	1.1	Antares
18	5	2026	14	32	0.620	26	-8.4	1.7	Elnath
23	5	2026	7	19	0.070	88	-10.8	1.4	Regulus
31	5	2026	9	12	0.387	175	-12.5	1.1	Antares
15	6	2026	1	9	0.672	5	-4.8	1.7	Elnath
19	6	2026	14	56	0.312	62	-10.2	1.4	Regulus
27	6	2026	15	11	0.443	154	-12.2	1.1	Antares
12	7	2026	11	33	0.619	28	-8.6	1.7	Elnath
17	7	2026	0	24	0.463	36	-9.1	1.4	Regulus
24	7	2026	21	37	0.557	128	-11.6	1.1	Antares
8	8	2026	20	12	0.542	54	-9.9	1.7	Elnath
13	8	2026	10	35	0.501	9	-6.2	1.4	Regulus
21	8	2026	4	54	0.624	102	-11.0	1.1	Antares
5	9	2026	2	38	0.540	80	-10.7	1.7	Elnath

GG	MM	AAAA	HH	MM	DIST	ELONG	MAG1	MAG2	STELLA
9	9	2026	19	52	0.498	17	-7.5	1.4	Regulus
17	9	2026	12	54	0.570	76	-10.4	1.1	Antares
2	10	2026	8	0	0.658	106	-11.4	1.7	Elnath
7	10	2026	3	9	0.561	44	-9.5	1.4	Regulus
14	10	2026	21	4	0.415	49	-9.6	1.1	Antares
29	10	2026	14	29	0.846	133	-12.1	1.7	Elnath
3	11	2026	8	43	0.752	71	-10.5	1.4	Regulus
11	11	2026	4	39	0.268	22	-7.9	1.1	Antares
25	11	2026	23	37	0.991	160	-12.7	1.7	Elnath
8	12	2026	11	16	0.233	8	-5.7	1.1	Antares
4	1	2027	17	15	0.316	34	-8.9	1.1	Antares
19	1	2027	22	2	0.943	143	-12.3	1.7	Elnath
31	1	2027	23	29	0.408	62	-10.1	1.1	Antares
16	2	2027	6	54	0.916	115	-11.6	1.7	Elnath
28	2	2027	6	50	0.388	89	-10.8	1.1	Antares
27	3	2027	15	18	0.239	116	-11.4	1.1	Antares
24	4	2027	0	1	0.055	143	-12.1	1.1	Antares
21	5	2027	7	55	0.048	169	-12.5	1.1	Antares
17	6	2027	14	33	0.032	163	-12.4	1.1	Antares
14	7	2027	20	21	0.044	138	-11.9	1.1	Antares
11	8	2027	2	17	0.075	112	-11.3	1.1	Antares
7	9	2027	9	20	0.013	86	-10.7	1.1	Antares
4	10	2027	17	48	0.203	59	-10.0	1.1	Antares
1	11	2027	3	2	0.392	32	-8.8	1.1	Antares
28	11	2027	11	43	0.473	6	-5.1	1.1	Antares
25	12	2027	18	51	0.435	24	-8.2	1.1	Antares
22	1	2028	0	36	0.381	51	-9.8	1.1	Antares
18	2	2028	6	27	0.434	79	-10.6	1.1	Antares
16	3	2028	13	58	0.618	106	-11.3	1.1	Antares
12	4	2028	23	13	0.841	133	-11.9	1.1	Antares
10	5	2028	8	58	0.986	160	-12.5	1.1	Antares
4	7	2028	0	42	0.968	147	-12.2	1.1	Antares
31	7	2028	6	22	0.969	121	-11.6	1.1	Antares

Per maggiori dettagli consultare il volume "Congiunzioni"
edito dallo stesso autore

For more details to see my book "Conjunctions"

OCCULTAZIONI LUNA-STELLE
OCCULTATIONS MOON-STARS
2000-2030

GG MM AAAA : data nel formato giorno/mese/anno
HH MM : ore e minuti
ELONG : elongazione in gradi dal Sole dei corpi
MAGL : magnitudine della Luna
MAGS : magnitudine della stella
T : durata in secondi
PIANETI : corpi coinvolti : MErcurio, VEnere, MArte, GIove,
                            SAturno, URano, NEttuno

La luna non è indicata in quanto è presente in tutte le
occultazioni di questa tabella

Stelle fino alla mag 2

GG MM AAAA : date in the format dd/mm/yyyy
HH MM : hours and minutes
ELONG : elongation in ° from the Sun of the bodies
MAGL : magnitude of the Moon
MAGS : magnitude of the star
T : duration in seconds
PIANETI : planets : MErcury, VEnus, MArs, GI (Jupiter),
                    SAturn, URanus, NEptune
STELLA : star

The Moon isn't indicated in the table because it is always
present

Stars up to magnitude 2

GG	MM	AAAA	HH	MM	ELONG	MAGL	MAGS	T	STELLA
17	1	2000	19	22	133	-12.1	1.0	1219	Aldebaran
14	2	2000	2	53	105	-11.4	1.0	841	Aldebaran
7	1	2005	20	3	38	-9.3	1.1	574	Antares
4	2	2005	5	16	66	-10.4	1.1	1840	Antares
18	2	2005	2	29	113	-11.4	1.7	1448	Elnath
3	3	2005	11	49	93	-11.0	1.1	2495	Antares
17	3	2005	10	8	86	-10.7	1.7	2351	Elnath
30	3	2005	17	12	120	-11.7	1.1	2728	Antares
13	4	2005	18	38	59	-10.0	1.7	2529	Elnath
26	4	2005	23	38	147	-12.3	1.1	2692	Antares
11	5	2005	3	1	32	-8.7	1.7	2350	Elnath
24	5	2005	8	9	172	-12.7	1.1	2593	Antares
7	6	2005	10	26	7	-5.5	1.7	2111	Elnath
20	6	2005	18	14	160	-12.6	1.1	2640	Antares
4	7	2005	16	40	21	-7.7	1.7	2210	Elnath
18	7	2005	4	23	134	-12.0	1.1	2883	Antares
31	7	2005	22	21	46	-9.4	1.7	2662	Elnath
14	8	2005	13	7	108	-11.3	1.1	3157	Antares
28	8	2005	4	29	72	-10.3	1.7	3070	Elnath
7	9	2005	6	44	39	-9.1	1.1	1018	Spica
10	9	2005	19	46	82	-10.7	1.1	3312	Antares
24	9	2005	11	56	99	-11.0	1.7	3234	Elnath
4	10	2005	12	45	13	-6.7	1.1	1255	Spica
8	10	2005	1	12	55	-9.9	1.1	3334	Antares
21	10	2005	20	43	126	-11.7	1.7	3194	Elnath
31	10	2005	20	19	15	-7.1	1.1	1251	Spica
4	11	2005	7	18	28	-8.6	1.1	3273	Antares
18	11	2005	5	54	153	-12.4	1.7	3041	Elnath
28	11	2005	5	21	42	-9.4	1.1	1750	Spica
1	12	2005	15	36	4	-4.5	1.1	3210	Antares
15	12	2005	14	10	175	-12.6	1.7	2942	Elnath
25	12	2005	14	37	70	-10.4	1.1	2549	Spica
29	12	2005	1	48	28	-8.6	1.1	3247	Antares
11	1	2006	20	48	151	-12.3	1.7	3077	Elnath
21	1	2006	22	44	98	-11.0	1.1	3145	Spica
25	1	2006	12	7	56	-10.0	1.1	3340	Antares
8	2	2006	2	25	123	-11.7	1.7	3313	Elnath
18	2	2006	5	16	125	-11.7	1.1	3394	Spica
21	2	2006	20	41	83	-10.8	1.1	3368	Antares
7	3	2006	8	38	96	-11.0	1.7	3417	Elnath
17	3	2006	11	5	153	-12.3	1.1	3428	Spica
21	3	2006	3	5	110	-11.4	1.1	3357	Antares
3	4	2006	16	35	69	-10.3	1.7	3384	Elnath
13	4	2006	17	22	178	-12.6	1.1	3398	Spica
17	4	2006	8	36	137	-12.0	1.1	3369	Antares
1	5	2006	1	56	42	-9.4	1.7	3286	Elnath
11	5	2006	0	42	154	-12.3	1.1	3415	Spica
14	5	2006	14	57	163	-12.5	1.1	3369	Antares
28	5	2006	11	19	16	-7.3	1.7	3183	Elnath
7	6	2006	8	54	127	-11.7	1.1	3502	Spica
10	6	2006	22	54	169	-12.6	1.1	3350	Antares
24	6	2006	19	26	12	-6.6	1.7	3181	Elnath
4	7	2006	17	15	101	-11.0	1.1	3531	Spica

76

GG	MM	AAAA	HH	MM	ELONG	MAGL	MAGS	T	STELLA
8	7	2006	8	7	144	-12.2	1.1	3322	Antares
22	7	2006	1	53	37	-9.0	1.7	3297	Elnath
1	8	2006	0	57	75	-10.4	1.1	3415	Spica
4	8	2006	17	27	118	-11.5	1.1	3239	Antares
18	8	2006	7	23	63	-10.1	1.7	3401	Elnath
28	8	2006	7	38	49	-9.5	1.1	3270	Spica
1	9	2006	1	41	91	-10.9	1.1	3128	Antares
14	9	2006	13	24	89	-10.8	1.7	3409	Elnath
24	9	2006	13	37	23	-7.9	1.1	3242	Spica
28	9	2006	8	15	65	-10.2	1.1	3130	Antares
11	10	2006	21	15	116	-11.5	1.7	3345	Elnath
21	10	2006	19	42	5	-4.7	1.1	3264	Spica
25	10	2006	13	49	38	-9.1	1.1	3243	Antares
8	11	2006	7	1	143	-12.2	1.7	3233	Elnath
18	11	2006	2	36	32	-8.7	1.1	3185	Spica
21	11	2006	19	57	12	-6.6	1.1	3311	Antares
5	12	2006	17	23	170	-12.7	1.7	3138	Elnath
15	12	2006	10	28	59	-10.0	1.1	2830	Spica
19	12	2006	3	43	18	-7.5	1.1	3282	Antares
2	1	2007	2	25	161	-12.6	1.7	3177	Elnath
7	1	2007	6	22	137	-12.0	1.4	1164	Regulus
11	1	2007	18	46	87	-10.8	1.1	1980	Spica
15	1	2007	12	52	45	-9.5	1.1	3146	Antares
29	1	2007	9	10	133	-12.0	1.7	3302	Elnath
3	2	2007	14	37	164	-12.5	1.4	1786	Regulus
8	2	2007	2	43	115	-11.4	1.1	197	Spica
11	2	2007	22	4	73	-10.4	1.1	2929	Antares
25	2	2007	14	36	106	-11.3	1.7	3362	Elnath
2	3	2007	21	36	168	-12.5	1.4	1743	Regulus
11	3	2007	6	2	100	-11.1	1.1	2852	Antares
24	3	2007	20	53	79	-10.7	1.7	3321	Elnath
30	3	2007	3	31	141	-12.0	1.4	1801	Regulus
7	4	2007	12	30	127	-11.7	1.1	3023	Antares
21	4	2007	5	20	52	-9.9	1.7	3201	Elnath
26	4	2007	9	26	114	-11.4	1.4	2339	Regulus
4	5	2007	18	16	154	-12.3	1.1	3214	Antares
18	5	2007	15	25	26	-8.4	1.7	3051	Elnath
23	5	2007	16	26	88	-10.7	1.4	2944	Regulus
1	6	2007	0	27	175	-12.5	1.1	3271	Antares
15	6	2007	1	34	5	-4.8	1.7	2991	Elnath
20	6	2007	0	43	62	-10.0	1.4	3278	Regulus
28	6	2007	7	41	153	-12.3	1.1	3194	Antares
12	7	2007	10	15	27	-8.5	1.7	3072	Elnath
17	7	2007	9	35	36	-8.9	1.4	3382	Regulus
25	7	2007	15	53	127	-11.7	1.1	3005	Antares
8	8	2007	16	54	53	-9.9	1.7	3193	Elnath
13	8	2007	17	58	9	-6.1	1.4	3401	Regulus
22	8	2007	0	21	101	-11.0	1.1	2834	Antares
4	9	2007	22	21	79	-10.7	1.7	3234	Elnath
10	9	2007	1	5	17	-7.4	1.4	3416	Regulus
18	9	2007	8	11	75	-10.4	1.1	2901	Antares
2	10	2007	4	24	106	-11.3	1.7	3143	Elnath
7	10	2007	6	58	44	-9.4	1.4	3461	Regulus

GG	MM	AAAA	HH	MM	ELONG	MAGL	MAGS	T	STELLA
15	10	2007	14	54	48	-9.5	1.1	3156	Antares
29	10	2007	12	43	133	-12.0	1.7	2916	Elnath
3	11	2007	12	38	71	-10.4	1.4	3491	Regulus
11	11	2007	20	51	21	-7.8	1.1	3339	Antares
25	11	2007	23	20	160	-12.7	1.7	2676	Elnath
30	11	2007	19	36	98	-11.1	1.4	3347	Regulus
9	12	2007	2	59	8	-5.8	1.1	3365	Antares
23	12	2007	10	31	170	-12.8	1.7	2628	Elnath
28	12	2007	4	34	126	-11.8	1.4	3038	Regulus
5	1	2008	10	2	35	-8.9	1.1	3263	Antares
19	1	2008	19	59	143	-12.3	1.7	2774	Elnath
24	1	2008	14	37	154	-12.4	1.4	2827	Regulus
1	2	2008	18	2	62	-10.1	1.1	3104	Antares
16	2	2008	2	44	116	-11.6	1.7	2895	Elnath
20	2	2008	23	55	178	-12.7	1.4	2817	Regulus
29	2	2008	2	22	90	-10.8	1.1	3099	Antares
14	3	2008	8	6	89	-10.9	1.7	2813	Elnath
19	3	2008	7	14	151	-12.3	1.4	2806	Regulus
27	3	2008	10	12	117	-11.4	1.1	3293	Antares
10	4	2008	14	29	62	-10.2	1.7	2477	Elnath
15	4	2008	12	54	124	-11.7	1.4	2539	Regulus
23	4	2008	17	8	144	-12.0	1.1	3467	Antares
7	5	2008	23	11	35	-9.1	1.7	2003	Elnath
12	5	2008	18	33	97	-11.0	1.4	1735	Regulus
20	5	2008	23	19	169	-12.5	1.1	3526	Antares
4	6	2008	9	39	10	-6.3	1.7	1694	Elnath
17	6	2008	5	21	163	-12.4	1.1	3517	Antares
1	7	2008	20	11	18	-7.7	1.7	1748	Elnath
14	7	2008	11	52	137	-11.9	1.1	3462	Antares
29	7	2008	5	11	44	-9.5	1.7	1935	Elnath
10	8	2008	19	11	111	-11.2	1.1	3420	Antares
25	8	2008	11	58	70	-10.4	1.7	1912	Elnath
7	9	2008	3	8	85	-10.6	1.1	3475	Antares
21	9	2008	17	22	96	-11.1	1.7	1368	Elnath
4	10	2008	11	6	58	-9.9	1.1	3562	Antares
31	10	2008	18	30	31	-8.6	1.1	3565	Antares
28	11	2008	1	5	6	-5.0	1.1	3540	Antares
25	12	2008	7	10	24	-8.1	1.1	3564	Antares
21	1	2009	13	28	52	-9.7	1.1	3588	Antares
17	2	2009	20	42	79	-10.6	1.1	3582	Antares
17	3	2009	4	53	107	-11.2	1.1	3508	Antares
13	4	2009	13	19	134	-11.9	1.1	3311	Antares
10	5	2009	21	7	160	-12.4	1.1	3106	Antares
7	6	2009	3	50	172	-12.5	1.1	3077	Antares
4	7	2009	9	45	147	-12.1	1.1	3176	Antares
31	7	2009	15	42	121	-11.5	1.1	3219	Antares
27	8	2009	22	32	95	-10.9	1.1	3071	Antares
24	9	2009	6	36	69	-10.3	1.1	2624	Antares
21	10	2009	15	25	42	-9.3	1.1	1867	Antares
17	11	2009	23	57	14	-7.1	1.1	1116	Antares
15	12	2009	7	13	14	-7.0	1.1	1115	Antares
11	1	2010	13	11	41	-9.3	1.1	1414	Antares
7	2	2010	18	58	69	-10.3	1.1	1049	Antares

GG	MM	AAAA	HH	MM	ELONG	MAGL	MAGS	T	STELLA
25	7	2012	16	24	81	-10.7	1.1	1193	Spica
21	8	2012	21	52	55	-10.0	1.1	2167	Spica
18	9	2012	4	59	29	-8.6	1.1	2550	Spica
15	10	2012	14	33	3	-3.9	1.1	2620	Spica
12	11	2012	1	36	26	-8.5	1.1	2582	Spica
9	12	2012	12	0	54	-10.0	1.1	2655	Spica
5	1	2013	19	55	82	-10.8	1.1	2948	Spica
2	2	2013	1	35	109	-11.4	1.1	3230	Spica
1	3	2013	7	14	137	-12.1	1.1	3303	Spica
28	3	2013	14	49	164	-12.6	1.1	3266	Spica
25	4	2013	0	30	169	-12.7	1.1	3246	Spica
22	5	2013	10	55	142	-12.2	1.1	3269	Spica
18	6	2013	20	20	116	-11.5	1.1	3310	Spica
16	7	2013	3	45	90	-10.9	1.1	3261	Spica
12	8	2013	9	26	64	-10.2	1.1	3010	Spica
8	9	2013	14	56	38	-9.1	1.1	2677	Spica
5	10	2013	21	57	11	-6.6	1.1	2523	Spica
2	11	2013	7	8	16	-7.4	1.1	2541	Spica
29	11	2013	17	30	44	-9.5	1.1	2462	Spica
27	12	2013	3	5	72	-10.5	1.1	1910	Spica
29	1	2015	17	19	120	-11.6	1.0	587	Aldebaran
25	2	2015	23	16	93	-11.0	1.0	2028	Aldebaran
25	3	2015	7	9	66	-10.3	1.0	2360	Aldebaran
21	4	2015	16	48	39	-9.2	1.0	2265	Aldebaran
19	5	2015	2	44	13	-6.9	1.0	2033	Aldebaran
15	6	2015	11	23	15	-7.1	1.0	2013	Aldebaran
12	7	2015	18	9	40	-9.2	1.0	2365	Aldebaran
8	8	2015	23	38	66	-10.3	1.0	2792	Aldebaran
5	9	2015	5	27	92	-11.0	1.0	3017	Aldebaran
2	10	2015	13	9	119	-11.6	1.0	3013	Aldebaran
29	10	2015	23	2	146	-12.3	1.0	2871	Aldebaran
26	11	2015	9	49	172	-12.7	1.0	2736	Aldebaran
23	12	2015	19	25	158	-12.6	1.0	2800	Aldebaran
20	1	2016	2	34	130	-11.9	1.0	3039	Aldebaran
16	2	2016	8	1	103	-11.3	1.0	3214	Aldebaran
14	3	2016	14	5	76	-10.6	1.0	3223	Aldebaran
10	4	2016	22	24	49	-9.8	1.0	3121	Aldebaran
8	5	2016	8	38	22	-8.1	1.0	2989	Aldebaran
4	6	2016	19	9	7	-5.5	1.0	2945	Aldebaran
2	7	2016	4	15	31	-8.8	1.0	3046	Aldebaran
29	7	2016	11	13	57	-10.0	1.0	3191	Aldebaran
25	8	2016	16	43	83	-10.8	1.0	3261	Aldebaran
21	9	2016	22	35	109	-11.4	1.0	3226	Aldebaran
19	10	2016	6	37	136	-12.1	1.0	3105	Aldebaran
15	11	2016	17	7	163	-12.7	1.0	2970	Aldebaran
13	12	2016	4	31	167	-12.8	1.0	2959	Aldebaran
18	12	2016	18	10	117	-11.6	1.4	2003	Regulus
9	1	2017	14	27	140	-12.3	1.0	3086	Aldebaran
15	1	2017	4	9	145	-12.3	1.4	2528	Regulus
5	2	2017	21	36	113	-11.5	1.0	3210	Aldebaran
11	2	2017	14	8	173	-12.7	1.4	2613	Regulus
5	3	2017	3	0	85	-10.9	1.0	3229	Aldebaran
10	3	2017	22	24	160	-12.5	1.4	2610	Regulus

GG	MM	AAAA	HH	MM	ELONG	MAGL	MAGS	T	STELLA
1	4	2017	9	9	58	-10.1	1.0	3125	Aldebaran
7	4	2017	4	35	133	-11.9	1.4	2782	Regulus
28	4	2017	17	36	32	-8.9	1.0	2948	Aldebaran
4	5	2017	10	0	106	-11.2	1.4	3105	Regulus
26	5	2017	3	58	7	-5.6	1.0	2840	Aldebaran
31	5	2017	16	27	80	-10.6	1.4	3309	Regulus
22	6	2017	14	38	22	-8.1	1.0	2891	Aldebaran
28	6	2017	0	50	54	-9.9	1.4	3322	Regulus
19	7	2017	23	55	48	-9.7	1.0	3026	Aldebaran
25	7	2017	10	40	27	-8.5	1.4	3279	Regulus
16	8	2017	6	58	74	-10.5	1.0	3117	Aldebaran
21	8	2017	20	32	1	-1.8	1.4	3275	Regulus
12	9	2017	12	28	100	-11.2	1.0	3078	Aldebaran
18	9	2017	5	0	25	-8.3	1.4	3305	Regulus
9	10	2017	18	21	126	-11.9	1.0	2868	Aldebaran
15	10	2017	11	26	52	-9.8	1.4	3309	Regulus
6	11	2017	2	31	153	-12.5	1.0	2587	Aldebaran
11	11	2017	16	46	79	-10.7	1.4	3147	Regulus
3	12	2017	13	12	175	-12.8	1.0	2475	Aldebaran
8	12	2017	23	11	107	-11.4	1.4	2745	Regulus
31	12	2017	0	37	150	-12.5	1.0	2600	Aldebaran
5	1	2018	8	13	135	-12.1	1.4	2347	Regulus
27	1	2018	10	23	122	-11.8	1.0	2757	Aldebaran
1	2	2018	19	14	163	-12.7	1.4	2231	Regulus
23	2	2018	17	21	95	-11.1	1.0	2732	Aldebaran
1	3	2018	5	59	169	-12.7	1.4	2247	Regulus
22	3	2018	22	44	68	-10.4	1.0	2400	Aldebaran
28	3	2018	14	31	142	-12.2	1.4	2051	Regulus
19	4	2018	4	52	41	-9.4	1.0	1811	Aldebaran
24	4	2018	20	40	115	-11.5	1.4	1168	Regulus
16	5	2018	13	8	15	-7.2	1.0	1324	Aldebaran
12	6	2018	23	11	13	-6.9	1.0	1361	Aldebaran
10	7	2018	9	34	38	-9.2	1.0	1637	Aldebaran
6	8	2018	18	41	64	-10.3	1.0	1672	Aldebaran
3	9	2018	1	38	91	-10.9	1.0	1008	Aldebaran
25	8	2023	2	31	98	-11.1	1.1	1809	Antares
7	9	2023	15	21	82	-10.6	1.7	1652	Elnath
21	9	2023	8	49	72	-10.4	1.1	2390	Antares
4	10	2023	23	10	108	-11.3	1.7	2234	Elnath
18	10	2023	14	14	45	-9.5	1.1	2510	Antares
1	11	2023	8	26	136	-12.0	1.7	2228	Elnath
14	11	2023	20	39	18	-7.6	1.1	2389	Antares
28	11	2023	17	57	163	-12.5	1.7	1951	Elnath
12	12	2023	5	13	10	-6.4	1.1	2346	Antares
26	12	2023	2	11	168	-12.6	1.7	1855	Elnath
8	1	2024	15	18	38	-9.2	1.1	2623	Antares
22	1	2024	8	34	141	-12.1	1.7	2286	Elnath
5	2	2024	1	5	66	-10.3	1.1	3038	Antares
18	2	2024	14	3	113	-11.4	1.7	2821	Elnath
3	3	2024	9	3	93	-11.0	1.1	3307	Antares
16	3	2024	20	32	86	-10.8	1.7	3078	Elnath
30	3	2024	15	10	120	-11.6	1.1	3384	Antares
13	4	2024	4	59	59	-10.1	1.7	3075	Elnath

GG	MM	AAAA	HH	MM	ELONG	MAGL	MAGS	T	STELLA
26	4	2024	20	47	147	-12.2	1.1	3341	Antares
10	5	2024	14	44	33	-8.8	1.7	2942	Elnath
24	5	2024	3	20	172	-12.6	1.1	3268	Antares
7	6	2024	0	14	8	-5.7	1.7	2823	Elnath
16	6	2024	19	16	118	-11.4	1.1	1474	Spica
20	6	2024	11	20	160	-12.4	1.1	3278	Antares
4	7	2024	8	14	20	-7.8	1.7	2879	Elnath
14	7	2024	3	21	92	-10.8	1.1	2550	Spica
17	7	2024	20	21	134	-11.9	1.1	3383	Antares
31	7	2024	14	28	46	-9.5	1.7	3094	Elnath
10	8	2024	10	53	66	-10.1	1.1	3088	Spica
14	8	2024	5	18	108	-11.3	1.1	3467	Antares
27	8	2024	19	54	72	-10.4	1.7	3272	Elnath
6	9	2024	17	34	40	-9.1	1.1	3274	Spica
10	9	2024	13	6	82	-10.6	1.1	3482	Antares
24	9	2024	2	10	99	-11.1	1.7	3305	Elnath
3	10	2024	23	39	13	-6.7	1.1	3277	Spica
7	10	2024	19	26	55	-9.8	1.1	3491	Antares
21	10	2024	10	35	125	-11.8	1.7	3228	Elnath
31	10	2024	5	49	14	-6.9	1.1	3262	Spica
4	11	2024	1	5	28	-8.5	1.1	3499	Antares
17	11	2024	20	54	153	-12.5	1.7	3103	Elnath
27	11	2024	12	40	42	-9.2	1.1	3380	Spica
1	12	2024	7	27	5	-4.6	1.1	3482	Antares
15	12	2024	7	28	175	-12.8	1.7	3038	Elnath
24	12	2024	20	22	69	-10.3	1.1	3559	Spica
28	12	2024	15	16	28	-8.5	1.1	3469	Antares
11	1	2025	16	15	151	-12.4	1.7	3133	Elnath
21	1	2025	4	32	97	-11.0	1.1	3577	Spica
25	1	2025	0	10	55	-9.9	1.1	3415	Antares
7	2	2025	22	38	123	-11.8	1.7	3282	Elnath
17	2	2025	12	29	125	-11.6	1.1	3467	Spica
21	2	2025	8	54	83	-10.7	1.1	3290	Antares
7	3	2025	4	1	96	-11.1	1.7	3331	Elnath
16	3	2025	19	42	152	-12.3	1.1	3418	Spica
20	3	2025	16	31	110	-11.3	1.1	3242	Antares
3	4	2025	10	42	69	-10.4	1.7	3282	Elnath
13	4	2025	2	6	178	-12.5	1.1	3437	Spica
16	4	2025	22	54	137	-11.9	1.1	3331	Antares
30	4	2025	19	39	42	-9.5	1.7	3178	Elnath
10	5	2025	8	9	154	-12.3	1.1	3416	Spica
14	5	2025	4	47	163	-12.4	1.1	3416	Antares
28	5	2025	6	3	17	-7.5	1.7	3077	Elnath
6	6	2025	14	32	128	-11.7	1.1	3246	Spica
10	6	2025	11	3	169	-12.5	1.1	3420	Antares
24	6	2025	16	11	12	-6.7	1.7	3074	Elnath
3	7	2025	21	42	102	-11.0	1.1	2805	Spica
7	7	2025	18	13	144	-12.1	1.1	3332	Antares
22	7	2025	0	37	37	-9.1	1.7	3173	Elnath
26	7	2025	21	28	26	-8.3	1.4	405	Regulus
31	7	2025	5	36	76	-10.4	1.1	2128	Spica
4	8	2025	2	13	118	-11.4	1.1	3139	Antares
18	8	2025	7	0	63	-10.2	1.7	3270	Elnath

GG	MM	AAAA	HH	MM	ELONG	MAGL	MAGS	T	STELLA
23	8	2025	5	57	2	-2.3	1.4	778	Regulus
27	8	2025	13	41	50	-9.6	1.1	1592	Spica
31	8	2025	10	26	92	-10.8	1.1	2962	Antares
14	9	2025	12	23	89	-10.9	1.7	3289	Elnath
19	9	2025	12	56	27	-8.4	1.4	479	Regulus
23	9	2025	21	16	23	-8.0	1.1	1607	Spica
27	9	2025	18	6	65	-10.1	1.1	3004	Antares
11	10	2025	18	47	116	-11.6	1.7	3221	Elnath
16	10	2025	18	39	53	-9.8	1.4	1147	Regulus
21	10	2025	3	56	5	-4.7	1.1	1758	Spica
25	10	2025	0	49	39	-9.1	1.1	3207	Antares
8	11	2025	3	42	143	-12.3	1.7	3078	Elnath
13	11	2025	0	23	81	-10.7	1.4	2170	Regulus
17	11	2025	9	55	31	-8.7	1.1	1365	Spica
21	11	2025	6	54	12	-6.6	1.1	3338	Antares
5	12	2025	14	45	170	-12.8	1.7	2960	Elnath
10	12	2025	7	49	108	-11.4	1.4	2860	Regulus
18	12	2025	13	5	17	-7.4	1.1	3319	Antares
2	1	2026	1	54	161	-12.7	1.7	2992	Elnath
6	1	2026	17	23	136	-12.1	1.4	3133	Regulus
14	1	2026	20	3	45	-9.4	1.1	3140	Antares
29	1	2026	10	55	133	-12.1	1.7	3125	Elnath
3	2	2026	3	47	164	-12.6	1.4	3191	Regulus
11	2	2026	3	52	72	-10.4	1.1	2891	Antares
25	2	2026	17	16	106	-11.4	1.7	3211	Elnath
2	3	2026	12	59	168	-12.6	1.4	3205	Regulus
10	3	2026	12	4	100	-11.0	1.1	2858	Antares
24	3	2026	22	38	79	-10.7	1.7	3172	Elnath
29	3	2026	19	59	141	-12.1	1.4	3262	Regulus
6	4	2026	19	56	127	-11.7	1.1	3082	Antares
21	4	2026	5	25	52	-9.9	1.7	2998	Elnath
26	4	2026	1	29	114	-11.5	1.4	3365	Regulus
4	5	2026	2	58	153	-12.2	1.1	3293	Antares
18	5	2026	14	32	26	-8.4	1.7	2785	Elnath
23	5	2026	7	19	88	-10.8	1.4	3372	Regulus
31	5	2026	9	12	175	-12.5	1.1	3363	Antares
15	6	2026	1	9	5	-4.8	1.7	2700	Elnath
19	6	2026	14	56	62	-10.2	1.4	3217	Regulus
27	6	2026	15	11	154	-12.2	1.1	3301	Antares
12	7	2026	11	33	28	-8.6	1.7	2789	Elnath
17	7	2026	0	24	36	-9.1	1.4	3044	Regulus
24	7	2026	21	37	128	-11.6	1.1	3137	Antares
8	8	2026	20	12	54	-9.9	1.7	2924	Elnath
13	8	2026	10	35	9	-6.2	1.4	2988	Regulus
21	8	2026	4	54	102	-11.0	1.1	3016	Antares
5	9	2026	2	38	80	-10.7	1.7	2959	Elnath
9	9	2026	19	52	17	-7.5	1.4	3008	Regulus
17	9	2026	12	54	76	-10.4	1.1	3112	Antares
2	10	2026	8	0	106	-11.4	1.7	2792	Elnath
7	10	2026	3	9	44	-9.5	1.4	2961	Regulus
14	10	2026	21	4	49	-9.6	1.1	3321	Antares
29	10	2026	14	29	133	-12.1	1.7	2413	Elnath
3	11	2026	8	43	71	-10.5	1.4	2653	Regulus

GG	MM	AAAA	HH	MM	ELONG	MAGL	MAGS	T	STELLA
11	11	2026	4	39	22	-7.9	1.1	3449	Antares
25	11	2026	23	37	160	-12.7	1.7	2038	Elnath
30	11	2026	14	26	98	-11.2	1.4	1889	Regulus
8	12	2026	11	16	8	-5.7	1.1	3477	Antares
23	12	2026	10	53	170	-12.8	1.7	1985	Elnath
27	12	2026	22	24	126	-11.9	1.4	461	Regulus
4	1	2027	17	15	34	-8.9	1.1	3430	Antares
19	1	2027	22	2	143	-12.3	1.7	2173	Elnath
31	1	2027	23	29	62	-10.1	1.1	3344	Antares
16	2	2027	6	54	115	-11.6	1.7	2248	Elnath
28	2	2027	6	50	89	-10.8	1.1	3353	Antares
15	3	2027	13	6	88	-10.9	1.7	1928	Elnath
27	3	2027	15	18	116	-11.4	1.1	3448	Antares
11	4	2027	18	28	61	-10.2	1.7	852	Elnath
24	4	2027	0	1	143	-12.1	1.1	3491	Antares
21	5	2027	7	55	169	-12.5	1.1	3488	Antares
17	6	2027	14	33	163	-12.4	1.1	3506	Antares
14	7	2027	20	21	138	-11.9	1.1	3524	Antares
11	8	2027	2	17	112	-11.3	1.1	3521	Antares
7	9	2027	9	20	86	-10.7	1.1	3502	Antares
4	10	2027	17	48	59	-10.0	1.1	3410	Antares
1	11	2027	3	2	32	-8.8	1.1	3239	Antares
28	11	2027	11	43	6	-5.1	1.1	3145	Antares
25	12	2027	18	51	24	-8.2	1.1	3212	Antares
22	1	2028	0	36	51	-9.8	1.1	3295	Antares
18	2	2028	6	27	79	-10.6	1.1	3233	Antares
16	3	2028	13	58	106	-11.3	1.1	2941	Antares
12	4	2028	23	13	133	-11.9	1.1	2443	Antares
10	5	2028	8	58	160	-12.5	1.1	1986	Antares
6	6	2028	17	42	173	-12.6	1.1	1885	Antares
4	7	2028	0	42	147	-12.2	1.1	2032	Antares
31	7	2028	6	22	121	-11.6	1.1	2031	Antares
27	8	2028	12	4	95	-11.0	1.1	1520	Antares

Per maggiori dettagli consultare il volume "Occultazioni" edito dallo stesso autore

For more details to see my book "Occultations"

CONGIUNZIONI LUNA-M44-M45
CONJUNCTIONS MOON-M44-M45
2000-2030

GG MM AAAA : data nel formato giorno/mese/anno
HH MM : ore e minuti
DIST : distanza minima in gradi tra i corpi
ELONG : elongazione in gradi dal Sole dei corpi
MAG1 : magnitudine della Luna
MAG2 : magnitudine dell'oggetto
PIANETI : corpi coinvolti : MErcurio, VEnere, MArte, GIove,
                            SAturno, URano, NEttuno

Sono elencate tutte le congiunzioni in cui i corpi distano meno
di 3°

La luna non è indicata in quanto è presente in tutte le
congiunzioni di questa tabella

GG MM AAAA : date in the format dd/mm/yyyy
HH MM : hours and minutes
DIST : minima distance in ° between the bodies
ELONG : elongation from the Sun of the bodies
MAG1 : magnitude of the Moon
MAG2 : magnitude of the object
PIANETI : planets : MErcury, VEnus, MArs, GI (Jupiter),
                    SAturn, URanus, NEptune

All the conjunctions are listed if the bodies have distance less
then 3°

The Moon isn't indicated in the table because it is always
present

GG	MM	AAAA	HH	MM	DIST	ELONG	MAG1	MAG2	OGGETTO
21	1	2000	15	48	1.232	174	-12.8	3.7	M44
18	2	2000	2	15	1.229	159	-12.6	3.7	M44
16	3	2000	10	8	1.133	131	-12.0	3.7	M44
12	4	2000	15	49	0.919	104	-11.3	3.7	M44
9	5	2000	21	21	0.666	78	-10.6	3.7	M44
6	6	2000	4	40	0.478	51	-9.8	3.7	M44
3	7	2000	14	13	0.407	25	-8.4	3.7	M44
31	7	2000	0	55	0.409	1	-2.2	3.7	M44
27	8	2000	11	2	0.384	27	-8.5	3.7	M44
23	9	2000	19	6	0.249	54	-10.0	3.7	M44
21	10	2000	1	0	0.012	81	-10.8	3.7	M44
17	11	2000	6	26	0.234	108	-11.4	3.7	M44
14	12	2000	13	50	0.377	136	-12.1	3.7	M44
11	1	2001	0	5	0.398	164	-12.7	3.7	M44
7	2	2001	11	42	0.392	168	-12.8	3.7	M44
6	3	2001	22	10	0.479	141	-12.3	3.7	M44
3	4	2001	5	57	0.685	114	-11.5	3.7	M44
30	4	2001	11	36	0.927	87	-10.9	3.7	M44
27	5	2001	17	10	1.097	61	-10.2	3.7	M44
24	6	2001	0	32	1.150	35	-9.0	3.7	M44
21	7	2001	10	6	1.132	9	-6.1	3.7	M44
17	8	2001	20	50	1.144	18	-7.7	3.7	M44
14	9	2001	6	58	1.266	44	-9.6	3.7	M44
11	10	2001	15	0	1.487	71	-10.5	3.7	M44
7	11	2001	20	51	1.711	98	-11.2	3.7	M44
5	12	2001	2	22	1.830	126	-11.9	3.7	M44
1	1	2002	9	54	1.827	154	-12.5	3.7	M44
28	1	2002	20	4	1.796	176	-12.8	3.7	M44
25	2	2002	7	16	1.861	150	-12.5	3.7	M44
24	3	2002	17	15	2.049	123	-11.8	3.7	M44
21	4	2002	0	45	2.272	96	-11.1	3.7	M44
18	5	2002	6	23	2.417	70	-10.4	3.7	M44
14	6	2002	12	0	2.441	44	-9.5	3.7	M44
11	7	2002	19	13	2.395	18	-7.6	3.7	M44
8	8	2002	4	24	2.379	9	-6.2	3.7	M44
4	9	2002	14	40	2.474	35	-9.0	3.7	M44
2	10	2002	0	23	2.668	62	-10.2	3.7	M44
29	10	2002	8	8	2.863	89	-10.9	3.7	M44
25	11	2002	13	57	2.951	116	-11.5	3.7	M44
22	12	2002	19	36	2.912	143	-12.2	3.7	M44
19	1	2003	3	2	2.843	170	-12.7	3.7	M44
15	2	2003	12	33	2.869	160	-12.6	3.7	M44
31	1	2004	1	43	2.910	110	-11.3	1.6	M45
27	2	2004	9	44	2.638	82	-10.6	1.6	M45
25	3	2004	17	54	2.441	55	-9.8	1.6	M45
22	4	2004	1	28	2.377	28	-8.4	1.6	M45
19	5	2004	8	6	2.390	2	-2.9	1.6	M45
15	6	2004	14	2	2.370	25	-8.1	1.6	M45
12	7	2004	20	1	2.240	51	-9.6	1.6	M45
9	8	2004	2	47	2.012	77	-10.4	1.6	M45
5	9	2004	10	37	1.776	103	-11.1	1.6	M45
2	10	2004	19	6	1.633	130	-11.8	1.6	M45
30	10	2004	3	22	1.613	157	-12.4	1.6	M45

GG	MM	AAAA	HH	MM	DIST	ELONG	MAG1	MAG2	OGGETTO
26	11	2004	10	37	1.636	175	-12.6	1.6	M45
23	12	2004	16	43	1.578	148	-12.2	1.6	M45
19	1	2005	22	32	1.384	120	-11.5	1.6	M45
16	2	2005	5	24	1.127	92	-10.9	1.6	M45
15	3	2005	13	48	0.940	65	-10.2	1.6	M45
11	4	2005	22	58	0.887	38	-9.1	1.6	M45
9	5	2005	7	32	0.918	12	-6.6	1.6	M45
5	6	2005	14	39	0.919	15	-7.1	1.6	M45
2	7	2005	20	28	0.812	41	-9.2	1.6	M45
30	7	2005	2	3	0.608	67	-10.2	1.6	M45
26	8	2005	8	42	0.393	93	-10.9	1.6	M45
22	9	2005	17	6	0.269	120	-11.6	1.6	M45
20	10	2005	2	44	0.270	147	-12.3	1.6	M45
16	11	2005	12	10	0.319	173	-12.7	1.6	M45
13	12	2005	20	0	0.295	158	-12.5	1.6	M45
19	12	2005	5	3	2.896	140	-12.0	3.7	M44
10	1	2006	1	57	0.136	130	-11.9	1.6	M45
15	1	2006	12	18	2.774	167	-12.5	3.7	M44
6	2	2006	7	30	0.091	103	-11.2	1.6	M45
11	2	2006	18	38	2.786	164	-12.5	3.7	M44
5	3	2006	14	34	0.254	75	-10.6	1.6	M45
11	3	2006	0	41	2.860	137	-11.9	3.7	M44
1	4	2006	23	46	0.281	48	-9.7	1.6	M45
7	4	2006	7	18	2.869	110	-11.3	3.7	M44
29	4	2006	9	54	0.221	21	-8.0	1.6	M45
4	5	2006	14	58	2.750	83	-10.6	3.7	M44
26	5	2006	19	16	0.187	7	-5.5	1.6	M45
31	5	2006	23	19	2.549	57	-9.9	3.7	M44
23	6	2006	2	46	0.261	32	-8.8	1.6	M45
28	6	2006	7	32	2.373	31	-8.6	3.7	M44
20	7	2006	8	35	0.430	58	-10.0	1.6	M45
25	7	2006	14	52	2.302	6	-5.1	3.7	M44
16	8	2006	14	3	0.609	84	-10.7	1.6	M45
21	8	2006	21	10	2.333	22	-7.8	3.7	M44
12	9	2006	20	55	0.699	110	-11.4	1.6	M45
18	9	2006	2	56	2.378	48	-9.5	3.7	M44
10	10	2006	6	3	0.667	137	-12.1	1.6	M45
15	10	2006	9	11	2.328	74	-10.4	3.7	M44
6	11	2006	16	44	0.582	164	-12.7	1.6	M45
11	11	2006	16	48	2.147	102	-11.1	3.7	M44
4	12	2006	3	3	0.566	167	-12.7	1.6	M45
9	12	2006	1	48	1.908	129	-11.8	3.7	M44
31	12	2006	11	14	0.681	140	-12.2	1.6	M45
5	1	2007	11	4	1.742	157	-12.4	3.7	M44
27	1	2007	17	7	0.864	112	-11.5	1.6	M45
1	2	2007	19	13	1.713	174	-12.6	3.7	M44
23	2	2007	22	39	0.987	85	-10.9	1.6	M45
1	3	2007	1	41	1.753	147	-12.2	3.7	M44
23	3	2007	6	4	0.977	58	-10.1	1.6	M45
28	3	2007	7	18	1.734	120	-11.6	3.7	M44
19	4	2007	15	48	0.880	31	-8.8	1.6	M45
24	4	2007	13	36	1.587	93	-10.9	3.7	M44
17	5	2007	2	32	0.809	6	-5.4	1.6	M45

GG	MM	AAAA	HH	MM	DIST	ELONG	MAG1	MAG2	OGGETTO
21	5	2007	21	31	1.356	67	-10.3	3.7	M44
13	6	2007	12	22	0.845	23	-8.1	1.6	M45
18	6	2007	6	42	1.148	41	-9.3	3.7	M44
10	7	2007	20	9	0.974	48	-9.7	1.6	M45
15	7	2007	15	58	1.045	15	-7.1	3.7	M44
7	8	2007	2	0	1.110	74	-10.5	1.6	M45
12	8	2007	0	7	1.045	12	-6.6	3.7	M44
3	9	2007	7	29	1.157	100	-11.2	1.6	M45
8	9	2007	6	38	1.062	38	-9.1	3.7	M44
30	9	2007	14	34	1.086	127	-11.9	1.6	M45
5	10	2007	12	8	0.990	65	-10.2	3.7	M44
28	10	2007	0	12	0.963	154	-12.5	1.6	M45
1	11	2007	18	13	0.789	92	-10.9	3.7	M44
24	11	2007	11	30	0.905	175	-12.8	1.6	M45
29	11	2007	2	20	0.526	119	-11.6	3.7	M44
21	12	2007	22	16	0.976	150	-12.5	1.6	M45
26	12	2007	12	28	0.329	147	-12.3	3.7	M44
18	1	2008	6	32	1.114	122	-11.8	1.6	M45
22	1	2008	22	56	0.268	175	-12.7	3.7	M44
14	2	2008	12	21	1.191	95	-11.1	1.6	M45
19	2	2008	7	44	0.282	157	-12.5	3.7	M44
12	3	2008	17	56	1.137	68	-10.4	1.6	M45
17	3	2008	14	12	0.242	130	-11.9	3.7	M44
9	4	2008	1	28	0.999	41	-9.4	1.6	M45
13	4	2008	19	35	0.079	103	-11.2	3.7	M44
6	5	2008	11	19	0.890	15	-7.2	1.6	M45
11	5	2008	1	54	0.169	77	-10.6	3.7	M44
2	6	2008	22	8	0.889	14	-7.1	1.6	M45
7	6	2008	10	18	0.395	50	-9.8	3.7	M44
30	6	2008	8	6	0.981	39	-9.3	1.6	M45
4	7	2008	20	18	0.516	24	-8.2	3.7	M44
27	7	2008	15	59	1.074	65	-10.3	1.6	M45
1	8	2008	6	27	0.534	2	-3.2	3.7	M44
23	8	2008	21	52	1.076	91	-11.0	1.6	M45
28	8	2008	15	13	0.535	28	-8.6	3.7	M44
20	9	2008	3	21	0.963	117	-11.6	1.6	M45
24	9	2008	21	52	0.619	55	-9.9	3.7	M44
17	10	2008	10	30	0.801	144	-12.3	1.6	M45
22	10	2008	3	14	0.828	82	-10.8	3.7	M44
13	11	2008	20	16	0.703	171	-12.8	1.6	M45
18	11	2008	9	25	1.096	109	-11.4	3.7	M44
11	12	2008	7	38	0.733	160	-12.7	1.6	M45
15	12	2008	18	11	1.304	137	-12.2	3.7	M44
7	1	2009	18	17	0.829	132	-12.1	1.6	M45
12	1	2009	5	15	1.379	165	-12.7	3.7	M44
4	2	2009	2	20	0.863	105	-11.3	1.6	M45
8	2	2009	16	24	1.376	167	-12.7	3.7	M44
3	3	2009	8	4	0.763	77	-10.7	1.6	M45
8	3	2009	1	27	1.425	140	-12.2	3.7	M44
30	3	2009	13	40	0.581	50	-9.8	1.6	M45
4	4	2009	7	51	1.595	113	-11.5	3.7	M44
26	4	2009	21	6	0.433	24	-8.2	1.6	M45
1	5	2009	13	10	1.846	86	-10.9	3.7	M44

GG	MM	AAAA	HH	MM	DIST	ELONG	MAG1	MAG2	OGGETTO
24	5	2009	6	38	0.396	6	-5.1	1.6	M45
28	5	2009	19	36	2.072	60	-10.1	3.7	M44
20	6	2009	17	5	0.453	30	-8.7	1.6	M45
25	6	2009	4	19	2.193	33	-9.0	3.7	M44
18	7	2009	2	47	0.510	56	-10.0	1.6	M45
22	7	2009	14	46	2.213	7	-5.7	3.7	M44
14	8	2009	10	31	0.471	82	-10.7	1.6	M45
19	8	2009	1	23	2.217	19	-7.8	3.7	M44
10	9	2009	16	22	0.315	108	-11.3	1.6	M45
15	9	2009	10	27	2.304	46	-9.6	3.7	M44
7	10	2009	21	51	0.114	135	-12.0	1.6	M45
12	10	2009	17	8	2.510	72	-10.5	3.7	M44
4	11	2009	4	57	0.023	161	-12.6	1.6	M45
8	11	2009	22	27	2.771	100	-11.2	3.7	M44
1	12	2009	14	28	0.033	170	-12.7	1.6	M45
6	12	2009	4	49	2.970	127	-11.9	3.7	M44
29	12	2009	1	18	0.026	142	-12.3	1.6	M45
25	1	2010	11	16	0.024	115	-11.5	1.6	M45
21	2	2010	18	51	0.115	87	-10.9	1.6	M45
21	3	2010	0	31	0.340	60	-10.1	1.6	M45
17	4	2010	6	9	0.528	33	-8.8	1.6	M45
14	5	2010	13	18	0.599	7	-5.6	1.6	M45
10	6	2010	22	11	0.574	20	-7.8	1.6	M45
8	7	2010	7	51	0.548	46	-9.5	1.6	M45
4	8	2010	16	55	0.618	72	-10.4	1.6	M45
1	9	2010	0	19	0.805	98	-11.0	1.6	M45
28	9	2010	6	8	1.040	125	-11.7	1.6	M45
25	10	2010	11	44	1.211	152	-12.3	1.6	M45
21	11	2010	18	42	1.255	177	-12.7	1.6	M45
19	12	2010	3	33	1.225	153	-12.4	1.6	M45
15	1	2011	13	19	1.251	125	-11.7	1.6	M45
11	2	2011	22	15	1.415	97	-11.0	1.6	M45
11	3	2011	5	22	1.670	70	-10.3	1.6	M45
7	4	2011	11	10	1.890	43	-9.3	1.6	M45
4	5	2011	16	56	1.990	16	-7.2	1.6	M45
31	5	2011	23	43	1.988	11	-6.3	1.6	M45
28	6	2011	7	43	1.981	36	-9.0	1.6	M45
25	7	2011	16	21	2.068	63	-10.1	1.6	M45
22	8	2011	0	38	2.272	89	-10.8	1.6	M45
18	9	2011	7	49	2.526	115	-11.4	1.6	M45
15	10	2011	13	55	2.718	142	-12.0	1.6	M45
11	11	2011	19	49	2.784	169	-12.5	1.6	M45
9	12	2011	2	31	2.772	163	-12.5	1.6	M45
5	1	2012	10	23	2.807	135	-11.9	1.6	M45
1	2	2012	18	52	2.979	107	-11.2	1.6	M45
13	10	2017	20	3	2.892	73	-10.5	3.7	M44
10	11	2017	1	36	2.637	100	-11.2	3.7	M44
7	12	2017	9	15	2.392	128	-11.9	3.7	M44
3	1	2018	19	38	2.262	156	-12.6	3.7	M44
31	1	2018	7	8	2.247	176	-12.8	3.7	M44
27	2	2018	17	16	2.235	149	-12.4	3.7	M44
27	3	2018	0	41	2.118	121	-11.7	3.7	M44
23	4	2018	6	10	1.892	95	-11.1	3.7	M44

GG	MM	AAAA	HH	MM	DIST	ELONG	MAG1	MAG2	OGGETTO
20	5	2018	11	55	1.643	68	-10.4	3.7	M44
16	6	2018	19	39	1.471	42	-9.4	3.7	M44
14	7	2018	5	33	1.414	16	-7.4	3.7	M44
10	8	2018	16	21	1.416	10	-6.5	3.7	M44
7	9	2018	2	16	1.373	37	-9.2	3.7	M44
4	10	2018	9	56	1.213	64	-10.3	3.7	M44
31	10	2018	15	34	0.959	91	-11.0	3.7	M44
27	11	2018	21	12	0.719	118	-11.7	3.7	M44
25	12	2018	5	9	0.591	146	-12.4	3.7	M44
21	1	2019	15	49	0.577	174	-12.8	3.7	M44
18	2	2019	3	22	0.566	158	-12.6	3.7	M44
17	3	2019	13	21	0.448	131	-12.0	3.7	M44
13	4	2019	20	36	0.220	104	-11.3	3.7	M44
11	5	2019	2	3	0.025	77	-10.6	3.7	M44
7	6	2019	7	50	0.186	51	-9.8	3.7	M44
4	7	2019	15	33	0.233	25	-8.3	3.7	M44
1	8	2019	1	20	0.223	2	-3.0	3.7	M44
28	8	2019	12	2	0.260	28	-8.6	3.7	M44
24	9	2019	21	49	0.414	54	-10.0	3.7	M44
22	10	2019	5	22	0.659	81	-10.8	3.7	M44
18	11	2019	10	57	0.887	108	-11.4	3.7	M44
15	12	2019	16	42	0.998	136	-12.1	3.7	M44
12	1	2020	0	41	0.996	164	-12.7	3.7	M44
8	2	2020	11	2	0.989	168	-12.7	3.7	M44
6	3	2020	21	57	1.092	141	-12.2	3.7	M44
3	4	2020	7	20	1.310	113	-11.5	3.7	M44
30	4	2020	14	19	1.543	87	-10.8	3.7	M44
27	5	2020	19	49	1.687	60	-10.1	3.7	M44
24	6	2020	1	37	1.711	34	-8.9	3.7	M44
21	7	2020	9	5	1.679	9	-6.0	3.7	M44
17	8	2020	18	22	1.694	18	-7.6	3.7	M44
14	9	2020	4	27	1.825	45	-9.5	3.7	M44
11	10	2020	13	42	2.048	71	-10.5	3.7	M44
7	11	2020	20	56	2.254	99	-11.1	3.7	M44
5	12	2020	2	35	2.341	126	-11.8	3.7	M44
1	1	2021	8	28	2.309	154	-12.4	3.7	M44
28	1	2021	16	12	2.269	176	-12.7	3.7	M44
25	2	2021	1	41	2.338	150	-12.4	3.7	M44
24	3	2021	11	29	2.526	123	-11.7	3.7	M44
20	4	2021	20	4	2.735	96	-11.0	3.7	M44
18	5	2021	2	51	2.853	70	-10.3	3.7	M44
14	6	2021	8	31	2.847	44	-9.4	3.7	M44
11	7	2021	14	21	2.781	18	-7.5	3.7	M44
7	8	2021	21	24	2.760	9	-6.1	3.7	M44
4	9	2021	5	52	2.854	35	-8.9	3.7	M44
19	8	2022	13	1	2.937	86	-10.7	1.6	M45
15	9	2022	21	8	2.699	113	-11.3	1.6	M45
13	10	2022	5	59	2.565	139	-12.0	1.6	M45
9	11	2022	14	28	2.548	167	-12.5	1.6	M45
6	12	2022	21	40	2.556	166	-12.5	1.6	M45
3	1	2023	3	34	2.466	138	-12.0	1.6	M45
30	1	2023	9	22	2.243	110	-11.3	1.6	M45
26	2	2023	16	31	1.977	83	-10.7	1.6	M45

GG	MM	AAAA	HH	MM	DIST	ELONG	MAG1	MAG2	OGGETTO
26	3	2023	1	22	1.796	55	-9.9	1.6	M45
22	4	2023	10	51	1.748	28	-8.5	1.6	M45
19	5	2023	19	28	1.768	3	-3.6	1.6	M45
16	6	2023	2	26	1.743	24	-8.1	1.6	M45
13	7	2023	8	5	1.606	50	-9.7	1.6	M45
9	8	2023	13	42	1.379	76	-10.5	1.6	M45
5	9	2023	20	41	1.156	103	-11.2	1.6	M45
3	10	2023	5	36	1.035	129	-11.9	1.6	M45
30	10	2023	15	40	1.032	156	-12.5	1.6	M45
27	11	2023	1	13	1.060	175	-12.7	1.6	M45
24	12	2023	8	48	0.996	148	-12.3	1.6	M45
20	1	2024	14	30	0.801	120	-11.6	1.6	M45
16	2	2024	20	9	0.559	93	-11.0	1.6	M45
15	3	2024	3	43	0.397	65	-10.3	1.6	M45
11	4	2024	13	24	0.369	38	-9.2	1.6	M45
8	5	2024	23	46	0.412	12	-6.7	1.6	M45
5	6	2024	9	2	0.413	15	-7.2	1.6	M45
2	7	2024	16	16	0.303	41	-9.3	1.6	M45
7	7	2024	18	26	2.896	22	-7.9	3.7	M44
29	7	2024	21	54	0.107	67	-10.3	1.6	M45
4	8	2024	1	48	2.862	6	-5.2	3.7	M44
26	8	2024	3	29	0.084	93	-11.0	1.6	M45
31	8	2024	7	59	2.922	31	-8.6	3.7	M44
22	9	2024	10	48	0.177	120	-11.7	1.6	M45
27	9	2024	13	40	2.979	57	-9.9	3.7	M44
19	10	2024	20	31	0.152	146	-12.4	1.6	M45
24	10	2024	20	3	2.931	84	-10.7	3.7	M44
16	11	2024	7	33	0.093	173	-12.8	1.6	M45
21	11	2024	4	7	2.753	112	-11.4	3.7	M44
13	12	2024	17	46	0.122	158	-12.6	1.6	M45
18	12	2024	13	38	2.536	139	-12.1	3.7	M44
10	1	2025	1	31	0.279	130	-12.0	1.6	M45
14	1	2025	23	9	2.410	167	-12.6	3.7	M44
6	2	2025	7	7	0.483	102	-11.3	1.6	M45
11	2	2025	7	12	2.417	164	-12.6	3.7	M44
5	3	2025	12	52	0.609	75	-10.6	1.6	M45
10	3	2025	13	24	2.474	137	-12.0	3.7	M44
1	4	2025	20	47	0.604	48	-9.7	1.6	M45
6	4	2025	18	57	2.455	110	-11.3	3.7	M44
29	4	2025	6	56	0.528	21	-8.1	1.6	M45
4	5	2025	1	32	2.310	84	-10.7	3.7	M44
26	5	2025	17	43	0.495	7	-5.7	1.6	M45
31	5	2025	9	54	2.092	58	-10.0	3.7	M44
23	6	2025	3	20	0.572	32	-8.9	1.6	M45
27	6	2025	19	28	1.911	31	-8.7	3.7	M44
20	7	2025	10	45	0.733	58	-10.1	1.6	M45
25	7	2025	4	53	1.840	6	-5.2	3.7	M44
16	8	2025	16	24	0.883	84	-10.8	1.6	M45
21	8	2025	12	57	1.863	21	-7.9	3.7	M44
12	9	2025	22	2	0.935	110	-11.4	1.6	M45
17	9	2025	19	15	1.886	48	-9.6	3.7	M44
10	10	2025	5	35	0.873	137	-12.1	1.6	M45
15	10	2025	0	41	1.809	74	-10.5	3.7	M44

GG	MM	AAAA	HH	MM	DIST	ELONG	MAG1	MAG2	OGGETTO
6	11	2025	15	44	0.779	164	-12.7	1.6	M45
11	11	2025	7	6	1.605	101	-11.2	3.7	M44
4	12	2025	3	12	0.768	167	-12.8	1.6	M45
8	12	2025	15	51	1.357	129	-11.9	3.7	M44
31	12	2025	13	38	0.885	140	-12.3	1.6	M45
5	1	2026	2	30	1.193	157	-12.6	3.7	M44
27	1	2026	21	20	1.048	112	-11.5	1.6	M45
1	2	2026	13	2	1.164	174	-12.8	3.7	M44
24	2	2026	2	54	1.131	85	-10.9	1.6	M45
28	2	2026	21	31	1.188	147	-12.3	3.7	M44
23	3	2026	8	43	1.083	58	-10.1	1.6	M45
28	3	2026	3	39	1.142	120	-11.6	3.7	M44
19	4	2026	16	42	0.968	31	-8.8	1.6	M45
24	4	2026	9	2	0.972	93	-11.0	3.7	M44
17	5	2026	2	47	0.898	6	-5.4	1.6	M45
21	5	2026	15	44	0.731	67	-10.3	3.7	M44
13	6	2026	13	31	0.941	23	-8.2	1.6	M45
18	6	2026	0	36	0.527	41	-9.4	3.7	M44
10	7	2026	23	8	1.065	49	-9.7	1.6	M45
15	7	2026	10	56	0.433	15	-7.2	3.7	M44
7	8	2026	6	35	1.174	75	-10.6	1.6	M45
11	8	2026	21	7	0.431	12	-6.7	3.7	M44
3	9	2026	12	15	1.181	101	-11.2	1.6	M45
8	9	2026	5	38	0.430	38	-9.2	3.7	M44
30	9	2026	17	54	1.077	127	-11.9	1.6	M45
5	10	2026	11	59	0.332	65	-10.3	3.7	M44
28	10	2026	1	30	0.942	154	-12.5	1.6	M45
1	11	2026	17	19	0.113	92	-11.0	3.7	M44
24	11	2026	11	37	0.890	175	-12.8	1.6	M45
28	11	2026	23	56	0.148	119	-11.7	3.7	M44
21	12	2026	22	56	0.965	150	-12.5	1.6	M45
26	12	2026	9	20	0.330	147	-12.4	3.7	M44
18	1	2027	9	3	1.088	122	-11.8	1.6	M45
22	1	2027	20	44	0.380	175	-12.8	3.7	M44
14	2	2027	16	30	1.127	95	-11.1	1.6	M45
19	2	2027	7	43	0.375	157	-12.6	3.7	M44
13	3	2027	22	1	1.032	67	-10.4	1.6	M45
18	3	2027	16	17	0.439	130	-12.0	3.7	M44
10	4	2027	3	51	0.872	40	-9.3	1.6	M45
14	4	2027	22	20	0.625	103	-11.3	3.7	M44
7	5	2027	11	36	0.761	14	-7.1	1.6	M45
12	5	2027	3	42	0.876	76	-10.6	3.7	M44
3	6	2027	21	13	0.766	14	-7.0	1.6	M45
8	6	2027	10	30	1.087	50	-9.8	3.7	M44
1	7	2027	7	27	0.853	39	-9.3	1.6	M45
5	7	2027	19	36	1.189	24	-8.3	3.7	M44
28	7	2027	16	42	0.923	65	-10.3	1.6	M45
2	8	2027	6	15	1.199	2	-3.2	3.7	M44
25	8	2027	0	0	0.888	91	-10.9	1.6	M45
29	8	2027	16	46	1.212	29	-8.7	3.7	M44
21	9	2027	5	40	0.740	118	-11.5	1.6	M45
26	9	2027	1	27	1.321	55	-10.0	3.7	M44
18	10	2027	11	20	0.561	144	-12.2	1.6	M45

GG	MM	AAAA	HH	MM	DIST	ELONG	MAG1	MAG2	OGGETTO
23	10	2027	7	46	1.546	82	-10.8	3.7	M44
14	11	2027	18	47	0.465	171	-12.7	1.6	M45
19	11	2027	13	5	1.809	110	-11.5	3.7	M44
12	12	2027	4	27	0.496	160	-12.6	1.6	M45
16	12	2027	19	54	1.991	137	-12.2	3.7	M44
8	1	2028	15	0	0.578	132	-12.0	1.6	M45
13	1	2028	5	34	2.045	165	-12.7	3.7	M44
5	2	2028	0	21	0.579	105	-11.3	1.6	M45
9	2	2028	17	2	2.042	167	-12.8	3.7	M44
3	3	2028	7	24	0.441	77	-10.6	1.6	M45
8	3	2028	3	51	2.111	139	-12.2	3.7	M44
30	3	2028	12	57	0.235	50	-9.7	1.6	M45
4	4	2028	12	11	2.304	112	-11.5	3.7	M44
26	4	2028	18	47	0.081	24	-8.1	1.6	M45
1	5	2028	18	9	2.559	85	-10.8	3.7	M44
24	5	2028	2	7	0.046	5	-4.8	1.6	M45
28	5	2028	23	31	2.767	59	-10.1	3.7	M44
20	6	2028	10	57	0.097	30	-8.6	1.6	M45
25	6	2028	6	19	2.862	33	-8.9	3.7	M44
17	7	2028	20	20	0.133	56	-9.9	1.6	M45
22	7	2028	15	18	2.868	7	-5.6	3.7	M44
14	8	2028	4	57	0.064	82	-10.6	1.6	M45
19	8	2028	1	46	2.877	19	-7.8	3.7	M44
10	9	2028	11	59	0.120	108	-11.2	1.6	M45
15	9	2028	12	7	2.983	46	-9.6	3.7	M44
7	10	2028	17	43	0.337	135	-11.9	1.6	M45
3	11	2028	23	30	0.474	161	-12.5	1.6	M45
1	12	2028	6	41	0.484	170	-12.6	1.6	M45
28	12	2028	15	30	0.437	143	-12.2	1.6	M45
25	1	2029	0	51	0.464	115	-11.5	1.6	M45
21	2	2029	9	16	0.632	87	-10.8	1.6	M45
20	3	2029	16	7	0.874	60	-10.0	1.6	M45
16	4	2029	21	56	1.064	33	-8.8	1.6	M45
14	5	2029	3	50	1.132	7	-5.5	1.6	M45
10	6	2029	10	39	1.110	20	-7.6	1.6	M45
7	7	2029	18	31	1.100	46	-9.4	1.6	M45
4	8	2029	2	53	1.192	72	-10.3	1.6	M45
31	8	2029	10	54	1.398	98	-11.0	1.6	M45
27	9	2029	17	57	1.640	125	-11.6	1.6	M45
25	10	2029	0	7	1.806	152	-12.2	1.6	M45
21	11	2029	6	9	1.845	178	-12.6	1.6	M45
18	12	2029	12	54	1.822	153	-12.3	1.6	M45
14	1	2030	20	36	1.867	125	-11.7	1.6	M45
11	2	2030	4	49	2.049	98	-11.0	1.6	M45
10	3	2030	12	50	2.313	70	-10.3	1.6	M45
6	4	2030	20	3	2.529	43	-9.3	1.6	M45
4	5	2030	2	28	2.620	16	-7.2	1.6	M45
31	5	2030	8	29	2.616	10	-6.1	1.6	M45
27	6	2030	14	44	2.620	36	-8.9	1.6	M45
24	7	2030	21	41	2.724	62	-10.0	1.6	M45
21	8	2030	5	21	2.941	88	-10.7	1.6	M45

Per maggiori dettagli consultare il volume "Congiunzioni" edito dallo stesso autore

For more details to see my book "Conjunctions"

OCCULTAZIONI LUNA-M44-M45
OCCULTATIONS MOON-M44-M45
2000-2030

GG MM AAAA : data nel formato giorno/mese/anno
HH MM : ore e minuti
ELONG : elongazione in gradi dal Sole dei corpi
MAGL : magnitudine della Luna
MAGA : magnitudine dell'oggetto
T : durata in secondi
PIANETI : corpi coinvolti : MErcurio, VEnere, MArte, GIove,
                            SAturno, URano, NEttuno

La luna non è indicata in quanto è presente in tutte le
occultazioni di questa tabella

GG MM AAAA : date in the format dd/mm/yyyy
HH MM : hours and minutes
ELONG : elongation in ° from the Sun of the bodies
MAGL : magnitude of the Moon
MAGA : magnitude of the object
T : duration in seconds
PIANETI : planets : MErcury, VEnus, MArs, GI (Jupiter),
                    SAturn, URanus, NEptune

The Moon isn't indicated in the table because it is always
present

GG	MM	AAAA	HH	MM	ELONG	MAGL	MAGA	T	MESSIER
21	1	2000	15	48	174	-12.8	3.7	902	M44
18	2	2000	2	15	159	-12.6	3.7	840	M44
16	3	2000	10	8	131	-12.0	3.7	1409	M44
12	4	2000	15	49	104	-11.3	3.7	2233	M44
9	5	2000	21	21	78	-10.6	3.7	2785	M44
6	6	2000	4	40	51	-9.8	3.7	2995	M44
3	7	2000	14	13	25	-8.4	3.7	3018	M44
31	7	2000	0	55	1	-2.2	3.7	3004	M44
27	8	2000	11	2	27	-8.5	3.7	3049	M44
23	9	2000	19	6	54	-10.0	3.7	3185	M44
21	10	2000	1	0	81	-10.8	3.7	3285	M44
17	11	2000	6	26	108	-11.4	3.7	3212	M44
14	12	2000	13	50	136	-12.1	3.7	3067	M44
11	1	2001	0	5	164	-12.7	3.7	3004	M44
7	2	2001	11	42	168	-12.8	3.7	3005	M44
6	3	2001	22	10	141	-12.3	3.7	2966	M44
3	4	2001	5	57	114	-11.5	3.7	2737	M44
30	4	2001	11	36	87	-10.9	3.7	2215	M44
27	5	2001	17	10	61	-10.2	3.7	1615	M44
24	6	2001	0	32	35	-9.0	3.7	1407	M44
21	7	2001	10	6	9	-6.1	3.7	1535	M44
17	8	2001	20	50	18	-7.7	3.7	1485	M44
14	9	2001	6	58	44	-9.6	3.7	492	M44
16	2	2005	5	24	92	-10.9	1.6	956	M45
15	3	2005	13	48	65	-10.2	1.6	2119	M45
11	4	2005	22	58	38	-9.1	1.6	2299	M45
9	5	2005	7	32	12	-6.6	1.6	2185	M45
5	6	2005	14	39	15	-7.1	1.6	2175	M45
2	7	2005	20	28	41	-9.2	1.6	2526	M45
30	7	2005	2	3	67	-10.2	1.6	2997	M45
26	8	2005	8	42	93	-10.9	1.6	3275	M45
22	9	2005	17	6	120	-11.6	1.6	3334	M45
20	10	2005	2	44	147	-12.3	1.6	3297	M45
16	11	2005	12	10	173	-12.7	1.6	3255	M45
13	12	2005	20	0	158	-12.5	1.6	3299	M45
10	1	2006	1	57	130	-11.9	1.6	3415	M45
6	2	2006	7	30	103	-11.2	1.6	3428	M45
5	3	2006	14	34	75	-10.6	1.6	3318	M45
1	4	2006	23	46	48	-9.7	1.6	3246	M45
29	4	2006	9	54	21	-8.0	1.6	3250	M45
26	5	2006	19	16	7	-5.5	1.6	3273	M45
23	6	2006	2	46	32	-8.8	1.6	3270	M45
20	7	2006	8	35	58	-10.0	1.6	3160	M45
16	8	2006	14	3	84	-10.7	1.6	2926	M45
12	9	2006	20	55	110	-11.4	1.6	2749	M45
10	10	2006	6	3	137	-12.1	1.6	2772	M45
6	11	2006	16	44	164	-12.7	1.6	2873	M45
4	12	2006	3	3	167	-12.7	1.6	2902	M45
31	12	2006	11	14	140	-12.2	1.6	2760	M45
27	1	2007	17	7	112	-11.5	1.6	2384	M45
23	2	2007	22	39	85	-10.9	1.6	2020	M45
23	3	2007	6	4	58	-10.1	1.6	2068	M45
19	4	2007	15	48	31	-8.8	1.6	2331	M45

GG	MM	AAAA	HH	MM	ELONG	MAGL	MAGA	T	MESSIER
17	5	2007	2	32	6	-5.4	1.6	2479	M45
13	6	2007	12	22	23	-8.1	1.6	2409	M45
18	6	2007	6	42	41	-9.3	3.7	1110	M44
10	7	2007	20	9	48	-9.7	1.6	2069	M45
15	7	2007	15	58	15	-7.1	3.7	1721	M44
7	8	2007	2	0	74	-10.5	1.6	1521	M45
12	8	2007	0	7	12	-6.6	3.7	1700	M44
3	9	2007	7	29	100	-11.2	1.6	1283	M45
8	9	2007	6	38	38	-9.1	3.7	1594	M44
30	9	2007	14	34	127	-11.9	1.6	1694	M45
5	10	2007	12	8	65	-10.2	3.7	1941	M44
28	10	2007	0	12	154	-12.5	1.6	2122	M45
1	11	2007	18	13	92	-10.9	3.7	2589	M44
24	11	2007	11	30	175	-12.8	1.6	2265	M45
29	11	2007	2	20	119	-11.6	3.7	3033	M44
21	12	2007	22	16	150	-12.5	1.6	2081	M45
26	12	2007	12	28	147	-12.3	3.7	3185	M44
18	1	2008	6	32	122	-11.8	1.6	1549	M45
22	1	2008	22	56	175	-12.7	3.7	3215	M44
14	2	2008	12	21	95	-11.1	1.6	1042	M45
19	2	2008	7	44	157	-12.5	3.7	3237	M44
12	3	2008	17	56	68	-10.4	1.6	1422	M45
17	3	2008	14	12	130	-11.9	3.7	3300	M44
9	4	2008	1	28	41	-9.4	1.6	2010	M45
13	4	2008	19	35	103	-11.2	3.7	3369	M44
6	5	2008	11	19	15	-7.2	1.6	2302	M45
11	5	2008	1	54	77	-10.6	3.7	3306	M44
2	6	2008	22	8	14	-7.1	1.6	2303	M45
7	6	2008	10	18	50	-9.8	3.7	3113	M44
30	6	2008	8	6	39	-9.3	1.6	2067	M45
4	7	2008	20	18	24	-8.2	3.7	2958	M44
27	7	2008	15	59	65	-10.3	1.6	1723	M45
1	8	2008	6	27	2	-3.2	3.7	2935	M44
23	8	2008	21	52	91	-11.0	1.6	1692	M45
28	8	2008	15	13	28	-8.6	3.7	2960	M44
20	9	2008	3	21	117	-11.6	1.6	2109	M45
24	9	2008	21	52	55	-9.9	3.7	2874	M44
17	10	2008	10	30	144	-12.3	1.6	2505	M45
22	10	2008	3	14	82	-10.8	3.7	2479	M44
13	11	2008	20	16	171	-12.8	1.6	2660	M45
18	11	2008	9	25	109	-11.4	3.7	1600	M44
11	12	2008	7	38	160	-12.7	1.6	2614	M45
7	1	2009	18	17	132	-12.1	1.6	2452	M45
4	2	2009	2	20	105	-11.3	1.6	2387	M45
3	3	2009	8	4	77	-10.7	1.6	2617	M45
30	3	2009	13	40	50	-9.8	1.6	2910	M45
26	4	2009	21	6	24	-8.2	1.6	3043	M45
24	5	2009	6	38	6	-5.1	1.6	3051	M45
20	6	2009	17	5	30	-8.7	1.6	3013	M45
18	7	2009	2	47	56	-10.0	1.6	2993	M45
14	8	2009	10	31	82	-10.7	1.6	3079	M45
10	9	2009	16	22	108	-11.3	1.6	3241	M45
7	10	2009	21	51	135	-12.0	1.6	3317	M45

GG	MM	AAAA	HH	MM	ELONG	MAGL	MAGA	T	MESSIER
4	11	2009	4	57	161	-12.6	1.6	3285	M45
1	12	2009	14	28	170	-12.7	1.6	3258	M45
29	12	2009	1	18	142	-12.3	1.6	3280	M45
25	1	2010	11	16	115	-11.5	1.6	3341	M45
21	2	2010	18	51	87	-10.9	1.6	3382	M45
21	3	2010	0	31	60	-10.1	1.6	3272	M45
17	4	2010	6	9	33	-8.8	1.6	3044	M45
14	5	2010	13	18	7	-5.6	1.6	2917	M45
10	6	2010	22	11	20	-7.8	1.6	2950	M45
8	7	2010	7	51	46	-9.5	1.6	3006	M45
4	8	2010	16	55	72	-10.4	1.6	2934	M45
1	9	2010	0	19	98	-11.0	1.6	2554	M45
28	9	2010	6	8	125	-11.7	1.6	1672	M45
4	10	2018	9	56	64	-10.3	3.7	927	M44
31	10	2018	15	34	91	-11.0	3.7	2119	M44
27	11	2018	21	12	118	-11.7	3.7	2680	M44
25	12	2018	5	9	146	-12.4	3.7	2837	M44
21	1	2019	15	49	174	-12.8	3.7	2826	M44
18	2	2019	3	22	158	-12.6	3.7	2847	M44
17	3	2019	13	21	131	-12.0	3.7	3015	M44
13	4	2019	20	36	104	-11.3	3.7	3225	M44
11	5	2019	2	3	77	-10.6	3.7	3291	M44
7	6	2019	7	50	51	-9.8	3.7	3225	M44
4	7	2019	15	33	25	-8.3	3.7	3157	M44
1	8	2019	1	20	2	-3.0	3.7	3134	M44
28	8	2019	12	2	28	-8.6	3.7	3129	M44
24	9	2019	21	49	54	-10.0	3.7	3070	M44
22	10	2019	5	22	81	-10.8	3.7	2809	M44
18	11	2019	10	57	108	-11.4	3.7	2324	M44
15	12	2019	16	42	136	-12.1	3.7	1974	M44
12	1	2020	0	41	164	-12.7	3.7	1995	M44
8	2	2020	11	2	168	-12.7	3.7	2026	M44
6	3	2020	21	57	141	-12.2	3.7	1643	M44
5	9	2023	20	41	103	-11.2	1.6	999	M45
3	10	2023	5	36	129	-11.9	1.6	1799	M45
30	10	2023	15	40	156	-12.5	1.6	1817	M45
27	11	2023	1	13	175	-12.7	1.6	1678	M45
24	12	2023	8	48	148	-12.3	1.6	1930	M45
20	1	2024	14	30	120	-11.6	1.6	2550	M45
16	2	2024	20	9	93	-11.0	1.6	3015	M45
15	3	2024	3	43	65	-10.3	1.6	3161	M45
11	4	2024	13	24	38	-9.2	1.6	3136	M45
8	5	2024	23	46	12	-6.7	1.6	3081	M45
5	6	2024	9	2	15	-7.2	1.6	3096	M45
2	7	2024	16	16	41	-9.3	1.6	3221	M45
29	7	2024	21	54	67	-10.3	1.6	3337	M45
26	8	2024	3	29	93	-11.0	1.6	3327	M45
22	9	2024	10	48	120	-11.7	1.6	3248	M45
19	10	2024	20	31	146	-12.4	1.6	3200	M45
16	11	2024	7	33	173	-12.8	1.6	3193	M45
13	12	2024	17	46	158	-12.6	1.6	3214	M45
10	1	2025	1	31	130	-12.0	1.6	3201	M45
6	2	2025	7	7	102	-11.3	1.6	3053	M45

GG	MM	AAAA	HH	MM	ELONG	MAGL	MAGA	T	MESSIER
5	3	2025	12	52	75	-10.6	1.6	2873	M45
1	4	2025	20	47	48	-9.7	1.6	2840	M45
29	4	2025	6	56	21	-8.1	1.6	2899	M45
26	5	2025	17	43	7	-5.7	1.6	2929	M45
23	6	2025	3	20	32	-8.9	1.6	2869	M45
20	7	2025	10	45	58	-10.1	1.6	2654	M45
16	8	2025	16	24	84	-10.8	1.6	2336	M45
12	9	2025	22	2	110	-11.4	1.6	2196	M45
10	10	2025	5	35	137	-12.1	1.6	2349	M45
6	11	2025	15	44	164	-12.7	1.6	2528	M45
4	12	2025	3	12	167	-12.8	1.6	2545	M45
31	12	2025	13	38	140	-12.3	1.6	2319	M45
5	1	2026	2	30	157	-12.6	3.7	1050	M44
27	1	2026	21	20	112	-11.5	1.6	1822	M45
1	2	2026	13	2	174	-12.8	3.7	1227	M44
24	2	2026	2	54	85	-10.9	1.6	1427	M45
28	2	2026	21	31	147	-12.3	3.7	960	M44
23	3	2026	8	43	58	-10.1	1.6	1683	M45
28	3	2026	3	39	120	-11.6	3.7	1252	M44
19	4	2026	16	42	31	-8.8	1.6	2102	M45
24	4	2026	9	2	93	-11.0	3.7	2063	M44
17	5	2026	2	47	6	-5.4	1.6	2281	M45
21	5	2026	15	44	67	-10.3	3.7	2673	M44
13	6	2026	13	31	23	-8.2	1.6	2179	M45
18	6	2026	0	36	41	-9.4	3.7	2944	M44
10	7	2026	23	8	49	-9.7	1.6	1780	M45
15	7	2026	10	56	15	-7.2	3.7	3016	M44
7	8	2026	6	35	75	-10.6	1.6	1183	M45
11	8	2026	21	7	12	-6.7	3.7	3026	M44
3	9	2026	12	15	101	-11.2	1.6	1081	M45
8	9	2026	5	38	38	-9.2	3.7	3063	M44
30	9	2026	17	54	127	-11.9	1.6	1688	M45
5	10	2026	11	59	65	-10.3	3.7	3183	M44
28	10	2026	1	30	154	-12.5	1.6	2168	M45
1	11	2026	17	19	92	-11.0	3.7	3290	M44
24	11	2026	11	37	175	-12.8	1.6	2301	M45
28	11	2026	23	56	119	-11.7	3.7	3231	M44
21	12	2026	22	56	150	-12.5	1.6	2110	M45
26	12	2026	9	20	147	-12.4	3.7	3082	M44
18	1	2027	9	3	122	-11.8	1.6	1661	M45
22	1	2027	20	44	175	-12.8	3.7	3021	M44
14	2	2027	16	30	95	-11.1	1.6	1399	M45
19	2	2027	7	43	157	-12.6	3.7	3048	M44
13	3	2027	22	1	67	-10.4	1.6	1832	M45
18	3	2027	16	17	130	-12.0	3.7	3042	M44
10	4	2027	3	51	40	-9.3	1.6	2354	M45
14	4	2027	22	20	103	-11.3	3.7	2847	M44
7	5	2027	11	36	14	-7.1	1.6	2593	M45
12	5	2027	3	42	76	-10.6	3.7	2352	M44
3	6	2027	21	13	14	-7.0	1.6	2580	M45
8	6	2027	10	30	50	-9.8	3.7	1691	M44
1	7	2027	7	27	39	-9.3	1.6	2403	M45
5	7	2027	19	36	24	-8.3	3.7	1256	M44

GG	MM	AAAA	HH	MM	ELONG	MAGL	MAGA	T	MESSIER
28	7	2027	16	42	65	-10.3	1.6	2223	M45
2	8	2027	6	15	2	-3.2	3.7	1222	M44
25	8	2027	0	0	91	-10.9	1.6	2323	M45
29	8	2027	16	46	29	-8.7	3.7	1102	M44
21	9	2027	5	40	118	-11.5	1.6	2688	M45
18	10	2027	11	20	144	-12.2	1.6	2981	M45
14	11	2027	18	47	171	-12.7	1.6	3070	M45
12	12	2027	4	27	160	-12.6	1.6	3027	M45
8	1	2028	15	0	132	-12.0	1.6	2947	M45
5	2	2028	0	21	105	-11.3	1.6	2987	M45
3	3	2028	7	24	77	-10.6	1.6	3200	M45
30	3	2028	12	57	50	-9.7	1.6	3374	M45
26	4	2028	18	47	24	-8.1	1.6	3403	M45
24	5	2028	2	7	5	-4.8	1.6	3382	M45
20	6	2028	10	57	30	-8.6	1.6	3374	M45
17	7	2028	20	20	56	-9.9	1.6	3395	M45
14	8	2028	4	57	82	-10.6	1.6	3458	M45
10	9	2028	11	59	108	-11.2	1.6	3479	M45
7	10	2028	17	43	135	-11.9	1.6	3350	M45
3	11	2028	23	30	161	-12.5	1.6	3178	M45
1	12	2028	6	41	170	-12.6	1.6	3149	M45
28	12	2028	15	30	143	-12.2	1.6	3215	M45
25	1	2029	0	51	115	-11.5	1.6	3212	M45
21	2	2029	9	16	87	-10.8	1.6	2975	M45
20	3	2029	16	7	60	-10.0	1.6	2338	M45
16	4	2029	21	56	33	-8.8	1.6	1394	M45
14	5	2029	3	50	7	-5.5	1.6	773	M45
10	6	2029	10	39	20	-7.6	1.6	1063	M45
7	7	2029	18	31	46	-9.4	1.6	1172	M45

Per maggiori dettagli consultare il volume "Occultazioni"
edito dallo stesso autore

For more details to see my book "Occultations"

CONGIUNZIONI
LUNA-ASTEROIDI
CONJUNCTIONS
MOON-ASTEROIDS
2000-2030

GG MM AAAA : data nel formato giorno/mese/anno
HH MM : ore e minuti
DIST   distanza minima in gradi tra i corpi
ELONG : elongazione in gradi dal Sole dei corpi
MAG1 : magnitudine della Luna
MAG2 : magnitudine dell'asteroide
PIANETI : corpi coinvolti : MErcurio, VEnere, MArte, GIove,
                            SAturno, URano, NEttuno

Sono elencate tutte le congiunzioni in cui i corpi distano meno
di 1°,magnitudine minima dell'asteroide 9

La luna non è indicata in quanto è presente in tutte le
congiunzioni di questa tabella

GG MM AAAA : date in the format dd/mm/yyyy
HH MM : hours and minutes
DIST : minima distance in ° between the bodies
ELONG : elongation in ° from the Sun of the bodies
MAG1 : magnitude of the Moon
MAG2 : magnitude of the asteroid
PIANETI : planets : MErcury, VEnus, MArs, GI (Jupiter),
                    SAturn, URanus, NEptune

All the conjunctions are listed if the bodies have distance less
then 1°, magnitude of the asteroid up to 9

The Moon isn't indicated in the table because it is always
present

GG	MM	AAAA	HH	MM	DIST	ELONG	MAG1	MAG2	ASTEROIDE
3	1	2000	11	45	0.158	36	-8.9	7.7	Vesta
31	1	2000	23	48	0.401	50	-9.6	7.5	Vesta
19	6	2000	19	34	0.035	149	-12.1	5.8	Vesta
27	1	2001	10	12	0.733	31	-8.7	8.0	Vesta
20	2	2002	12	49	0.622	90	-10.9	7.7	Vesta
20	3	2002	9	58	0.467	70	-10.3	8.0	Vesta
29	11	2002	3	6	0.040	71	-10.5	7.7	Vesta
12	5	2004	22	59	0.982	71	-10.4	7.5	Vesta
31	5	2006	12	3	0.826	52	-9.7	8.0	Vesta
3	12	2006	8	11	0.391	157	-12.6	7.0	Iris
12	12	2007	21	30	0.382	36	-9.0	7.8	Vesta
29	5	2010	22	3	0.091	157	-12.4	7.4	Ceres
25	6	2010	18	43	0.972	172	-12.5	7.3	Ceres
28	2	2011	0	10	0.863	54	-9.8	7.5	Vesta
7	10	2012	4	24	0.882	102	-11.1	7.9	Ceres
18	2	2013	21	31	0.343	101	-11.1	7.5	Vesta
28	9	2014	15	33	0.534	51	-9.7	7.5	Vesta
18	10	2017	22	28	0.930	11	-6.4	7.9	Vesta
16	11	2017	8	32	0.399	25	-8.2	7.8	Vesta
14	12	2017	18	29	0.194	39	-9.1	7.7	Vesta
12	1	2018	4	11	0.370	54	-9.8	7.6	Vesta
9	2	2018	12	58	0.929	69	-10.3	7.4	Vesta
27	6	2018	9	19	0.251	170	-12.5	5.6	Vesta
15	6	2019	15	41	0.913	159	-12.4	7.3	Ceres
2	2	2020	8	9	0.516	93	-10.9	7.7	Vesta
1	3	2020	6	13	0.092	72	-10.4	8.0	Vesta
7	12	2020	22	53	0.492	91	-11.0	7.5	Vesta
9	2	2022	10	34	0.033	99	-11.0	7.9	Ceres
19	6	2022	8	35	0.674	112	-11.4	6.6	Vesta
27	5	2024	5	12	0.928	135	-12.0	7.7	Ceres
23	6	2024	5	12	0.945	164	-12.6	7.4	Ceres
16	2	2026	17	20	0.715	10	-6.2	7.9	Vesta
31	10	2026	15	32	0.480	106	-11.4	7.7	Ceres
23	10	2027	11	52	0.585	80	-10.7	7.8	Vesta
31	5	2029	4	32	0.034	135	-12.0	6.0	Vesta

Per maggiori dettagli consultare il volume "Congiunzioni"
edito dallo stesso autore

For more details to see my book "Conjunctions"

OCCULTAZIONI
LUNA-ASTEROIDI
OCCULTATIONS
MOON-ASTEROIDS
2000-2030

GG MM AAAA : data nel formato giorno/mese/anno
HH MM : ore e minuti
ELONG : elongazione in gradi dal Sole dei corpi
MAGL : magnitudine della Luna
MAGA : magnitudine dell'asteroide
T : durata in secondi
PIANETI : corpi coinvolti : MErcurio, VEnere, MArte, GIove,
                            SAturno, URano, NEttuno

Magnitudine minima dell'asteroide 9

La luna non è indicata in quanto è presente in tutte le
occultazioni di questa tabella

GG MM AAAA : date in the format dd/mm/yyyy
HH MM : hours and minutes
ELONG : elongation in ° from the Sun of the bodies
MAGL : magnitude of the Moon
MAGA : magnitude of the asteroid
T : duration in seconds
PIANETI : planets : MErcury, VEnus, MArs, GI (Jupiter),
                    SAturn, URanus, NEptune
ASTEROIDE : asteroid

Magnitude of the asteroid up to 9

The Moon isn't indicated in the table because it is always
present

GG	MM	AAAA	HH	MM	ELONG	MAGL	MAGA	T	ASTEROIDE
3	1	2000	11	45	36	-8.9	7.7	3712	Vesta
31	1	2000	23	48	50	-9.6	7.5	3510	Vesta
29	2	2000	10	40	65	-10.2	7.4	451	Vesta
19	6	2000	19	34	149	-12.1	5.8	3539	Vesta
27	1	2001	10	12	31	-8.7	8.0	2859	Vesta
20	2	2002	12	49	90	-10.9	7.7	3016	Vesta
20	3	2002	9	58	70	-10.3	8.0	3283	Vesta
1	11	2002	0	51	54	-10.0	7.9	1103	Vesta
29	11	2002	3	6	71	-10.5	7.7	3358	Vesta
12	12	2003	0	29	145	-12.2	7.1	841	Ceres
12	5	2004	22	59	71	-10.4	7.5	2048	Vesta
9	6	2004	22	22	89	-10.8	7.2	1402	Vesta
31	5	2006	12	3	52	-9.7	8.0	2574	Vesta
3	12	2006	8	11	157	-12.6	7.0	3046	Iris
12	12	2007	21	30	36	-9.0	7.8	3428	Vesta
29	5	2010	22	3	157	-12.4	7.4	3402	Ceres
25	6	2010	18	43	172	-12.5	7.3	1934	Ceres
28	2	2011	0	10	54	-9.8	7.5	2472	Vesta
28	3	2011	6	33	70	-10.3	7.3	375	Vesta
7	10	2012	4	24	102	-11.1	7.9	2336	Ceres
18	2	2013	21	31	101	-11.1	7.5	3475	Vesta
28	9	2014	15	33	51	-9.7	7.5	3183	Vesta
18	10	2017	22	28	11	-6.4	7.9	2233	Vesta
16	11	2017	8	32	25	-8.2	7.8	3424	Vesta
14	12	2017	18	29	39	-9.1	7.7	3640	Vesta
12	1	2018	4	11	54	-9.8	7.6	3522	Vesta
9	2	2018	12	58	69	-10.3	7.4	2199	Vesta
27	6	2018	9	19	170	-12.5	5.6	3403	Vesta
6	2	2019	7	6	16	-7.2	8.0	1103	Vesta
19	5	2019	17	53	169	-12.6	7.2	1024	Ceres
15	6	2019	15	41	159	-12.4	7.3	2191	Ceres
2	2	2020	8	9	93	-10.9	7.7	3234	Vesta
1	3	2020	6	13	72	-10.4	8.0	3631	Vesta
7	12	2020	22	53	91	-11.0	7.5	3118	Vesta
12	1	2022	22	51	125	-11.7	7.5	1050	Ceres
9	2	2022	10	34	99	-11.0	7.9	3633	Ceres
19	6	2022	8	35	112	-11.4	6.6	2810	Vesta
27	5	2024	5	12	135	-12.0	7.7	2177	Ceres
23	6	2024	5	12	164	-12.6	7.4	2105	Ceres
19	1	2026	5	55	6	-5.0	7.8	911	Vesta
16	2	2026	17	20	10	-6.2	7.9	2849	Vesta
31	10	2026	15	32	106	-11.4	7.7	3054	Ceres
23	10	2027	11	52	80	-10.7	7.8	2961	Vesta
27	11	2028	15	57	130	-11.8	7.5	1371	Iris
31	5	2029	4	32	135	-12.0	6.0	3359	Vesta

Per maggiori dettagli consultare il volume "Occultazioni"
edito dallo stesso autore

For more details to see my book "Occultations"

FASI LUNARI
LUNAR PHASES
2000-2100

```
LN = luna nuova - New Moon
PQ = primo quarto - First Quarter
LP = luna piena - Full Moon
UQ = ultimo quarto - Last Quarter

Ora = time
```

Data LN	ora	Data PQ	ora	Data LP	ora	Data UQ	ora
06/01/2000	19:14	14/01/2000	14:34	21/01/2000	05:40	28/01/2000	08:57
05/02/2000	14:03	13/02/2000	00:21	19/02/2000	17:27	27/02/2000	04:54
06/03/2000	06:17	13/03/2000	07:59	20/03/2000	05:44	28/03/2000	01:21
04/04/2000	19:12	11/04/2000	14:31	18/04/2000	18:42	26/04/2000	20:30
04/05/2000	05:12	10/05/2000	21:01	18/05/2000	08:35	26/05/2000	12:55
02/06/2000	13:14	09/06/2000	04:29	16/06/2000	23:27	25/06/2000	02:00
01/07/2000	20:20	08/07/2000	13:53	16/07/2000	14:55	24/07/2000	12:02
31/07/2000	03:25	07/08/2000	02:02	15/08/2000	06:13	22/08/2000	19:51
29/08/2000	11:19	05/09/2000	17:27	13/09/2000	20:37	21/09/2000	02:28
27/09/2000	20:53	05/10/2000	11:59	13/10/2000	09:53	20/10/2000	08:59
27/10/2000	08:58	04/11/2000	08:27	11/11/2000	22:15	18/11/2000	16:25
26/11/2000	00:11	04/12/2000	04:55	11/12/2000	10:03	18/12/2000	01:41
25/12/2000	18:22	02/01/2001	23:32	09/01/2001	21:24	16/01/2001	13:35
24/01/2001	14:07	01/02/2001	15:02	08/02/2001	08:12	15/02/2001	04:24
23/02/2001	09:21	03/03/2001	03:03	09/03/2001	18:23	16/03/2001	21:45
25/03/2001	02:21	01/04/2001	11:49	08/04/2001	04:22	15/04/2001	16:31
23/04/2001	16:26	30/04/2001	18:08	07/05/2001	14:53	15/05/2001	11:11
23/05/2001	03:46	29/05/2001	23:09	06/06/2001	02:40	14/06/2001	04:28
21/06/2001	12:58	28/06/2001	04:20	05/07/2001	16:04	13/07/2001	19:45
20/07/2001	20:44	27/07/2001	11:08	04/08/2001	06:56	12/08/2001	08:53
19/08/2001	03:55	25/08/2001	20:55	02/09/2001	22:43	10/09/2001	20:00
17/09/2001	11:27	24/09/2001	10:31	02/10/2001	14:49	10/10/2001	05:20
16/10/2001	20:23	24/10/2001	03:58	01/11/2001	06:41	08/11/2001	13:21
15/11/2001	07:40	23/11/2001	00:21	30/11/2001	21:49	07/12/2001	20:52
14/12/2001	21:48	22/12/2001	21:57	30/12/2001	11:41	06/01/2002	04:55
13/01/2002	14:29	21/01/2002	18:47	28/01/2002	23:51	04/02/2002	14:33
12/02/2002	08:41	20/02/2002	13:02	27/02/2002	10:17	06/03/2002	02:25
14/03/2002	03:03	22/03/2002	03:28	28/03/2002	19:25	04/04/2002	16:29
12/04/2002	20:21	20/04/2002	13:48	27/04/2002	04:00	04/05/2002	08:16
12/05/2002	11:45	19/05/2002	20:42	26/05/2002	12:51	03/06/2002	01:05
11/06/2002	00:47	18/06/2002	01:29	24/06/2002	22:42	02/07/2002	18:19
10/07/2002	11:26	17/07/2002	05:47	24/07/2002	10:07	01/08/2002	11:22
08/08/2002	20:15	15/08/2002	11:12	22/08/2002	23:29	31/08/2002	03:31
07/09/2002	04:10	13/09/2002	19:08	21/09/2002	14:59	29/09/2002	18:03
06/10/2002	12:17	13/10/2002	06:33	21/10/2002	08:20	29/10/2002	06:28
04/11/2002	21:34	11/11/2002	21:52	20/11/2002	02:34	27/11/2002	16:46
04/12/2002	08:34	11/12/2002	16:49	19/12/2002	20:10	27/12/2002	01:31
02/01/2003	21:23	10/01/2003	14:15	18/01/2003	11:48	25/01/2003	09:33
01/02/2003	11:48	09/02/2003	12:11	17/02/2003	00:51	23/02/2003	17:46
03/03/2003	03:35	11/03/2003	08:15	18/03/2003	11:34	25/03/2003	02:51
01/04/2003	20:19	10/04/2003	00:40	16/04/2003	20:36	23/04/2003	13:18
01/05/2003	13:15	09/05/2003	12:53	16/05/2003	04:36	23/05/2003	01:31
31/05/2003	05:20	07/06/2003	21:28	14/06/2003	12:16	21/06/2003	15:45
29/06/2003	19:39	07/07/2003	03:32	13/07/2003	20:21	21/07/2003	08:01
29/07/2003	07:53	05/08/2003	08:28	12/08/2003	05:48	20/08/2003	01:48
27/08/2003	18:26	03/09/2003	13:34	10/09/2003	17:36	18/09/2003	20:03
26/09/2003	04:09	02/10/2003	20:09	10/10/2003	08:27	18/10/2003	13:31
25/10/2003	13:50	01/11/2003	05:25	09/11/2003	02:14	17/11/2003	05:15
23/11/2003	23:59	30/11/2003	18:16	08/12/2003	21:37	16/12/2003	18:42
23/12/2003	10:43	30/12/2003	11:03	07/01/2004	16:40	15/01/2004	05:46
21/01/2004	22:05	29/01/2004	07:03	06/02/2004	09:47	13/02/2004	14:40
20/02/2004	10:18	28/02/2004	04:24	07/03/2004	00:14	13/03/2004	22:01
20/03/2004	23:41	29/03/2004	00:48	05/04/2004	12:03	12/04/2004	04:46
19/04/2004	14:21	27/04/2004	18:32	04/05/2004	21:33	11/05/2004	12:04
19/05/2004	05:52	27/05/2004	08:57	03/06/2004	05:20	09/06/2004	21:02
17/06/2004	21:27	25/06/2004	20:08	02/07/2004	12:09	09/07/2004	08:34
17/07/2004	12:24	25/07/2004	04:37	31/07/2004	19:05	07/08/2004	23:01
16/08/2004	02:24	23/08/2004	11:12	30/08/2004	03:22	06/09/2004	16:11
14/09/2004	15:29	21/09/2004	16:54	28/09/2004	14:09	06/10/2004	11:12
14/10/2004	03:48	20/10/2004	22:59	28/10/2004	04:07	05/11/2004	06:53
12/11/2004	15:27	19/11/2004	06:50	26/11/2004	21:07	05/12/2004	01:53

Data LN	ora	Data PQ	ora	Data LP	ora	Data UQ	ora
12/12/2004	02:29	18/12/2004	17:40	26/12/2004	16:06	03/01/2005	18:46
10/01/2005	13:03	17/01/2005	07:58	25/01/2005	11:32	02/02/2005	08:27
08/02/2005	23:28	16/02/2005	01:16	24/02/2005	05:54	03/03/2005	18:37
10/03/2005	10:10	17/03/2005	20:19	25/03/2005	21:59	02/04/2005	01:50
08/04/2005	21:32	16/04/2005	15:37	24/04/2005	11:06	01/05/2005	07:24
08/05/2005	09:45	16/05/2005	09:57	23/05/2005	21:18	30/05/2005	12:47
06/06/2005	22:55	15/06/2005	02:22	22/06/2005	05:14	28/06/2005	19:24
06/07/2005	13:03	14/07/2005	16:20	21/07/2005	12:00	28/07/2005	04:19
05/08/2005	04:05	13/08/2005	03:39	19/08/2005	18:53	26/08/2005	16:18
03/09/2005	19:45	11/09/2005	12:37	18/09/2005	03:01	25/09/2005	07:41
03/10/2005	11:28	10/10/2005	20:01	17/10/2005	13:14	25/10/2005	02:17
02/11/2005	02:25	09/11/2005	02:57	16/11/2005	01:58	23/11/2005	23:11
01/12/2005	16:01	08/12/2005	10:36	15/12/2005	17:16	23/12/2005	20:36
31/12/2005	04:12	06/01/2006	19:57	14/01/2006	10:48	22/01/2006	16:14
29/01/2006	15:15	05/02/2006	07:29	13/02/2006	05:44	21/02/2006	08:17
28/02/2006	01:31	06/03/2006	21:16	15/03/2006	00:35	22/03/2006	20:11
29/03/2006	11:15	05/04/2006	13:01	13/04/2006	17:40	21/04/2006	04:28
27/04/2006	20:44	05/05/2006	06:13	13/05/2006	07:51	20/05/2006	10:21
27/05/2006	06:26	04/06/2006	00:06	11/06/2006	19:03	18/06/2006	15:08
25/06/2006	17:05	03/07/2006	17:37	11/07/2006	04:02	17/07/2006	20:13
25/07/2006	05:31	02/08/2006	09:46	09/08/2006	11:54	16/08/2006	02:51
23/08/2006	20:10	31/08/2006	23:57	07/09/2006	19:42	14/09/2006	12:15
22/09/2006	12:45	30/09/2006	12:04	07/10/2006	04:13	14/10/2006	01:26
22/10/2006	06:14	29/10/2006	22:25	05/11/2006	13:58	12/11/2006	18:45
20/11/2006	23:18	28/11/2006	07:29	05/12/2006	01:25	12/12/2006	15:32
20/12/2006	15:01	27/12/2006	15:48	03/01/2007	14:57	11/01/2007	13:45
19/01/2007	05:01	26/01/2007	00:02	02/02/2007	06:45	10/02/2007	10:51
17/02/2007	17:14	24/02/2007	08:56	04/03/2007	00:17	12/03/2007	04:54
19/03/2007	03:43	25/03/2007	19:16	02/04/2007	18:15	10/04/2007	19:04
17/04/2007	12:36	24/04/2007	07:36	02/05/2007	11:10	10/05/2007	05:27
16/05/2007	20:27	23/05/2007	22:03	01/06/2007	02:04	08/06/2007	12:43
15/06/2007	04:13	22/06/2007	14:15	30/06/2007	14:49	07/07/2007	17:54
14/07/2007	13:04	22/07/2007	07:29	30/07/2007	01:48	05/08/2007	22:20
13/08/2007	00:03	21/08/2007	00:54	28/08/2007	11:35	04/09/2007	03:33
11/09/2007	13:44	19/09/2007	17:48	26/09/2007	20:45	03/10/2007	11:06
11/10/2007	06:01	19/10/2007	09:33	26/10/2007	05:52	01/11/2007	22:18
10/11/2007	00:03	17/11/2007	23:33	24/11/2007	15:30	01/12/2007	13:44
09/12/2007	18:40	17/12/2007	11:17	24/12/2007	02:16	31/12/2007	08:51
08/01/2008	12:37	15/01/2008	20:46	22/01/2008	14:35	30/01/2008	06:03
07/02/2008	04:44	14/02/2008	04:34	21/02/2008	04:31	29/02/2008	03:18
07/03/2008	18:14	14/03/2008	11:46	21/03/2008	19:40	29/03/2008	22:47
06/04/2008	04:55	12/04/2008	19:32	20/04/2008	11:25	28/04/2008	15:12
05/05/2008	13:18	12/05/2008	04:47	20/05/2008	03:11	28/05/2008	03:57
03/06/2008	20:23	10/06/2008	16:04	18/06/2008	18:31	26/06/2008	13:10
03/07/2008	03:19	10/07/2008	05:35	18/07/2008	08:59	25/07/2008	19:42
01/08/2008	11:13	08/08/2008	21:20	16/08/2008	22:17	24/08/2008	00:50
30/08/2008	20:58	07/09/2008	15:04	15/09/2008	10:14	22/09/2008	06:04
29/09/2008	09:12	07/10/2008	10:04	14/10/2008	21:03	21/10/2008	12:55
29/10/2008	00:14	06/11/2008	05:04	13/11/2008	07:17	19/11/2008	22:31
27/11/2008	17:55	05/12/2008	22:26	12/12/2008	17:37	19/12/2008	11:30
27/12/2008	13:23	04/01/2009	12:56	11/01/2009	04:27	18/01/2009	03:46
26/01/2009	08:55	03/02/2009	00:13	09/02/2009	15:49	16/02/2009	22:37
25/02/2009	02:35	04/03/2009	08:46	11/03/2009	03:38	18/03/2009	18:47
26/03/2009	17:06	02/04/2009	15:34	09/04/2009	15:56	17/04/2009	14:36
25/04/2009	04:23	01/05/2009	21:44	09/05/2009	05:02	17/05/2009	08:26
24/05/2009	13:11	31/05/2009	04:22	07/06/2009	19:12	15/06/2009	23:15
22/06/2009	20:35	29/06/2009	12:29	07/07/2009	10:22	15/07/2009	10:53
22/07/2009	03:35	28/07/2009	23:00	06/08/2009	01:55	13/08/2009	19:55
20/08/2009	11:02	27/08/2009	12:42	04/09/2009	17:03	12/09/2009	03:16
18/09/2009	19:44	26/09/2009	05:50	04/10/2009	07:10	11/10/2009	09:56
18/10/2009	06:33	26/10/2009	01:42	02/11/2009	20:14	09/11/2009	16:56

106

Data LN	ora	Data PQ	ora	Data LP	ora	Data UQ	ora
16/11/2009	20:14	24/11/2009	22:39	02/12/2009	08:31	09/12/2009	01:13
16/12/2009	13:02	24/12/2009	18:36	31/12/2009	20:13	07/01/2010	11:40
15/01/2010	08:12	23/01/2010	11:53	30/01/2010	07:18	06/02/2010	00:49
14/02/2010	03:51	22/02/2010	01:42	28/02/2010	17:38	07/03/2010	16:42
15/03/2010	22:01	23/03/2010	12:00	30/03/2010	03:26	06/04/2010	10:37
14/04/2010	13:29	21/04/2010	19:20	28/04/2010	13:18	06/05/2010	05:15
14/05/2010	02:04	21/05/2010	00:43	28/05/2010	00:07	04/06/2010	23:13
12/06/2010	12:15	19/06/2010	05:30	26/06/2010	12:31	04/07/2010	15:35
11/07/2010	20:41	18/07/2010	11:11	26/07/2010	02:37	03/08/2010	05:59
10/08/2010	04:08	16/08/2010	19:14	24/08/2010	18:05	01/09/2010	18:22
08/09/2010	11:30	15/09/2010	06:50	23/09/2010	10:17	01/10/2010	04:52
07/10/2010	19:45	14/10/2010	22:27	23/10/2010	02:37	30/10/2010	13:46
06/11/2010	05:52	13/11/2010	17:39	21/11/2010	18:27	28/11/2010	21:37
05/12/2010	18:36	13/12/2010	14:59	21/12/2010	09:14	28/12/2010	05:19
04/01/2011	10:03	12/01/2011	12:32	19/01/2011	22:21	26/01/2011	13:57
03/02/2011	03:31	11/02/2011	08:18	18/02/2011	09:36	25/02/2011	00:26
04/03/2011	21:46	13/03/2011	00:45	19/03/2011	19:10	26/03/2011	13:07
03/04/2011	15:32	11/04/2011	13:05	18/04/2011	03:44	25/04/2011	03:47
03/05/2011	07:51	10/05/2011	21:33	17/05/2011	12:09	24/05/2011	19:52
01/06/2011	22:03	09/06/2011	03:11	15/06/2011	21:14	23/06/2011	12:48
01/07/2011	09:54	08/07/2011	07:30	15/07/2011	07:40	23/07/2011	06:02
30/07/2011	19:40	06/08/2011	12:08	13/08/2011	19:58	21/08/2011	22:55
29/08/2011	04:04	04/09/2011	18:39	12/09/2011	10:27	20/09/2011	14:39
27/09/2011	12:09	04/10/2011	04:15	12/10/2011	03:06	20/10/2011	04:31
26/10/2011	20:56	02/11/2011	17:38	10/11/2011	21:16	18/11/2011	16:09
25/11/2011	07:10	02/12/2011	10:52	10/12/2011	15:37	18/12/2011	01:48
24/12/2011	19:06	01/01/2012	07:15	09/01/2012	08:30	16/01/2012	10:08
23/01/2012	08:39	31/01/2012	05:10	07/02/2012	22:54	14/02/2012	18:04
21/02/2012	23:35	01/03/2012	02:22	08/03/2012	10:40	15/03/2012	02:25
22/03/2012	15:37	30/03/2012	20:41	06/04/2012	20:19	13/04/2012	11:50
21/04/2012	08:19	29/04/2012	10:58	06/05/2012	04:35	12/05/2012	22:47
21/05/2012	00:47	28/05/2012	21:16	04/06/2012	12:12	11/06/2012	11:41
19/06/2012	16:02	27/06/2012	04:31	03/07/2012	19:52	11/07/2012	02:48
19/07/2012	05:24	26/07/2012	09:56	02/08/2012	04:27	09/08/2012	19:55
17/08/2012	16:55	24/08/2012	14:54	31/08/2012	14:58	08/09/2012	14:15
16/09/2012	03:11	22/09/2012	20:41	30/09/2012	04:19	08/10/2012	08:33
15/10/2012	13:03	22/10/2012	04:32	29/10/2012	20:50	07/11/2012	01:36
13/11/2012	23:08	20/11/2012	15:32	28/11/2012	15:46	06/12/2012	16:32
13/12/2012	09:42	20/12/2012	06:19	28/12/2012	11:21	05/01/2013	04:58
11/01/2013	20:44	19/01/2013	00:45	27/01/2013	05:39	03/02/2013	14:56
10/02/2013	08:20	17/02/2013	21:31	25/02/2013	21:26	04/03/2013	22:53
11/03/2013	20:51	19/03/2013	18:27	27/03/2013	10:27	03/04/2013	05:37
10/04/2013	10:35	18/04/2013	13:31	25/04/2013	20:57	02/05/2013	12:14
10/05/2013	01:29	18/05/2013	05:35	25/05/2013	05:25	31/05/2013	19:58
08/06/2013	16:57	16/06/2013	18:24	23/06/2013	12:32	30/06/2013	05:54
08/07/2013	08:15	16/07/2013	04:19	22/07/2013	19:16	29/07/2013	18:44
06/08/2013	22:51	14/08/2013	11:56	21/08/2013	02:45	28/08/2013	10:35
05/09/2013	12:36	12/09/2013	18:09	19/09/2013	12:13	27/09/2013	04:56
05/10/2013	01:35	12/10/2013	00:02	19/10/2013	00:38	27/10/2013	00:41
03/11/2013	13:50	10/11/2013	06:57	17/11/2013	16:16	25/11/2013	20:28
03/12/2013	01:22	09/12/2013	16:12	17/12/2013	10:28	25/12/2013	14:48
01/01/2014	12:14	08/01/2014	04:39	16/01/2014	05:52	24/01/2014	06:19
30/01/2014	22:39	06/02/2014	20:22	15/02/2014	00:53	22/02/2014	18:15
01/03/2014	09:00	08/03/2014	14:27	16/03/2014	18:09	24/03/2014	02:46
30/03/2014	19:45	07/04/2014	09:31	15/04/2014	08:42	22/04/2014	08:52
29/04/2014	07:14	07/05/2014	04:15	14/05/2014	20:16	21/05/2014	13:59
28/05/2014	19:40	05/06/2014	21:39	13/06/2014	05:12	19/06/2014	19:39
27/06/2014	09:09	05/07/2014	12:59	12/07/2014	12:25	19/07/2014	03:08
26/07/2014	23:42	04/08/2014	01:50	10/08/2014	19:09	17/08/2014	13:26
25/08/2014	15:13	02/09/2014	12:11	09/09/2014	02:38	16/09/2014	03:05
24/09/2014	07:14	01/10/2014	20:33	08/10/2014	11:51	15/10/2014	20:12

Data LN	ora	Data PQ	ora	Data LP	ora	Data UQ	ora
23/10/2014	22:57	31/10/2014	03:48	06/11/2014	23:23	14/11/2014	16:16
22/11/2014	13:32	29/11/2014	11:06	06/12/2014	13:27	14/12/2014	13:51
22/12/2014	02:36	28/12/2014	19:31	05/01/2015	05:53	13/01/2015	10:47
20/01/2015	14:14	27/01/2015	05:48	04/02/2015	00:09	12/02/2015	04:50
19/02/2015	00:47	25/02/2015	18:14	05/03/2015	19:06	13/03/2015	18:48
20/03/2015	10:36	27/03/2015	08:43	04/04/2015	13:06	12/04/2015	04:45
18/04/2015	19:57	26/04/2015	00:55	04/05/2015	04:42	11/05/2015	11:36
18/05/2015	05:13	25/05/2015	18:19	02/06/2015	17:19	09/06/2015	16:42
16/06/2015	15:05	24/06/2015	12:03	02/07/2015	03:20	08/07/2015	21:24
16/07/2015	02:25	24/07/2015	05:04	31/07/2015	11:43	07/08/2015	03:03
14/08/2015	15:54	22/08/2015	20:31	29/08/2015	19:35	05/09/2015	10:54
13/09/2015	07:42	21/09/2015	09:59	28/09/2015	03:51	04/10/2015	22:06
13/10/2015	01:06	20/10/2015	21:31	27/10/2015	13:05	03/11/2015	13:24
11/11/2015	18:47	19/11/2015	07:28	25/11/2015	23:44	03/12/2015	08:41
11/12/2015	11:29	18/12/2015	16:14	25/12/2015	12:11	02/01/2016	06:31
10/01/2016	02:31	17/01/2016	00:26	24/01/2016	02:46	01/02/2016	04:28
08/02/2016	15:39	15/02/2016	08:47	22/02/2016	19:20	02/03/2016	00:11
09/03/2016	02:55	15/03/2016	18:03	23/03/2016	13:01	31/03/2016	16:17
07/04/2016	12:24	14/04/2016	04:59	22/04/2016	06:24	30/04/2016	04:29
06/05/2016	20:30	13/05/2016	18:02	21/05/2016	22:15	29/05/2016	13:12
05/06/2016	04:00	12/06/2016	09:10	20/06/2016	12:03	27/06/2016	19:19
04/07/2016	12:01	12/07/2016	01:52	19/07/2016	23:57	26/07/2016	23:59
02/08/2016	21:45	10/08/2016	19:21	18/08/2016	10:27	25/08/2016	04:41
01/09/2016	10:03	09/09/2016	12:49	16/09/2016	20:05	23/09/2016	10:56
01/10/2016	01:12	09/10/2016	05:33	16/10/2016	05:23	22/10/2016	20:14
30/10/2016	18:39	07/11/2016	20:51	14/11/2016	14:52	21/11/2016	09:33
29/11/2016	13:19	07/12/2016	10:03	14/12/2016	01:06	21/12/2016	02:56
29/12/2016	07:53	05/01/2017	20:47	12/01/2017	12:34	19/01/2017	23:14
28/01/2017	01:07	04/02/2017	05:19	11/02/2017	01:33	18/02/2017	20:33
26/02/2017	15:58	05/03/2017	12:32	12/03/2017	15:54	20/03/2017	16:58
28/03/2017	03:57	03/04/2017	19:40	11/04/2017	07:08	19/04/2017	10:57
26/04/2017	13:16	03/05/2017	03:47	10/05/2017	22:43	19/05/2017	01:33
25/05/2017	20:45	01/06/2017	13:42	09/06/2017	14:10	17/06/2017	12:33
24/06/2017	03:31	01/07/2017	01:51	09/07/2017	05:07	16/07/2017	20:26
23/07/2017	10:46	30/07/2017	16:23	07/08/2017	19:11	15/08/2017	02:15
21/08/2017	19:30	29/08/2017	09:13	06/09/2017	08:03	13/09/2017	07:25
20/09/2017	06:30	28/09/2017	03:54	05/10/2017	19:40	12/10/2017	13:26
19/10/2017	20:12	27/10/2017	23:22	04/11/2017	06:23	10/11/2017	21:37
18/11/2017	12:42	26/11/2017	18:03	03/12/2017	16:47	10/12/2017	08:52
18/12/2017	07:31	26/12/2017	10:20	02/01/2018	03:24	08/01/2018	23:25
17/01/2018	03:17	24/01/2018	23:20	31/01/2018	14:27	07/02/2018	16:54
15/02/2018	22:05	23/02/2018	09:09	02/03/2018	01:51	09/03/2018	12:20
17/03/2018	14:12	24/03/2018	16:35	31/03/2018	13:37	08/04/2018	08:18
16/04/2018	02:57	22/04/2018	22:46	30/04/2018	01:58	08/05/2018	03:09
15/05/2018	12:48	22/05/2018	04:49	29/05/2018	15:20	06/06/2018	19:32
13/06/2018	20:43	20/06/2018	11:51	28/06/2018	05:53	06/07/2018	08:51
13/07/2018	03:48	19/07/2018	20:52	27/07/2018	21:21	04/08/2018	19:18
11/08/2018	10:58	18/08/2018	08:49	26/08/2018	12:56	03/09/2018	03:38
09/09/2018	19:02	17/09/2018	00:15	25/09/2018	03:53	02/10/2018	10:46
09/10/2018	04:47	16/10/2018	19:02	24/10/2018	17:45	31/10/2018	17:40
07/11/2018	17:02	15/11/2018	15:54	23/11/2018	06:39	30/11/2018	01:19
07/12/2018	08:21	15/12/2018	12:49	22/12/2018	18:49	29/12/2018	10:35
06/01/2019	02:28	14/01/2019	07:46	21/01/2019	06:16	27/01/2019	22:11
04/02/2019	22:04	12/02/2019	23:26	19/02/2019	16:54	26/02/2019	12:28
06/03/2019	17:04	14/03/2019	11:27	21/03/2019	02:43	28/03/2019	05:10
05/04/2019	09:51	12/04/2019	20:06	19/04/2019	12:12	26/04/2019	23:18
04/05/2019	23:45	12/05/2019	02:12	18/05/2019	22:11	26/05/2019	17:34
03/06/2019	11:02	10/06/2019	06:59	17/06/2019	09:31	25/06/2019	10:46
02/07/2019	20:16	09/07/2019	11:55	16/07/2019	22:38	25/07/2019	02:18
01/08/2019	04:12	07/08/2019	18:31	15/08/2019	13:29	23/08/2019	15:56
30/08/2019	11:37	06/09/2019	04:11	14/09/2019	05:33	22/09/2019	03:41

Data LN	ora	Data PQ	ora	Data LP	ora	Data UQ	ora
28/09/2019	19:26	05/10/2019	17:47	13/10/2019	22:08	21/10/2019	13:39
28/10/2019	04:39	04/11/2019	11:23	12/11/2019	14:35	19/11/2019	22:11
26/11/2019	16:06	04/12/2019	07:59	12/12/2019	06:12	19/12/2019	05:57
26/12/2019	06:13	03/01/2020	05:46	10/01/2020	20:21	17/01/2020	13:59
24/01/2020	22:42	02/02/2020	02:42	09/02/2020	08:33	15/02/2020	23:17
23/02/2020	16:32	02/03/2020	20:57	09/03/2020	18:48	16/03/2020	10:34
24/03/2020	10:28	01/04/2020	11:21	08/04/2020	03:35	14/04/2020	23:56
23/04/2020	03:26	30/04/2020	21:38	07/05/2020	11:45	14/05/2020	15:03
22/05/2020	18:39	30/05/2020	04:30	05/06/2020	20:12	13/06/2020	07:24
21/06/2020	07:41	28/06/2020	09:16	05/07/2020	05:44	13/07/2020	00:29
20/07/2020	18:33	27/07/2020	13:33	03/08/2020	16:59	11/08/2020	17:45
19/08/2020	03:42	25/08/2020	18:58	02/09/2020	06:22	10/09/2020	10:26
17/09/2020	12:00	24/09/2020	02:55	01/10/2020	22:05	10/10/2020	01:40
16/10/2020	20:31	23/10/2020	14:23	31/10/2020	15:49	08/11/2020	14:46
15/11/2020	06:07	22/11/2020	05:45	30/11/2020	10:30	08/12/2020	01:37
14/12/2020	17:17	22/12/2020	00:41	30/12/2020	04:28	06/01/2021	10:37
13/01/2021	06:00	20/01/2021	22:02	28/01/2021	20:16	04/02/2021	18:37
11/02/2021	20:06	19/02/2021	19:47	27/02/2021	09:17	06/03/2021	02:30
13/03/2021	11:21	21/03/2021	15:41	28/03/2021	19:48	04/04/2021	11:03
12/04/2021	03:31	20/04/2021	07:59	27/04/2021	04:32	03/05/2021	20:50
11/05/2021	20:00	19/05/2021	20:13	26/05/2021	12:14	02/06/2021	08:25
10/06/2021	11:53	18/06/2021	04:54	24/06/2021	19:40	01/07/2021	22:11
10/07/2021	02:17	17/07/2021	11:11	24/07/2021	03:37	31/07/2021	14:16
08/08/2021	14:50	15/08/2021	16:20	22/08/2021	13:02	30/08/2021	08:13
07/09/2021	01:52	13/09/2021	21:40	21/09/2021	00:55	29/09/2021	02:57
06/10/2021	12:05	13/10/2021	04:25	20/10/2021	15:57	28/10/2021	21:05
04/11/2021	22:15	11/11/2021	13:46	19/11/2021	09:58	27/11/2021	13:28
04/12/2021	08:43	11/12/2021	02:36	19/12/2021	05:36	27/12/2021	03:24
02/01/2022	19:34	09/01/2022	19:12	18/01/2022	00:49	25/01/2022	14:41
01/02/2022	06:46	08/02/2022	14:50	16/02/2022	17:57	23/02/2022	23:33
02/03/2022	18:35	10/03/2022	11:46	18/03/2022	08:18	25/03/2022	06:37
01/04/2022	07:24	09/04/2022	07:48	16/04/2022	19:55	23/04/2022	12:56
30/04/2022	21:28	09/05/2022	01:21	16/05/2022	05:14	22/05/2022	19:43
30/05/2022	12:30	07/06/2022	15:48	14/06/2022	12:52	21/06/2022	04:11
29/06/2022	03:52	07/07/2022	03:14	13/07/2022	19:38	20/07/2022	15:19
28/07/2022	18:55	05/08/2022	12:07	12/08/2022	02:36	19/08/2022	05:36
27/08/2022	09:17	03/09/2022	19:08	10/09/2022	10:59	17/09/2022	22:52
25/09/2022	22:55	03/10/2022	01:14	09/10/2022	21:55	17/10/2022	18:15
25/10/2022	11:49	01/11/2022	07:37	08/11/2022	12:02	16/11/2022	14:27
23/11/2022	23:57	30/11/2022	15:37	08/12/2022	05:08	16/12/2022	09:56
23/12/2022	11:17	30/12/2022	02:21	07/01/2023	00:08	15/01/2023	03:11
21/01/2023	21:53	28/01/2023	16:19	05/02/2023	19:29	13/02/2023	17:01
20/02/2023	08:06	27/02/2023	09:06	07/03/2023	13:41	15/03/2023	03:08
21/03/2023	18:23	29/03/2023	03:33	06/04/2023	05:35	13/04/2023	10:12
20/04/2023	05:13	27/04/2023	22:20	05/05/2023	18:34	12/05/2023	15:28
19/05/2023	16:53	27/05/2023	16:22	04/06/2023	04:42	10/06/2023	20:32
18/06/2023	05:37	26/06/2023	08:50	03/07/2023	12:39	10/07/2023	02:48
17/07/2023	19:32	25/07/2023	23:07	01/08/2023	19:32	08/08/2023	11:29
16/08/2023	10:38	24/08/2023	10:57	31/08/2023	02:36	06/09/2023	23:21
15/09/2023	02:40	22/09/2023	20:32	29/09/2023	10:58	06/10/2023	14:48
14/10/2023	18:55	22/10/2023	04:30	28/10/2023	21:24	05/11/2023	09:37
13/11/2023	10:28	20/11/2023	11:50	27/11/2023	10:16	05/12/2023	06:49
13/12/2023	00:32	19/12/2023	19:39	27/12/2023	01:33	04/01/2024	04:31
11/01/2024	12:58	18/01/2024	04:53	25/01/2024	18:54	03/02/2024	00:18
09/02/2024	23:59	16/02/2024	16:01	24/02/2024	13:31	03/03/2024	16:24
10/03/2024	10:01	17/03/2024	05:11	25/03/2024	08:00	02/04/2024	04:15
08/04/2024	19:21	15/04/2024	20:13	24/04/2024	00:49	01/05/2024	12:27
08/05/2024	04:22	15/05/2024	12:48	23/05/2024	14:53	30/05/2024	18:13
06/06/2024	13:38	14/06/2024	06:19	22/06/2024	02:08	28/06/2024	22:54
05/07/2024	23:57	13/07/2024	23:49	21/07/2024	11:17	28/07/2024	03:52
04/08/2024	12:13	12/08/2024	16:19	19/08/2024	19:26	26/08/2024	10:26

Data	ora	Data	ora	Data	ora	Data	ora
LN		PQ		LP		UQ	
03/09/2024	02:56	11/09/2024	07:06	18/09/2024	03:35	24/09/2024	19:50
02/10/2024	19:50	10/10/2024	19:55	17/10/2024	12:27	24/10/2024	09:03
01/11/2024	13:47	09/11/2024	06:56	15/11/2024	22:29	23/11/2024	02:28
01/12/2024	07:22	08/12/2024	16:27	15/12/2024	10:02	22/12/2024	23:18
30/12/2024	23:27	07/01/2025	00:57	13/01/2025	23:27	21/01/2025	21:31
29/01/2025	13:36	05/02/2025	09:02	12/02/2025	14:54	20/02/2025	18:33
28/02/2025	01:45	06/03/2025	17:32	14/03/2025	07:55	22/03/2025	12:30
29/03/2025	11:58	05/04/2025	03:15	13/04/2025	01:22	21/04/2025	02:36
27/04/2025	20:31	04/05/2025	14:52	12/05/2025	17:56	20/05/2025	12:59
27/05/2025	04:02	03/06/2025	04:41	11/06/2025	08:44	18/06/2025	20:19
25/06/2025	11:32	02/07/2025	20:30	10/07/2025	21:37	18/07/2025	01:38
24/07/2025	20:11	01/08/2025	13:41	09/08/2025	08:55	16/08/2025	06:12
23/08/2025	07:07	31/08/2025	07:25	07/09/2025	19:09	14/09/2025	11:33
21/09/2025	20:54	30/09/2025	00:54	07/10/2025	04:48	13/10/2025	19:13
21/10/2025	13:25	29/10/2025	17:21	05/11/2025	14:19	12/11/2025	06:28
20/11/2025	07:47	28/11/2025	07:59	05/12/2025	00:14	11/12/2025	21:52
20/12/2025	02:44	27/12/2025	20:10	03/01/2026	11:03	10/01/2026	16:49
18/01/2026	20:52	26/01/2026	05:48	01/02/2026	23:09	09/02/2026	13:43
17/02/2026	13:01	24/02/2026	13:28	03/03/2026	12:38	11/03/2026	10:39
19/03/2026	02:24	25/03/2026	20:18	02/04/2026	03:12	10/04/2026	05:52
17/04/2026	12:52	24/04/2026	03:32	01/05/2026	18:23	09/05/2026	22:11
16/05/2026	21:01	23/05/2026	12:11	31/05/2026	09:45	08/06/2026	11:01
15/06/2026	03:54	21/06/2026	22:55	30/06/2026	00:57	07/07/2026	20:29
14/07/2026	10:44	21/07/2026	12:06	29/07/2026	15:36	06/08/2026	03:22
12/08/2026	18:37	20/08/2026	03:46	28/08/2026	05:19	04/09/2026	08:51
11/09/2026	04:27	18/09/2026	21:44	26/09/2026	17:49	03/10/2026	14:25
10/10/2026	16:50	18/10/2026	17:13	26/10/2026	05:12	01/11/2026	21:29
09/11/2026	08:02	17/11/2026	12:48	24/11/2026	15:54	01/12/2026	07:09
09/12/2026	01:52	17/12/2026	06:43	24/12/2026	02:28	30/12/2026	20:00
07/01/2027	21:25	15/01/2027	21:35	22/01/2027	13:17	29/01/2027	11:56
06/02/2027	16:56	14/02/2027	08:59	21/02/2027	00:24	28/02/2027	06:17
08/03/2027	10:30	15/03/2027	17:25	22/03/2027	11:44	30/03/2027	01:54
07/04/2027	00:51	13/04/2027	23:57	20/04/2027	23:27	28/04/2027	21:18
06/05/2027	11:59	13/05/2027	05:44	20/05/2027	11:59	28/05/2027	14:58
04/06/2027	20:40	11/06/2027	11:56	19/06/2027	01:45	27/06/2027	05:54
04/07/2027	04:02	10/07/2027	19:39	18/07/2027	16:45	26/07/2027	17:55
02/08/2027	11:05	09/08/2027	05:54	17/08/2027	08:29	25/08/2027	03:28
31/08/2027	18:41	07/09/2027	19:31	16/09/2027	00:04	23/09/2027	11:21
30/09/2027	03:36	07/10/2027	12:48	15/10/2027	14:47	22/10/2027	18:29
29/10/2027	14:37	06/11/2027	09:00	14/11/2027	04:26	21/11/2027	01:48
28/11/2027	04:24	06/12/2027	06:22	13/12/2027	17:09	20/12/2027	10:11
27/12/2027	21:13	05/01/2028	02:41	12/01/2028	05:03	18/01/2028	20:26
26/01/2028	16:13	03/02/2028	20:11	10/02/2028	16:04	17/02/2028	09:08
25/02/2028	11:38	04/03/2028	10:03	11/03/2028	02:06	18/03/2028	00:23
26/03/2028	05:32	02/04/2028	20:16	09/04/2028	11:27	16/04/2028	17:37
24/04/2028	20:47	02/05/2028	03:26	08/05/2028	20:49	16/05/2028	11:43
24/05/2028	09:16	31/05/2028	08:37	07/06/2028	07:09	15/06/2028	05:28
22/06/2028	19:28	29/06/2028	13:11	06/07/2028	19:11	14/07/2028	21:57
22/07/2028	04:02	28/07/2028	18:40	05/08/2028	09:10	13/08/2028	12:46
20/08/2028	11:44	27/08/2028	02:36	04/09/2028	00:48	12/09/2028	01:46
18/09/2028	19:24	25/09/2028	14:10	03/10/2028	17:25	11/10/2028	12:57
18/10/2028	03:57	25/10/2028	05:53	02/11/2028	10:17	09/11/2028	22:26
16/11/2028	14:18	24/11/2028	01:15	02/12/2028	02:40	09/12/2028	06:39
16/12/2028	03:06	23/12/2028	22:45	31/12/2028	17:49	07/01/2029	14:27
14/01/2029	18:25	22/01/2029	20:23	30/01/2029	07:04	05/02/2029	22:52
13/02/2029	11:32	21/02/2029	16:10	28/02/2029	18:10	07/03/2029	08:52
15/03/2029	05:19	23/03/2029	08:33	30/03/2029	03:27	05/04/2029	20:52
13/04/2029	22:40	21/04/2029	20:50	28/04/2029	11:37	05/05/2029	10:48
13/05/2029	14:42	21/05/2029	05:16	27/05/2029	19:38	04/06/2029	02:19
12/06/2029	04:51	19/06/2029	10:54	26/06/2029	04:22	03/07/2029	18:58
11/07/2029	16:51	18/07/2029	15:14	25/07/2029	14:36	02/08/2029	12:16

110

Data LN	ora	Data PQ	ora	Data LP	ora	Data UQ	ora
10/08/2029	02:56	16/08/2029	19:55	24/08/2029	02:51	01/09/2029	05:33
08/09/2029	11:45	15/09/2029	02:29	22/09/2029	17:30	30/09/2029	21:57
07/10/2029	20:15	14/10/2029	12:09	22/10/2029	10:28	30/10/2029	12:32
06/11/2029	05:24	13/11/2029	01:35	21/11/2029	05:03	29/11/2029	00:48
05/12/2029	15:52	12/12/2029	18:50	20/12/2029	23:47	28/12/2029	10:49
04/01/2030	03:50	11/01/2030	15:06	19/01/2030	16:55	26/01/2030	19:15
02/02/2030	17:08	10/02/2030	12:50	18/02/2030	07:20	25/02/2030	02:58
04/03/2030	07:35	12/03/2030	09:48	19/03/2030	18:57	26/03/2030	10:52
02/04/2030	23:03	11/04/2030	03:57	18/04/2030	04:20	24/04/2030	19:39
02/05/2030	15:12	10/05/2030	18:12	17/05/2030	12:19	24/05/2030	05:58
01/06/2030	07:21	09/06/2030	04:36	15/06/2030	19:41	22/06/2030	18:20
30/06/2030	22:35	08/07/2030	12:02	15/07/2030	03:12	22/07/2030	09:08
30/07/2030	12:11	06/08/2030	17:43	13/08/2030	11:45	21/08/2030	02:16
29/08/2030	00:08	04/09/2030	22:56	11/09/2030	22:18	19/09/2030	20:57
27/09/2030	10:55	04/10/2030	04:56	11/10/2030	11:47	19/10/2030	15:51
26/10/2030	21:17	02/11/2030	12:56	10/11/2030	04:30	18/11/2030	09:33
25/11/2030	07:47	01/12/2030	23:57	09/12/2030	23:41	18/12/2030	01:01
24/12/2030	18:32	31/12/2030	14:36	08/01/2031	19:26	16/01/2031	13:48
23/01/2031	05:31	30/01/2031	08:43	07/02/2031	13:47	14/02/2031	23:50
21/02/2031	16:49	01/03/2031	05:02	09/03/2031	05:30	16/03/2031	07:36
23/03/2031	04:49	31/03/2031	01:32	07/04/2031	18:22	14/04/2031	13:58
21/04/2031	17:57	29/04/2031	20:20	07/05/2031	04:40	13/05/2031	20:07
21/05/2031	08:17	29/05/2031	12:20	05/06/2031	12:59	12/06/2031	03:21
19/06/2031	23:25	28/06/2031	01:19	04/07/2031	20:01	11/07/2031	12:50
19/07/2031	14:40	27/07/2031	11:35	03/08/2031	02:46	10/08/2031	01:24
18/08/2031	05:33	25/08/2031	19:40	01/09/2031	10:21	08/09/2031	17:15
16/09/2031	19:47	24/09/2031	02:20	30/09/2031	19:58	08/10/2031	11:51
16/10/2031	09:21	23/10/2031	08:37	30/10/2031	08:33	07/11/2031	08:03
14/11/2031	22:10	21/11/2031	15:45	29/11/2031	00:19	07/12/2031	04:20
14/12/2031	10:06	21/12/2031	01:01	28/12/2031	18:33	05/01/2032	23:04
12/01/2032	21:07	19/01/2032	13:14	27/01/2032	13:53	04/02/2032	14:49
11/02/2032	07:24	18/02/2032	04:29	26/02/2032	08:43	05/03/2032	02:47
11/03/2032	17:25	18/03/2032	21:57	27/03/2032	01:47	03/04/2032	11:11
10/04/2032	03:40	17/04/2032	16:25	25/04/2032	16:10	02/05/2032	17:02
09/05/2032	14:36	17/05/2032	10:44	25/05/2032	03:37	31/05/2032	21:51
08/06/2032	02:32	16/06/2032	04:00	23/06/2032	12:33	30/06/2032	03:12
07/07/2032	15:42	15/07/2032	19:32	22/07/2032	19:52	29/07/2032	10:25
06/08/2032	06:12	14/08/2032	08:51	21/08/2032	02:47	27/08/2032	20:34
04/09/2032	21:57	12/09/2032	19:49	19/09/2032	10:30	26/09/2032	10:13
04/10/2032	14:27	12/10/2032	04:48	18/10/2032	19:58	26/10/2032	03:29
03/11/2032	06:45	10/11/2032	12:34	17/11/2032	07:42	24/11/2032	23:48
02/12/2032	21:53	09/12/2032	20:09	16/12/2032	21:49	24/12/2032	21:40
01/01/2033	11:17	08/01/2033	04:35	15/01/2033	14:07	23/01/2033	18:46
30/01/2033	23:00	06/02/2033	14:34	14/02/2033	08:04	22/02/2033	12:53
01/03/2033	09:24	08/03/2033	02:27	16/03/2033	02:38	24/03/2033	02:50
30/03/2033	18:52	06/04/2033	16:14	14/04/2033	20:18	22/04/2033	12:43
29/04/2033	03:46	06/05/2033	07:46	14/05/2033	11:43	21/05/2033	19:29
28/05/2033	12:37	05/06/2033	00:39	13/06/2033	00:19	20/06/2033	00:30
26/06/2033	22:07	04/07/2033	18:12	12/07/2033	10:29	19/07/2033	05:07
26/07/2033	09:13	03/08/2033	11:26	10/08/2033	19:08	17/08/2033	10:43
24/08/2033	22:40	02/09/2033	03:24	09/09/2033	03:21	15/09/2033	18:34
23/09/2033	14:40	01/10/2033	17:33	08/10/2033	11:58	15/10/2033	05:48
23/10/2033	08:29	31/10/2033	05:47	06/11/2033	21:32	13/11/2033	21:09
22/11/2033	02:39	29/11/2033	16:16	06/12/2033	08:22	13/12/2033	16:28
21/12/2033	19:47	29/12/2033	01:20	04/01/2034	20:47	12/01/2034	14:17
20/01/2034	11:02	27/01/2034	09:32	03/02/2034	11:05	11/02/2034	12:09
19/02/2034	00:11	25/02/2034	17:34	05/03/2034	03:10	13/03/2034	07:45
20/03/2034	11:15	27/03/2034	02:19	03/04/2034	20:19	11/04/2034	23:45
18/04/2034	20:26	25/04/2034	12:35	03/05/2034	13:16	11/05/2034	11:56
18/05/2034	04:13	25/05/2034	00:58	02/06/2034	04:54	09/06/2034	20:44
16/06/2034	11:26	23/06/2034	15:35	01/07/2034	18:45	09/07/2034	02:59

111

Data LN	ora	Data PQ	ora	Data LP	ora	Data UQ	ora
15/07/2034	19:15	23/07/2034	08:05	31/07/2034	06:55	07/08/2034	07:51
14/08/2034	04:53	22/08/2034	01:44	29/08/2034	17:50	05/09/2034	12:42
12/09/2034	17:14	20/09/2034	19:40	28/09/2034	03:57	04/10/2034	19:05
12/10/2034	08:33	20/10/2034	13:03	27/10/2034	13:43	03/11/2034	04:28
11/11/2034	02:17	19/11/2034	05:02	25/11/2034	23:32	02/12/2034	17:47
10/12/2034	21:15	18/12/2034	18:45	25/12/2034	09:55	01/01/2035	11:01
09/01/2035	16:03	17/01/2035	05:46	23/01/2035	21:17	31/01/2035	07:03
08/02/2035	09:22	15/02/2035	14:17	22/02/2035	09:54	02/03/2035	04:01
10/03/2035	00:10	16/03/2035	21:15	23/03/2035	23:42	01/04/2035	00:07
08/04/2035	11:58	15/04/2035	03:55	22/04/2035	14:21	30/04/2035	17:54
07/05/2035	21:04	14/05/2035	11:29	22/05/2035	05:26	30/05/2035	08:31
06/06/2035	04:21	12/06/2035	20:50	20/06/2035	20:38	28/06/2035	19:43
05/07/2035	10:59	12/07/2035	08:33	20/07/2035	11:37	28/07/2035	03:56
03/08/2035	18:12	10/08/2035	22:53	19/08/2035	02:00	26/08/2035	10:08
02/09/2035	03:00	09/09/2035	15:47	17/09/2035	15:24	24/09/2035	15:40
01/10/2035	14:07	09/10/2035	10:50	17/10/2035	03:36	23/10/2035	21:57
31/10/2035	03:59	08/11/2035	06:51	15/11/2035	14:49	22/11/2035	06:17
29/11/2035	20:38	08/12/2035	02:05	15/12/2035	01:33	21/12/2035	17:29
29/12/2035	15:31	06/01/2036	18:48	13/01/2036	12:16	20/01/2036	07:47
28/01/2036	11:18	05/02/2036	08:01	11/02/2036	23:09	19/02/2036	00:47
27/02/2036	06:00	05/03/2036	17:49	12/03/2036	10:10	19/03/2036	19:39
27/03/2036	21:57	04/04/2036	01:04	10/04/2036	21:23	18/04/2036	15:06
26/04/2036	10:33	03/05/2036	06:55	10/05/2036	09:10	18/05/2036	09:40
25/05/2036	20:17	01/06/2036	12:35	08/06/2036	22:02	17/06/2036	02:03
24/06/2036	04:10	30/06/2036	19:13	08/07/2036	12:20	16/07/2036	15:40
23/07/2036	11:17	30/07/2036	03:56	07/08/2036	03:49	15/08/2036	02:36
21/08/2036	18:35	28/08/2036	15:44	05/09/2036	19:46	13/09/2036	11:29
20/09/2036	02:52	27/09/2036	07:13	05/10/2036	11:15	12/10/2036	19:10
19/10/2036	12:50	27/10/2036	02:14	04/11/2036	01:44	11/11/2036	02:29
18/11/2036	01:15	25/11/2036	23:28	03/12/2036	15:09	10/12/2036	10:19
17/12/2036	16:35	25/12/2036	20:45	02/01/2037	03:35	08/01/2037	19:29
16/01/2037	10:35	24/01/2037	15:55	31/01/2037	15:04	07/02/2037	06:44
15/02/2037	05:54	23/02/2037	07:41	02/03/2037	01:28	08/03/2037	20:26
17/03/2037	00:37	24/03/2037	19:40	31/03/2037	10:54	07/04/2037	12:25
15/04/2037	17:08	23/04/2037	04:12	29/04/2037	19:54	07/05/2037	05:56
15/05/2037	06:54	22/05/2037	10:09	29/05/2037	05:24	05/06/2037	23:49
13/06/2037	18:10	20/06/2037	14:46	27/06/2037	16:20	05/07/2037	17:01
13/07/2037	03:32	19/07/2037	19:31	27/07/2037	05:15	04/08/2037	08:51
11/08/2037	11:42	18/08/2037	02:00	25/08/2037	20:10	02/09/2037	23:03
09/09/2037	19:26	16/09/2037	11:36	24/09/2037	12:32	02/10/2037	11:29
09/10/2037	03:35	16/10/2037	01:16	24/10/2037	05:37	31/10/2037	22:07
07/11/2037	13:03	14/11/2037	18:59	22/11/2037	22:35	30/11/2037	07:07
07/12/2037	00:39	14/12/2037	15:42	22/12/2037	14:39	29/12/2037	15:05
05/01/2038	14:42	13/01/2038	13:34	21/01/2038	05:00	27/01/2038	23:01
04/02/2038	06:53	12/02/2038	10:30	19/02/2038	17:10	26/02/2038	07:56
06/03/2038	00:15	14/03/2038	04:42	21/03/2038	03:10	27/03/2038	18:36
04/04/2038	17:43	12/04/2038	19:02	19/04/2038	11:36	26/04/2038	07:16
04/05/2038	10:20	12/05/2038	05:18	18/05/2038	19:24	25/05/2038	21:44
03/06/2038	01:24	10/06/2038	12:12	17/06/2038	03:31	24/06/2038	13:40
02/07/2038	14:32	09/07/2038	17:01	16/07/2038	12:48	24/07/2038	06:40
01/08/2038	01:40	07/08/2038	21:22	14/08/2038	23:57	23/08/2038	00:12
30/08/2038	11:13	06/09/2038	02:51	13/09/2038	13:25	21/09/2038	17:27
28/09/2038	19:58	05/10/2038	10:53	13/10/2038	05:22	21/10/2038	09:24
28/10/2038	04:53	03/11/2038	22:24	11/11/2038	23:27	19/11/2038	23:10
26/11/2038	14:47	03/12/2038	13:46	11/12/2038	18:31	19/12/2038	10:29
26/12/2038	02:02	02/01/2039	08:37	10/01/2039	12:46	17/01/2039	19:42
24/01/2039	14:36	01/02/2039	05:45	09/02/2039	04:39	16/02/2039	03:36
23/02/2039	04:18	03/03/2039	03:15	10/03/2039	17:35	17/03/2039	11:08
24/03/2039	19:00	01/04/2039	22:55	09/04/2039	03:53	15/04/2039	19:07
23/04/2039	10:35	01/05/2039	15:08	08/05/2039	12:20	15/05/2039	04:17
23/05/2039	02:38	31/05/2039	03:25	06/06/2039	19:48	13/06/2039	15:17

Data LN	ora	Data PQ	ora	Data LP	ora	Data UQ	ora
21/06/2039	18:22	29/06/2039	12:17	06/07/2039	03:04	13/07/2039	04:38
21/07/2039	08:54	28/07/2039	18:50	04/08/2039	10:57	11/08/2039	20:36
19/08/2039	21:51	27/08/2039	00:17	02/09/2039	20:24	10/09/2039	14:46
18/09/2039	09:23	25/09/2039	05:53	02/10/2039	08:23	10/10/2039	10:00
17/10/2039	20:09	24/10/2039	12:51	31/10/2039	23:36	09/11/2039	04:46
16/11/2039	06:46	22/11/2039	22:17	30/11/2039	17:50	08/12/2039	21:45
15/12/2039	17:32	22/12/2039	11:02	30/12/2039	13:38	07/01/2040	12:06
14/01/2040	04:25	21/01/2040	03:21	29/01/2040	08:55	05/02/2040	23:33
12/02/2040	15:25	19/02/2040	22:34	28/02/2040	02:00	06/03/2040	08:19
13/03/2040	02:46	20/03/2040	18:59	28/03/2040	16:12	04/04/2040	15:07
11/04/2040	15:00	19/04/2040	14:38	27/04/2040	03:38	03/05/2040	21:00
11/05/2040	04:28	19/05/2040	08:01	26/05/2040	12:47	02/06/2040	03:18
09/06/2040	19:03	17/06/2040	22:33	24/06/2040	20:19	01/07/2040	11:18
09/07/2040	10:15	17/07/2040	10:17	24/07/2040	03:06	30/07/2040	22:06
08/08/2040	01:27	15/08/2040	19:36	22/08/2040	10:10	29/08/2040	12:17
06/09/2040	16:14	14/09/2040	03:08	20/09/2040	18:43	28/09/2040	05:42
06/10/2040	06:26	13/10/2040	09:42	20/10/2040	05:50	28/10/2040	01:27
04/11/2040	19:56	11/11/2040	16:24	18/11/2040	20:06	26/11/2040	22:08
04/12/2040	08:33	11/12/2040	00:30	18/12/2040	13:16	26/12/2040	18:03
02/01/2041	20:08	09/01/2041	11:06	17/01/2041	08:11	25/01/2041	11:33
01/02/2041	06:43	08/02/2041	00:40	16/02/2041	03:21	24/02/2041	01:29
02/03/2041	16:39	09/03/2041	16:51	17/03/2041	21:19	25/03/2041	11:32
01/04/2041	02:30	08/04/2041	10:39	16/04/2041	13:01	23/04/2041	18:24
30/04/2041	12:47	08/05/2041	04:54	16/05/2041	01:53	22/05/2041	23:26
29/05/2041	23:56	06/06/2041	22:41	14/06/2041	11:59	21/06/2041	04:12
28/06/2041	12:17	06/07/2041	15:13	13/07/2041	20:01	20/07/2041	10:13
28/07/2041	02:03	05/08/2041	05:53	12/08/2041	03:05	18/08/2041	18:43
26/08/2041	17:16	03/09/2041	18:19	10/09/2041	10:24	17/09/2041	06:33
25/09/2041	09:41	03/10/2041	04:33	09/10/2041	19:03	16/10/2041	22:05
25/10/2041	02:30	01/11/2041	13:05	08/11/2041	05:44	15/11/2041	17:06
23/11/2041	18:37	30/11/2041	20:49	07/12/2041	18:42	15/12/2041	14:33
23/12/2041	09:07	30/12/2041	04:46	06/01/2042	09:54	14/01/2042	12:24
21/01/2042	21:42	28/01/2042	13:49	05/02/2042	02:58	13/02/2042	08:17
20/02/2042	08:39	27/02/2042	00:30	06/03/2042	21:10	15/03/2042	00:21
21/03/2042	18:23	28/03/2042	13:00	05/04/2042	15:16	13/04/2042	12:09
20/04/2042	03:20	27/04/2042	03:19	05/05/2042	07:49	12/05/2042	20:18
19/05/2042	11:55	26/05/2042	19:18	03/06/2042	21:48	11/06/2042	02:00
17/06/2042	20:48	25/06/2042	12:29	03/07/2042	09:10	10/07/2042	06:39
17/07/2042	06:52	25/07/2042	06:02	01/08/2042	18:34	08/08/2042	11:35
15/08/2042	19:01	23/08/2042	22:56	31/08/2042	03:03	06/09/2042	18:09
14/09/2042	09:50	22/09/2042	14:21	29/09/2042	11:34	06/10/2042	03:35
14/10/2042	03:03	22/10/2042	03:53	28/10/2042	20:49	04/11/2042	16:51
12/11/2042	21:29	20/11/2042	15:32	27/11/2042	07:06	04/12/2042	10:19
12/12/2042	15:30	20/12/2042	01:28	26/12/2042	18:43	03/01/2043	07:08
11/01/2043	07:53	18/01/2043	10:05	25/01/2043	07:57	02/02/2043	05:15
09/02/2043	22:08	16/02/2043	18:00	23/02/2043	22:58	04/03/2043	02:08
11/03/2043	10:09	18/03/2043	02:03	25/03/2043	15:26	02/04/2043	19:56
09/04/2043	20:07	16/04/2043	11:09	24/04/2043	08:23	02/05/2043	09:59
09/05/2043	04:21	15/05/2043	22:05	24/05/2043	00:37	31/05/2043	20:25
07/06/2043	11:35	14/06/2043	11:19	22/06/2043	15:21	30/06/2043	03:53
06/07/2043	18:51	14/07/2043	02:47	22/07/2043	04:24	29/07/2043	09:23
05/08/2043	03:23	12/08/2043	19:57	20/08/2043	16:05	27/08/2043	14:09
03/09/2043	14:18	11/09/2043	14:01	19/09/2043	02:47	25/09/2043	19:41
03/10/2043	04:12	11/10/2043	08:05	18/10/2043	12:56	25/10/2043	03:28
01/11/2043	20:58	10/11/2043	01:13	16/11/2043	22:53	23/11/2043	14:46
01/12/2043	15:37	09/12/2043	16:28	16/12/2043	09:02	23/12/2043	06:05
31/12/2043	10:48	08/01/2044	05:02	14/01/2044	19:51	22/01/2044	00:47
30/01/2044	05:05	06/02/2044	14:47	13/02/2044	07:42	20/02/2044	21:20
28/02/2044	21:13	06/03/2044	22:18	13/03/2044	20:41	21/03/2044	17:53
29/03/2044	10:26	05/04/2044	04:45	12/04/2044	10:39	20/04/2044	12:49
27/04/2044	20:42	04/05/2044	11:28	12/05/2044	01:17	20/05/2044	05:02

Data LN	ora	Data PQ	ora	Data LP	ora	Data UQ	ora
27/05/2044	04:40	02/06/2044	19:34	10/06/2044	16:16	18/06/2044	18:00
25/06/2044	11:25	02/07/2044	05:49	10/07/2044	07:22	18/07/2044	03:47
24/07/2044	18:11	31/07/2044	18:41	08/08/2044	22:14	16/08/2044	11:04
23/08/2044	02:06	30/08/2044	10:19	07/09/2044	12:25	14/09/2044	16:58
21/09/2044	12:04	29/09/2044	04:31	07/10/2044	01:30	13/10/2044	22:53
21/10/2044	00:37	29/10/2044	00:28	05/11/2044	13:27	12/11/2044	06:10
19/11/2044	15:58	27/11/2044	20:37	05/12/2044	00:34	11/12/2044	15:53
19/12/2044	09:53	27/12/2044	15:00	03/01/2045	11:21	10/01/2045	04:32
18/01/2045	05:26	26/01/2045	06:09	01/02/2045	22:06	08/02/2045	20:04
17/02/2045	00:51	24/02/2045	17:37	03/03/2045	08:53	10/03/2045	13:50
18/03/2045	18:15	26/03/2045	01:57	01/04/2045	19:43	09/04/2045	08:52
17/04/2045	08:27	24/04/2045	08:12	01/05/2045	06:52	09/05/2045	03:51
16/05/2045	19:27	23/05/2045	13:39	30/05/2045	18:53	07/06/2045	21:23
15/06/2045	04:05	21/06/2045	19:29	29/06/2045	08:16	07/07/2045	12:31
14/07/2045	11:29	21/07/2045	02:53	28/07/2045	23:11	06/08/2045	00:57
12/08/2045	18:39	19/08/2045	12:56	27/08/2045	15:08	04/09/2045	11:04
11/09/2045	02:28	18/09/2045	02:30	26/09/2045	07:12	03/10/2045	19:32
10/10/2045	11:37	17/10/2045	19:56	25/10/2045	22:31	02/11/2045	03:10
08/11/2045	22:49	16/11/2045	16:26	24/11/2045	12:44	01/12/2045	10:47
08/12/2045	12:42	16/12/2045	14:09	24/12/2045	01:50	30/12/2045	19:12
07/01/2046	05:24	15/01/2046	10:43	22/01/2046	13:52	29/01/2046	05:12
06/02/2046	00:10	14/02/2046	04:21	21/02/2046	00:44	27/02/2046	17:23
07/03/2046	19:16	15/03/2046	18:13	22/03/2046	10:27	29/03/2046	07:58
06/04/2046	12:52	14/04/2046	04:22	20/04/2046	19:21	28/04/2046	00:31
06/05/2046	03:56	13/05/2046	11:25	20/05/2046	04:15	27/05/2046	18:07
04/06/2046	16:23	11/06/2046	16:28	18/06/2046	14:10	26/06/2046	11:40
04/07/2046	02:39	10/07/2046	20:54	18/07/2046	01:55	26/07/2046	04:20
02/08/2046	11:26	09/08/2046	02:16	16/08/2046	15:50	24/08/2046	19:37
31/08/2046	19:26	07/09/2046	10:07	15/09/2046	07:40	23/09/2046	09:16
30/09/2046	03:26	06/10/2046	21:41	15/10/2046	00:42	22/10/2046	21:08
29/10/2046	12:17	05/11/2046	13:29	13/11/2046	18:05	21/11/2046	07:11
27/11/2046	22:50	05/12/2046	08:57	13/12/2046	10:56	20/12/2046	15:43
27/12/2046	11:39	04/01/2047	06:31	12/01/2047	02:22	18/01/2047	23:33
26/01/2047	02:44	03/02/2047	04:09	10/02/2047	15:40	17/02/2047	07:43
24/02/2047	19:26	04/03/2047	23:52	12/03/2047	02:37	18/03/2047	17:11
26/03/2047	12:45	03/04/2047	16:11	10/04/2047	11:36	17/04/2047	04:31
25/04/2047	05:40	03/05/2047	04:27	09/05/2047	19:25	16/05/2047	17:46
24/05/2047	21:28	01/06/2047	12:55	08/06/2047	03:05	15/06/2047	08:45
23/06/2047	11:36	30/06/2047	18:37	07/07/2047	11:34	15/07/2047	01:10
22/07/2047	23:49	29/07/2047	23:03	05/08/2047	21:39	13/08/2047	18:34
21/08/2047	10:17	28/08/2047	03:50	04/09/2047	09:55	12/09/2047	12:19
19/09/2047	19:32	26/09/2047	10:29	04/10/2047	00:42	12/10/2047	05:22
19/10/2047	04:28	25/10/2047	20:13	02/11/2047	17:59	10/11/2047	20:40
17/11/2047	13:59	24/11/2047	09:41	02/12/2047	12:55	10/12/2047	09:29
17/12/2047	00:38	24/12/2047	02:51	01/01/2048	07:57	08/01/2048	19:50
15/01/2048	12:33	22/01/2048	22:56	31/01/2048	01:15	07/02/2048	04:17
14/02/2048	01:32	21/02/2048	20:23	29/02/2048	15:38	07/03/2048	11:45
14/03/2048	15:28	22/03/2048	17:04	30/03/2048	03:05	05/04/2048	19:11
13/04/2048	06:20	21/04/2048	11:03	28/04/2048	12:13	05/05/2048	03:23
12/05/2048	21:59	21/05/2048	01:17	27/05/2048	19:58	03/06/2048	13:05
11/06/2048	13:50	19/06/2048	11:50	26/06/2048	03:08	03/07/2048	00:58
11/07/2048	05:04	18/07/2048	19:32	25/07/2048	10:34	01/08/2048	15:31
09/08/2048	18:59	17/08/2048	01:32	23/08/2048	19:07	31/08/2048	08:42
08/09/2048	07:25	15/09/2048	07:04	22/09/2048	05:47	30/09/2048	03:46
07/10/2048	18:46	14/10/2048	13:20	21/10/2048	19:25	29/10/2048	23:15
06/11/2048	05:39	12/11/2048	21:29	20/11/2048	12:20	28/11/2048	17:34
05/12/2048	16:30	12/12/2048	08:30	20/12/2048	07:40	28/12/2048	09:32
04/01/2049	03:25	10/01/2049	22:56	19/01/2049	03:29	26/01/2049	22:33
02/02/2049	14:16	09/02/2049	16:39	17/02/2049	21:48	25/02/2049	08:37
04/03/2049	01:12	11/03/2049	12:26	19/03/2049	13:24	26/03/2049	16:10
02/04/2049	12:39	10/04/2049	08:28	18/04/2049	02:05	24/04/2049	22:11

Data LN	ora	Data PQ	ora	Data LP	ora	Data UQ	ora
02/05/2049	01:11	10/05/2049	02:58	17/05/2049	12:14	24/05/2049	03:54
31/05/2049	15:00	08/06/2049	18:57	15/06/2049	20:27	22/06/2049	10:41
30/06/2049	05:51	08/07/2049	08:10	15/07/2049	03:30	21/07/2049	19:49
29/07/2049	21:07	06/08/2049	18:52	13/08/2049	10:20	20/08/2049	08:11
28/08/2049	12:19	05/09/2049	03:28	11/09/2049	18:05	19/09/2049	00:04
27/09/2049	03:05	04/10/2049	10:39	11/10/2049	03:53	18/10/2049	18:56
26/10/2049	17:15	02/11/2049	17:19	09/11/2049	16:38	17/11/2049	15:32
25/11/2049	06:36	02/12/2049	00:40	09/12/2049	08:28	17/12/2049	12:15
24/12/2049	18:52	31/12/2049	09:53	08/01/2050	02:39	16/01/2050	07:18
23/01/2050	05:57	29/01/2050	21:48	06/02/2050	21:48	14/02/2050	23:11
21/02/2050	16:04	28/02/2050	12:30	08/03/2050	16:24	16/03/2050	11:08
23/03/2050	01:41	30/03/2050	05:18	07/04/2050	09:12	14/04/2050	19:24
21/04/2050	11:26	28/04/2050	23:09	06/05/2050	23:26	14/05/2050	01:04
20/05/2050	21:51	28/05/2050	17:04	05/06/2050	10:51	12/06/2050	05:40
19/06/2050	09:22	27/06/2050	10:17	04/07/2050	19:51	11/07/2050	10:46
18/07/2050	22:17	27/07/2050	02:06	03/08/2050	03:21	09/08/2050	17:49
17/08/2050	12:48	25/08/2050	15:57	01/09/2050	10:31	08/09/2050	03:51
16/09/2050	04:50	24/09/2050	03:34	30/09/2050	18:32	07/10/2050	17:32
15/10/2050	21:49	23/10/2050	13:11	30/10/2050	04:16	06/11/2050	10:57
14/11/2050	14:42	21/11/2050	21:26	28/11/2050	16:10	06/12/2050	07:28
14/12/2050	06:18	21/12/2050	05:16	28/12/2050	06:16	05/01/2051	05:29
12/01/2051	19:58	19/01/2051	13:38	26/01/2051	22:20	04/02/2051	02:40
11/02/2051	07:42	17/02/2051	23:17	25/02/2051	15:54	05/03/2051	20:47
12/03/2051	17:53	19/03/2051	10:34	27/03/2051	10:00	04/04/2051	10:41
11/04/2051	02:59	17/04/2051	23:39	26/04/2051	03:19	03/05/2051	20:31
10/05/2051	11:29	17/05/2051	14:30	25/05/2051	18:35	02/06/2051	03:16
08/06/2051	19:57	16/06/2051	06:56	24/06/2051	07:15	01/07/2051	08:15
08/07/2051	05:09	16/07/2051	00:21	23/07/2051	17:37	30/07/2051	12:53
06/08/2051	16:05	14/08/2051	17:50	22/08/2051	02:35	28/08/2051	18:29
05/09/2051	05:34	13/09/2051	10:21	20/09/2051	11:12	27/09/2051	02:22
04/10/2051	21:47	13/10/2051	01:12	19/10/2051	20:13	26/10/2051	13:39
03/11/2051	16:00	11/11/2051	14:07	18/11/2051	06:07	25/11/2051	05:03
03/12/2051	10:37	11/12/2051	01:07	17/12/2051	17:05	25/12/2051	00:21
02/01/2052	04:06	09/01/2052	10:27	16/01/2052	05:25	23/01/2052	22:04
31/01/2052	19:31	07/02/2052	18:36	14/02/2052	19:21	22/02/2052	19:45
01/03/2052	08:36	08/03/2052	02:18	15/03/2052	10:55	23/03/2052	15:10
30/03/2052	19:27	06/04/2052	10:29	14/04/2052	03:29	22/04/2052	07:04
29/04/2052	04:21	05/05/2052	20:05	13/05/2052	20:00	21/05/2052	19:15
28/05/2052	11:51	04/06/2052	07:50	12/06/2052	11:27	20/06/2052	04:10
26/06/2052	18:50	03/07/2052	22:00	12/07/2052	01:23	19/07/2052	10:38
26/07/2052	02:31	02/08/2052	14:20	10/08/2052	13:53	17/08/2052	15:44
24/08/2052	12:07	01/09/2052	08:10	09/09/2052	01:16	15/09/2052	20:48
23/09/2052	00:33	01/10/2052	02:36	08/10/2052	11:55	15/10/2052	03:22
22/10/2052	16:04	30/10/2052	20:40	06/11/2052	22:09	13/11/2052	12:51
21/11/2052	10:03	29/11/2052	13:17	06/12/2052	08:18	13/12/2052	02:08
21/12/2052	05:15	29/12/2052	03:29	04/01/2053	18:46	11/01/2053	19:10
20/01/2053	00:13	27/01/2053	14:42	03/02/2053	05:58	10/02/2053	14:49
18/02/2053	17:32	25/02/2053	23:10	04/03/2053	18:10	12/03/2053	11:22
20/03/2053	08:12	27/03/2053	05:50	03/04/2053	07:23	11/04/2053	07:05
18/04/2053	19:49	25/04/2053	12:03	02/05/2053	21:26	11/05/2053	00:40
18/05/2053	04:43	24/05/2053	19:05	01/06/2053	12:03	09/06/2053	15:20
16/06/2053	11:52	23/06/2053	03:56	01/07/2053	03:01	09/07/2053	02:48
15/07/2053	18:27	22/07/2053	15:16	30/07/2053	18:07	07/08/2053	11:25
14/08/2053	01:41	21/08/2053	05:27	29/08/2053	08:53	05/09/2053	18:05
12/09/2053	10:36	19/09/2053	22:30	27/09/2053	22:51	05/10/2053	00:02
11/10/2053	21:54	19/10/2053	17:55	27/10/2053	11:39	03/11/2053	06:37
10/11/2053	11:56	18/11/2053	14:27	25/11/2053	23:22	02/12/2053	15:05
10/12/2053	04:41	18/12/2053	10:11	25/12/2053	10:24	01/01/2054	02:11
08/01/2054	23:34	17/01/2054	03:15	23/01/2054	21:08	30/01/2054	16:09
07/02/2054	19:14	15/02/2054	16:36	22/02/2054	07:47	01/03/2054	08:37
09/03/2054	13:46	17/03/2054	02:21	23/03/2054	18:22	31/03/2054	02:51

115

Data	ora	Data	ora	Data	ora	Data	ora
LN		PQ		LP		UQ	
08/04/2054	05:33	15/04/2054	09:24	22/04/2054	05:02	29/04/2054	21:47
07/05/2054	18:01	14/05/2054	14:58	21/05/2054	16:17	29/05/2054	16:04
06/06/2054	03:41	12/06/2054	20:18	20/06/2054	04:43	28/06/2054	08:31
05/07/2054	11:34	12/07/2054	02:37	19/07/2054	18:48	27/07/2054	22:28
03/08/2054	18:48	10/08/2054	11:06	18/08/2054	10:22	26/08/2054	09:57
02/09/2054	02:19	08/09/2054	22:47	17/09/2054	02:42	24/09/2054	19:26
01/10/2054	10:50	08/10/2054	14:20	16/10/2054	18:45	24/10/2054	03:40
30/10/2054	21:02	07/11/2054	09:35	15/11/2054	09:49	22/11/2054	11:23
29/11/2054	09:34	07/12/2054	07:07	14/12/2054	23:41	21/12/2054	19:22
29/12/2054	00:52	06/01/2055	04:40	13/01/2055	12:22	20/01/2055	04:25
27/01/2055	18:40	05/02/2055	00:00	11/02/2055	23:49	18/02/2055	15:15
26/02/2055	13:40	06/03/2055	15:48	13/03/2055	09:57	20/03/2055	04:19
28/03/2055	08:01	05/04/2055	03:44	11/04/2055	18:59	18/04/2055	19:36
27/04/2055	00:18	04/05/2055	12:11	11/05/2055	03:32	18/05/2055	12:31
26/05/2055	13:58	02/06/2055	18:02	09/06/2055	12:36	17/06/2055	06:03
25/06/2055	01:16	01/07/2055	22:32	08/07/2055	23:12	16/07/2055	23:15
24/07/2055	10:48	31/07/2055	03:12	07/08/2055	11:58	15/08/2055	15:27
22/08/2055	19:15	29/08/2055	09:36	06/09/2055	02:57	14/09/2055	06:15
21/09/2055	03:20	27/09/2055	19:11	05/10/2055	19:39	13/10/2055	19:23
20/10/2055	11:50	27/10/2055	08:54	04/11/2055	13:12	12/11/2055	06:39
18/11/2055	21:35	26/11/2055	02:43	04/12/2055	06:41	11/12/2055	16:06
18/12/2055	09:16	25/12/2055	23:30	02/01/2056	23:06	10/01/2056	00:14
16/01/2056	23:11	24/01/2056	21:21	01/02/2056	13:36	08/02/2056	08:01
15/02/2056	15:00	23/02/2056	18:12	02/03/2056	01:41	08/03/2056	16:32
16/03/2056	07:53	24/03/2056	12:18	31/03/2056	11:25	07/04/2056	02:34
15/04/2056	00:51	23/04/2056	02:34	29/04/2056	19:32	06/05/2056	14:31
14/05/2056	17:07	22/05/2056	12:51	29/05/2056	02:58	05/06/2056	04:22
13/06/2056	08:04	20/06/2056	19:49	27/06/2056	10:48	04/07/2056	19:56
12/07/2056	21:20	20/07/2056	00:45	26/07/2056	19:55	03/08/2056	12:53
11/08/2056	08:49	18/08/2056	05:14	25/08/2056	07:01	02/09/2056	06:43
09/09/2056	18:48	16/09/2056	10:51	23/09/2056	20:35	02/10/2056	00:34
09/10/2056	04:01	15/10/2056	18:59	23/10/2056	12:47	31/10/2056	17:13
07/11/2056	13:21	14/11/2056	06:34	22/11/2056	07:12	30/11/2056	07:38
06/12/2056	23:32	13/12/2056	21:54	22/12/2056	02:35	29/12/2056	19:23
05/01/2057	10:50	12/01/2057	16:35	20/01/2057	21:02	28/01/2057	04:44
03/02/2057	23:11	11/02/2057	13:26	19/02/2057	12:57	26/02/2057	12:31
05/03/2057	12:25	13/03/2057	10:36	21/03/2057	01:45	27/03/2057	19:40
04/04/2057	02:32	12/04/2057	06:00	19/04/2057	11:50	26/04/2057	03:07
03/05/2057	17:33	11/05/2057	22:07	18/05/2057	20:03	25/05/2057	11:41
02/06/2057	09:12	10/06/2057	10:30	17/06/2057	03:19	23/06/2057	22:09
02/07/2057	00:48	09/07/2057	19:38	16/07/2057	10:29	23/07/2057	11:09
31/07/2057	15:32	08/08/2057	02:31	14/08/2057	18:22	22/08/2057	03:02
30/08/2057	04:55	06/09/2057	08:19	13/09/2057	03:54	20/09/2057	21:26
28/09/2057	17:01	05/10/2057	14:14	12/10/2057	16:02	20/10/2057	17:10
28/10/2057	04:20	03/11/2057	21:25	11/11/2057	07:25	19/11/2057	12:32
26/11/2057	15:23	03/12/2057	06:54	11/12/2057	01:47	19/12/2057	06:02
26/12/2057	02:23	01/01/2058	19:31	09/01/2058	21:39	17/01/2058	20:44
24/01/2058	13:15	31/01/2058	11:29	08/02/2058	16:55	16/02/2058	08:17
22/02/2058	23:57	02/03/2058	06:11	10/03/2058	09:53	17/03/2058	16:57
24/03/2058	10:50	01/04/2058	02:04	08/04/2058	23:56	15/04/2058	23:28
22/04/2058	22:30	30/04/2058	21:19	08/05/2058	11:13	15/05/2058	04:59
22/05/2058	11:24	30/05/2058	14:33	06/06/2058	20:16	13/06/2058	10:51
21/06/2058	01:36	29/06/2058	05:14	06/07/2058	03:47	12/07/2058	18:29
20/07/2058	16:40	28/07/2058	17:20	04/08/2058	10:38	11/08/2058	05:01
19/08/2058	08:04	27/08/2058	03:11	02/09/2058	17:52	09/09/2058	19:08
17/09/2058	23:18	25/09/2058	11:15	02/10/2058	02:37	09/10/2058	12:42
17/10/2058	14:05	24/10/2058	18:17	31/10/2058	13:55	08/11/2058	08:48
16/11/2058	04:10	23/11/2058	01:17	30/11/2058	04:18	08/12/2058	05:52
15/12/2058	17:12	22/12/2058	09:27	29/12/2058	21:26	07/01/2059	02:07
14/01/2059	04:58	20/01/2059	19:51	28/01/2059	16:12	05/02/2059	19:50
12/02/2059	15:28	19/02/2059	08:58	27/02/2059	11:06	07/03/2059	09:48

Data LN	ora	Data PQ	ora	Data LP	ora	Data UQ	ora
14/03/2059	01:06	21/03/2059	00:30	29/03/2059	04:48	05/04/2059	19:47
12/04/2059	10:29	19/04/2059	17:38	27/04/2059	20:18	05/05/2059	02:30
11/05/2059	20:16	19/05/2059	11:23	27/05/2059	09:04	03/06/2059	07:20
10/06/2059	06:58	18/06/2059	04:56	25/06/2059	19:13	02/07/2059	11:54
09/07/2059	18:59	17/07/2059	21:35	25/07/2059	03:24	31/07/2059	17:44
08/08/2059	08:38	16/08/2059	12:41	23/08/2059	10:42	30/08/2059	02:06
07/09/2059	00:01	15/09/2059	01:45	21/09/2059	18:19	28/09/2059	13:55
06/10/2059	16:50	14/10/2059	12:39	21/10/2059	03:16	28/10/2059	05:32
05/11/2059	10:12	12/11/2059	21:46	19/11/2059	14:10	27/11/2059	00:43
05/12/2059	02:50	12/12/2059	05:51	19/12/2059	03:12	26/12/2059	22:18
03/01/2060	17:41	10/01/2060	13:53	17/01/2060	18:15	25/01/2060	20:15
02/02/2060	06:23	08/02/2060	22:42	16/02/2060	10:57	24/02/2060	16:07
02/03/2060	17:12	09/03/2060	08:53	17/03/2060	04:42	25/03/2060	08:09
01/04/2060	02:38	07/04/2060	20:43	15/04/2060	22:22	23/04/2060	19:54
30/04/2060	11:11	07/05/2060	10:20	15/05/2060	14:40	23/05/2060	04:02
29/05/2060	19:24	06/06/2060	01:45	14/06/2060	04:38	21/06/2060	09:45
28/06/2060	03:59	05/07/2060	18:39	13/07/2060	16:09	20/07/2060	14:24
27/07/2060	13:50	04/08/2060	12:17	12/08/2060	01:52	18/08/2060	19:23
26/08/2060	01:57	03/09/2060	05:37	10/09/2060	10:44	17/09/2060	02:01
24/09/2060	16:54	02/10/2060	21:42	09/10/2060	19:42	16/10/2060	11:30
24/10/2060	10:26	01/11/2060	11:57	08/11/2060	05:18	15/11/2060	00:49
23/11/2060	05:17	01/12/2060	00:11	07/12/2060	15:49	14/12/2060	18:16
22/12/2060	23:40	30/12/2060	10:29	06/01/2061	03:25	13/01/2061	14:58
21/01/2061	16:17	28/01/2061	19:11	04/02/2061	16:23	12/02/2061	12:52
20/02/2061	06:32	27/02/2061	02:52	06/03/2061	06:55	14/03/2061	09:31
21/03/2061	18:24	28/03/2061	10:27	04/04/2061	22:48	13/04/2061	03:11
20/04/2061	04:05	26/04/2061	18:55	04/05/2061	15:14	12/05/2061	17:11
19/05/2061	12:03	26/05/2061	05:13	03/06/2061	07:10	11/06/2061	03:43
17/06/2061	19:04	24/06/2061	17:54	02/07/2061	21:53	10/07/2061	11:24
17/07/2061	02:11	24/07/2061	09:06	01/08/2061	11:12	08/08/2061	17:10
15/08/2061	10:40	23/08/2061	02:19	30/08/2061	23:19	06/09/2061	22:13
13/09/2061	21:38	21/09/2061	20:45	29/09/2061	10:33	06/10/2061	03:58
13/10/2061	11:42	21/10/2061	15:25	28/10/2061	21:13	04/11/2061	11:54
12/11/2061	04:41	20/11/2061	09:12	27/11/2061	07:33	03/12/2061	23:12
11/12/2061	23:33	20/12/2061	00:59	26/12/2061	17:53	02/01/2062	14:22
10/01/2062	18:53	18/01/2062	13:52	25/01/2062	04:38	01/02/2062	08:44
09/02/2062	13:11	16/02/2062	23:39	23/02/2062	16:09	03/03/2062	04:50
11/03/2062	05:14	18/03/2062	06:59	25/03/2062	04:36	02/04/2062	00:56
09/04/2062	18:18	16/04/2062	13:04	23/04/2062	17:58	01/05/2062	19:34
09/05/2062	04:23	15/05/2062	19:18	23/05/2062	08:04	31/05/2062	11:45
07/06/2062	12:13	14/06/2062	02:54	21/06/2062	22:44	30/06/2062	00:55
06/07/2062	18:54	13/07/2062	12:44	21/07/2062	13:48	29/07/2062	11:05
05/08/2062	01:41	12/08/2062	01:22	20/08/2062	04:56	27/08/2062	18:50
03/09/2062	09:43	10/09/2062	17:00	18/09/2062	19:37	26/09/2062	01:12
02/10/2062	19:50	10/10/2062	11:28	18/10/2062	09:19	25/10/2062	07:29
01/11/2062	08:33	09/11/2062	07:51	16/11/2062	21:49	23/11/2062	14:59
01/12/2062	00:02	09/12/2062	04:29	16/12/2062	09:18	23/12/2062	00:41
30/12/2062	17:58	07/01/2063	23:16	14/01/2063	20:12	21/01/2063	13:06
29/01/2063	13:24	06/02/2063	14:38	13/02/2063	06:49	20/02/2063	04:08
28/02/2063	08:39	08/03/2063	02:07	14/03/2063	17:15	21/03/2063	21:17
30/03/2063	01:50	06/04/2063	10:19	13/04/2063	03:35	20/04/2063	15:43
28/04/2063	15:53	05/05/2063	16:20	12/05/2063	14:12	20/05/2063	10:17
28/05/2063	02:48	03/06/2063	21:29	11/06/2063	01:44	19/06/2063	03:44
26/06/2063	11:26	03/07/2063	03:01	10/07/2063	14:49	18/07/2063	19:06
25/07/2063	18:56	01/08/2063	10:10	09/08/2063	05:41	17/08/2063	08:02
24/08/2063	02:18	30/08/2063	20:05	07/09/2063	21:54	15/09/2063	18:45
22/09/2063	10:22	29/09/2063	09:40	07/10/2063	14:28	15/10/2063	03:50
21/10/2063	19:47	29/10/2063	03:14	06/11/2063	06:23	13/11/2063	11:57
20/11/2063	07:10	28/11/2063	00:00	05/12/2063	21:07	12/12/2063	19:50
19/12/2063	21:04	27/12/2063	21:58	04/01/2064	10:32	11/01/2064	04:15
18/01/2064	13:38	26/01/2064	18:43	02/02/2064	22:38	09/02/2064	13:56

Data LN	ora	Data PQ	ora	Data LP	ora	Data UQ	ora
17/02/2064	08:04	25/02/2064	12:24	03/03/2064	09:20	10/03/2064	01:34
18/03/2064	02:46	26/03/2064	02:14	01/04/2064	18:41	08/04/2064	15:26
16/04/2064	20:03	24/04/2064	12:18	01/05/2064	03:09	08/05/2064	07:17
16/05/2064	10:56	23/05/2064	19:16	30/05/2064	11:37	07/06/2064	00:24
14/06/2064	23:21	22/06/2064	00:14	28/06/2064	21:09	06/07/2064	17:49
14/07/2064	09:47	21/07/2064	04:36	28/07/2064	08:41	05/08/2064	10:42
12/08/2064	18:50	19/08/2064	09:56	26/08/2064	22:36	04/09/2064	02:30
11/09/2064	03:11	17/09/2064	17:46	25/09/2064	14:39	03/10/2064	16:51
10/10/2064	11:35	17/10/2064	05:23	25/10/2064	08:07	02/11/2064	05:25
08/11/2064	20:46	15/11/2064	21:15	24/11/2064	01:59	01/12/2064	16:01
08/12/2064	07:29	15/12/2064	16:46	23/12/2064	19:15	31/12/2064	00:51
06/01/2065	20:16	14/01/2065	14:20	22/01/2065	10:54	29/01/2065	08:39
05/02/2065	11:03	13/02/2065	11:51	21/02/2065	00:12	27/02/2065	16:30
07/03/2065	03:16	15/03/2065	07:26	22/03/2065	10:57	29/03/2065	01:25
05/04/2065	20:02	13/04/2065	23:39	20/04/2065	19:37	27/04/2065	12:03
05/05/2065	12:31	13/05/2065	11:53	20/05/2065	03:06	27/05/2065	00:39
04/06/2065	04:06	11/06/2065	20:26	18/06/2065	10:29	25/06/2065	15:09
03/07/2065	18:17	11/07/2065	02:17	17/07/2065	18:46	25/07/2065	07:23
02/08/2065	06:47	09/08/2065	06:53	16/08/2065	04:46	24/08/2065	00:57
31/08/2065	17:40	07/09/2065	11:50	14/09/2065	17:06	22/09/2065	19:10
30/09/2065	03:25	06/10/2065	18:38	14/10/2065	08:05	22/10/2065	12:54
29/10/2065	12:49	05/11/2065	04:27	13/11/2065	01:38	21/11/2065	04:52
27/11/2065	22:41	04/12/2065	17:55	12/12/2065	20:53	20/12/2065	18:13
27/12/2065	09:28	03/01/2066	10:57	11/01/2066	16:08	19/01/2066	04:49
25/01/2066	21:15	02/02/2066	06:45	10/02/2066	09:30	17/02/2066	13:15
24/02/2066	09:52	04/03/2066	03:49	11/03/2066	23:49	18/03/2066	20:26
25/03/2066	23:15	03/04/2066	00:10	10/04/2066	11:04	17/04/2066	03:24
24/04/2066	13:30	02/05/2066	17:58	09/05/2066	19:59	16/05/2066	11:02
24/05/2066	04:39	01/06/2066	08:14	08/06/2066	03:32	14/06/2066	20:11
22/06/2066	20:16	30/06/2066	19:00	07/07/2066	10:36	14/07/2066	07:39
22/07/2066	11:35	30/07/2066	03:02	05/08/2066	18:00	12/08/2066	22:00
21/08/2066	01:51	28/08/2066	09:26	04/09/2066	02:38	11/09/2066	15:17
19/09/2066	14:48	26/09/2066	15:20	03/10/2066	13:26	11/10/2066	10:44
19/10/2066	02:44	25/10/2066	21:53	02/11/2066	03:14	10/11/2066	06:47
17/11/2066	14:07	24/11/2066	06:11	01/12/2066	20:17	10/12/2066	01:39
17/12/2066	01:18	23/12/2066	17:08	31/12/2066	15:42	08/01/2067	18:02
15/01/2067	12:18	22/01/2067	07:18	30/01/2067	11:31	07/02/2067	07:15
13/02/2067	22:58	21/02/2067	00:31	01/03/2067	05:43	08/03/2067	17:17
15/03/2067	09:30	22/03/2067	19:45	30/03/2067	21:09	07/04/2067	00:39
13/04/2067	20:25	21/04/2067	15:16	29/04/2067	09:41	06/05/2067	06:20
13/05/2067	08:22	21/05/2067	09:30	28/05/2067	19:43	04/06/2067	11:40
11/06/2067	21:42	20/06/2067	01:30	27/06/2067	03:53	03/07/2067	18:03
11/07/2067	12:17	19/07/2067	15:00	26/07/2067	10:59	02/08/2067	02:52
10/08/2067	03:38	18/08/2067	02:10	24/08/2067	17:58	31/08/2067	15:05
08/09/2067	19:10	16/09/2067	11:21	23/09/2067	01:55	30/09/2067	07:02
08/10/2067	10:29	15/10/2067	19:04	22/10/2067	11:57	30/10/2067	02:09
07/11/2067	01:15	14/11/2067	02:08	21/11/2067	00:51	28/11/2067	23:08
06/12/2067	15:06	13/12/2067	09:40	20/12/2067	16:43	28/12/2067	20:11
05/01/2068	03:39	11/01/2068	18:48	19/01/2068	10:46	27/01/2068	15:28
03/02/2068	14:45	10/02/2068	06:21	18/02/2068	05:39	26/02/2068	07:26
04/03/2068	00:39	10/03/2068	20:27	18/03/2068	23:57	26/03/2068	19:22
02/04/2068	09:52	09/04/2068	12:34	17/04/2068	16:30	25/04/2068	03:31
01/05/2068	19:08	09/05/2068	05:48	17/05/2068	06:36	24/05/2068	09:02
31/05/2068	05:04	07/06/2068	23:22	15/06/2068	18:01	22/06/2068	13:26
29/06/2068	16:12	07/07/2068	16:32	15/07/2068	03:08	21/07/2068	18:23
29/07/2068	04:56	06/08/2068	08:39	13/08/2068	10:52	20/08/2068	01:17
27/08/2068	19:29	04/09/2068	23:05	11/09/2068	18:20	18/09/2068	11:17
26/09/2068	11:49	04/10/2068	11:24	11/10/2068	02:40	18/10/2068	01:02
26/10/2068	05:18	02/11/2068	21:39	09/11/2068	12:41	16/11/2068	18:34
24/11/2068	22:43	02/12/2068	06:22	09/12/2068	00:43	16/12/2068	15:12
24/12/2068	14:45	31/12/2068	14:24	07/01/2069	14:44	15/01/2069	13:18

Data LN	ora	Data PQ	ora	Data LP	ora	Data UQ	ora
23/01/2069	04:37	29/01/2069	22:40	06/02/2069	06:30	14/02/2069	10:28
21/02/2069	16:18	28/02/2069	07:55	07/03/2069	23:36	16/03/2069	04:32
23/03/2069	02:14	29/03/2069	18:36	06/04/2069	17:14	14/04/2069	18:22
21/04/2069	11:00	28/04/2069	06:57	06/05/2069	10:12	14/05/2069	04:11
20/05/2069	19:07	27/05/2069	21:10	05/06/2069	01:21	12/06/2069	10:57
19/06/2069	03:15	26/06/2069	13:11	04/07/2069	14:06	11/07/2069	16:00
18/07/2069	12:14	26/07/2069	06:32	03/08/2069	00:45	09/08/2069	20:42
16/08/2069	23:04	25/08/2069	00:18	01/09/2069	10:07	08/09/2069	02:23
15/09/2069	12:36	23/09/2069	17:24	30/09/2069	19:10	07/10/2069	10:21
15/10/2069	05:04	23/10/2069	08:58	30/10/2069	04:36	05/11/2069	21:41
13/11/2069	23:39	21/11/2069	22:33	28/11/2069	14:47	05/12/2069	13:05
13/12/2069	18:39	21/12/2069	10:01	28/12/2069	01:51	04/01/2070	08:17
12/01/2070	12:24	19/01/2070	19:32	26/01/2070	14:00	03/02/2070	05:47
11/02/2070	03:54	18/02/2070	03:35	25/02/2070	03:32	05/03/2070	03:12
12/03/2070	16:53	19/03/2070	10:55	26/03/2070	18:32	03/04/2070	22:24
11/04/2070	03:31	17/04/2070	18:33	25/04/2070	10:32	03/05/2070	14:12
10/05/2070	12:09	17/05/2070	03:31	25/05/2070	02:39	02/06/2070	02:28
08/06/2070	19:25	15/06/2070	14:41	23/06/2070	17:58	01/07/2070	11:34
08/07/2070	02:16	15/07/2070	04:27	23/07/2070	08:03	30/07/2070	18:19
06/08/2070	09:53	13/08/2070	20:42	21/08/2070	20:55	28/08/2070	23:43
04/09/2070	19:30	12/09/2070	14:45	20/09/2070	08:49	27/09/2070	05:03
04/10/2070	08:02	12/10/2070	09:41	19/10/2070	20:00	26/10/2070	11:49
02/11/2070	23:44	11/11/2070	04:21	18/11/2070	06:41	24/11/2070	21:21
02/12/2070	17:55	10/12/2070	21:34	17/12/2070	17:07	24/12/2070	10:32
01/01/2071	13:16	09/01/2071	12:09	16/01/2071	03:36	23/01/2071	03:17
31/01/2071	08:17	07/02/2071	23:32	14/02/2071	14:34	21/02/2071	22:30
02/03/2071	01:33	09/03/2071	07:55	16/03/2071	02:19	23/03/2071	18:34
31/03/2071	16:04	07/04/2071	14:18	14/04/2071	14:57	22/04/2071	13:54
30/04/2071	03:31	06/05/2071	20:06	14/05/2071	04:25	21/05/2071	07:20
29/05/2071	12:18	05/06/2071	02:39	12/06/2071	18:37	20/06/2071	22:05
27/06/2071	19:22	04/07/2071	11:04	12/07/2071	09:26	20/07/2071	09:53
27/07/2071	01:57	02/08/2071	22:06	11/08/2071	00:40	18/08/2071	18:59
25/08/2071	09:18	01/09/2071	12:11	09/09/2071	15:52	17/09/2071	02:08
23/09/2071	18:22	01/10/2071	05:22	09/10/2071	06:25	16/10/2071	08:31
23/10/2071	05:51	31/10/2071	01:08	07/11/2071	19:48	14/11/2071	15:25
21/11/2071	20:01	29/11/2071	22:08	07/12/2071	07:59	13/12/2071	23:58
21/12/2071	12:48	29/12/2071	18:18	05/01/2072	19:14	12/01/2072	10:55
20/01/2072	07:36	28/01/2072	11:37	04/02/2072	05:57	11/02/2072	00:28
19/02/2072	03:05	27/02/2072	01:03	04/03/2072	16:19	11/03/2072	16:20
19/03/2072	21:23	27/03/2072	10:44	03/04/2072	02:26	10/04/2072	09:55
18/04/2072	12:58	25/04/2072	17:36	02/05/2072	12:35	10/05/2072	04:19
18/05/2072	01:20	24/05/2072	22:54	31/05/2072	23:19	08/06/2072	22:21
16/06/2072	10:58	23/06/2072	03:58	30/06/2072	11:23	08/07/2072	14:55
15/07/2072	18:57	22/07/2072	10:03	30/07/2072	01:18	07/08/2072	05:16
14/08/2072	02:22	20/08/2072	18:22	28/08/2072	17:01	05/09/2072	17:21
12/09/2072	10:08	19/09/2072	06:00	27/09/2072	09:45	05/10/2072	03:29
11/10/2072	18:56	18/10/2072	21:38	27/10/2072	02:22	03/11/2072	12:17
10/11/2072	05:22	17/11/2072	17:05	25/11/2072	18:00	02/12/2072	20:23
09/12/2072	18:00	17/12/2072	14:51	25/12/2072	08:16	01/01/2073	04:29
08/01/2073	09:12	16/01/2073	12:34	23/01/2073	21:06	30/01/2073	13:20
07/02/2073	02:42	15/02/2073	07:58	22/02/2073	08:27	28/02/2073	23:41
08/03/2073	21:17	16/03/2073	23:45	23/03/2073	18:18	30/03/2073	12:05
07/04/2073	15:15	15/04/2073	11:37	22/04/2073	02:56	29/04/2073	02:39
07/05/2073	07:16	14/05/2073	20:00	21/05/2073	11:04	28/05/2073	18:58
05/06/2073	20:52	13/06/2073	01:48	19/06/2073	19:46	27/06/2073	12:13
05/07/2073	08:17	12/07/2073	06:17	19/07/2073	06:06	27/07/2073	05:30
03/08/2073	18:05	10/08/2073	10:56	17/08/2073	18:46	25/08/2073	22:06
02/09/2073	02:54	08/09/2073	17:20	16/09/2073	09:54	24/09/2073	13:33
01/10/2073	11:22	08/10/2073	02:58	16/10/2073	02:56	24/10/2073	03:24
30/10/2073	20:14	06/11/2073	16:43	14/11/2073	20:56	22/11/2073	15:17
29/11/2073	06:13	06/12/2073	10:34	14/12/2073	14:50	22/12/2073	01:07

Data LN	ora	Data PQ	ora	Data LP	ora	Data UQ	ora
28/12/2073	17:56	05/01/2074	07:19	13/01/2074	07:32	20/01/2074	09:22
27/01/2074	07:39	04/02/2074	05:04	11/02/2074	22:06	18/02/2074	16:57
25/02/2074	23:01	06/03/2074	01:44	13/03/2074	10:02	20/03/2074	00:59
27/03/2074	15:21	04/04/2074	19:41	11/04/2074	19:31	18/04/2074	10:24
26/04/2074	07:49	04/05/2074	09:55	11/05/2074	03:19	17/05/2074	21:40
25/05/2074	23:45	02/06/2074	20:16	09/06/2074	10:29	16/06/2074	10:58
24/06/2074	14:40	02/07/2074	03:23	08/07/2074	18:06	16/07/2074	02:13
24/07/2074	04:08	31/07/2074	08:32	07/08/2074	03:07	14/08/2074	19:11
22/08/2074	16:00	29/08/2074	13:13	05/09/2074	14:14	13/09/2074	13:22
21/09/2074	02:30	27/09/2074	19:01	05/10/2074	03:57	13/10/2074	07:48
20/10/2074	12:13	27/10/2074	03:16	03/11/2074	20:23	12/11/2074	01:09
18/11/2074	21:57	25/11/2074	14:53	03/12/2074	15:04	11/12/2074	16:09
18/12/2074	08:21	25/12/2074	06:08	02/01/2075	10:40	10/01/2075	04:15
16/01/2075	19:38	24/01/2075	00:33	01/02/2075	05:14	08/02/2075	13:42
15/02/2075	07:42	22/02/2075	21:01	02/03/2075	21:07	09/03/2075	21:19
16/03/2075	20:26	24/03/2075	17:47	01/04/2075	09:46	08/04/2075	04:05
15/04/2075	09:57	23/04/2075	12:54	30/04/2075	19:38	07/05/2075	11:01
15/05/2075	00:24	23/05/2075	04:58	30/05/2075	03:39	05/06/2075	19:02
13/06/2075	15:40	21/06/2075	17:30	28/06/2075	10:48	05/07/2075	05:01
13/07/2075	07:12	21/07/2075	02:57	27/07/2075	17:55	03/08/2075	17:44
11/08/2075	22:12	19/08/2075	10:13	26/08/2075	01:52	02/09/2075	09:35
10/09/2075	12:03	17/09/2075	16:27	24/09/2075	11:32	02/10/2075	04:15
10/10/2075	00:44	16/10/2075	22:43	23/10/2075	23:50	01/11/2075	00:27
08/11/2075	12:36	15/11/2075	06:07	22/11/2075	15:22	30/11/2075	20:23
08/12/2075	00:05	14/12/2075	15:39	22/12/2075	09:49	30/12/2075	14:21
06/01/2076	11:16	13/01/2076	04:03	21/01/2076	05:41	29/01/2076	05:19
04/02/2076	22:03	11/02/2076	19:36	20/02/2076	00:50	27/02/2076	16:55
05/03/2076	08:25	12/03/2076	13:43	20/03/2076	17:38	28/03/2076	01:27
03/04/2076	18:48	11/04/2076	09:01	19/04/2076	07:31	26/04/2076	07:42
03/05/2076	05:53	11/05/2076	03:51	18/05/2076	18:39	25/05/2076	12:52
01/06/2076	18:15	09/06/2076	20:59	17/06/2076	03:39	23/06/2076	18:23
01/07/2076	08:06	09/07/2076	11:50	16/07/2076	11:13	23/07/2076	01:41
30/07/2076	23:07	08/08/2076	00:22	14/08/2076	18:13	21/08/2076	12:02
29/08/2076	14:45	06/09/2076	10:48	13/09/2076	01:39	20/09/2076	02:07
28/09/2076	06:28	05/10/2076	19:28	12/10/2076	10:39	19/10/2076	19:52
27/10/2076	21:52	04/11/2076	02:59	10/11/2076	22:09	18/11/2076	16:16
26/11/2076	12:30	03/12/2076	10:16	10/12/2076	12:36	18/12/2076	13:41
26/12/2076	01:54	01/01/2077	18:29	09/01/2077	05:39	17/01/2077	10:11
24/01/2077	13:47	31/01/2077	04:37	08/02/2077	00:10	16/02/2077	04:00
23/02/2077	00:08	01/03/2077	17:12	09/03/2077	18:44	17/03/2077	17:57
24/03/2077	09:26	31/03/2077	08:03	08/04/2077	12:07	16/04/2077	03:51
22/04/2077	18:21	30/04/2077	00:30	08/05/2077	03:24	15/05/2077	10:27
22/05/2077	03:39	29/05/2077	17:45	06/06/2077	16:08	13/06/2077	15:09
20/06/2077	13:56	28/06/2077	11:07	06/07/2077	02:23	12/07/2077	19:35
20/07/2077	01:42	28/07/2077	03:56	04/08/2077	10:48	11/08/2077	01:18
18/08/2077	15:19	26/08/2077	19:32	02/09/2077	18:24	09/09/2077	09:37
17/09/2077	06:54	25/09/2077	09:17	02/10/2077	02:22	08/10/2077	21:27
17/10/2077	00:08	24/10/2077	20:52	31/10/2077	11:38	07/11/2077	13:10
15/11/2077	18:01	23/11/2077	06:33	29/11/2077	22:44	07/12/2077	08:27
15/12/2077	11:07	22/12/2077	14:57	29/12/2077	11:47	06/01/2078	06:06
14/01/2078	02:15	20/01/2078	23:01	28/01/2078	02:35	05/02/2078	04:01
12/02/2078	15:00	19/02/2078	07:33	26/02/2078	18:52	06/03/2078	23:49
14/03/2078	01:39	20/03/2078	17:12	28/03/2078	12:05	05/04/2078	15:47
12/04/2078	10:46	19/04/2078	04:21	27/04/2078	05:20	05/05/2078	03:30
11/05/2078	18:58	18/05/2078	17:17	26/05/2078	21:24	03/06/2078	11:40
10/06/2078	02:50	17/06/2078	08:10	25/06/2078	11:23	02/07/2078	17:27
09/07/2078	11:10	17/07/2078	00:49	24/07/2078	23:08	31/07/2078	22:13
07/08/2078	20:53	15/08/2078	18:35	23/08/2078	09:13	30/08/2078	03:18
06/09/2078	09:00	14/09/2078	12:23	21/09/2078	18:32	28/09/2078	10:01
06/10/2078	00:07	14/10/2078	05:09	21/10/2078	03:56	27/10/2078	19:35
04/11/2078	17:58	12/11/2078	20:06	19/11/2078	13:54	26/11/2078	08:55

Data	ora	Data	ora	Data	ora	Data	ora
LN		PQ		LP		UQ	
04/12/2078	13:10	12/12/2078	08:54	19/12/2078	00:35	26/12/2078	02:17
03/01/2079	07:51	10/01/2079	19:30	17/01/2079	12:08	24/01/2079	22:48
02/02/2079	00:37	09/02/2079	04:13	16/02/2079	00:46	23/02/2079	20:25
03/03/2079	14:50	10/03/2079	11:39	17/03/2079	14:47	25/03/2079	16:47
02/04/2079	02:31	08/04/2079	18:46	16/04/2079	06:04	24/04/2079	10:16
01/05/2079	11:58	08/05/2079	02:39	15/05/2079	22:00	24/05/2079	00:17
30/05/2079	19:42	06/06/2079	12:20	14/06/2079	13:40	22/06/2079	10:58
29/06/2079	02:33	06/07/2079	00:32	14/07/2079	04:25	21/07/2079	18:55
28/07/2079	09:35	04/08/2079	15:29	12/08/2079	18:02	20/08/2079	01:01
26/08/2079	18:04	03/09/2079	08:47	11/09/2079	06:37	18/09/2079	06:23
25/09/2079	05:07	03/10/2079	03:37	10/10/2079	18:25	17/10/2079	12:23
24/10/2079	19:21	01/11/2079	22:51	09/11/2079	05:35	15/11/2079	20:27
23/11/2079	12:31	01/12/2079	17:15	08/12/2079	16:18	15/12/2079	07:45
23/12/2079	07:33	31/12/2079	09:30	07/01/2080	02:46	13/01/2080	22:41
22/01/2080	02:57	29/01/2080	22:38	05/02/2080	13:23	12/02/2080	16:39
20/02/2080	21:13	28/02/2080	08:26	06/03/2080	00:31	13/03/2080	12:14
21/03/2080	13:07	28/03/2080	15:33	04/04/2080	12:26	12/04/2080	07:51
20/04/2080	02:01	26/04/2080	21:17	04/05/2080	01:11	12/05/2080	02:12
19/05/2080	11:58	26/05/2080	03:05	02/06/2080	14:47	10/06/2080	18:22
17/06/2080	19:42	24/06/2080	10:13	02/07/2080	05:10	10/07/2080	07:46
17/07/2080	02:22	23/07/2080	19:42	31/07/2080	20:15	08/08/2080	18:23
15/08/2080	09:15	22/08/2080	08:09	30/08/2080	11:42	07/09/2080	02:39
13/09/2080	17:26	20/09/2080	23:50	29/09/2080	02:56	06/10/2080	09:31
13/10/2080	03:45	20/10/2080	18:33	28/10/2080	17:14	04/11/2080	16:12
11/11/2080	16:39	19/11/2080	15:21	27/11/2080	06:16	03/12/2080	23:54
11/12/2080	08:11	19/12/2080	12:25	26/12/2080	18:05	02/01/2081	09:33
10/01/2081	02:04	18/01/2081	07:31	25/01/2081	05:03	31/01/2081	21:39
08/02/2081	21:18	16/02/2081	23:00	23/02/2081	15:29	02/03/2081	12:08
10/03/2081	16:18	18/03/2081	10:29	25/03/2081	01:31	01/04/2081	04:37
09/04/2081	09:16	16/04/2081	18:33	23/04/2081	11:21	30/04/2081	22:26
08/05/2081	23:10	16/05/2081	00:23	22/05/2081	21:27	30/05/2081	16:37
07/06/2081	10:03	14/06/2081	05:17	21/06/2081	08:34	29/06/2081	10:01
06/07/2081	18:46	13/07/2081	10:36	20/07/2081	21:24	29/07/2081	01:41
05/08/2081	02:25	11/08/2081	17:34	19/08/2081	12:17	27/08/2081	15:09
03/09/2081	10:03	10/09/2081	03:23	18/09/2081	04:47	26/09/2081	02:32
02/10/2081	18:25	09/10/2081	17:00	17/10/2081	21:52	25/10/2081	12:14
01/11/2081	04:05	08/11/2081	10:42	16/11/2081	14:21	23/11/2081	20:50
30/11/2081	15:38	08/12/2081	07:39	16/12/2081	05:32	23/12/2081	04:57
30/12/2081	05:30	07/01/2082	05:47	14/01/2082	19:12	21/01/2082	13:16
28/01/2082	21:48	06/02/2082	02:36	13/02/2082	07:18	19/02/2082	22:36
27/02/2082	15:50	07/03/2082	20:17	14/03/2082	17:47	21/03/2082	09:38
29/03/2082	10:06	06/04/2082	10:04	13/04/2082	02:47	19/04/2082	22:47
28/04/2082	03:04	05/05/2082	20:06	12/05/2082	10:51	19/05/2082	13:59
27/05/2082	17:49	04/06/2082	03:03	10/06/2082	18:56	18/06/2082	06:41
26/06/2082	06:17	03/07/2082	08:01	10/07/2082	04:12	18/07/2082	00:00
25/07/2082	16:56	01/08/2082	12:23	08/08/2082	15:34	16/08/2082	17:09
24/08/2082	02:19	30/08/2082	17:44	07/09/2082	05:31	15/09/2082	09:30
22/09/2082	11:05	29/09/2082	01:36	06/10/2082	21:49	15/10/2082	00:33
21/10/2082	19:52	28/10/2082	13:15	05/11/2082	15:40	13/11/2082	13:48
20/11/2082	05:21	27/11/2082	05:09	05/12/2082	09:58	13/12/2082	00:53
19/12/2082	16:12	27/12/2082	00:39	04/01/2083	03:34	11/01/2083	09:57
18/01/2083	04:51	25/01/2083	22:05	02/02/2083	19:22	09/02/2083	17:41
16/02/2083	19:17	24/02/2083	19:26	04/03/2083	08:36	11/03/2083	01:11
18/03/2083	10:58	26/03/2083	14:49	02/04/2083	19:08	09/04/2083	09:33
17/04/2083	03:11	25/04/2083	06:56	02/05/2083	03:31	08/05/2083	19:32
16/05/2083	19:15	24/05/2083	19:12	31/05/2083	10:44	07/06/2083	07:30
15/06/2083	10:39	23/06/2083	03:54	29/06/2083	17:53	06/07/2083	21:35
15/07/2083	00:56	22/07/2083	09:58	29/07/2083	02:02	05/08/2083	13:40
13/08/2083	13:47	20/08/2083	14:48	27/08/2083	12:01	04/09/2083	07:26
12/09/2083	01:09	18/09/2083	19:58	26/09/2083	00:27	04/10/2083	02:08
11/10/2083	11:25	18/10/2083	02:56	25/10/2083	15:37	02/11/2083	20:32

Data LN	ora	Data PQ	ora	Data LP	ora	Data UQ	ora
09/11/2083	21:16	16/11/2083	12:50	24/11/2083	09:25	02/12/2083	13:08
09/12/2083	07:26	16/12/2083	02:15	24/12/2083	04:53	01/01/2084	02:56
07/01/2084	18:19	14/01/2084	19:04	23/01/2084	00:16	30/01/2084	13:44
06/02/2084	05:54	13/02/2084	14:30	21/02/2084	17:38	28/02/2084	22:06
06/03/2084	18:05	14/03/2084	11:07	22/03/2084	07:50	29/03/2084	05:00
05/04/2084	06:54	13/04/2084	07:07	20/04/2084	18:54	27/04/2084	11:30
04/05/2084	20:34	13/05/2084	00:45	20/05/2084	03:38	26/05/2084	18:37
03/06/2084	11:15	11/06/2084	15:05	18/06/2084	11:02	25/06/2084	03:17
03/07/2084	02:40	11/07/2084	02:07	17/07/2084	18:03	24/07/2084	14:23
01/08/2084	18:06	09/08/2084	10:34	16/08/2084	01:31	23/08/2084	04:36
31/08/2084	08:46	07/09/2084	17:24	14/09/2084	10:17	21/09/2084	22:01
29/09/2084	22:18	06/10/2084	23:44	13/10/2084	21:14	21/10/2084	17:51
29/10/2084	10:48	05/11/2084	06:35	12/11/2084	11:12	20/11/2084	14:24
27/11/2084	22:41	04/12/2084	14:59	12/12/2084	04:20	20/12/2084	09:46
27/12/2084	10:08	03/01/2085	01:49	10/01/2085	23:44	19/01/2085	02:28
25/01/2085	21:08	01/02/2085	15:37	09/02/2085	19:26	17/02/2085	15:48
24/02/2085	07:34	03/03/2085	08:17	11/03/2085	13:27	19/03/2085	01:46
25/03/2085	17:39	02/04/2085	02:53	10/04/2085	04:43	17/04/2085	08:56
24/04/2085	04:01	01/05/2085	21:54	09/05/2085	17:06	16/05/2085	14:20
23/05/2085	15:25	31/05/2085	15:52	08/06/2085	03:04	14/06/2085	19:20
22/06/2085	04:20	30/06/2085	07:57	07/07/2085	11:16	14/07/2085	01:26
21/07/2085	18:44	29/07/2085	21:49	05/08/2085	18:31	12/08/2085	10:01
20/08/2085	10:12	28/08/2085	09:32	04/09/2085	01:43	10/09/2085	22:09
19/09/2085	02:08	26/09/2085	19:20	03/10/2085	09:55	10/10/2085	14:11
18/10/2085	18:01	26/10/2085	03:36	01/11/2085	20:10	09/11/2085	09:32
17/11/2085	09:22	24/11/2085	11:04	01/12/2085	09:11	09/12/2085	06:49
16/12/2085	23:40	23/12/2085	18:44	31/12/2085	01:01	08/01/2086	04:07
15/01/2086	12:25	22/01/2086	03:43	29/01/2086	18:50	06/02/2086	23:32
13/02/2086	23:29	20/02/2086	14:50	28/02/2086	13:23	08/03/2086	15:32
15/03/2086	09:06	22/03/2086	04:18	30/03/2086	07:19	07/04/2086	03:24
13/04/2086	17:55	20/04/2086	19:41	28/04/2086	23:37	06/05/2086	11:28
13/05/2086	02:43	20/05/2086	12:20	28/05/2086	13:36	04/06/2086	16:53
11/06/2086	12:14	19/06/2086	05:34	27/06/2086	01:05	03/07/2086	21:12
10/07/2086	23:04	18/07/2086	22:46	26/07/2086	10:25	02/08/2086	02:03
09/08/2086	11:40	17/08/2086	15:16	24/08/2086	18:27	31/08/2086	08:54
08/09/2086	02:19	16/09/2086	06:18	23/09/2086	02:16	29/09/2086	18:54
07/10/2086	18:58	15/10/2086	19:20	22/10/2086	10:57	29/10/2086	08:42
06/11/2086	12:55	14/11/2086	06:13	20/11/2086	21:14	28/11/2086	02:18
06/12/2086	06:49	13/12/2086	15:21	20/12/2086	09:21	27/12/2086	22:59
04/01/2087	23:13	11/01/2087	23:32	18/01/2087	23:13	26/01/2087	21:03
03/02/2087	13:12	10/02/2087	07:39	17/02/2087	14:36	25/02/2087	18:08
05/03/2087	00:47	11/03/2087	16:28	19/03/2087	07:11	27/03/2087	12:05
03/04/2087	10:27	10/04/2087	02:31	18/04/2087	00:19	26/04/2087	01:53
02/05/2087	18:53	09/05/2087	14:11	17/05/2087	16:57	25/05/2087	11:43
01/06/2087	02:40	08/06/2087	03:47	16/06/2087	08:00	23/06/2087	18:34
30/06/2087	10:32	07/07/2087	19:25	15/07/2087	20:56	22/07/2087	23:45
29/07/2087	19:22	06/08/2087	12:45	14/08/2087	07:55	21/08/2087	04:35
28/08/2087	06:10	05/09/2087	06:51	12/09/2087	17:44	19/09/2087	10:25
26/09/2087	19:48	05/10/2087	00:34	12/10/2087	03:15	18/10/2087	18:29
26/10/2087	12:31	03/11/2087	16:50	10/11/2087	13:07	17/11/2087	05:52
25/11/2087	07:25	03/12/2087	07:02	09/12/2087	23:33	16/12/2087	21:13
25/12/2087	02:44	01/01/2088	18:56	08/01/2088	10:39	15/01/2088	16:14
23/01/2088	20:40	31/01/2088	04:35	06/02/2088	22:34	14/02/2088	13:26
22/02/2088	12:11	29/02/2088	12:28	07/03/2088	11:38	15/03/2088	10:31
23/03/2088	01:02	29/03/2088	19:25	06/04/2088	02:01	14/04/2088	05:28
21/04/2088	11:26	28/04/2088	02:30	05/05/2088	17:27	13/05/2088	21:11
20/05/2088	19:50	27/05/2088	10:53	04/06/2088	09:10	12/06/2088	09:32
19/06/2088	02:55	25/06/2088	21:31	04/07/2088	00:24	11/07/2088	18:54
18/07/2088	09:40	25/07/2088	10:56	02/08/2088	14:41	10/08/2088	01:59
16/08/2088	17:17	24/08/2088	03:07	01/09/2088	03:59	08/09/2088	07:45
15/09/2088	02:59	22/09/2088	21:27	30/09/2088	16:27	07/10/2088	13:26

122

Data LN	ora	Data PQ	ora	Data LP	ora	Data UQ	ora
14/10/2088	15:41	22/10/2088	16:53	30/10/2088	04:12	05/11/2088	20:24
13/11/2088	07:33	21/11/2088	12:10	28/11/2088	15:20	05/12/2088	06:00
13/12/2088	01:53	21/12/2088	05:53	28/12/2088	01:59	03/01/2089	19:02
11/01/2089	21:19	19/01/2089	20:49	26/01/2089	12:27	02/02/2089	11:25
10/02/2089	16:18	18/02/2089	08:17	24/02/2089	23:07	04/03/2089	06:07
12/03/2089	09:26	19/03/2089	16:32	26/03/2089	10:22	03/04/2089	01:37
10/04/2089	23:47	17/04/2089	22:39	24/04/2089	22:24	02/05/2089	20:33
10/05/2089	11:05	17/05/2089	04:03	24/05/2089	11:20	01/06/2089	13:51
08/06/2089	19:46	15/06/2089	10:11	23/06/2089	01:09	01/07/2089	04:45
08/07/2089	02:49	14/07/2089	18:12	22/07/2089	15:51	30/07/2089	16:57
06/08/2089	09:30	13/08/2089	05:00	21/08/2089	07:17	29/08/2089	02:34
04/09/2089	17:00	11/09/2089	19:02	19/09/2089	22:57	27/09/2089	10:17
04/10/2089	02:17	11/10/2089	12:24	19/10/2089	14:06	26/10/2089	17:08
02/11/2089	13:57	10/11/2089	08:30	18/11/2089	04:04	25/11/2089	00:20
02/12/2089	04:13	10/12/2089	05:54	17/12/2089	16:39	24/12/2089	08:56
31/12/2089	20:59	09/01/2090	02:23	16/01/2090	04:04	22/01/2090	19:40
30/01/2090	15:36	07/02/2090	19:54	14/02/2090	14:41	21/02/2090	08:44
01/03/2090	10:48	09/03/2090	09:22	16/03/2090	00:44	22/03/2090	23:57
31/03/2090	04:50	07/04/2090	18:58	14/04/2090	10:24	21/04/2090	16:52
29/04/2090	20:14	07/05/2090	01:40	13/05/2090	20:03	21/05/2090	10:45
29/05/2090	08:31	05/06/2090	06:47	12/06/2090	06:20	20/06/2090	04:35
27/06/2090	18:13	04/07/2090	11:39	11/07/2090	18:04	19/07/2090	21:18
27/07/2090	02:21	02/08/2090	17:33	10/08/2090	07:53	18/08/2090	12:07
25/08/2090	10:00	01/09/2090	01:46	08/09/2090	23:46	17/09/2090	00:50
23/09/2090	18:05	30/09/2090	13:23	08/10/2090	16:56	16/10/2090	11:38
23/10/2090	03:11	30/10/2090	05:06	07/11/2090	10:07	14/11/2090	21:00
21/11/2090	13:50	29/11/2090	00:42	07/12/2090	02:16	14/12/2090	05:27
21/12/2090	02:31	28/12/2090	22:38	05/01/2091	16:52	12/01/2091	13:36
19/01/2091	17:33	27/01/2091	20:25	04/02/2091	05:48	10/02/2091	22:13
18/02/2091	10:40	26/02/2091	15:49	05/03/2091	17:00	12/03/2091	08:04
20/03/2091	04:47	28/03/2091	07:33	04/04/2091	02:33	10/04/2091	19:47
18/04/2091	22:22	26/04/2091	19:22	03/05/2091	10:48	10/05/2091	09:38
18/05/2091	14:09	26/05/2091	03:44	01/06/2091	18:33	09/06/2091	01:24
17/06/2091	03:43	24/06/2091	09:33	01/07/2091	02:56	08/07/2091	18:23
16/07/2091	15:17	23/07/2091	14:04	30/07/2091	13:03	07/08/2091	11:46
15/08/2091	01:24	21/08/2091	18:45	29/08/2091	01:41	06/09/2091	04:49
13/09/2091	10:36	20/09/2091	01:12	27/09/2091	16:58	05/10/2091	20:55
12/10/2091	19:30	19/10/2091	10:52	27/10/2091	10:20	04/11/2091	11:29
11/11/2091	04:44	18/11/2091	00:40	26/11/2091	04:45	03/12/2091	23:57
10/12/2091	14:56	17/12/2091	18:31	25/12/2091	23:01	02/01/2092	10:09
09/01/2092	02:39	16/01/2092	15:10	24/01/2092	15:57	31/01/2092	18:27
07/02/2092	16:05	15/02/2092	12:42	23/02/2092	06:31	01/03/2092	01:48
08/03/2092	06:58	16/03/2092	09:09	23/03/2092	18:17	30/03/2092	09:23
06/04/2092	22:43	15/04/2092	02:56	22/04/2092	03:31	28/04/2092	18:10
06/05/2092	14:41	14/05/2092	17:08	21/05/2092	11:02	28/05/2092	04:48
05/06/2092	06:19	13/06/2092	03:35	19/06/2092	17:58	26/06/2092	17:34
04/07/2092	21:12	12/07/2092	10:56	19/07/2092	01:26	26/07/2092	08:33
03/08/2092	10:56	10/08/2092	16:20	17/08/2092	10:24	25/08/2092	01:34
01/09/2092	23:16	08/09/2092	21:17	15/09/2092	21:35	23/09/2092	20:07
01/10/2092	10:17	08/10/2092	03:18	15/10/2092	11:27	23/10/2092	15:09
30/10/2092	20:30	06/11/2092	11:42	14/11/2092	04:06	22/11/2092	09:09
29/11/2092	06:38	05/12/2092	23:20	13/12/2092	23:01	22/12/2092	00:41
28/12/2092	17:12	04/01/2093	14:25	12/01/2093	18:45	20/01/2093	13:05
27/01/2093	04:24	03/02/2093	08:29	11/02/2093	13:21	18/02/2093	22:34
25/02/2093	16:07	05/03/2093	04:29	13/03/2093	05:08	20/03/2093	05:59
27/03/2093	04:20	04/04/2093	00:48	11/04/2093	17:38	18/04/2093	12:22
25/04/2093	17:14	03/05/2093	19:39	11/05/2093	03:19	17/05/2093	18:49
25/05/2093	07:09	02/06/2093	11:41	09/06/2093	11:11	16/06/2093	02:21
23/06/2093	22:07	02/07/2093	00:26	08/07/2093	18:16	15/07/2093	11:56
23/07/2093	13:38	31/07/2093	10:15	07/08/2093	01:25	14/08/2093	00:25
22/08/2093	04:55	29/08/2093	18:00	05/09/2093	09:30	12/09/2093	16:17

123

Data LN	ora	Data PQ	ora	Data LP	ora	Data UQ	ora
20/09/2093	19:18	28/09/2093	00:41	04/10/2093	19:20	12/10/2093	11:12
20/10/2093	08:35	27/10/2093	07:20	03/11/2093	07:48	11/11/2093	07:52
18/11/2093	20:59	25/11/2093	14:56	02/12/2093	23:26	11/12/2093	04:17
18/12/2093	08:49	25/12/2093	00:27	01/01/2094	17:53	09/01/2094	22:38
16/01/2094	20:07	23/01/2094	12:36	31/01/2094	13:39	08/02/2094	13:47
15/02/2094	06:45	22/02/2094	03:38	02/03/2094	08:37	10/03/2094	01:24
16/03/2094	16:46	23/03/2094	21:07	01/04/2094	01:13	08/04/2094	09:48
15/04/2094	02:39	22/04/2094	15:50	30/04/2094	14:56	07/05/2094	15:50
14/05/2094	13:11	22/05/2094	10:18	30/05/2094	02:00	05/06/2094	20:43
13/06/2094	01:05	21/06/2094	03:21	28/06/2094	11:01	05/07/2094	01:56
12/07/2094	14:39	20/07/2094	18:27	27/07/2094	18:41	03/08/2094	09:00
11/08/2094	05:39	19/08/2094	07:28	26/08/2094	01:54	01/09/2094	19:11
09/09/2094	21:33	17/09/2094	18:30	24/09/2094	09:35	01/10/2094	09:17
09/10/2094	13:46	17/10/2094	03:47	23/10/2094	18:49	31/10/2094	03:11
08/11/2094	05:44	15/11/2094	11:47	22/11/2094	06:29	29/11/2094	23:50
07/12/2094	20:52	14/12/2094	19:19	21/12/2094	20:58	29/12/2094	21:29
06/01/2095	10:35	13/01/2095	03:30	20/01/2095	13:50	28/01/2095	18:09
04/02/2095	22:31	11/02/2095	13:19	19/02/2095	08:01	27/02/2095	12:01
06/03/2095	08:41	13/03/2095	01:20	21/03/2095	02:12	29/03/2095	01:57
04/04/2095	17:38	11/04/2095	15:29	19/04/2095	19:16	27/04/2095	11:47
04/05/2095	02:08	11/05/2095	07:16	19/05/2095	10:23	26/05/2095	18:19
02/06/2095	11:00	10/06/2095	00:04	17/06/2095	23:08	24/06/2095	22:57
01/07/2095	20:56	09/07/2095	17:18	17/07/2095	09:33	24/07/2095	03:19
31/07/2095	08:31	08/08/2095	10:21	15/08/2095	18:15	22/08/2095	08:59
29/08/2095	22:07	07/09/2095	02:28	14/09/2095	02:13	20/09/2095	17:18
28/09/2095	13:56	06/10/2095	16:54	13/10/2095	10:32	20/10/2095	05:10
28/10/2095	07:34	05/11/2095	05:11	11/11/2095	20:07	18/11/2095	20:57
27/11/2095	01:56	04/12/2095	15:23	11/12/2095	07:23	18/12/2095	16:16
26/12/2095	19:26	03/01/2096	00:04	09/01/2096	20:22	17/01/2096	13:53
25/01/2096	10:47	01/02/2096	08:05	08/02/2096	10:52	16/02/2096	11:41
23/02/2096	23:30	01/03/2096	16:18	09/03/2096	02:39	17/03/2096	07:20
24/03/2096	09:57	31/03/2096	01:23	07/04/2096	19:20	15/04/2096	23:13
22/04/2096	18:45	29/04/2096	11:52	07/05/2096	12:09	15/05/2096	10:56
22/05/2096	02:37	29/05/2096	00:09	06/06/2096	04:01	13/06/2096	19:11
20/06/2096	10:14	27/06/2096	14:33	05/07/2096	18:04	13/07/2096	01:07
19/07/2096	18:23	27/07/2096	07:01	04/08/2096	06:07	11/08/2096	06:03
18/08/2096	04:02	26/08/2096	00:58	02/09/2096	16:38	09/09/2096	11:19
16/09/2096	16:12	24/09/2096	19:16	02/10/2096	02:27	08/10/2096	18:11
16/10/2096	07:30	24/10/2096	12:43	31/10/2096	12:18	07/11/2096	03:50
15/11/2096	01:38	23/11/2096	04:20	29/11/2096	22:36	06/12/2096	17:10
14/12/2096	21:08	22/12/2096	17:38	29/12/2096	09:25	05/01/2097	10:22
13/01/2097	16:02	21/01/2097	04:29	27/01/2097	20:49	04/02/2097	06:34
12/02/2097	08:51	19/02/2097	13:09	26/02/2097	09:04	06/03/2097	03:49
13/03/2097	22:59	20/03/2097	20:18	27/03/2097	22:30	04/04/2097	23:52
12/04/2097	10:28	19/04/2097	02:56	26/04/2097	13:11	04/05/2097	17:11
11/05/2097	19:42	18/05/2097	10:16	26/05/2097	04:38	03/06/2097	07:13
10/06/2097	03:16	16/06/2097	19:24	24/06/2097	20:06	02/07/2097	18:07
09/07/2097	10:00	16/07/2097	07:12	24/07/2097	10:56	01/08/2097	02:26
07/08/2097	17:02	14/08/2097	21:58	23/08/2097	00:55	30/08/2097	08:56
06/09/2097	01:36	13/09/2097	15:24	21/09/2097	14:02	28/09/2097	14:41
05/10/2097	12:47	13/10/2097	10:37	21/10/2097	02:25	27/10/2097	20:58
04/11/2097	03:11	12/11/2097	06:25	19/11/2097	14:05	26/11/2097	05:09
03/12/2097	20:29	12/12/2097	01:21	19/12/2097	01:06	25/12/2097	16:23
02/01/2098	15:34	10/01/2098	18:00	17/01/2098	11:38	24/01/2098	07:00
01/02/2098	10:56	09/02/2098	07:18	15/02/2098	22:02	23/02/2098	00:28
03/03/2098	05:05	10/03/2098	17:03	17/03/2098	08:45	24/03/2098	19:28
01/04/2098	20:49	08/04/2098	23:58	15/04/2098	20:06	23/04/2098	14:36
01/05/2098	09:34	08/05/2098	05:23	15/05/2098	08:18	23/05/2098	08:41
30/05/2098	19:25	06/06/2098	10:48	13/06/2098	21:27	22/06/2098	00:53
29/06/2098	03:08	05/07/2098	17:34	13/07/2098	11:37	21/07/2098	14:36
28/07/2098	09:53	04/08/2098	02:45	12/08/2098	02:46	20/08/2098	01:43

Data LN	ora	Data PQ	ora	Data LP	ora	Data UQ	ora
26/08/2098	16:55	02/09/2098	15:05	10/09/2098	18:35	18/09/2098	10:35
25/09/2098	01:19	02/10/2098	06:51	10/10/2098	10:22	17/10/2098	17:59
24/10/2098	11:51	01/11/2098	01:49	09/11/2098	01:17	16/11/2098	01:03
23/11/2098	00:53	30/11/2098	22:58	08/12/2098	14:48	15/12/2098	08:55
22/12/2098	16:26	30/12/2098	20:22	07/01/2099	02:53	13/01/2099	18:28
21/01/2099	10:09	29/01/2099	15:41	05/02/2099	13:51	12/02/2099	06:10
20/02/2099	05:08	28/02/2099	07:15	07/03/2099	00:02	13/03/2099	20:03
21/03/2099	23:49	29/03/2099	18:41	05/04/2099	09:39	12/04/2099	11:50
20/04/2099	16:32	28/04/2099	02:38	04/05/2099	19:01	12/05/2099	05:02
20/05/2099	06:19	27/05/2099	08:18	03/06/2099	04:39	10/06/2099	22:52
18/06/2099	17:12	25/06/2099	13:03	02/07/2099	15:23	10/07/2099	16:16
18/07/2099	02:03	24/07/2099	18:12	01/08/2099	04:02	09/08/2099	08:16
16/08/2099	09:57	23/08/2099	01:03	30/08/2099	18:58	07/09/2099	22:20
14/09/2099	17:53	21/09/2099	10:50	29/09/2099	11:48	07/10/2099	10:24
14/10/2099	02:34	21/10/2099	00:29	29/10/2099	05:23	05/11/2099	20:44
12/11/2099	12:32	19/11/2099	18:19	27/11/2099	22:24	05/12/2099	05:48
12/12/2099	00:11	19/12/2099	15:24	27/12/2099	14:01	03/01/2100	14:05
10/01/2100	13:58	18/01/2100	13:36	26/01/2100	03:52	01/02/2100	22:18
09/02/2100	05:57	17/02/2100	10:24	24/02/2100	15:54	03/03/2100	07:13
10/03/2100	23:31	19/03/2100	04:01	26/03/2100	02:07	01/04/2100	17:38
09/04/2100	17:19	17/04/2100	17:44	24/04/2100	10:46	01/05/2100	06:03
09/05/2100	09:56	17/05/2100	03:44	23/05/2100	18:28	30/05/2100	20:37
08/06/2100	00:34	15/06/2100	10:43	22/06/2100	02:13	29/06/2100	12:54
07/07/2100	13:09	14/07/2100	15:45	21/07/2100	11:15	29/07/2100	06:11
06/08/2100	00:04	12/08/2100	20:12	19/08/2100	22:32	27/08/2100	23:39
04/09/2100	09:52	11/09/2100	01:38	18/09/2100	12:34	26/09/2100	16:36
03/10/2100	19:05	10/10/2100	09:35	18/10/2100	05:08	26/10/2100	08:21
02/11/2100	04:16	08/11/2100	21:17	16/11/2100	23:21	24/11/2100	22:15
01/12/2100	14:03	08/12/2100	13:11	16/12/2100	18:02	24/12/2100	09:48
31/12/2100	00:59	07/01/2101	08:35				

FENOMENI LUNARI
LUNAR PHENOMENA
2000-2050

DATA = nel formato GG/MM/AAAA
DIST = in unità di raggi terrestri

DATA = date in the format DD/MM/YYYY
ORA = time hh:mm
DIST = dintance in Earth radii

```
PERIGEI LUNARI - LUNAR
PERIGEA
DATA          ORA     DIST        DATA          ORA     DIST
19/01/2000    23:34   56,34       12/03/2004    05:36   57,93
15/03/2000    00:37   57,94       08/04/2004    03:53   57,15
08/04/2000    23:47   57,74       06/05/2004    05:44   56,41
06/05/2000    10:13   56,94       03/06/2004    14:12   56,01
03/06/2000    14:18   56,30       01/07/2004    23:57   56,04
01/07/2000    23:16   56,03       30/07/2004    07:08   56,49
30/07/2000    08:44   56,19       27/08/2004    06:09   57,24
27/08/2000    14:41   56,74       22/09/2004    21:34   57,94
24/09/2000    08:54   57,53       18/10/2004    01:32   57,66
19/10/2000    22:59   58,03       14/11/2004    15:05   56,81
15/11/2000    00:34   57,39       12/12/2004    22:28   56,13
12/12/2000    23:38   56,54       10/01/2005    11:06   55,90
10/01/2001    10:00   55,99       07/02/2005    23:11   56,22
07/02/2001    23:14   55,95       08/03/2005    04:16   56,95
08/03/2001    09:53   56,41       04/04/2005    11:39   57,77
05/04/2001    10:36   57,20       29/04/2005    11:55   57,86
02/05/2001    04:11   57,92       26/05/2005    12:09   57,11
23/06/2001    18:18   56,93       23/06/2005    13:00   56,39
21/07/2001    21:52   56,29       21/07/2005    20:45   56,00
19/08/2001    06:40   56,00       19/08/2005    06:36   56,03
16/09/2001    16:47   56,15       16/09/2005    14:40   56,51
14/10/2001    23:44   56,73       14/10/2005    14:27   57,30
11/11/2001    17:54   57,58       10/11/2005    01:09   58,01
07/12/2001    00:12   58,03       05/12/2005    06:07   57,60
02/01/2002    08:31   57,29       02/01/2006    00:07   56,72
30/01/2002    10:13   56,44       30/01/2006    08:52   56,09
27/02/2002    20:43   55,96       27/02/2006    21:24   55,95
28/03/2002    08:41   55,97       28/03/2006    08:12   56,31
25/04/2002    17:12   56,46       25/04/2006    11:08   57,03
23/05/2002    16:03   57,22       22/05/2006    15:48   57,79
19/06/2002    08:09   57,90       13/07/2006    18:33   57,11
11/08/2002    00:29   56,90       10/08/2006    19:39   56,40
08/09/2002    04:17   56,24       09/09/2006    04:05   56,00
06/10/2002    14:17   55,96       06/10/2006    15:14   56,04
04/11/2002    01:46   56,15       04/11/2006    00:40   56,54
02/12/2002    09:34   56,80       02/12/2006    00:33   57,37
30/12/2002    01:38   57,68       28/12/2006    03:01   58,06
24/01/2003    00:12   57,99       22/01/2007    13:45   57,53
19/02/2003    17:39   57,20       19/02/2007    10:56   56,67
19/03/2003    20:12   56,41       19/03/2007    19:39   56,10
17/04/2003    05:55   56,00       17/04/2007    06:58   55,99
15/05/2003    16:37   56,04       15/05/2007    15:58   56,35
13/06/2003    00:04   56,51       12/06/2007    17:43   57,03
10/07/2003    22:32   57,25       09/07/2007    22:07   57,78
06/08/2003    14:41   57,92       04/08/2007    01:27   57,83
31/08/2003    20:21   57,68       31/08/2007    01:39   57,10
28/09/2003    07:06   56,89       28/09/2007    03:07   56,35
26/10/2003    12:31   56,21       26/10/2007    12:52   55,93
24/11/2003    00:17   55,94       24/11/2007    01:14   56,00
22/12/2003    12:50   56,18       22/12/2007    11:04   56,57
19/01/2004    20:06   56,88       19/01/2008    08:59   57,45
16/02/2004    08:30   57,74       14/02/2008    01:57   58,04
```

DATA	ORA	DIST	DATA	ORA	DIST
10/03/2008	23:14	57,43	03/06/2012	14:15	56,20
07/04/2008	20:48	56,61	01/07/2012	18:42	56,81
06/05/2008	04:18	56,09	29/07/2012	09:10	57,59
03/06/2008	14:12	56,01	19/09/2012	03:49	57,34
01/07/2008	22:17	56,37	17/10/2012	02:17	56,55
29/07/2008	23:58	57,05	14/11/2012	11:23	56,03
20/09/2008	04:27	57,83	13/12/2012	00:14	55,98
17/10/2008	07:32	57,04	10/01/2013	11:26	56,45
14/11/2008	11:11	56,28	07/02/2013	12:43	57,28
12/12/2008	22:40	55,90	31/03/2013	04:51	57,62
10/01/2009	11:50	56,05	27/04/2013	21:09	56,80
07/03/2009	16:08	57,54	26/05/2013	02:44	56,19
02/04/2009	03:19	58,01	23/06/2013	12:12	55,97
28/04/2009	07:52	57,39	21/07/2013	21:22	56,19
26/05/2009	05:02	56,62	19/08/2013	02:05	56,80
23/06/2009	11:39	56,13	11/10/2013	00:16	57,98
21/07/2009	21:14	56,04	06/11/2013	10:35	57,28
19/08/2009	05:48	56,39	04/12/2013	11:25	56,45
16/09/2009	08:31	57,08	01/01/2014	22:00	55,96
13/10/2009	12:46	57,86	30/01/2014	10:58	55,98
07/11/2009	09:09	57,84	27/02/2014	20:41	56,51
04/12/2009	15:35	56,99	27/03/2014	19:02	57,34
01/01/2010	21:34	56,23	23/04/2014	01:07	57,97
30/01/2010	10:04	55,91	18/05/2014	13:05	57,55
27/02/2010	22:37	56,10	15/06/2014	04:44	56,77
28/03/2010	05:43	56,74	13/07/2014	09:27	56,17
24/04/2010	21:37	57,56	10/08/2014	18:43	55,95
20/05/2010	09:49	57,97	08/09/2014	04:31	56,19
15/06/2010	16:22	57,37	06/10/2014	10:19	56,83
13/07/2010	12:40	56,62	03/11/2014	01:06	57,68
10/08/2010	18:57	56,11	24/12/2014	17:41	57,19
08/09/2010	04:58	56,00	21/01/2015	21:18	56,39
06/10/2010	14:30	56,36	19/02/2015	08:28	55,97
03/11/2010	17:59	57,10	19/03/2015	20:37	56,06
30/11/2010	19:11	57,92	17/04/2015	04:34	56,60
25/12/2010	13:56	57,77	10/06/2015	05:43	57,96
22/01/2011	01:09	56,88	05/07/2015	20:12	57,55
19/02/2011	08:24	56,17	02/08/2015	11:17	56,78
19/03/2011	20:07	55,90	30/08/2015	16:22	56,17
17/04/2011	06:59	56,14	28/09/2015	02:47	55,95
15/05/2011	12:04	56,78	26/10/2015	14:02	56,20
12/06/2011	02:23	57,57	23/11/2015	20:48	56,88
07/07/2011	14:54	57,94	21/12/2015	09:44	57,76
02/08/2011	22:25	57,34	15/01/2016	03:52	57,95
30/08/2011	18:53	56,58	11/02/2016	04:08	57,12
28/09/2011	02:03	56,06	10/03/2016	08:13	56,36
26/10/2011	13:26	55,98	07/04/2016	18:35	56,00
24/11/2011	00:21	56,39	06/05/2016	05:14	56,10
22/12/2011	03:29	57,19	03/06/2016	11:40	56,62
17/01/2012	21:45	57,99	01/07/2016	07:13	57,38
11/02/2012	20:18	57,68	27/07/2016	12:21	57,96
10/03/2012	11:14	56,82	22/08/2016	02:38	57,55
07/04/2012	17:59	56,18	18/09/2016	18:15	56,74
06/05/2012	04:33	55,96	17/10/2016	00:35	56,11

DATA	ORA	DIST	DATA	ORA	DIST
14/11/2016	12:22	55,89	09/01/2021	16:37	57,60
13/12/2016	00:29	56,20	02/03/2021	06:17	57,29
10/01/2017	06:39	56,95	30/03/2021	07:30	56,49
06/02/2017	14:30	57,82	27/04/2021	16:22	56,03
03/03/2017	09:11	57,86	26/05/2021	02:49	56,02
30/03/2017	13:53	57,04	23/06/2021	10:43	56,44
27/04/2017	17:24	56,34	21/07/2021	10:57	57,15
26/05/2017	02:21	56,00	17/08/2021	09:37	57,87
23/06/2017	11:52	56,12	11/09/2021	11:46	57,77
21/07/2017	17:56	56,64	08/10/2021	18:43	56,97
18/08/2017	13:50	57,40	05/11/2021	23:19	56,26
13/09/2017	16:51	57,99	04/12/2021	11:05	55,94
09/10/2017	07:13	57,52	01/01/2022	23:55	56,13
06/11/2017	01:27	56,67	30/01/2022	07:55	56,80
04/12/2017	09:47	56,05	26/02/2022	23:02	57,66
01/01/2018	22:48	55,90	24/03/2022	01:16	57,97
30/01/2018	10:56	56,28	19/04/2022	16:33	57,25
27/02/2018	15:14	57,06	17/05/2022	16:42	56,49
26/03/2018	17:32	57,87	15/06/2022	00:23	56,04
20/04/2018	16:22	57,81	13/07/2022	10:05	56,01
17/05/2018	22:22	57,03	10/08/2022	17:57	56,42
15/06/2018	01:02	56,36	07/09/2022	18:51	57,15
13/07/2018	09:24	56,04	04/10/2022	16:52	57,90
10/08/2018	19:07	56,14	29/10/2022	16:21	57,74
08/09/2018	02:05	56,65	26/11/2022	02:41	56,88
05/10/2018	22:56	57,44	24/12/2022	09:28	56,17
31/10/2018	21:23	58,04	21/01/2023	21:57	55,90
26/11/2018	13:37	57,48	19/02/2023	10:05	56,17
24/12/2018	11:08	56,61	19/03/2023	15:52	56,86
21/01/2019	20:59	56,02	16/04/2023	03:09	57,69
19/02/2019	10:01	55,93	11/05/2023	06:41	57,91
19/03/2019	20:46	56,34	07/06/2023	00:32	57,20
16/04/2019	22:38	57,10	04/07/2023	23:40	56,46
13/05/2019	22:13	57,85	02/08/2023	06:52	56,02
08/06/2019	00:53	57,77	30/08/2023	16:55	56,00
05/07/2019	06:18	57,03	28/09/2023	01:49	56,43
02/08/2019	08:21	56,35	26/10/2023	03:33	57,21
30/08/2019	16:53	56,00	21/11/2023	21:24	57,98
28/09/2019	03:24	56,10	16/12/2023	20:35	57,68
26/10/2019	11:25	56,65	13/01/2024	11:51	56,80
23/11/2019	08:07	57,49	10/02/2024	19:53	56,14
18/12/2019	21:28	58,05	10/03/2024	08:04	55,95
13/01/2020	21:55	57,38	07/04/2024	18:51	56,26
10/02/2020	21:44	56,51	02/06/2024	08:16	57,71
10/03/2020	07:29	55,99	27/06/2024	13:01	57,90
07/04/2020	19:07	55,96	24/07/2024	07:07	57,21
06/05/2020	03:52	56,39	21/08/2024	06:17	56,47
03/06/2020	04:10	57,13	18/09/2024	14:24	56,02
30/06/2020	02:36	57,85	17/10/2024	01:53	56,00
25/07/2020	06:38	57,75	14/11/2024	12:08	56,46
21/08/2020	12:15	56,99	12/12/2024	13:49	57,28
18/09/2020	14:57	56,30	08/01/2025	00:47	58,04
17/10/2020	00:47	55,96	02/02/2025	04:24	57,61
14/11/2020	12:43	56,10	01/03/2025	22:41	56,75

DATA	ORA	DIST	DATA	ORA	DIST
30/03/2025	06:26	56,15	25/05/2029	23:08	56,69
27/04/2025	17:18	55,99	22/06/2029	16:09	57,47
26/05/2025	02:27	56,29	18/07/2029	12:21	57,96
20/07/2025	14:56	57,70	13/08/2029	11:39	57,44
14/08/2025	19:31	57,90	10/09/2029	05:45	56,65
10/09/2025	13:36	57,19	08/10/2029	12:32	56,09
08/10/2025	13:53	56,41	06/11/2029	00:08	55,96
05/11/2025	23:29	55,94	04/12/2029	11:38	56,33
04/12/2025	12:08	55,97	01/01/2030	16:07	57,11
01/01/2026	22:36	56,50	28/01/2030	16:12	57,94
29/01/2026	22:13	57,36	22/02/2030	11:52	57,76
24/02/2026	23:57	58,03	21/03/2030	23:01	56,91
22/03/2026	12:53	57,52	19/04/2030	04:45	56,24
19/04/2026	08:15	56,70	17/05/2030	14:47	55,97
17/05/2026	14:45	56,14	15/06/2030	00:33	56,16
15/06/2026	00:20	56,00	13/07/2030	05:56	56,72
13/07/2026	08:48	56,30	09/08/2030	23:20	57,50
10/08/2026	11:54	56,96	04/09/2030	17:59	57,99
06/09/2026	21:21	57,74	30/09/2030	17:12	57,44
01/10/2026	22:34	57,90	28/10/2030	13:22	56,62
28/10/2026	19:33	57,13	25/11/2030	22:10	56,05
25/11/2026	22:13	56,34	24/12/2030	11:09	55,96
24/12/2026	09:32	55,92	21/01/2031	22:43	56,38
21/01/2027	22:47	56,02	19/02/2031	01:13	57,19
19/02/2027	08:19	56,60	17/03/2031	19:21	57,95
19/03/2027	04:56	57,45	11/04/2031	20:51	57,70
14/04/2027	01:37	58,01	09/05/2031	08:35	56,89
09/05/2027	21:42	57,48	06/06/2031	13:12	56,24
06/06/2027	16:11	56,71	04/07/2031	22:17	55,97
04/07/2027	21:55	56,17	02/08/2031	07:43	56,14
02/08/2027	07:25	56,03	30/08/2031	13:34	56,71
30/08/2027	16:34	56,32	27/09/2031	07:37	57,51
27/09/2027	20:48	56,98	22/10/2031	21:20	58,01
25/10/2027	06:12	57,80	17/11/2031	23:36	57,37
19/11/2027	01:54	57,91	15/12/2031	22:44	56,52
16/12/2027	03:51	57,07	13/01/2032	08:55	55,98
13/01/2028	08:54	56,29	10/02/2032	21:47	55,96
10/02/2028	20:55	55,92	10/03/2032	07:44	56,45
10/03/2028	09:20	56,06	07/04/2032	07:29	57,24
07/04/2028	16:52	56,66	03/05/2032	21:28	57,93
05/05/2028	11:04	57,46	29/05/2032	04:14	57,64
31/05/2028	07:39	57,97	25/06/2032	15:51	56,86
26/06/2028	05:58	57,47	23/07/2032	19:45	56,22
23/07/2028	23:35	56,70	21/08/2032	04:52	55,95
21/08/2028	05:13	56,14	18/09/2032	15:09	56,13
18/09/2028	15:21	55,98	16/10/2032	22:10	56,74
17/10/2028	01:40	56,29	13/11/2032	15:58	57,60
14/11/2028	06:29	57,01	04/01/2033	06:25	57,28
11/12/2028	12:54	57,86	01/02/2033	08:43	56,45
05/01/2029	05:53	57,84	01/03/2033	19:16	56,00
01/02/2029	13:34	56,96	30/03/2033	07:11	56,04
01/03/2029	19:28	56,23	27/04/2033	15:26	56,53
30/03/2029	06:39	55,92	25/05/2033	13:28	57,29
27/04/2029	17:23	56,10	21/06/2033	02:24	57,93

DATA	ORA	DIST	DATA	ORA	DIST
16/07/2033	10:45	57,64	29/12/2037	19:43	58,05
12/08/2033	22:15	56,87	24/01/2038	11:17	57,46
10/09/2033	02:47	56,22	21/02/2038	09:19	56,59
08/10/2033	13:14	55,94	21/03/2038	18:13	56,03
06/11/2033	01:00	56,14	19/04/2038	05:29	55,95
04/12/2033	08:53	56,80	17/05/2038	14:25	56,32
25/01/2034	22:19	58,00	14/06/2038	16:03	57,03
21/02/2034	16:53	57,21	11/07/2038	20:01	57,78
21/03/2034	19:28	56,44	05/08/2038	23:20	57,82
19/04/2034	05:04	56,02	02/09/2038	00:03	57,09
17/05/2034	15:31	56,07	30/09/2038	01:36	56,35
14/06/2034	22:29	56,54	28/10/2038	11:21	55,96
12/07/2034	20:06	57,28	25/11/2038	23:40	56,06
08/08/2034	09:23	57,93	24/12/2038	09:12	56,64
02/09/2034	16:54	57,64	15/02/2039	17:56	58,04
30/09/2034	05:13	56,82	13/03/2039	20:12	57,38
28/10/2034	11:14	56,15	10/04/2039	18:50	56,57
25/11/2034	23:07	55,88	09/05/2039	02:47	56,07
24/12/2034	11:36	56,15	06/06/2039	12:59	56,00
18/02/2035	06:39	57,75	04/07/2039	21:18	56,37
15/03/2035	03:23	57,92	01/08/2039	23:07	57,05
11/04/2035	02:29	57,14	29/08/2039	03:32	57,81
09/05/2035	04:18	56,41	23/09/2039	04:02	57,85
06/06/2035	12:34	56,03	20/10/2039	06:34	57,06
04/07/2035	22:04	56,08	17/11/2039	10:22	56,31
02/08/2035	04:55	56,56	15/12/2039	21:56	55,94
30/08/2035	03:06	57,31	13/01/2040	10:57	56,09
25/09/2035	14:32	57,97	10/02/2040	19:31	56,72
20/10/2035	21:07	57,61	09/03/2040	12:59	57,57
17/11/2035	12:47	56,75	03/04/2040	22:00	57,99
15/12/2035	20:43	56,09	30/04/2040	05:41	57,34
13/01/2036	09:41	55,90	28/05/2040	03:42	56,57
10/02/2036	21:59	56,23	25/06/2040	10:35	56,07
10/03/2036	03:07	56,97	23/07/2040	20:13	55,99
06/04/2036	10:07	57,79	21/08/2040	04:43	56,34
01/05/2036	10:03	57,87	18/09/2040	07:18	57,05
28/05/2036	10:42	57,13	15/10/2040	11:09	57,85
25/06/2036	11:41	56,43	09/11/2040	07:52	57,82
23/07/2036	19:34	56,05	06/12/2040	14:39	56,97
21/08/2036	05:29	56,10	03/01/2041	20:34	56,22
18/09/2036	13:24	56,57	01/02/2041	08:47	55,91
11/11/2036	19:45	58,03	01/03/2041	20:53	56,13
03/01/2037	22:26	56,68	30/03/2041	03:15	56,78
01/02/2037	07:59	56,06	26/04/2041	17:30	57,60
01/03/2037	20:43	55,93	22/05/2041	02:35	57,94
30/03/2037	07:31	56,29	17/06/2041	13:01	57,30
27/04/2037	10:24	57,01	15/07/2041	10:25	56,54
18/06/2037	17:32	57,84	12/08/2041	17:03	56,05
15/07/2037	18:19	57,12	10/09/2041	03:15	55,97
12/08/2037	18:54	56,41	08/10/2041	12:56	56,36
10/09/2037	03:10	56,01	05/11/2041	16:22	57,12
08/10/2037	14:03	56,05	02/12/2041	16:25	57,94
05/11/2037	23:01	56,57	23/01/2042	23:33	56,88
03/12/2037	21:52	57,41	21/02/2042	06:56	56,20

131

DATA	ORA	DIST	DATA	ORA	DIST
21/03/2042	18:40	55,96	17/05/2046	00:04	57,37
19/04/2042	05:24	56,22	12/06/2046	05:08	57,96
17/05/2042	10:04	56,85	07/07/2046	19:37	57,56
13/06/2042	23:02	57,62	04/08/2046	10:35	56,78
09/07/2042	08:39	57,94	01/09/2046	15:33	56,18
04/08/2042	19:20	57,31	30/09/2046	01:45	55,96
01/09/2042	17:01	56,55	28/10/2046	12:40	56,22
30/09/2042	00:48	56,04	25/11/2046	18:48	56,92
28/10/2042	12:33	55,97	23/12/2046	05:41	57,79
25/11/2042	23:39	56,39	16/01/2047	22:57	57,90
24/12/2042	02:46	57,19	13/02/2047	02:06	57,05
19/01/2043	20:39	57,99	13/03/2047	06:42	56,29
13/02/2043	19:23	57,69	10/04/2047	17:08	55,94
13/03/2043	10:29	56,84	09/05/2047	03:42	56,07
10/04/2043	17:12	56,20	06/06/2047	10:04	56,61
09/05/2043	03:36	55,99	04/07/2047	05:27	57,38
06/06/2043	12:58	56,23	30/07/2047	09:50	57,95
04/07/2043	16:49	56,85	25/08/2047	00:54	57,54
01/08/2043	05:59	57,62	21/09/2047	16:44	56,73
26/08/2043	14:52	57,95	19/10/2047	23:06	56,12
22/09/2043	01:37	57,28	17/11/2047	10:52	55,94
20/10/2043	00:47	56,48	15/12/2047	22:52	56,27
17/11/2043	10:10	55,96	13/01/2048	04:28	57,02
15/12/2043	23:03	55,93	09/02/2048	09:34	57,87
13/01/2044	10:08	56,43	05/03/2048	04:20	57,83
10/02/2044	11:05	57,27	01/04/2048	11:27	57,00
07/03/2044	21:17	58,00	29/04/2048	15:40	56,30
02/04/2044	03:42	57,60	28/05/2048	01:00	55,99
29/04/2044	19:44	56,79	25/06/2048	10:47	56,11
28/05/2044	01:12	56,19	23/07/2048	17:02	56,64
25/06/2044	10:27	56,00	20/08/2048	13:01	57,40
23/07/2044	19:16	56,24	15/09/2048	15:52	58,00
20/08/2044	23:40	56,86	11/10/2048	06:11	57,53
17/09/2044	13:14	57,66	08/11/2048	00:36	56,69
12/10/2044	17:18	57,96	06/12/2048	09:03	56,08
08/11/2044	07:35	57,23	03/01/2049	22:03	55,94
06/12/2044	09:23	56,40	01/02/2049	09:53	56,32
03/01/2045	20:26	55,94	01/03/2049	13:25	57,10
01/02/2045	09:41	55,99	28/03/2049	13:18	57,89
01/03/2045	19:34	56,53	22/04/2049	13:02	57,77
29/03/2045	17:51	57,36	19/05/2049	20:40	56,98
20/05/2045	11:22	57,57	16/06/2049	23:50	56,31
17/06/2045	03:24	56,80	15/07/2049	08:22	55,98
15/07/2045	08:14	56,22	12/08/2049	18:04	56,09
12/08/2045	17:36	56,02	10/09/2049	00:56	56,62
10/09/2045	03:24	56,25	07/10/2049	21:36	57,42
08/10/2045	08:54	56,89	02/11/2049	19:22	58,03
04/11/2045	22:27	57,72	28/11/2049	12:37	57,46
29/11/2045	19:57	57,97	26/12/2049	10:11	56,59
26/12/2045	16:18	57,16	23/01/2050	19:52	56,02
23/01/2046	20:13	56,35	21/02/2050	08:32	55,95
21/02/2046	07:43	55,94	21/03/2050	18:38	56,38
21/03/2046	19:57	56,03	18/04/2050	19:38	57,15
19/04/2046	03:51	56,58	15/05/2050	16:02	57,88

DATA	ORA	DIST		DATA	ORA	DIST
09/06/2050	19:58	57,72		30/09/2050	01:47	56,08
07/07/2050	03:35	56,95		28/10/2050	09:54	56,66
04/08/2050	06:16	56,28		25/11/2050	06:18	57,52
01/09/2050	15:05	55,95		20/12/2050	17:42	58,05

APOGEI LUNARI - LUNAR APOGEA

DATA	ORA	DIST		DATA	ORA	DIST
				28/05/2003	14:32	63,68
04/01/2000	13:39	63,72		25/06/2003	03:35	63,53
28/02/2000	21:45	63,44		22/07/2003	20:50	63,39
27/03/2000	18:20	63,37		19/08/2003	15:22	63,36
24/04/2000	13:08	63,43		16/09/2003	10:04	63,45
22/05/2000	04:38	63,56		14/10/2003	03:01	63,61
18/06/2000	13:41	63,67		10/11/2003	12:51	63,70
15/07/2000	16:49	63,68		07/12/2003	13:30	63,70
11/08/2000	23:48	63,60		03/01/2004	21:40	63,61
08/09/2000	13:48	63,46		31/01/2004	15:18	63,47
06/10/2000	08:11	63,37		28/02/2004	11:45	63,38
03/11/2000	04:20	63,40		27/03/2004	07:47	63,42
01/12/2000	00:13	63,54		21/05/2004	13:00	63,69
28/12/2000	15:41	63,68		17/06/2004	17:02	63,74
24/01/2001	20:04	63,74		11/08/2004	10:35	63,54
20/02/2001	23:13	63,70		05/10/2004	23:09	63,39
20/03/2001	12:38	63,57		02/11/2004	18:48	63,50
15/05/2001	02:29	63,36		30/11/2004	11:57	63,65
11/06/2001	20:31	63,44		23/01/2005	19:55	63,72
09/07/2001	12:02	63,59		20/02/2005	06:14	63,62
05/08/2001	21:52	63,69		20/03/2005	00:12	63,47
02/09/2001	00:43	63,70		16/04/2005	19:41	63,39
29/09/2001	06:59	63,62		11/06/2005	07:11	63,58
23/11/2001	16:45	63,40		08/07/2005	18:28	63,71
21/12/2001	13:50	63,44		04/08/2005	22:49	63,75
18/01/2002	09:22	63,58		01/09/2005	04:04	63,69
14/02/2002	23:05	63,71		28/09/2005	16:30	63,54
14/03/2002	02:11	63,76		26/10/2005	10:47	63,42
10/04/2002	07:00	63,72		23/11/2005	07:16	63,40
07/05/2002	20:27	63,57		21/12/2005	03:27	63,50
04/06/2002	14:11	63,42		17/01/2006	19:42	63,64
02/07/2002	08:34	63,37		14/02/2006	01:34	63,71
30/07/2002	02:27	63,46		13/03/2006	03:16	63,70
26/08/2002	18:20	63,61		09/04/2006	14:28	63,58
23/09/2002	04:14	63,71		07/05/2006	08:03	63,43
20/10/2002	06:01	63,71		04/06/2006	02:40	63,35
16/11/2002	12:56	63,62		01/07/2006	20:58	63,41
14/12/2002	05:14	63,48		29/07/2006	13:40	63,56
11/01/2003	01:42	63,39		26/08/2006	02:12	63,70
07/02/2003	22:44	63,43		22/09/2006	06:21	63,73
07/03/2003	17:06	63,56		19/10/2006	11:07	63,67
04/04/2003	05:20	63,69		16/11/2006	00:33	63,53
01/05/2003	08:38	63,74		13/12/2006	20:08	63,40
				10/01/2007	17:26	63,39

133

DATA	ORA	DIST	DATA	ORA	DIST
07/02/2007	13:16	63,50	29/04/2011	19:20	63,66
07/03/2007	04:17	63,63	27/05/2011	11:15	63,50
30/04/2007	11:56	63,69	24/06/2011	05:12	63,38
27/05/2007	23:14	63,57	21/07/2011	23:37	63,40
24/06/2007	15:41	63,42	15/09/2011	07:24	63,66
22/07/2007	09:44	63,36	12/10/2011	12:42	63,72
19/08/2007	04:15	63,44	08/11/2011	14:54	63,68
15/09/2007	21:43	63,60	06/12/2011	02:22	63,56
13/10/2007	10:39	63,73	02/01/2012	21:34	63,43
09/11/2007	13:40	63,76	30/01/2012	18:41	63,39
06/12/2007	18:27	63,69	27/02/2012	14:40	63,48
03/01/2008	09:23	63,55	26/03/2012	06:40	63,62
31/01/2008	05:37	63,42	22/04/2012	14:33	63,72
28/02/2008	02:19	63,41	19/05/2012	17:35	63,72
26/03/2008	20:51	63,51	16/06/2012	02:43	63,62
23/04/2008	10:21	63,65	13/07/2012	18:02	63,46
20/05/2008	15:26	63,72	10/08/2012	11:52	63,36
16/06/2008	19:00	63,69	07/09/2012	06:51	63,39
14/07/2008	05:27	63,57	05/10/2012	01:20	63,52
10/08/2008	21:33	63,43	01/11/2012	16:09	63,66
07/09/2008	15:57	63,37	28/11/2012	20:36	63,71
05/10/2008	11:18	63,45	25/12/2012	22:55	63,67
02/11/2008	05:29	63,61	22/01/2013	12:03	63,54
29/11/2008	17:44	63,73	19/02/2013	07:44	63,41
26/12/2008	19:04	63,75	19/03/2013	04:13	63,38
23/01/2009	01:40	63,67	15/04/2013	23:01	63,48
19/02/2009	18:20	63,52	13/05/2013	14:12	63,63
19/03/2009	14:25	63,39	09/06/2013	22:26	63,73
16/04/2009	10:07	63,38	07/07/2013	01:58	63,73
14/05/2009	03:37	63,48	03/08/2013	10:15	63,63
10/06/2009	16:51	63,62	31/08/2013	01:01	63,48
07/07/2009	22:39	63,69	27/09/2013	19:17	63,39
04/08/2009	02:11	63,66	25/10/2013	15:12	63,43
31/08/2009	12:16	63,54	20/12/2013	00:47	63,70
28/09/2009	04:47	63,41	16/01/2014	02:53	63,74
26/10/2009	00:17	63,37	12/02/2014	06:44	63,69
20/12/2009	15:55	63,61	11/03/2014	21:03	63,55
17/01/2010	02:27	63,72	06/05/2014	11:22	63,39
13/02/2010	03:29	63,74	03/06/2014	05:07	63,49
12/03/2010	11:30	63,66	30/06/2014	19:50	63,64
09/04/2010	04:04	63,50	28/07/2014	04:14	63,74
06/05/2010	23:01	63,38	24/08/2014	07:31	63,74
03/06/2010	17:42	63,38	20/09/2014	15:43	63,63
01/07/2010	10:53	63,50	18/10/2014	07:22	63,48
29/07/2010	00:34	63,65	15/11/2014	02:55	63,39
25/08/2010	06:53	63,71	12/12/2014	23:49	63,43
21/09/2010	09:33	63,68	09/01/2015	18:51	63,56
18/10/2010	19:32	63,56	06/02/2015	07:15	63,68
15/11/2010	13:01	63,44	05/03/2015	08:43	63,71
13/12/2010	09:34	63,40	29/04/2015	04:55	63,51
10/01/2011	06:18	63,49	26/05/2015	23:24	63,38
06/02/2011	23:45	63,64	23/06/2015	17:59	63,36
06/03/2011	08:35	63,74	21/07/2015	11:43	63,47
02/04/2011	10:24	63,76	18/08/2015	03:11	63,63

DATA	ORA	DIST	DATA	ORA	DIST
14/09/2015	12:15	63,73	26/02/2020	12:16	63,70
11/10/2015	14:42	63,71	24/03/2020	16:24	63,76
05/12/2015	15:56	63,46	20/04/2020	20:30	63,73
02/01/2016	12:53	63,38	18/05/2020	08:54	63,59
30/01/2016	09:55	63,43	15/06/2020	02:11	63,43
27/02/2016	04:02	63,56	12/07/2020	20:26	63,37
25/03/2016	15:05	63,67	06/09/2020	07:29	63,59
21/04/2016	17:14	63,71	03/10/2020	18:11	63,70
18/05/2016	23:33	63,64	30/10/2020	20:02	63,71
15/06/2016	13:14	63,50	27/11/2020	01:59	63,64
13/07/2016	06:35	63,38	24/12/2020	17:49	63,50
10/08/2016	01:05	63,38	21/01/2021	14:18	63,40
06/09/2016	19:25	63,51	18/02/2021	11:10	63,41
04/10/2016	11:39	63,67	18/03/2021	05:38	63,54
31/10/2016	20:15	63,76	14/04/2021	18:34	63,67
27/11/2016	21:37	63,74	11/05/2021	22:52	63,73
25/12/2016	07:12	63,63	08/06/2021	03:55	63,69
22/01/2017	01:32	63,48	02/08/2021	08:36	63,40
18/02/2017	22:14	63,40	30/08/2021	03:22	63,35
18/03/2017	18:09	63,44	26/09/2021	22:27	63,44
15/04/2017	10:43	63,57	24/10/2021	16:03	63,59
12/05/2017	20:37	63,69	21/11/2021	03:01	63,70
08/06/2017	23:31	63,72	18/12/2021	03:38	63,70
06/07/2017	05:54	63,64	11/02/2022	03:37	63,48
02/08/2017	19:05	63,50	11/03/2022	00:05	63,38
27/09/2017	07:48	63,39	07/04/2022	19:58	63,41
21/11/2017	19:52	63,67	05/05/2022	13:23	63,54
19/12/2017	02:12	63,75	02/06/2022	02:02	63,68
15/01/2018	03:44	63,73	29/06/2022	07:09	63,74
11/02/2018	15:24	63,61	26/07/2022	11:51	63,70
11/03/2018	10:31	63,45	19/09/2022	15:45	63,43
08/04/2018	06:31	63,36	17/10/2022	11:20	63,39
06/05/2018	01:19	63,41	14/11/2022	07:21	63,48
02/06/2018	17:14	63,55	12/12/2022	01:01	63,63
30/06/2018	03:29	63,66	04/02/2023	09:57	63,73
27/07/2018	06:55	63,69	03/03/2023	19:19	63,64
23/08/2018	12:50	63,61	28/04/2023	07:43	63,39
20/09/2018	02:04	63,48	26/05/2023	02:27	63,42
17/10/2018	20:26	63,37	22/06/2023	19:10	63,56
14/11/2018	16:48	63,39	20/07/2023	07:45	63,70
12/12/2018	13:00	63,52	16/08/2023	12:54	63,75
09/01/2019	05:03	63,67	12/09/2023	17:12	63,70
05/02/2019	10:21	63,74	10/10/2023	04:51	63,56
04/03/2019	13:00	63,71	06/11/2023	23:04	63,43
01/04/2019	01:23	63,59	04/12/2023	19:42	63,39
28/04/2019	19:36	63,43	01/01/2024	16:08	63,48
26/05/2019	14:27	63,36	25/02/2024	15:59	63,70
23/06/2019	08:35	63,43	23/03/2024	17:13	63,70
21/07/2019	00:38	63,57	20/04/2024	03:25	63,60
17/08/2019	11:40	63,69	17/05/2024	20:17	63,44
10/10/2019	19:28	63,64	14/06/2024	14:35	63,35
05/12/2019	05:08	63,41	12/07/2024	09:00	63,40
02/01/2020	02:20	63,43	09/08/2024	02:10	63,54
29/01/2020	22:01	63,56	05/09/2024	15:40	63,69

DATA	ORA	DIST	DATA	ORA	DIST
02/10/2024	20:39	63,73	16/03/2029	22:20	63,74
30/10/2024	00:24	63,68	13/04/2029	00:24	63,76
24/12/2024	08:26	63,42	10/05/2029	08:22	63,67
21/01/2025	05:56	63,39	06/06/2029	23:25	63,51
18/02/2025	01:49	63,48	04/07/2029	17:13	63,39
17/03/2025	17:16	63,62	01/08/2029	11:41	63,39
13/04/2025	23:35	63,70	29/08/2029	05:24	63,51
07/06/2025	11:45	63,58	25/09/2029	20:22	63,65
05/07/2025	03:45	63,44	23/10/2029	02:53	63,72
01/08/2025	21:37	63,36	19/11/2029	04:26	63,69
29/08/2025	16:22	63,43	16/12/2029	15:11	63,58
26/09/2025	10:22	63,58	13/01/2030	10:08	63,44
24/10/2025	00:14	63,72	10/02/2030	07:06	63,39
20/11/2025	03:47	63,76	06/04/2030	19:46	63,60
17/12/2025	07:44	63,70	04/05/2030	04:22	63,71
13/01/2026	22:03	63,56	31/05/2030	07:32	63,73
10/02/2026	18:05	63,43	25/07/2030	05:55	63,48
10/03/2026	14:44	63,40	18/09/2030	19:09	63,38
04/05/2026	23:31	63,63	16/10/2030	13:59	63,51
01/06/2026	05:20	63,71	13/11/2030	05:37	63,65
28/06/2026	08:36	63,70	10/12/2030	10:57	63,71
25/07/2026	18:02	63,58	06/01/2031	12:35	63,68
22/08/2026	09:35	63,44	02/03/2031	19:59	63,42
19/09/2026	04:00	63,37	30/03/2031	16:25	63,38
13/11/2026	18:51	63,59	27/04/2031	11:12	63,46
11/12/2026	07:33	63,72	21/06/2031	12:24	63,72
07/01/2027	09:20	63,75	18/07/2031	15:47	63,74
03/02/2027	15:03	63,68	14/08/2031	23:03	63,65
03/03/2027	07:00	63,53	11/09/2031	13:09	63,50
31/03/2027	02:44	63,39	09/10/2031	07:31	63,40
27/04/2027	22:21	63,37	06/11/2031	03:35	63,42
25/05/2027	15:55	63,47	03/12/2031	23:09	63,55
22/06/2027	05:51	63,61	31/12/2031	13:55	63,69
19/07/2027	12:42	63,69	27/01/2032	17:14	63,74
15/08/2027	15:50	63,67	23/02/2032	20:17	63,70
12/09/2027	00:55	63,56	22/03/2032	09:41	63,57
09/10/2027	17:02	63,42	19/04/2032	04:17	63,42
06/11/2027	12:37	63,37	16/05/2032	23:18	63,38
04/12/2027	09:25	63,44	13/06/2032	17:11	63,47
28/01/2028	16:30	63,71	11/07/2032	08:30	63,63
24/02/2028	17:45	63,74	07/08/2032	18:04	63,74
23/03/2028	00:49	63,67	03/09/2032	21:16	63,74
19/04/2028	16:32	63,51	01/10/2032	04:28	63,65
17/05/2028	11:05	63,38	28/10/2032	19:40	63,50
14/06/2028	05:46	63,37	25/11/2032	15:16	63,40
11/07/2028	23:07	63,49	23/12/2032	12:22	63,42
08/08/2028	13:36	63,64	20/01/2033	07:39	63,54
04/09/2028	20:54	63,72	16/02/2033	20:44	63,66
01/10/2028	23:07	63,69	15/03/2033	22:58	63,71
29/10/2028	08:13	63,58	12/04/2033	03:57	63,66
26/11/2028	01:25	63,45	09/05/2033	17:39	63,52
23/12/2028	22:00	63,40	06/06/2033	11:26	63,38
20/01/2029	18:50	63,48	04/07/2033	05:54	63,35
17/02/2029	12:31	63,62	31/07/2033	23:55	63,45

DATA	ORA	DIST	DATA	ORA	DIST
28/08/2033	16:05	63,62	09/02/2038	10:35	63,54
25/09/2033	02:20	63,72	09/03/2038	01:19	63,68
18/11/2033	11:42	63,63	05/04/2038	06:25	63,76
16/12/2033	04:48	63,48	02/05/2038	10:03	63,73
13/01/2034	01:23	63,39	29/05/2038	21:27	63,60
09/02/2034	22:24	63,41	26/06/2038	14:11	63,44
06/04/2034	04:45	63,66	24/07/2038	08:18	63,37
03/05/2034	07:23	63,71	21/08/2038	02:42	63,43
30/05/2034	12:51	63,65	17/09/2038	19:51	63,58
24/07/2034	18:22	63,39	15/10/2038	08:04	63,70
21/08/2034	13:03	63,38	11/11/2038	10:10	63,72
18/09/2034	07:46	63,49	08/12/2038	15:08	63,65
16/10/2034	00:42	63,66	05/01/2039	06:27	63,51
12/11/2034	10:23	63,75	02/02/2039	02:48	63,40
09/12/2034	11:27	63,75	01/03/2039	23:32	63,40
05/01/2035	20:13	63,65	29/03/2039	18:04	63,52
02/02/2035	14:07	63,50	26/04/2039	07:38	63,66
02/03/2035	10:34	63,40	23/05/2039	13:04	63,73
30/03/2035	06:24	63,43	19/06/2039	17:24	63,70
26/04/2035	23:12	63,55	17/07/2039	04:25	63,57
24/05/2035	10:07	63,67	13/08/2039	20:51	63,42
20/06/2035	13:29	63,72	10/09/2039	15:24	63,36
17/07/2035	19:00	63,65	08/10/2039	10:50	63,43
14/08/2035	07:17	63,52	05/11/2039	05:02	63,58
11/09/2035	00:38	63,40	02/12/2039	17:05	63,69
08/10/2035	20:00	63,39	29/12/2039	17:52	63,71
05/11/2035	15:40	63,51	26/01/2040	00:11	63,64
03/12/2035	08:43	63,66	22/02/2040	16:36	63,49
30/12/2035	16:29	63,74	21/03/2040	12:30	63,38
26/01/2036	17:37	63,73	18/04/2040	08:06	63,40
23/02/2036	04:28	63,62	16/05/2040	01:40	63,52
21/03/2036	23:00	63,46	12/06/2040	15:03	63,67
18/04/2036	18:40	63,36	09/07/2040	21:14	63,74
16/05/2036	13:27	63,40	06/08/2040	01:13	63,71
13/06/2036	05:45	63,53	02/09/2040	11:30	63,58
10/07/2036	17:10	63,65	30/09/2040	04:05	63,44
06/08/2036	21:01	63,69	27/10/2040	23:34	63,39
03/09/2036	01:59	63,63	24/11/2040	19:54	63,47
30/09/2036	14:24	63,49	22/12/2040	14:01	63,62
28/10/2036	08:44	63,38	15/02/2041	00:05	63,73
25/11/2036	05:22	63,39	14/03/2041	08:28	63,65
23/12/2036	01:45	63,51	11/04/2041	01:00	63,49
19/01/2037	18:16	63,66	08/05/2041	19:44	63,39
16/02/2037	00:36	63,74	05/06/2041	14:24	63,41
15/03/2037	02:51	63,72	03/07/2041	07:26	63,54
11/04/2037	14:15	63,60	30/07/2041	20:53	63,69
09/05/2037	07:50	63,44	27/08/2041	03:02	63,75
06/06/2037	02:23	63,36	23/09/2041	06:29	63,71
31/07/2037	13:31	63,56	20/10/2041	17:21	63,58
28/08/2037	01:19	63,69	17/11/2041	11:24	63,44
24/09/2037	04:45	63,72	15/12/2041	08:09	63,39
21/10/2037	09:04	63,65	12/01/2042	04:46	63,47
15/12/2037	17:33	63,42	08/02/2042	21:49	63,60
12/01/2038	14:49	63,42	08/03/2042	05:48	63,69

137

DATA	ORA	DIST	DATA	ORA	DIST
04/04/2042	07:15	63,70	16/09/2046	11:00	63,72
01/05/2042	16:26	63,61	13/10/2046	12:49	63,70
29/05/2042	08:30	63,45	09/11/2046	21:00	63,60
26/06/2042	02:31	63,35	07/12/2046	13:53	63,47
23/07/2042	21:01	63,38	04/01/2047	10:27	63,40
20/08/2042	14:38	63,53	01/02/2047	07:19	63,46
17/09/2042	05:03	63,68	01/03/2047	01:12	63,61
14/10/2042	11:01	63,74	24/04/2047	14:14	63,76
10/11/2042	13:49	63,69	21/05/2047	21:26	63,69
04/01/2043	20:57	63,43	18/06/2047	11:36	63,53
01/02/2043	18:23	63,38	16/07/2047	05:08	63,40
01/03/2043	14:18	63,46	12/08/2047	23:38	63,38
29/03/2043	06:07	63,60	09/09/2047	17:47	63,49
25/04/2043	13:35	63,69	07/10/2047	09:32	63,64
22/05/2043	16:06	63,70	03/11/2047	17:08	63,72
19/06/2043	00:50	63,60	28/12/2047	03:50	63,59
16/07/2043	15:49	63,45	24/01/2048	22:43	63,45
13/08/2043	09:32	63,37	21/02/2048	19:29	63,38
10/09/2043	04:30	63,42	20/03/2048	15:24	63,44
07/10/2043	23:01	63,57	17/04/2048	07:59	63,58
04/11/2043	13:44	63,72	14/05/2048	18:04	63,70
01/12/2043	18:07	63,76	10/06/2048	21:32	63,73
28/12/2043	21:09	63,72	08/07/2048	04:38	63,65
25/01/2044	10:46	63,58	04/08/2048	18:19	63,50
22/02/2044	06:33	63,44	01/09/2048	12:00	63,38
21/03/2044	02:57	63,39	29/09/2048	07:20	63,38
17/04/2044	21:27	63,47	23/11/2048	19:24	63,64
15/05/2044	12:02	63,61	21/12/2048	01:19	63,71
11/06/2044	19:18	63,70	17/01/2049	02:23	63,69
08/07/2044	22:19	63,70	13/02/2049	13:50	63,58
05/08/2044	06:43	63,60	13/03/2049	08:42	63,43
01/09/2044	21:41	63,45	10/04/2049	04:33	63,37
29/09/2044	16:05	63,38	07/05/2049	23:18	63,44
27/10/2044	12:06	63,43	04/06/2049	15:19	63,59
24/11/2044	07:16	63,58	02/07/2049	01:49	63,72
17/01/2045	23:34	63,75	29/07/2049	05:40	63,74
14/02/2045	04:31	63,69	25/08/2049	11:56	63,66
10/04/2045	14:50	63,40	22/09/2049	01:19	63,52
08/05/2045	10:25	63,36	19/10/2049	19:42	63,41
05/06/2045	04:08	63,45	16/11/2049	15:59	63,42
02/07/2045	18:45	63,59	14/12/2049	11:53	63,54
26/08/2045	05:16	63,67	11/01/2050	03:13	63,67
22/09/2045	13:40	63,58	07/02/2050	07:32	63,73
20/10/2045	05:21	63,44	06/03/2050	09:55	63,71
17/11/2045	00:59	63,37	02/04/2050	22:20	63,58
14/12/2045	22:01	63,43	30/04/2050	16:28	63,43
11/01/2046	17:16	63,58	28/05/2050	11:13	63,38
08/02/2046	06:00	63,71	25/06/2050	05:13	63,46
07/03/2046	08:03	63,74	22/07/2050	21:06	63,61
01/05/2046	04:43	63,53	19/08/2050	07:50	63,73
28/05/2046	23:08	63,39	15/09/2050	11:08	63,75
25/06/2046	17:41	63,37	09/11/2050	07:46	63,52
23/07/2046	11:19	63,47	07/12/2050	03:49	63,40
20/08/2046	02:32	63,63			

PASSAGGIO AI NODI - CROSSING OF THE NODE

DATA	ORA	DATA	ORA	DATA	ORA
21/01/2000	10:54	29/12/2001	15:51	06/12/2003	17:00
04/02/2000	13:57	11/01/2002	12:56	20/12/2003	17:07
17/02/2000	21:08	26/01/2002	01:26	02/01/2004	21:11
02/03/2000	20:40	07/02/2002	16:33	16/01/2004	22:09
16/03/2000	02:53	22/02/2002	07:27	29/01/2004	23:07
30/03/2000	01:06	06/03/2002	17:19	12/02/2004	22:44
12/04/2000	04:08	21/03/2002	09:14	26/02/2004	01:14
26/04/2000	03:16	02/04/2002	19:21	11/03/2004	00:04
09/05/2000	05:05	17/04/2002	10:14	24/03/2004	05:55
23/05/2000	05:29	30/04/2002	01:29	07/04/2004	06:05
05/06/2000	09:54	14/05/2002	14:00	20/04/2004	12:41
19/06/2000	09:36	27/05/2002	10:39	04/05/2004	16:00
02/07/2000	19:04	10/06/2002	21:00	17/05/2004	19:17
16/07/2000	15:31	23/06/2002	19:39	01/06/2004	02:20
30/07/2000	05:52	08/07/2002	05:15	13/06/2004	23:48
12/08/2000	21:42	21/07/2002	01:41	28/06/2004	09:37
26/08/2000	14:41	04/08/2002	12:04	11/07/2004	01:58
09/09/2000	02:25	17/08/2002	03:54	25/07/2004	12:30
22/09/2000	18:58	31/08/2002	15:43	07/08/2004	03:40
06/10/2000	05:01	13/09/2002	04:39	21/08/2004	13:12
19/10/2000	19:33	27/09/2002	17:06	03/09/2004	07:33
02/11/2000	07:02	10/10/2002	08:08	17/09/2004	15:52
15/11/2000	21:12	24/10/2002	19:18	30/09/2004	14:30
29/11/2000	10:52	06/11/2002	16:21	14/10/2004	22:48
13/12/2000	03:54	21/11/2002	00:26	27/10/2004	22:40
26/12/2000	16:57	04/12/2002	03:11	11/11/2004	08:44
09/01/2001	14:53	18/12/2002	07:47	24/11/2004	05:04
22/01/2001	23:22	31/12/2002	12:16	08/12/2004	17:56
06/02/2001	01:49	14/01/2003	14:38	21/12/2004	07:50
19/02/2001	03:52	27/01/2003	16:24	04/01/2005	22:53
05/03/2001	08:23	10/02/2003	18:39	17/01/2005	08:31
18/03/2001	05:58	23/02/2003	16:47	31/01/2005	23:49
01/04/2001	10:01	09/03/2003	20:22	13/02/2005	11:26
14/04/2001	07:51	22/03/2003	18:38	28/02/2005	01:10
28/04/2001	10:43	05/04/2003	22:40	12/03/2005	18:37
11/05/2001	12:02	19/04/2003	01:24	27/03/2005	06:16
25/05/2001	14:51	03/05/2003	03:18	09/04/2005	03:58
07/06/2001	18:39	16/05/2003	11:51	23/04/2005	14:31
21/06/2001	23:11	30/05/2003	09:32	06/05/2005	11:55
05/07/2001	01:49	12/06/2003	22:16	20/05/2005	23:02
19/07/2001	09:24	26/06/2003	15:33	02/06/2005	16:14
01/08/2001	07:20	10/07/2003	05:18	17/06/2005	05:00
15/08/2001	18:04	23/07/2003	19:46	29/06/2005	17:28
28/08/2001	10:10	06/08/2003	07:50	14/07/2005	07:36
11/09/2001	22:35	19/08/2003	22:08	26/07/2005	18:57
24/09/2001	11:28	02/09/2003	08:23	10/08/2005	08:53
08/10/2001	23:32	16/09/2003	00:27	23/08/2005	00:05
21/10/2001	14:22	29/09/2003	11:34	06/09/2005	11:52
05/11/2001	00:58	13/10/2003	04:40	19/09/2005	09:09
17/11/2001	20:51	26/10/2003	19:43	03/10/2005	17:51
02/12/2001	06:30	09/11/2003	10:48	16/10/2005	19:25
15/12/2001	05:31	23/11/2003	07:02	31/10/2005	01:33

DATA	ORA	DATA	ORA	DATA	ORA
13/11/2005	03:02	18/11/2007	13:45	21/11/2009	12:33
27/11/2005	08:13	01/12/2007	00:09	05/12/2009	04:17
10/12/2005	05:49	15/12/2007	14:15	18/12/2009	17:41
24/12/2005	11:43	28/12/2007	03:57	01/01/2010	13:29
06/01/2006	06:00	11/01/2008	16:16	15/01/2010	00:17
20/01/2006	13:06	24/01/2008	11:49	29/01/2010	01:03
02/02/2006	09:03	07/02/2008	22:39	11/02/2010	05:57
16/02/2006	15:38	20/02/2008	21:01	25/02/2010	10:11
01/03/2006	17:24	06/03/2008	07:53	10/03/2010	09:07
15/03/2006	20:53	19/03/2008	03:53	24/03/2010	14:06
29/03/2006	04:29	02/04/2008	16:17	06/04/2010	10:43
12/04/2006	03:35	15/04/2008	06:48	20/04/2010	14:38
25/04/2006	13:58	29/04/2008	21:07	03/05/2010	13:34
09/05/2006	09:29	12/05/2008	07:37	17/05/2010	16:38
22/05/2006	19:00	26/05/2008	22:44	30/05/2010	19:07
05/06/2006	13:11	08/06/2008	10:15	13/06/2010	22:55
18/06/2006	20:10	23/06/2008	00:17	27/06/2010	02:20
02/07/2006	15:19	05/07/2008	16:54	11/07/2010	08:31
15/07/2006	21:24	20/07/2008	04:26	24/07/2010	08:58
29/07/2006	17:58	02/08/2008	02:21	07/08/2010	18:23
12/08/2006	02:31	16/08/2008	11:26	20/08/2010	13:12
25/08/2006	22:35	29/08/2008	11:30	04/09/2010	01:14
08/09/2006	12:01	12/09/2008	19:23	16/09/2010	14:56
22/09/2006	04:42	25/09/2008	17:21	01/10/2010	03:41
05/10/2006	23:11	10/10/2008	01:37	13/10/2010	16:34
19/10/2006	10:34	22/10/2008	19:00	28/10/2010	04:15
02/11/2006	07:54	06/11/2008	04:33	09/11/2010	21:13
15/11/2006	14:26	18/11/2008	19:36	24/11/2010	07:27
29/11/2006	11:26	03/12/2008	05:46	07/12/2010	05:14
12/12/2006	16:20	16/12/2008	00:02	21/12/2010	15:08
26/12/2006	11:35	30/12/2008	08:39	03/01/2011	13:47
08/01/2007	18:44	12/01/2009	09:34	18/01/2011	01:06
22/01/2007	13:59	26/01/2009	14:27	30/01/2011	19:29
04/02/2007	23:44	08/02/2009	20:47	14/02/2011	09:13
18/02/2007	21:42	22/02/2009	21:30	26/02/2011	21:18
04/03/2007	06:32	08/03/2009	05:06	13/03/2011	12:55
18/03/2007	08:40	22/03/2009	03:11	25/03/2011	22:09
31/03/2007	12:41	04/04/2009	08:22	09/04/2011	13:48
14/04/2007	18:33	18/04/2009	06:18	22/04/2011	02:06
27/04/2007	16:27	01/05/2009	08:50	06/05/2011	15:54
12/05/2007	00:07	15/05/2009	08:11	19/05/2011	10:03
24/05/2007	18:16	28/05/2009	11:20	02/06/2011	21:21
08/06/2007	01:35	11/06/2009	11:15	15/06/2011	19:35
20/06/2007	20:30	24/06/2009	18:24	30/06/2011	05:13
05/07/2007	02:39	08/07/2009	16:24	13/07/2011	03:27
18/07/2007	01:18	22/07/2009	04:48	27/07/2011	13:03
01/08/2007	07:02	04/08/2009	22:40	09/08/2011	07:35
14/08/2007	08:25	18/08/2009	15:07	23/08/2011	18:23
28/08/2007	15:28	01/09/2009	04:17	05/09/2011	08:35
10/09/2007	15:49	14/09/2009	21:56	19/09/2011	20:38
25/09/2007	01:40	28/09/2009	07:53	02/10/2011	10:09
07/10/2007	21:04	12/10/2009	00:01	16/10/2011	22:00
22/10/2007	10:00	25/10/2009	09:51	29/10/2011	15:59
03/11/2007	23:09	08/11/2009	00:24	13/11/2011	01:34

140

DATA	ORA	DATA	ORA	DATA	ORA
26/11/2011	02:02	30/11/2013	17:59	04/12/2015	19:34
10/12/2011	08:03	13/12/2013	11:09	18/12/2015	16:13
23/12/2011	12:37	28/12/2013	01:20	31/12/2015	21:19
06/01/2012	15:29	09/01/2014	12:25	14/01/2016	16:46
19/01/2012	19:27	24/01/2014	03:56	28/01/2016	00:59
02/02/2012	21:01	05/02/2014	13:41	10/02/2016	21:45
15/02/2012	21:15	20/02/2014	04:29	24/02/2016	07:11
29/02/2012	23:35	04/03/2014	18:46	09/03/2016	07:30
13/03/2012	21:41	19/03/2014	07:31	22/03/2016	14:00
28/03/2012	01:16	01/04/2014	03:29	05/04/2016	18:26
10/04/2012	01:48	15/04/2014	14:23	18/04/2016	19:04
24/04/2012	04:43	28/04/2014	12:35	03/05/2016	02:26
07/05/2012	10:43	12/05/2014	23:06	15/05/2016	21:40
21/05/2012	10:20	25/05/2014	18:56	30/05/2016	05:45
03/06/2012	21:38	09/06/2014	06:37	11/06/2016	23:20
17/06/2012	16:41	21/06/2014	21:30	26/06/2016	06:28
01/07/2012	06:46	06/07/2014	10:52	09/07/2016	02:41
14/07/2012	21:54	18/07/2014	22:20	23/07/2016	08:48
28/07/2012	11:35	02/08/2014	12:27	05/08/2016	08:49
11/08/2012	01:04	15/08/2014	01:17	19/08/2016	15:14
24/08/2012	12:37	29/08/2014	14:14	01/09/2016	16:27
07/09/2012	03:07	11/09/2014	08:32	16/09/2016	00:55
20/09/2012	13:54	25/09/2014	18:41	28/09/2016	23:06
04/10/2012	06:15	08/10/2014	18:43	13/10/2016	10:41
17/10/2012	19:27	23/10/2014	01:47	26/10/2016	02:46
31/10/2012	11:35	05/11/2014	04:13	09/11/2016	16:55
14/11/2012	05:38	19/11/2014	09:18	22/11/2016	03:49
27/11/2012	18:04	02/12/2014	09:32	06/12/2016	18:35
11/12/2012	16:57	16/12/2014	14:28	19/12/2016	05:46
24/12/2012	23:26	29/12/2014	10:26	02/01/2017	19:14
08/01/2013	00:50	12/01/2015	16:33	15/01/2017	11:46
21/01/2013	02:18	25/01/2015	11:23	29/01/2017	23:20
04/02/2013	03:15	08/02/2015	18:10	11/02/2017	20:49
17/02/2013	03:55	21/02/2015	17:06	26/02/2017	07:28
03/03/2013	03:29	07/03/2015	22:05	11/03/2017	05:17
16/03/2013	07:13	21/03/2015	03:18	25/03/2017	16:41
30/03/2013	06:55	04/04/2015	04:18	07/04/2017	10:14
12/04/2013	13:12	17/04/2015	14:06	21/04/2017	23:30
26/04/2013	15:07	01/05/2015	10:49	04/05/2017	11:42
09/05/2013	20:13	14/05/2015	21:37	19/05/2017	02:30
24/05/2013	01:39	28/05/2015	15:41	31/05/2017	12:56
06/06/2013	01:58	11/06/2015	00:29	15/06/2017	03:40
20/06/2013	10:51	24/06/2015	18:24	27/06/2017	17:27
03/07/2013	05:15	08/07/2015	01:06	12/07/2017	06:17
17/07/2013	15:59	21/07/2015	20:32	25/07/2017	01:47
30/07/2013	06:49	04/08/2015	03:52	08/08/2017	11:55
13/08/2013	17:20	18/08/2015	00:06	21/08/2017	11:34
26/08/2013	09:17	31/08/2015	11:16	04/09/2017	19:40
09/09/2013	18:29	14/09/2015	05:38	17/09/2017	19:29
22/09/2013	14:48	27/09/2015	22:05	02/10/2017	03:05
06/10/2013	23:09	11/10/2015	11:54	14/10/2017	23:11
19/10/2013	22:46	25/10/2015	08:36	29/10/2017	07:41
03/11/2013	07:54	07/11/2015	16:54	10/11/2017	23:40
16/11/2013	06:29	21/11/2015	14:56	25/11/2017	09:22

DATA	ORA	DATA	ORA	DATA	ORA
08/12/2017	01:39	13/12/2019	15:15	17/12/2021	01:12
22/12/2017	11:04	26/12/2019	14:01	31/12/2021	02:07
04/01/2018	08:48	10/01/2020	00:29	13/01/2022	05:19
18/01/2018	15:28	22/01/2020	21:32	27/01/2022	07:15
31/01/2018	19:46	06/02/2020	09:59	09/02/2022	07:12
14/02/2018	22:11	19/02/2020	01:12	23/02/2022	07:54
28/02/2018	06:04	04/03/2020	15:59	08/03/2022	09:21
14/03/2018	04:47	17/03/2020	02:00	22/03/2022	09:12
27/03/2018	11:57	31/03/2020	17:52	04/04/2022	14:05
10/04/2018	09:10	13/04/2020	03:59	18/04/2022	15:01
23/04/2018	13:20	27/04/2020	18:54	01/05/2022	20:53
07/05/2018	11:23	10/05/2020	10:02	16/05/2022	00:44
20/05/2018	14:14	24/05/2020	22:34	29/05/2022	03:34
03/06/2018	13:38	06/06/2020	19:10	12/06/2022	11:02
16/06/2018	18:51	21/06/2020	05:24	25/06/2022	08:10
30/06/2018	17:46	04/07/2020	04:18	09/07/2022	18:28
14/07/2018	03:50	18/07/2020	13:33	22/07/2022	10:21
27/07/2018	23:39	31/07/2020	10:32	05/08/2022	21:31
10/08/2018	14:40	14/08/2020	20:23	18/08/2022	11:58
24/08/2018	05:50	27/08/2020	12:52	01/09/2022	22:12
06/09/2018	23:42	11/09/2020	00:06	14/09/2022	15:48
20/09/2018	10:31	23/09/2020	13:33	29/09/2022	00:43
04/10/2018	04:10	08/10/2020	01:30	11/10/2022	22:49
17/10/2018	13:05	20/10/2020	16:54	26/10/2022	07:31
31/10/2018	04:46	04/11/2020	03:40	08/11/2022	07:08
13/11/2018	15:04	17/11/2020	01:07	22/11/2022	17:23
27/11/2018	06:17	01/12/2020	08:46	05/12/2022	13:38
10/12/2018	18:58	14/12/2020	12:03	20/12/2022	02:35
24/12/2018	12:53	28/12/2020	16:02	01/01/2023	16:24
07/01/2019	01:08	10/01/2021	21:15	16/01/2023	07:32
20/01/2019	23:48	24/01/2021	22:47	28/01/2023	17:04
03/02/2019	07:35	07/02/2021	01:29	12/02/2023	08:32
17/02/2019	10:43	21/02/2021	02:45	24/02/2023	19:57
02/03/2019	12:03	06/03/2021	01:56	11/03/2023	09:54
16/03/2019	17:22	20/03/2021	04:30	24/03/2023	03:08
29/03/2019	14:08	02/04/2021	03:42	07/04/2023	14:52
12/04/2019	19:09	16/04/2021	06:53	20/04/2023	12:31
25/04/2019	16:02	29/04/2021	10:18	04/05/2023	22:57
09/05/2019	19:50	13/05/2021	11:30	17/05/2023	20:35
22/05/2019	20:12	26/05/2021	20:37	01/06/2023	07:23
05/06/2019	23:46	09/06/2021	17:42	14/06/2023	01:05
19/06/2019	02:51	23/06/2021	07:07	28/06/2023	13:24
03/07/2019	07:53	06/07/2021	23:40	11/07/2023	02:23
16/07/2019	10:06	20/07/2021	14:22	25/07/2023	16:06
30/07/2019	18:02	03/08/2021	03:52	07/08/2023	03:45
12/08/2019	15:44	16/08/2021	17:04	21/08/2023	17:23
27/08/2019	02:49	30/08/2021	06:14	03/09/2023	08:44
08/09/2019	18:36	12/09/2021	17:35	17/09/2023	20:18
23/09/2019	07:30	26/09/2021	08:33	30/09/2023	17:49
05/10/2019	19:50	09/10/2021	20:35	15/10/2023	02:11
20/10/2019	08:28	23/10/2021	12:48	28/10/2023	04:14
01/11/2019	22:40	06/11/2021	04:38	11/11/2023	09:49
16/11/2019	09:49	19/11/2021	18:59	24/11/2023	12:02
29/11/2019	05:13	03/12/2021	15:58	08/12/2023	16:25

DATA	ORA	DATA	ORA	DATA	ORA
21/12/2023	14:54	25/12/2025	23:03	30/12/2027	01:51
04/01/2024	19:53	07/01/2026	12:23	12/01/2028	22:26
17/01/2024	15:04	22/01/2026	01:02	26/01/2028	08:31
31/01/2024	21:17	03/02/2026	20:19	09/02/2028	09:57
13/02/2024	18:02	18/02/2026	07:19	22/02/2028	14:10
27/02/2024	23:54	03/03/2026	05:35	07/03/2028	19:07
12/03/2024	02:17	17/03/2026	16:23	20/03/2028	17:18
26/03/2024	05:08	30/03/2026	12:34	03/04/2028	23:09
08/04/2024	13:19	14/04/2026	00:42	16/04/2028	18:55
22/04/2024	11:45	26/04/2026	15:36	30/04/2028	23:47
05/05/2024	22:53	11/05/2026	05:36	13/05/2028	21:44
19/05/2024	17:35	23/05/2026	16:26	28/05/2028	01:41
02/06/2024	04:08	07/06/2026	07:19	10/06/2028	03:18
15/06/2024	21:18	19/06/2026	18:57	24/06/2028	07:43
29/06/2024	05:25	04/07/2026	08:51	07/07/2028	10:34
12/07/2024	23:27	17/07/2026	01:28	21/07/2028	17:10
26/07/2024	06:32	31/07/2026	12:53	03/08/2028	17:19
09/08/2024	02:06	13/08/2026	10:57	18/08/2028	03:04
22/08/2024	11:26	27/08/2026	19:46	30/08/2028	21:38
05/09/2024	06:43	09/09/2026	20:17	14/09/2028	10:04
18/09/2024	20:51	24/09/2026	03:40	26/09/2028	23:20
02/10/2024	12:52	07/10/2026	02:19	11/10/2028	12:37
16/10/2024	08:05	21/10/2026	09:52	24/10/2028	00:54
29/10/2024	18:44	03/11/2026	04:02	07/11/2028	13:08
12/11/2024	16:59	17/11/2026	12:48	20/11/2028	05:33
25/11/2024	22:32	30/11/2026	04:33	04/12/2028	16:14
09/12/2024	20:36	14/12/2026	14:03	17/12/2028	13:40
23/12/2024	00:22	27/12/2026	08:55	31/12/2028	23:49
05/01/2025	20:46	10/01/2027	16:57	13/01/2029	22:21
19/01/2025	02:48	23/01/2027	18:26	28/01/2029	09:40
01/02/2025	23:05	06/02/2027	22:43	10/02/2029	04:07
15/02/2025	07:54	20/02/2027	05:41	24/02/2029	17:44
01/03/2025	06:39	06/03/2027	05:40	09/03/2029	05:59
14/03/2025	14:46	19/03/2027	14:06	23/03/2029	21:28
28/03/2025	17:29	02/04/2027	11:17	05/04/2029	06:50
10/04/2025	20:57	15/04/2027	17:31	19/04/2029	22:27
25/04/2025	03:21	29/04/2027	14:24	02/05/2029	10:41
08/05/2025	00:45	12/05/2027	18:03	17/05/2029	00:31
22/05/2025	09:04	26/05/2027	16:20	29/05/2029	18:34
04/06/2025	02:33	08/06/2027	20:24	13/06/2029	05:48
18/06/2025	10:41	22/06/2027	19:25	26/06/2029	04:09
01/07/2025	04:45	06/07/2027	03:15	10/07/2029	13:33
15/07/2025	11:41	20/07/2027	00:33	23/07/2029	12:12
28/07/2025	09:30	02/08/2027	13:34	06/08/2029	21:20
11/08/2025	15:52	16/08/2027	06:48	19/08/2029	16:31
24/08/2025	16:42	30/08/2027	00:01	03/09/2029	02:43
08/09/2025	00:08	12/09/2027	12:25	15/09/2029	17:33
21/09/2025	00:13	26/09/2027	07:03	30/09/2029	05:00
05/10/2025	10:19	09/10/2027	15:58	12/10/2029	18:59
18/10/2025	05:34	23/10/2027	09:15	27/10/2029	06:22
01/11/2025	18:44	05/11/2027	17:53	09/11/2029	00:44
14/11/2025	07:39	19/11/2027	09:34	23/11/2029	09:55
28/11/2025	22:32	02/12/2027	20:37	06/12/2029	10:50
11/12/2025	08:34	16/12/2027	13:19	20/12/2029	16:20

DATA	ORA	DATA	ORA	DATA	ORA
02/01/2030	21:32	08/01/2032	09:57	11/01/2034	05:21
16/01/2030	23:40	20/01/2032	20:58	25/01/2034	01:55
30/01/2030	04:29	04/02/2032	12:35	07/02/2034	09:05
13/02/2030	05:07	16/02/2032	22:13	21/02/2034	06:46
26/02/2030	06:23	02/03/2032	13:11	06/03/2034	15:23
12/03/2030	07:41	15/03/2032	03:17	20/03/2034	16:21
25/03/2030	06:49	29/03/2032	16:10	02/04/2034	22:13
08/04/2030	09:27	11/04/2032	11:59	17/04/2034	03:11
21/04/2030	10:47	25/04/2032	22:53	30/04/2034	03:20
05/05/2030	12:55	08/05/2032	21:10	14/05/2034	11:16
18/05/2030	19:32	23/05/2032	07:27	27/05/2034	05:57
01/06/2030	18:30	05/06/2032	03:41	10/06/2034	14:46
15/06/2030	06:24	19/06/2032	14:56	23/06/2034	07:36
29/06/2030	00:48	02/07/2032	06:23	07/07/2034	15:32
12/07/2030	15:42	16/07/2032	19:17	20/07/2034	10:53
26/07/2030	06:00	29/07/2032	07:12	03/08/2034	17:44
08/08/2030	20:45	12/08/2032	20:55	16/08/2034	17:02
22/08/2030	09:09	25/08/2032	10:00	30/08/2034	23:57
04/09/2030	21:52	08/09/2032	22:41	13/09/2034	00:47
18/09/2030	11:11	21/09/2032	17:10	27/09/2034	09:33
01/10/2030	23:00	06/10/2032	03:03	10/10/2034	07:34
15/10/2030	14:20	19/10/2032	03:27	24/10/2034	19:21
29/10/2030	04:24	02/11/2032	10:04	06/11/2034	11:16
11/11/2030	19:44	15/11/2032	13:07	21/11/2034	01:40
25/11/2030	14:32	29/11/2032	17:31	03/12/2034	12:16
09/12/2030	02:16	12/12/2032	18:34	18/12/2034	03:22
23/12/2030	01:55	26/12/2032	22:36	30/12/2034	14:11
05/01/2031	07:36	08/01/2033	19:30	14/01/2035	04:00
19/01/2031	09:52	23/01/2033	00:41	26/01/2035	20:13
01/02/2031	10:24	04/02/2033	20:25	10/02/2035	08:03
15/02/2031	12:22	19/02/2033	02:22	23/02/2035	05:20
28/02/2031	12:01	04/03/2033	02:02	09/03/2035	16:01
14/03/2031	12:38	18/03/2033	06:19	22/03/2035	13:53
27/03/2031	15:21	31/03/2033	12:08	06/04/2035	01:06
10/04/2031	15:56	14/04/2033	12:29	18/04/2035	18:58
23/04/2031	21:22	27/04/2033	22:56	03/05/2035	07:54
07/05/2031	23:55	11/05/2033	18:56	15/05/2035	20:32
21/05/2031	04:27	25/05/2033	06:37	30/05/2035	11:01
04/06/2031	10:20	07/06/2033	23:46	11/06/2035	21:42
17/06/2031	10:17	21/06/2033	09:41	26/06/2035	12:14
01/07/2031	19:35	05/07/2033	02:30	09/07/2035	02:04
14/07/2031	13:37	18/07/2033	10:19	23/07/2035	14:46
29/07/2031	00:54	01/08/2033	04:38	05/08/2035	10:20
10/08/2031	15:09	14/08/2033	12:53	19/08/2035	20:17
25/08/2031	02:21	28/08/2033	08:13	01/09/2035	20:15
06/09/2031	17:33	10/09/2033	20:07	16/09/2035	03:57
21/09/2031	03:24	24/09/2033	13:47	29/09/2035	04:22
03/10/2031	23:03	08/10/2033	06:55	13/10/2035	11:19
18/10/2031	07:54	21/10/2033	20:03	26/10/2035	08:12
31/10/2031	07:08	04/11/2033	17:35	09/11/2035	15:55
14/11/2031	16:34	18/11/2033	01:02	22/11/2035	08:40
27/11/2031	15:00	02/12/2033	00:03	06/12/2035	17:36
12/12/2031	02:37	15/12/2033	03:37	19/12/2035	10:33
24/12/2031	19:44	29/12/2033	01:23	02/01/2036	19:21

144

DATA	ORA	DATA	ORA	DATA	ORA
15/01/2036	17:40	20/01/2038	09:06	24/01/2040	13:28
29/01/2036	23:45	02/02/2038	06:08	07/02/2040	16:19
12/02/2036	04:38	16/02/2038	18:30	20/02/2040	15:18
26/02/2036	06:24	01/03/2038	09:53	05/03/2040	17:04
10/03/2036	14:59	16/03/2038	00:30	18/03/2040	17:29
24/03/2036	12:54	28/03/2038	10:42	01/04/2040	18:18
06/04/2036	21:01	12/04/2038	02:28	14/04/2040	22:15
20/04/2036	17:14	24/04/2038	12:38	28/04/2040	23:56
03/05/2036	22:33	09/05/2038	03:33	12/05/2040	05:07
17/05/2036	19:30	21/05/2038	18:35	26/05/2040	09:27
30/05/2036	23:24	05/06/2038	07:07	08/06/2040	11:51
13/06/2036	21:47	18/06/2038	03:42	22/06/2040	19:43
27/06/2036	03:47	02/07/2038	13:47	05/07/2040	16:32
11/07/2036	01:55	15/07/2038	12:58	20/07/2040	03:18
24/07/2036	12:37	29/07/2038	21:51	01/08/2040	18:44
07/08/2036	07:48	11/08/2038	19:24	16/08/2040	06:31
20/08/2036	23:29	26/08/2038	04:41	28/08/2040	20:17
03/09/2036	13:58	07/09/2038	21:52	12/09/2040	07:12
17/09/2036	08:43	22/09/2038	08:27	25/09/2040	00:04
30/09/2036	18:37	04/10/2038	22:28	09/10/2040	09:34
14/10/2036	13:21	19/10/2038	09:52	22/10/2040	07:08
27/10/2036	21:07	01/11/2038	01:41	05/11/2040	16:14
10/11/2036	13:58	15/11/2038	12:01	18/11/2040	15:36
23/11/2036	23:06	28/11/2038	09:54	03/12/2040	02:03
07/12/2036	15:23	12/12/2038	17:06	15/12/2040	22:13
21/12/2036	03:04	25/12/2038	20:55	30/12/2040	11:12
03/01/2037	21:53	09/01/2039	00:18	12/01/2041	01:00
17/01/2037	09:20	22/01/2039	06:14	26/01/2041	16:10
31/01/2037	08:43	05/02/2039	06:56	08/02/2041	01:39
13/02/2037	15:49	18/02/2039	10:35	22/02/2041	17:14
27/02/2037	19:35	04/03/2039	10:50	07/03/2041	04:30
12/03/2037	20:15	17/03/2039	11:05	21/03/2041	18:36
27/03/2037	02:20	31/03/2039	12:39	03/04/2041	11:39
08/04/2037	22:20	13/04/2039	12:47	17/04/2041	23:28
23/04/2037	04:15	27/04/2039	15:05	30/04/2041	21:03
06/05/2037	00:13	10/05/2039	19:12	15/05/2041	07:22
20/05/2037	04:56	24/05/2039	19:42	28/05/2041	05:16
02/06/2037	04:22	07/06/2039	05:23	11/06/2041	15:42
16/06/2037	08:41	21/06/2039	01:51	24/06/2041	09:56
29/06/2037	11:03	04/07/2039	15:57	08/07/2041	21:47
13/07/2037	16:36	18/07/2039	07:47	21/07/2041	11:19
26/07/2037	18:24	31/07/2039	23:26	05/08/2041	00:34
10/08/2037	02:41	14/08/2039	11:59	17/08/2041	12:35
23/08/2037	00:09	28/08/2039	02:19	01/09/2041	01:52
06/09/2037	11:33	10/09/2039	14:19	13/09/2041	17:25
19/09/2037	03:03	24/09/2039	02:47	28/09/2041	04:42
03/10/2037	16:22	07/10/2039	16:37	11/10/2041	02:30
16/10/2037	04:12	21/10/2039	05:37	25/10/2041	10:31
30/10/2037	17:22	03/11/2039	20:55	07/11/2041	13:04
12/11/2037	06:59	17/11/2039	13:33	21/11/2041	18:05
26/11/2037	18:38	01/12/2039	03:11	04/12/2041	21:03
09/12/2037	13:36	15/12/2039	00:54	19/12/2041	00:36
23/12/2037	23:59	28/12/2039	09:24	31/12/2041	23:59
05/01/2038	22:32	11/01/2040	11:07	15/01/2042	04:01

DATA	ORA	DATA	ORA	DATA	ORA
28/01/2042	00:09	02/02/2044	09:48	05/02/2046	16:45
11/02/2042	05:28	15/02/2044	04:49	19/02/2046	18:49
24/02/2042	03:03	29/02/2044	15:57	04/03/2046	22:24
10/03/2042	08:09	13/03/2044	14:10	19/03/2046	04:00
23/03/2042	11:11	28/03/2044	00:51	01/04/2046	01:31
06/04/2042	13:22	09/04/2044	21:15	15/04/2046	08:11
19/04/2042	22:08	24/04/2044	09:06	28/04/2046	03:07
03/05/2042	19:54	07/05/2044	00:25	12/05/2046	08:55
17/05/2042	07:48	21/05/2044	14:03	25/05/2046	05:56
31/05/2042	01:42	03/06/2044	01:17	08/06/2046	10:42
13/06/2042	13:15	17/06/2044	15:53	21/06/2046	11:29
27/06/2042	05:25	30/06/2044	03:40	05/07/2046	16:31
10/07/2042	14:41	14/07/2044	17:24	18/07/2046	18:50
24/07/2042	07:34	27/07/2044	10:03	02/08/2046	01:49
06/08/2042	15:41	10/08/2044	21:19	15/08/2046	01:42
20/08/2042	10:14	23/08/2044	19:34	29/08/2046	11:45
02/09/2042	20:23	07/09/2044	04:05	11/09/2046	06:05
16/09/2042	14:52	20/09/2044	05:05	25/09/2046	18:53
30/09/2042	05:41	04/10/2044	11:55	08/10/2046	07:46
13/10/2042	21:03	17/10/2044	11:19	22/10/2046	21:31
27/10/2042	17:01	31/10/2044	18:07	04/11/2046	09:15
10/11/2042	02:55	13/11/2044	13:05	18/11/2046	22:00
24/11/2042	02:03	27/11/2044	21:02	01/12/2046	13:54
07/12/2042	06:39	10/12/2044	13:32	16/12/2046	01:01
21/12/2042	05:46	24/12/2044	22:18	28/12/2046	22:08
03/01/2043	08:25	06/01/2045	17:50	12/01/2047	08:30
17/01/2043	05:56	21/01/2045	01:15	25/01/2047	06:55
30/01/2043	10:53	03/02/2045	03:19	08/02/2047	18:13
13/02/2043	08:11	17/02/2045	06:59	21/02/2047	12:46
26/02/2043	16:05	02/03/2045	14:34	08/03/2047	02:13
12/03/2043	15:36	16/03/2045	13:50	20/03/2047	14:42
25/03/2043	23:00	29/03/2045	23:05	04/04/2047	06:01
09/04/2043	02:16	12/04/2045	19:22	16/04/2047	15:32
22/04/2043	05:13	26/04/2045	02:41	01/05/2047	07:05
06/05/2043	12:08	09/05/2045	22:30	13/05/2047	19:18
19/05/2043	09:03	23/05/2045	03:17	28/05/2047	09:07
02/06/2043	18:01	06/06/2045	00:29	10/06/2047	03:05
15/06/2043	10:52	19/06/2045	05:28	24/06/2047	14:15
29/06/2043	19:46	03/07/2045	03:35	07/07/2047	12:44
12/07/2043	13:01	16/07/2045	12:07	21/07/2047	21:52
26/07/2043	20:42	30/07/2045	08:42	03/08/2047	20:59
08/08/2043	17:43	12/08/2045	22:21	18/08/2047	05:37
23/08/2043	00:42	26/08/2045	14:57	31/08/2047	01:29
05/09/2043	00:59	09/09/2045	08:56	14/09/2047	11:03
19/09/2043	08:48	22/09/2045	20:33	27/09/2047	02:31
02/10/2043	08:39	06/10/2045	16:11	11/10/2047	13:21
16/10/2043	18:59	20/10/2045	00:03	24/10/2047	03:50
29/10/2043	14:06	02/11/2045	18:28	07/11/2047	14:43
13/11/2043	03:27	16/11/2045	01:55	20/11/2047	09:31
25/11/2043	16:10	29/11/2045	18:44	04/12/2047	18:14
10/12/2043	07:18	13/12/2045	04:41	17/12/2047	19:40
22/12/2043	17:01	26/12/2045	22:23	01/01/2048	00:38
06/01/2044	07:50	09/01/2046	10:01	14/01/2048	06:27
18/01/2044	20:50	23/01/2046	07:24	28/01/2048	07:51

DATA	ORA		DATA	ORA		DATA	ORA
			29/01/2049	18:52		31/01/2050	05:34
10/02/2048	13:31		11/02/2049	18:31		DATA	ORA
24/02/2048	13:12		25/02/2049	21:28		14/02/2050	21:13
08/03/2048	15:31		10/03/2049	20:07		27/02/2050	06:47
22/03/2048	15:47		24/03/2049	21:47		13/03/2050	21:53
04/04/2048	15:58		06/04/2049	23:30		26/03/2050	11:49
18/04/2048	17:37		21/04/2049	00:57		10/04/2050	00:48
01/05/2048	19:47		04/05/2049	05:33		22/04/2050	20:30
15/05/2048	21:07		18/05/2049	08:42		07/05/2050	07:21
29/05/2048	04:20		31/05/2049	12:41		20/05/2050	05:45
12/06/2048	02:40		14/06/2049	18:59		03/06/2050	15:47
25/06/2048	15:11		27/06/2049	18:37		16/06/2050	12:26
09/07/2048	08:56		12/07/2049	04:19		30/06/2050	23:15
23/07/2048	00:38		24/07/2049	22:01		13/07/2050	15:18
05/08/2048	14:07		08/08/2049	09:49		28/07/2050	03:41
19/08/2048	05:55		20/08/2049	23:31		09/08/2050	16:06
01/09/2048	17:15		04/09/2049	11:21		24/08/2050	05:22
15/09/2048	07:06		17/09/2049	01:49		05/09/2050	18:44
28/09/2048	19:15		01/10/2049	12:18		20/09/2050	07:06
12/10/2048	08:07		14/10/2049	07:19		03/10/2050	01:50
25/10/2048	22:25		28/10/2049	16:40		17/10/2050	11:24
08/11/2048	13:22		10/11/2049	15:32		30/10/2050	12:12
22/11/2048	03:54		25/11/2049	01:13		13/11/2050	18:21
05/12/2048	23:27		07/12/2049	23:32		26/11/2050	22:03
19/12/2048	10:28		22/12/2049	11:13		11/12/2050	01:43
02/01/2049	10:51		04/01/2050	04:19		24/12/2050	03:37
15/01/2049	15:46		18/01/2050	18:33			

LIBRAZIONI - LIBRATIONS

DATA	ORA	°		DATA	ORA	°
13/01/2000	07:24	-7,1°		19/12/2000	23:22	6,7°
25/01/2000	21:51	7,0°		16/01/2001	19:40	7,7°
09/02/2000	11:27	-5,9°		01/02/2001	16:31	-7,6°
23/02/2000	02:02	5,8°		14/02/2001	01:10	7,8°
06/03/2000	19:30	-5,3°		01/03/2001	19:13	-6,8°
21/03/2000	17:35	4,8°		14/03/2001	05:57	7,1°
02/04/2000	20:38	-5,8°		28/03/2001	22:15	-5,6°
30/04/2000	13:33	-6,7°		11/04/2001	05:12	6,0°
13/05/2000	17:32	5,6°		24/04/2001	00:42	-5,0°
28/05/2000	13:43	-7,5°		08/05/2001	16:46	5,2°
10/06/2000	05:23	6,8°		21/05/2001	02:01	-5,4°
25/06/2000	17:11	-7,7°		04/06/2001	09:58	5,1°
08/07/2000	07:16	7,5°		17/06/2001	20:52	-6,3°
23/07/2000	18:39	-7,2°		30/06/2001	23:19	6,1°
05/08/2000	12:10	7,5°		15/07/2001	23:58	-7,0°
02/09/2000	14:42	6,9°		28/07/2001	09:26	7,3°
16/09/2000	00:08	-4,9°		13/08/2001	07:06	-7,4°
30/09/2000	11:18	6,0°		25/08/2001	08:41	8,0°
12/10/2000	13:16	-4,8°		10/09/2001	13:15	-7,0°
08/11/2000	23:36	-5,7°		22/09/2001	11:58	7,8°
07/12/2000	00:06	-6,8°		08/10/2001	10:01	-6,0°

DATA	ORA	°	DATA	ORA	°
20/10/2001	14:16	7,0°	02/04/2004	04:13	-6,2°
04/11/2001	01:54	-4,8°	15/04/2004	18:47	5,6°
17/11/2001	09:45	5,8°	30/04/2004	06:43	-7,1°
30/11/2001	07:01	-4,7°	12/05/2004	23:04	6,8°
14/12/2001	12:17	5,1°	28/05/2004	13:24	-7,6°
27/12/2001	17:23	-5,8°	25/06/2004	20:22	-7,4°
24/01/2002	19:30	-7,1°	07/07/2004	22:56	7,8°
05/02/2002	20:20	6,8°	23/07/2004	20:03	-6,5°
22/02/2002	02:17	-7,9°	05/08/2004	01:01	7,3°
05/03/2002	20:43	7,6°	15/09/2004	02:29	-4,6°
22/03/2002	08:42	-7,9°	29/09/2004	08:36	5,5°
03/04/2002	03:29	7,5°	12/10/2004	02:48	-5,1°
19/04/2002	06:32	-7,1°	25/10/2004	22:14	5,4°
01/05/2002	09:28	6,8°	21/11/2004	11:02	6,4°
16/05/2002	10:10	-5,8°	07/12/2004	05:18	-7,3°
11/06/2002	18:58	-5,2°	19/12/2004	03:18	7,5°
25/06/2002	20:00	5,0°	04/01/2005	14:29	-7,8°
08/07/2002	18:11	-5,5°	16/01/2005	07:35	7,8°
22/07/2002	08:08	5,0°	13/02/2005	14:21	7,3°
05/08/2002	09:37	-6,4°	13/03/2005	17:49	6,1°
14/09/2002	09:02	7,2°	27/03/2005	17:07	-5,2°
30/09/2002	14:19	-7,7°	10/04/2005	10:12	5,1°
12/10/2002	14:09	7,8°	23/04/2005	08:42	-5,4°
28/10/2002	16:47	-7,3°	07/05/2005	04:50	4,7°
25/11/2002	08:19	-6,2°	20/05/2005	21:23	-6,3°
08/12/2002	05:42	6,5°	02/06/2005	11:19	5,6°
21/12/2002	20:22	-5,1°	17/06/2005	20:29	-7,2°
17/01/2003	11:08	-5,3°	29/06/2005	20:28	6,8°
01/02/2003	06:51	4,6°	15/07/2005	23:32	-7,8°
13/02/2003	23:49	-6,4°	27/07/2005	21:15	7,6°
27/02/2003	06:40	5,2°	13/08/2005	02:28	-7,6°
13/03/2003	23:25	-7,5°	25/08/2005	03:36	7,7°
26/03/2003	10:51	6,4°	09/09/2005	23:00	-6,7°
11/04/2003	03:12	-8,0°	22/09/2005	09:48	7,0°
23/04/2003	13:31	7,3°	07/10/2005	00:31	-5,4°
21/05/2003	20:23	7,4°	20/10/2005	11:16	5,9°
06/06/2003	01:05	-6,8°	02/11/2005	08:49	-4,9°
19/06/2003	01:40	6,9°	29/11/2005	11:44	-5,6°
17/07/2003	00:38	6,0°	13/12/2005	07:17	4,9°
13/08/2003	13:22	5,3°	08/01/2006	17:02	6,1°
25/08/2003	13:48	-5,4°	24/01/2006	11:03	-7,8°
09/09/2003	07:42	5,3°	05/02/2006	15:39	7,1°
22/09/2003	07:46	-6,3°	21/02/2006	15:51	-8,0°
05/10/2003	17:03	6,2°	06/03/2006	00:05	7,4°
20/10/2003	10:52	-7,2°	03/04/2006	08:26	6,9°
02/11/2003	04:07	7,4°	17/04/2006	21:57	-6,1°
17/11/2003	18:27	-7,5°	01/05/2006	11:30	6,0°
30/11/2003	06:05	7,9°	10/06/2006	05:38	-5,5°
16/12/2003	00:20	-7,0°	25/06/2006	03:43	4,9°
28/12/2003	12:04	7,6°	07/07/2006	19:33	-6,3°
12/01/2004	15:28	-5,8°	21/07/2006	11:43	5,7°
25/01/2004	15:30	6,6°	04/08/2006	18:37	-7,1°
22/02/2004	09:26	5,5°	17/08/2006	15:23	6,9°
20/03/2004	10:03	4,9°	01/09/2006	22:53	-7,5°

148

DATA	ORA	°	DATA	ORA	°
30/09/2006	04:20	-7,3°	13/02/2009	19:10	6,5°
12/10/2006	18:41	7,9°	27/02/2009	10:46	-5,5°
28/10/2006	02:27	-6,3°	13/03/2009	18:27	5,3°
09/11/2006	23:22	7,2°	26/03/2009	00:21	-5,4°
23/11/2006	21:34	-5,1°	10/04/2009	01:14	4,6°
07/12/2006	22:24	6,1°	22/04/2009	09:47	-6,2°
20/12/2006	03:52	-4,8°	06/05/2009	08:33	5,0°
04/01/2007	08:45	5,2°	20/05/2009	06:26	-7,1°
16/01/2007	12:11	-5,6°	02/06/2009	03:28	6,2°
30/01/2007	20:54	5,2°	17/06/2009	08:29	-7,6°
13/02/2007	12:05	-6,8°	29/06/2009	23:19	7,2°
26/02/2007	12:26	6,3°	15/07/2009	11:53	-7,5°
13/03/2007	18:36	-7,6°	28/07/2009	03:08	7,6°
26/03/2007	05:55	7,4°	12/08/2009	10:38	-6,7°
11/04/2007	02:29	-7,6°	25/08/2009	07:33	7,3°
23/04/2007	08:58	7,7°	08/09/2009	16:33	-5,5°
09/05/2007	05:25	-6,9°	22/09/2009	07:58	6,5°
21/05/2007	12:15	7,2°	04/10/2009	23:38	-4,7°
01/07/2007	20:21	-4,8°	19/10/2009	23:50	5,6°
16/07/2007	00:56	5,6°	15/11/2009	22:37	5,2°
28/07/2007	14:16	-5,0°	28/11/2009	16:34	-6,2°
25/08/2007	05:30	-5,8°	12/12/2009	05:11	6,0°
07/09/2007	08:52	6,1°	26/12/2009	21:03	-7,2°
22/09/2007	07:54	-6,8°	08/01/2010	13:48	7,2°
04/10/2007	14:57	7,4°	24/01/2010	06:07	-7,7°
20/10/2007	16:06	-7,4°	05/02/2010	15:48	7,8°
01/11/2007	14:08	8,1°	21/02/2010	13:22	-7,4°
18/11/2007	00:45	-7,4°	05/03/2010	21:36	7,6°
29/11/2007	19:32	7,9°	21/03/2010	08:48	-6,3°
28/12/2007	00:31	7,0°	03/04/2010	00:30	6,6°
11/01/2008	21:57	-5,2°	16/04/2010	19:24	-5,1°
24/01/2008	23:23	5,7°	30/04/2010	19:00	5,6°
07/02/2008	01:35	-5,0°	13/05/2010	05:47	-5,0°
21/02/2008	04:30	4,8°	27/05/2010	22:58	5,1°
05/03/2008	08:06	-5,9°	09/06/2010	16:16	-5,7°
18/03/2008	09:18	5,1°	23/06/2010	10:12	5,5°
02/04/2008	06:10	-7,0°	07/07/2010	15:19	-6,6°
14/04/2008	08:13	6,3°	20/07/2010	08:12	6,7°
12/05/2008	05:09	7,3°	04/08/2010	21:10	-7,2°
28/05/2008	13:57	-7,8°	17/08/2010	01:37	7,7°
09/06/2008	10:49	7,5°	02/09/2010	04:20	-7,3°
25/06/2008	12:28	-7,1°	14/09/2010	03:27	8,0°
07/07/2008	16:29	7,0°	30/09/2010	07:57	-6,6°
22/07/2008	21:06	-5,9°	12/10/2010	07:09	7,5°
04/08/2008	18:13	6,2°	27/10/2010	19:26	-5,4°
18/08/2008	08:09	-5,0°	09/11/2010	07:18	6,4°
14/09/2008	02:47	-5,2°	22/11/2010	21:04	-4,6°
24/10/2008	06:59	5,8°	06/12/2010	21:11	5,4°
08/11/2008	17:06	-7,3°	19/12/2010	16:22	-5,1°
20/11/2008	18:51	7,1°	02/01/2011	11:27	5,1°
06/12/2008	22:21	-7,9°	28/01/2011	20:53	6,1°
04/01/2009	02:57	-7,7°	13/02/2011	16:12	-7,5°
16/01/2009	11:03	7,4°	25/02/2011	13:01	7,2°
31/01/2009	19:46	-6,6°	13/03/2011	23:33	-8,0°

149

DATA	ORA	°	DATA	ORA	°
11/04/2011	03:04	-7,6°	24/08/2013	18:12	6,9°
23/04/2011	00:31	7,2°	07/09/2013	22:35	-4,7°
08/05/2011	18:08	-6,5°	21/09/2013	11:48	5,9°
17/06/2011	23:24	5,4°	04/10/2013	06:52	-4,7°
30/06/2011	23:00	-5,2°	18/10/2013	13:47	5,3°
15/07/2011	01:24	4,9°	31/10/2013	17:34	-5,6°
28/07/2011	06:22	-5,9°	13/11/2013	20:51	5,8°
10/08/2011	06:12	5,4°	28/11/2013	19:19	-6,8°
25/08/2011	02:42	-6,8°	10/12/2013	22:54	7,0°
22/09/2011	05:57	-7,5°	27/12/2013	03:29	-7,6°
04/10/2011	04:35	7,6°	07/01/2014	22:18	7,8°
20/10/2011	09:49	-7,6°	05/02/2014	04:27	7,6°
17/11/2011	09:29	-6,9°	21/02/2014	10:36	-6,9°
29/11/2011	20:30	7,1°	05/03/2014	11:13	6,8°
14/12/2011	13:06	-5,6°	20/03/2014	11:13	-5,6°
28/12/2011	00:46	5,9°	02/04/2014	10:27	5,6°
09/01/2012	20:06	-5,1°	15/04/2014	17:17	-5,2°
24/01/2012	16:07	4,9°	29/04/2014	18:19	4,8°
05/02/2012	21:52	-5,8°	12/05/2014	19:35	-5,8°
20/02/2012	05:20	4,7°	26/05/2014	02:32	5,0°
04/03/2012	16:39	-6,9°	09/06/2014	13:52	-6,7°
17/03/2012	11:46	5,7°	21/06/2014	19:30	6,2°
01/04/2012	18:29	-7,8°	19/07/2014	12:41	7,3°
14/04/2012	05:12	6,9°	04/08/2014	18:43	-7,8°
12/05/2012	10:27	7,4°	16/08/2014	17:33	7,7°
27/05/2012	23:07	-7,4°	01/09/2014	19:48	-7,2°
09/06/2012	17:08	7,3°	14/09/2014	00:38	7,4°
24/06/2012	11:17	-6,2°	29/09/2014	10:09	-6,1°
07/07/2012	19:39	6,6°	12/10/2014	05:47	6,5°
21/07/2012	00:44	-5,1°	21/11/2014	14:05	-5,1°
04/08/2012	14:56	5,7°	01/01/2015	02:35	5,3°
16/08/2012	16:54	-5,0°	16/01/2015	02:18	-7,4°
31/08/2012	20:25	5,2°	28/01/2015	08:41	6,6°
13/09/2012	03:19	-5,7°	13/02/2015	07:08	-8,0°
24/10/2012	01:48	6,8°	13/03/2015	10:52	-7,8°
08/11/2012	08:00	-7,4°	25/03/2015	22:14	7,2°
20/11/2012	21:53	7,7°	10/04/2015	04:10	-6,8°
06/12/2012	16:02	-7,4°	23/04/2015	04:52	6,6°
19/12/2012	02:48	7,9°	06/05/2015	23:23	-5,6°
03/01/2013	18:09	-6,6°	21/05/2015	03:39	5,6°
16/01/2013	08:17	7,2°	02/06/2015	11:27	-5,3°
30/01/2013	17:08	-5,3°	17/06/2015	13:35	5,0°
13/02/2013	07:59	6,0°	29/06/2015	17:06	-5,8°
25/02/2013	19:27	-4,9°	27/07/2015	11:51	-6,6°
12/03/2013	19:05	5,1°	09/08/2015	17:00	6,2°
25/03/2013	00:58	-5,6°	24/08/2015	13:44	-7,3°
05/05/2013	00:21	6,2°	06/09/2015	07:10	7,4°
20/05/2013	03:03	-7,4°	21/09/2015	19:35	-7,5°
01/06/2013	14:05	7,3°	04/10/2015	09:28	8,0°
17/06/2013	10:19	-7,6°	19/10/2015	23:21	-6,9°
29/06/2013	14:43	7,9°	01/11/2015	14:54	7,7°
15/07/2013	15:08	-7,0°	16/11/2015	13:01	-5,7°
27/07/2013	17:37	7,7°	29/11/2015	17:49	6,7°
12/08/2013	09:26	-5,9°	12/12/2015	18:04	-4,8°

DATA	ORA	°	DATA	ORA	°
27/12/2015	12:25	5,6°	14/04/2018	09:31	-5,7°
08/01/2016	12:23	-5,1°	29/04/2018	03:52	4,7°
18/02/2016	20:16	5,6°	12/05/2018	00:53	-6,6°
04/03/2016	08:48	-7,2°	25/05/2018	09:39	5,5°
17/03/2016	01:25	6,8°	09/06/2018	00:35	-7,4°
01/04/2016	16:29	-7,7°	21/06/2018	17:55	6,7°
14/04/2016	00:38	7,6°	19/07/2018	18:09	7,5°
29/04/2016	22:49	-7,4°	04/08/2018	06:17	-7,2°
27/05/2016	21:04	-6,4°	16/08/2018	22:57	7,6°
09/06/2016	06:00	6,9°	27/09/2018	16:43	-5,0°
23/06/2016	17:20	-5,2°	11/10/2018	23:41	6,1°
07/07/2016	01:33	6,0°	24/10/2018	03:21	-4,8°
19/07/2016	22:12	-4,7°	08/11/2018	09:03	5,3°
03/08/2016	09:10	5,4°	20/11/2018	11:59	-5,6°
16/08/2016	02:26	-5,3°	04/12/2018	21:05	5,4°
29/08/2016	22:31	5,5°	18/12/2018	11:51	-6,7°
12/09/2016	23:27	-6,3°	31/12/2018	12:38	6,5°
25/09/2016	15:11	6,7°	15/01/2019	19:03	-7,6°
11/10/2016	05:34	-7,2°	28/01/2019	07:30	7,6°
23/10/2016	06:52	7,8°	13/02/2019	04:11	-7,7°
08/11/2016	14:34	-7,5°	25/02/2019	12:21	7,8°
20/11/2016	09:56	8,1°	09/04/2019	15:05	-5,7°
18/12/2016	15:51	7,5°	22/04/2019	17:01	6,2°
03/01/2017	11:20	-5,9°	05/05/2019	17:41	-5,0°
15/01/2017	19:32	6,3°	20/05/2019	05:48	5,3°
29/01/2017	17:39	-5,0°	01/06/2019	15:37	-5,3°
12/02/2017	11:56	5,1°	16/06/2019	01:20	5,1°
25/02/2017	09:05	-5,3°	29/06/2019	08:38	-6,1°
11/03/2017	04:52	4,7°	12/07/2019	13:09	6,0°
25/03/2017	00:10	-6,4°	08/08/2019	20:37	7,3°
22/04/2017	01:45	-7,4°	24/08/2019	18:12	-7,3°
03/05/2017	23:25	6,8°	05/09/2019	19:20	8,0°
01/06/2017	00:46	7,5°	22/09/2019	01:03	-7,1°
17/06/2017	07:47	-7,6°	03/10/2019	22:46	7,9°
29/06/2017	07:20	7,4°	19/10/2019	23:39	-6,1°
15/07/2017	01:47	-6,6°	01/11/2019	01:56	7,1°
27/07/2017	11:44	6,7°	15/11/2019	19:30	-4,9°
11/08/2017	00:13	-5,3°	26/12/2019	03:39	5,0°
24/08/2017	10:15	5,8°	08/01/2020	06:28	-5,7°
06/09/2017	09:55	-4,9°	21/01/2020	08:28	5,4°
20/09/2017	18:58	5,0°	05/02/2020	06:57	-7,0°
03/10/2017	13:55	-5,6°	17/02/2020	08:52	6,6°
17/10/2017	00:57	5,2°	04/03/2020	13:21	-7,9°
31/10/2017	09:25	-6,7°	16/03/2020	08:09	7,5°
12/11/2017	16:00	6,4°	01/04/2020	19:32	-8,0°
28/11/2017	13:00	-7,7°	13/04/2020	14:33	7,5°
26/12/2017	19:10	-7,9°	29/04/2020	18:13	-7,2°
07/01/2018	23:37	7,6°	11/05/2020	20:44	6,9°
23/01/2018	19:28	-7,3°	27/05/2020	00:37	-5,9°
05/02/2018	09:38	7,0°	08/06/2020	21:29	5,9°
20/02/2018	02:02	-6,0°	22/06/2020	10:23	-5,1°
05/03/2018	14:18	5,9°	06/07/2020	10:35	5,1°
18/03/2018	10:32	-5,3°	19/07/2020	07:08	-5,4°
02/04/2018	07:16	4,9°	02/08/2020	01:43	5,0°

DATA	ORA	°	DATA	ORA	°
15/08/2020	21:09	−6,3°	13/02/2023	06:48	−7,4°
24/09/2020	20:42	7,1°	25/02/2023	02:13	7,3°
11/10/2020	01:15	−7,7°	08/04/2023	09:27	−5,3°
23/10/2020	01:21	7,7°	21/04/2023	23:40	5,1°
08/11/2020	04:28	−7,4°	04/05/2023	22:48	−5,3°
20/11/2020	10:19	7,5°	18/05/2023	21:15	4,7°
05/12/2020	21:41	−6,3°	01/06/2023	09:33	−6,2°
18/12/2020	17:58	6,6°	29/06/2023	07:39	−7,1°
01/01/2021	11:55	−5,3°	11/07/2023	08:31	6,7°
15/01/2021	17:21	5,4°	27/07/2023	10:04	−7,7°
28/01/2021	00:49	−5,3°	08/08/2023	08:12	7,6°
11/02/2021	22:54	4,6°	24/08/2023	13:26	−7,6°
24/02/2021	11:56	−6,3°	05/09/2023	14:31	7,7°
10/03/2021	00:53	5,0°	21/09/2023	11:20	−6,8°
24/03/2021	10:35	−7,4°	03/10/2023	21:24	7,1°
06/04/2021	00:31	6,3°	18/10/2023	15:35	−5,5°
21/04/2021	13:59	−8,0°	01/11/2023	00:07	6,0°
04/05/2021	01:10	7,2°	13/11/2023	23:25	−4,9°
01/06/2021	07:20	7,4°	11/12/2023	00:23	−5,6°
13/07/2021	16:01	−5,6°	25/12/2023	01:59	4,8°
27/07/2021	12:21	6,2°	07/01/2024	19:09	−6,8°
09/08/2021	01:38	−4,9°	20/01/2024	07:52	5,9°
19/09/2021	23:59	5,2°	04/02/2024	22:19	−7,8°
02/10/2021	19:25	−6,2°	17/02/2024	04:00	7,0°
16/10/2021	07:43	6,1°	04/03/2024	02:52	−8,0°
30/10/2021	22:14	−7,1°	16/03/2024	11:39	7,4°
12/11/2021	16:04	7,3°	01/04/2024	03:12	−7,4°
28/11/2021	06:04	−7,5°	13/04/2024	19:59	7,0°
10/12/2021	17:27	7,9°	28/04/2024	12:12	−6,2°
26/12/2021	12:47	−7,1°	11/05/2024	23:08	6,2°
07/01/2022	23:28	7,6°	20/06/2024	18:39	−5,4°
23/01/2022	06:41	−6,0°	05/07/2024	19:10	5,0°
05/02/2022	03:11	6,7°	18/07/2024	07:02	−6,1°
18/02/2022	12:32	−5,0°	01/08/2024	03:48	5,6°
04/03/2022	21:59	5,5°	15/08/2024	05:27	−6,9°
17/03/2022	02:49	−5,2°	28/08/2024	03:57	6,8°
27/04/2022	09:55	5,5°	12/09/2024	09:48	−7,5°
11/05/2022	17:50	−7,0°	25/09/2024	01:05	7,8°
24/05/2022	11:25	6,7°	10/10/2024	15:54	−7,3°
09/06/2022	00:22	−7,5°	23/10/2024	05:35	7,9°
21/06/2022	07:12	7,7°	07/11/2024	16:21	−6,4°
07/07/2022	06:57	−7,4°	20/11/2024	10:44	7,3°
04/08/2022	09:20	−6,6°	04/12/2024	15:06	−5,2°
16/08/2022	11:56	7,4°	18/12/2024	10:39	6,2°
31/08/2022	16:46	−5,3°	30/12/2024	18:51	−4,8°
10/10/2022	22:29	5,5°	10/02/2025	12:52	5,1°
23/10/2022	16:23	−5,0°	24/02/2025	00:01	−6,7°
06/11/2022	13:56	5,3°	09/03/2025	02:06	6,2°
20/11/2022	11:19	−6,2°	24/03/2025	05:52	−7,5°
03/12/2022	00:22	6,3°	05/04/2025	17:35	7,3°
18/12/2022	16:58	−7,3°	21/04/2025	13:42	−7,6°
30/12/2022	14:53	7,4°	03/05/2025	19:49	7,7°
16/01/2023	01:49	−7,8°	19/05/2025	17:26	−7,0°
27/01/2023	18:50	7,8°	31/05/2025	23:02	7,3°

DATA	ORA	°
16/06/2025	07:03	-5,8°
28/06/2025	22:38	6,5°
12/07/2025	14:37	-4,8°
26/07/2025	13:45	5,7°
08/08/2025	04:39	-4,8°
22/08/2025	13:28	5,3°
04/09/2025	17:36	-5,7°
17/09/2025	23:01	6,0°
02/10/2025	19:25	-6,7°
15/10/2025	02:36	7,2°
31/10/2025	03:28	-7,5°
12/11/2025	01:06	8,0°
28/11/2025	12:31	-7,5°
26/12/2025	13:53	-6,6°
07/01/2026	12:43	7,0°
22/01/2026	14:06	-5,4°
17/02/2026	17:08	-5,0°
03/03/2026	19:37	4,8°
16/03/2026	21:15	-5,8°
30/03/2026	01:45	5,0°
13/04/2026	17:54	-6,9°
11/05/2026	21:11	-7,7°
23/05/2026	17:08	7,2°
09/06/2026	00:32	-7,8°
20/06/2026	21:40	7,5°
06/07/2026	23:59	-7,2°
19/07/2026	03:35	7,2°
03/08/2026	11:07	-6,0°
16/08/2026	06:18	6,3°
29/08/2026	23:40	-5,0°
13/09/2026	00:04	5,4°
25/09/2026	16:00	-5,1°
09/10/2026	22:22	5,0°
23/10/2026	04:02	-6,1°
04/11/2026	23:04	5,7°
02/12/2026	06:35	6,9°
30/12/2026	11:49	7,6°
15/01/2027	14:00	-7,8°
27/01/2027	22:43	7,4°
12/02/2027	08:46	-6,7°
25/02/2027	07:05	6,6°
25/03/2027	07:05	5,5°
06/04/2027	14:20	-5,4°
21/04/2027	16:00	4,7°
03/05/2027	21:54	-6,1°
18/05/2027	02:25	4,9°
31/05/2027	17:43	-6,9°
13/06/2027	17:36	6,1°
28/06/2027	19:06	-7,5°
26/07/2027	23:02	-7,5°
08/08/2027	13:57	7,7°
23/08/2027	23:12	-6,8°
05/09/2027	18:29	7,4°
20/09/2027	08:32	-5,6°

DATA	ORA	°
03/10/2027	19:40	6,6°
31/10/2027	13:09	5,7°
10/12/2027	04:38	-6,1°
23/12/2027	20:13	5,8°
07/01/2028	08:51	-7,2°
20/01/2028	02:11	7,1°
04/02/2028	17:40	-7,7°
17/02/2028	03:11	7,8°
16/03/2028	08:25	7,6°
31/03/2028	22:36	-6,4°
13/04/2028	11:37	6,8°
23/05/2028	20:53	-5,0°
07/06/2028	13:01	5,1°
20/06/2028	04:57	-5,6°
04/07/2028	01:26	5,4°
18/07/2028	02:46	-6,4°
30/07/2028	20:45	6,6°
15/08/2028	08:15	-7,1°
27/08/2028	12:33	7,7°
12/09/2028	15:39	-7,3°
24/09/2028	14:06	8,1°
07/11/2028	10:54	-5,6°
19/11/2028	19:38	6,5°
03/12/2028	14:36	-4,7°
17/12/2028	11:07	5,4°
30/12/2028	06:29	-5,1°
13/01/2029	03:38	5,0°
26/01/2029	23:45	-6,3°
08/02/2029	10:59	5,9°
24/02/2029	03:43	-7,5°
08/03/2029	00:56	7,1°
24/03/2029	10:21	-8,0°
21/04/2029	14:06	-7,7°
03/05/2029	11:33	7,3°
19/05/2029	06:42	-6,6°
31/05/2029	15:44	6,5°
15/06/2029	02:24	-5,4°
28/06/2029	12:24	5,5°
11/07/2029	13:15	-5,1°
25/07/2029	17:26	4,9°
07/08/2029	18:31	-5,7°
20/08/2029	23:08	5,3°
04/09/2029	13:57	-6,7°
16/09/2029	18:37	6,5°
02/10/2029	16:20	-7,5°
14/10/2029	15:57	7,5°
30/10/2029	21:02	-7,7°
11/11/2029	23:21	7,7°
27/11/2029	21:20	-7,0°
10/12/2029	08:21	7,1°
25/12/2029	03:50	-5,8°
07/01/2030	13:26	6,0°
20/01/2030	10:58	-5,1°
04/02/2030	06:24	4,9°

DATA	ORA	°	DATA	ORA	°
16/02/2030	10:44	-5,7°	10/05/2032	09:09	4,8°
16/03/2030	04:14	-6,8°	23/05/2032	08:42	-5,6°
29/03/2030	03:35	5,6°	05/06/2032	19:48	4,9°
13/04/2030	05:16	-7,7°	20/06/2032	01:03	-6,6°
25/04/2030	17:39	6,8°	02/07/2032	08:58	6,0°
11/05/2030	09:06	-8,0°	18/07/2032	01:49	-7,4°
23/05/2030	21:47	7,4°	30/07/2032	00:45	7,2°
08/06/2030	10:25	-7,4°	15/08/2032	05:20	-7,7°
21/06/2030	03:58	7,4°	27/08/2032	04:23	7,8°
06/07/2030	01:00	-6,3°	12/09/2032	07:17	-7,3°
19/07/2030	06:50	6,7°	09/10/2032	23:51	-6,2°
01/08/2030	16:36	-5,1°	22/10/2032	17:52	6,7°
16/08/2030	03:15	5,9°	05/11/2032	15:13	-5,1°
12/09/2030	11:16	5,3°	19/11/2032	16:36	5,5°
24/09/2030	15:16	-5,6°	02/12/2032	03:40	-5,1°
08/10/2030	22:54	5,5°	16/12/2032	21:28	4,8°
22/10/2030	13:41	-6,6°	29/12/2032	14:25	-6,1°
04/11/2030	15:06	6,6°	11/01/2033	20:26	5,2°
19/11/2030	19:23	-7,4°	26/01/2033	13:47	-7,3°
02/12/2030	09:24	7,7°	07/02/2033	21:57	6,4°
18/12/2030	03:56	-7,5°	23/02/2033	18:09	-8,0°
30/12/2030	14:03	7,9°	08/03/2033	01:18	7,2°
15/01/2031	07:20	-6,7°	05/04/2033	09:36	7,3°
27/01/2031	19:29	7,2°	20/04/2033	16:45	-6,9°
11/02/2031	10:41	-5,5°	03/05/2033	16:12	6,7°
24/02/2031	19:55	6,1°	17/05/2033	14:51	-5,7°
05/04/2031	14:17	-5,5°	31/05/2033	15:37	5,8°
20/04/2031	01:32	5,1°	13/06/2033	01:40	-5,2°
03/05/2031	10:19	-6,4°	28/06/2033	03:23	5,1°
16/05/2031	14:19	6,1°	10/07/2033	05:18	-5,6°
31/05/2031	14:06	-7,2°	24/07/2033	21:00	5,1°
13/06/2031	01:31	7,3°	06/08/2033	22:49	-6,5°
28/06/2031	21:16	-7,5°	20/08/2033	07:19	6,1°
11/07/2031	01:18	7,9°	04/09/2033	00:40	-7,2°
27/07/2031	02:46	-7,1°	02/10/2033	06:51	-7,5°
08/08/2031	04:13	7,8°	14/10/2033	20:24	8,0°
23/08/2031	23:15	-6,0°	30/10/2033	11:47	-7,0°
05/09/2031	05:35	7,0°	12/11/2033	01:57	7,8°
19/09/2031	16:52	-4,8°	27/11/2033	04:31	-5,9°
03/10/2031	00:33	6,0°	23/12/2033	10:28	-4,9°
15/10/2031	22:02	-4,6°	07/01/2034	01:12	5,7°
30/10/2031	04:54	5,3°	19/01/2034	02:24	-5,1°
12/11/2031	06:32	-5,5°	03/02/2034	03:52	5,0°
25/11/2031	11:44	5,6°	15/02/2034	17:30	-6,1°
10/12/2031	07:16	-6,7°	01/03/2034	11:33	5,5°
22/12/2031	11:07	6,8°	15/03/2034	20:11	-7,1°
07/01/2032	14:53	-7,7°	28/03/2034	14:00	6,7°
19/01/2032	09:41	7,7°	13/04/2034	03:42	-7,7°
16/02/2032	15:43	7,6°	25/04/2034	11:47	7,5°
03/03/2032	22:40	-7,0°	11/05/2034	10:11	-7,4°
15/03/2032	22:47	6,8°	08/06/2034	10:07	-6,5°
31/03/2032	02:12	-5,8°	20/06/2034	16:58	7,0°
12/04/2032	22:56	5,7°	05/07/2034	10:53	-5,2°
26/04/2032	08:50	-5,2°	18/07/2034	13:36	6,2°

DATA	ORA	°		DATA	ORA	°
31/07/2034	14:30	-4,7°		24/09/2036	13:26	7,2°
14/08/2034	22:58	5,4°		03/11/2036	17:23	-4,7°
27/08/2034	15:35	-5,1°		18/11/2036	23:05	5,3°
10/09/2034	13:56	5,5°		01/12/2036	00:35	-5,5°
24/09/2034	11:19	-6,1°		15/12/2036	13:16	5,3°
07/10/2034	04:01	6,5°		28/12/2036	23:42	-6,6°
22/10/2034	17:02	-7,1°		26/01/2037	06:53	-7,6°
03/11/2034	18:05	7,7°		07/02/2037	19:17	7,5°
20/11/2034	02:03	-7,6°		23/02/2037	15:44	-7,7°
18/12/2034	08:58	-7,2°		07/03/2037	23:29	7,8°
30/12/2034	03:43	7,6°		23/03/2037	20:10	-7,1°
15/01/2035	01:10	-6,1°		05/04/2037	04:17	7,3°
27/01/2035	07:46	6,4°		20/04/2037	06:49	-5,8°
10/02/2035	10:36	-5,1°		03/05/2037	04:32	6,3°
24/02/2035	01:36	5,2°		16/05/2037	11:01	-5,0°
08/03/2035	23:26	-5,3°		30/05/2037	18:38	5,4°
22/03/2035	21:23	4,7°		12/06/2037	05:31	-5,1°
05/04/2035	12:34	-6,3°		26/06/2037	16:23	5,1°
18/04/2035	02:28	5,4°		09/07/2037	20:39	-5,9°
03/05/2035	12:37	-7,3°		23/07/2037	03:13	5,9°
15/05/2035	11:31	6,7°		06/08/2037	22:24	-6,8°
31/05/2035	16:04	-7,8°		19/08/2037	08:25	7,2°
12/06/2035	12:23	7,4°		04/09/2037	05:20	-7,3°
28/06/2035	18:38	-7,6°		02/10/2037	13:18	-7,2°
10/07/2035	18:12	7,5°		14/10/2037	09:35	7,9°
26/07/2035	14:07	-6,7°		26/11/2037	12:57	-5,0°
07/08/2035	23:13	6,8°		09/12/2037	11:50	5,9°
22/08/2035	15:30	-5,4°		22/12/2037	14:08	-4,7°
04/09/2035	23:06	5,9°		05/01/2038	18:34	5,0°
18/09/2035	00:35	-4,9°		18/01/2038	19:43	-5,7°
02/10/2035	10:31	5,1°		01/02/2038	00:13	5,2°
15/10/2035	02:22	-5,5°		15/02/2038	18:54	-6,9°
28/10/2035	19:17	5,1°		27/02/2038	21:39	6,4°
11/11/2035	20:48	-6,6°		16/03/2038	00:23	-7,9°
24/11/2035	05:35	6,2°		27/03/2038	19:38	7,4°
10/12/2035	00:14	-7,7°		13/04/2038	06:16	-8,0°
22/12/2035	02:30	7,3°		11/05/2038	06:17	-7,3°
07/01/2036	05:56	-8,0°		07/06/2038	15:00	-6,1°
19/01/2036	11:17	7,6°		20/06/2038	09:32	6,0°
04/02/2036	07:23	-7,4°		04/07/2038	01:54	-5,2°
16/02/2036	21:20	7,1°		18/07/2038	00:43	5,2°
02/03/2036	16:18	-6,2°		30/07/2038	20:16	-5,3°
16/03/2036	02:23	6,1°		13/08/2038	19:13	4,9°
29/03/2036	01:44	-5,4°		27/08/2038	08:56	-6,1°
09/05/2036	20:38	4,7°		08/09/2038	23:46	5,8°
22/05/2036	12:32	-6,4°		24/09/2038	08:04	-7,1°
05/06/2036	02:18	5,4°		06/10/2038	09:17	7,0°
19/06/2036	11:19	-7,2°		22/10/2038	12:13	-7,7°
02/07/2036	06:38	6,7°		03/11/2038	12:40	7,7°
17/07/2036	14:21	-7,6°		19/11/2038	16:05	-7,5°
30/07/2036	05:30	7,5°		01/12/2038	21:53	7,5°
14/08/2036	17:50	-7,3°		17/12/2038	10:53	-6,5°
27/08/2036	09:44	7,7°		30/12/2038	06:07	6,6°
11/09/2036	13:50	-6,3°		13/01/2039	03:24	-5,4°

DATA	ORA	°	DATA	ORA	°
27/01/2039	06:39	5,5°	06/08/2041	20:40	-7,6°
08/02/2039	14:41	-5,3°	18/08/2041	19:13	7,6°
08/03/2039	00:08	-6,2°	04/09/2041	00:22	-7,7°
17/04/2039	14:14	6,2°	16/09/2041	01:27	7,8°
03/05/2039	00:36	-7,9°	01/10/2041	23:31	-6,9°
15/05/2039	12:45	7,2°	14/10/2041	08:58	7,2°
12/06/2039	18:15	7,5°	29/10/2041	06:14	-5,7°
28/06/2039	01:51	-7,0°	11/11/2041	12:50	6,1°
10/07/2039	23:33	7,2°	24/11/2041	14:13	-5,0°
25/07/2039	07:32	-5,7°	09/12/2041	05:36	5,1°
07/08/2039	23:56	6,4°	21/12/2041	13:12	-5,5°
20/08/2039	16:58	-4,9°	30/01/2042	22:58	5,7°
01/10/2039	15:35	5,2°	15/02/2042	09:26	-7,7°
14/10/2039	07:04	-6,1°	15/03/2042	14:14	-8,0°
27/10/2039	22:43	5,9°	27/03/2042	23:13	7,3°
11/11/2039	09:45	-7,0°	12/04/2042	14:44	-7,5°
24/11/2039	04:12	7,2°	25/04/2042	07:11	7,1°
09/12/2039	17:41	-7,6°	10/05/2042	02:08	-6,3°
22/12/2039	04:47	7,9°	23/05/2042	10:36	6,3°
19/01/2040	10:33	7,7°	05/06/2042	14:51	-5,3°
03/02/2040	21:26	-6,2°	20/06/2042	05:44	5,5°
16/02/2040	14:42	6,7°	02/07/2042	08:06	-5,2°
01/03/2040	06:40	-5,1°	17/07/2042	10:11	5,0°
15/03/2040	10:21	5,6°	29/07/2042	18:40	-5,9°
27/03/2040	17:27	-5,1°	12/08/2042	20:11	5,5°
11/04/2040	14:35	5,0°	08/09/2042	16:29	6,7°
24/04/2040	05:10	-5,9°	23/09/2042	20:48	-7,4°
08/05/2040	01:09	5,4°	06/10/2042	12:18	7,7°
22/05/2040	05:09	-6,8°	22/10/2042	03:38	-7,4°
03/06/2040	23:56	6,6°	03/11/2042	16:31	8,0°
19/06/2040	11:17	-7,4°	19/11/2042	05:53	-6,6°
01/07/2040	18:07	7,7°	01/12/2042	22:02	7,4°
17/07/2040	18:04	-7,4°	16/12/2042	08:24	-5,3°
29/07/2040	19:55	8,0°	29/12/2042	22:46	6,3°
14/08/2040	21:02	-6,7°	11/01/2043	10:14	-4,8°
26/08/2040	22:48	7,5°	07/02/2043	14:22	-5,5°
11/09/2040	08:54	-5,5°	22/02/2043	04:20	5,0°
23/09/2040	22:11	6,6°	07/03/2043	12:00	-6,6°
07/10/2040	12:57	-4,6°	20/03/2043	16:00	6,0°
21/10/2040	12:12	5,6°	17/04/2043	05:11	7,2°
03/11/2040	06:14	-4,9°	03/05/2043	00:49	-7,6°
17/11/2040	05:44	5,2°	15/05/2043	06:38	7,7°
30/11/2040	23:43	-6,1°	27/06/2043	22:08	-5,9°
10/01/2041	02:00	7,3°	10/07/2043	09:39	6,7°
26/01/2041	13:07	-7,9°	24/07/2043	09:01	-4,8°
07/02/2041	06:08	7,7°	07/08/2043	02:24	5,8°
23/03/2041	11:01	-6,5°	19/08/2043	19:20	-4,7°
04/04/2041	17:50	6,3°	03/09/2043	04:22	5,3°
19/04/2041	01:35	-5,4°	16/09/2043	06:09	-5,5°
02/05/2041	12:53	5,2°	29/09/2043	13:24	5,9°
15/05/2041	13:05	-5,3°	14/10/2043	07:05	-6,6°
24/06/2041	18:26	5,3°	26/10/2043	14:27	7,1°
09/07/2041	18:10	-7,0°	11/11/2043	14:52	-7,5°
21/07/2041	20:47	6,6°	23/11/2043	12:09	8,0°

DATA	ORA	°	DATA	ORA	°
10/12/2043	00:10	-7,6°	15/03/2046	12:55	-7,5°
21/12/2043	17:49	7,9°	27/03/2046	19:41	7,6°
07/01/2044	01:55	-6,8°	12/04/2046	11:53	-6,6°
19/01/2044	00:26	7,1°	24/04/2046	22:35	6,9°
03/02/2044	05:44	-5,6°	09/05/2046	07:50	-5,3°
14/03/2044	10:35	4,8°	22/05/2046	19:02	5,9°
27/03/2044	10:39	-5,7°	01/07/2046	17:52	-5,4°
09/04/2044	18:27	4,9°	15/07/2046	16:46	5,4°
24/04/2044	05:38	-6,8°	29/07/2046	14:23	-6,3°
06/05/2044	10:36	6,0°	11/08/2046	09:31	6,5°
22/05/2044	07:27	-7,6°	26/08/2046	19:16	-7,1°
03/06/2044	04:37	7,1°	07/09/2046	23:34	7,6°
19/06/2044	11:07	-7,8°	24/09/2046	02:58	-7,4°
01/07/2044	08:30	7,5°	06/10/2046	00:48	8,1°
17/07/2044	11:23	-7,3°	19/11/2046	01:36	-5,7°
29/07/2044	14:39	7,3°	01/12/2046	07:51	6,6°
09/09/2044	15:16	-5,0°	15/12/2046	07:58	-4,7°
23/09/2044	14:02	5,5°	29/12/2046	00:52	5,4°
06/10/2044	05:26	-5,0°	10/01/2047	20:51	-5,1°
20/10/2044	15:47	4,9°	24/01/2047	19:49	4,9°
02/11/2044	15:58	-6,0°	07/02/2047	12:20	-6,3°
15/11/2044	15:33	5,5°	20/02/2047	01:20	5,7°
30/11/2044	15:27	-7,2°	07/03/2047	15:15	-7,4°
12/12/2044	19:54	6,8°	19/03/2047	12:59	6,9°
28/12/2044	20:40	-7,9°	04/04/2047	21:05	-8,0°
10/01/2045	00:11	7,5°	16/04/2047	15:45	7,5°
26/01/2045	01:25	-7,8°	03/05/2047	00:39	-7,8°
07/02/2045	10:22	7,4°	14/05/2047	22:31	7,4°
22/02/2045	21:31	-6,9°	30/05/2047	19:01	-6,8°
07/03/2045	18:51	6,6°	12/06/2047	03:12	6,6°
21/03/2045	17:44	-5,7°	26/06/2047	17:47	-5,5°
04/04/2045	19:29	5,6°	10/07/2047	01:12	5,7°
17/04/2045	04:31	-5,4°	23/07/2047	03:44	-5,1°
02/05/2045	06:19	4,8°	06/08/2047	09:05	5,0°
14/05/2045	10:09	-5,9°	19/08/2047	06:59	-5,6°
28/05/2045	20:06	4,9°	01/09/2047	16:37	5,2°
11/06/2045	04:39	-6,8°	16/09/2047	01:06	-6,6°
21/07/2045	22:28	7,2°	26/10/2047	02:49	7,4°
06/08/2045	09:55	-7,5°	11/11/2047	08:16	-7,7°
19/08/2045	00:49	7,7°	23/11/2047	10:47	7,7°
03/09/2045	11:38	-6,9°	09/12/2047	09:29	-7,1°
16/09/2045	05:23	7,6°	21/12/2047	20:17	7,2°
01/10/2045	00:14	-5,7°	05/01/2048	18:10	-5,9°
14/10/2045	07:18	6,8°	19/01/2048	01:56	6,1°
27/10/2045	07:57	-4,7°	01/02/2048	02:00	-5,2°
11/11/2045	02:06	5,8°	15/02/2048	20:21	5,0°
23/11/2045	01:26	-5,0°	27/02/2048	23:45	-5,7°
08/12/2045	04:32	5,2°	13/03/2048	16:35	4,6°
20/12/2045	16:53	-6,0°	26/03/2048	15:41	-6,7°
03/01/2046	11:30	5,7°	08/04/2048	19:52	5,5°
17/01/2046	20:21	-7,1°	23/04/2048	16:10	-7,6°
30/01/2046	14:44	6,9°	06/05/2048	06:24	6,7°
15/02/2046	05:10	-7,7°	21/05/2048	19:49	-7,9°
27/02/2046	14:34	7,7°	03/06/2048	09:02	7,4°

157

DATA	ORA	°		DATA	ORA	°
01/07/2048	14:30	7,5°		30/09/2049	10:36	-4,9°
16/07/2048	14:34	-6,4°		26/10/2049	13:18	-4,6°
29/07/2048	18:07	6,9°		09/11/2049	19:45	5,2°
12/08/2048	08:55	-5,2°		22/11/2049	19:35	-5,4°
26/08/2048	15:24	6,0°		06/12/2049	02:54	5,5°
23/09/2048	01:23	5,3°		20/12/2049	19:20	-6,7°
05/10/2048	03:26	-5,5°		01/01/2050	23:35	6,7°
19/10/2048	15:14	5,4°		18/01/2050	02:17	-7,7°
02/11/2048	01:12	-6,5°		29/01/2050	21:10	7,6°
15/11/2048	04:26	6,5°		27/02/2050	02:58	7,6°
30/11/2048	06:51	-7,4°		15/03/2050	10:30	-7,1°
12/12/2048	21:03	7,6°		27/03/2050	10:14	6,9°
28/12/2048	15:46	-7,5°		11/04/2050	16:47	-5,9°
10/01/2049	01:19	7,9°		24/04/2050	11:13	5,8°
25/01/2049	20:13	-6,9°		08/05/2050	00:31	-5,2°
07/02/2049	06:55	7,3°		21/05/2050	23:33	4,9°
22/02/2049	03:27	-5,6°		03/06/2050	21:50	-5,5°
07/03/2049	07:51	6,2°		17/06/2050	13:14	4,9°
20/03/2049	04:37	-4,9°		01/07/2050	12:30	-6,4°
03/04/2049	21:34	5,2°		13/07/2050	22:51	5,9°
16/04/2049	04:01	-5,4°		29/07/2050	12:39	-7,3°
30/04/2049	16:47	5,0°		10/08/2050	12:17	7,1°
13/05/2049	22:14	-6,3°		26/08/2050	16:00	-7,7°
27/05/2049	04:18	6,0°		07/09/2050	15:18	7,8°
11/06/2049	01:13	-7,1°		23/09/2050	18:42	-7,4°
23/06/2049	12:57	7,2°		05/10/2050	23:01	7,6°
09/07/2049	08:12	-7,5°		03/11/2050	05:42	6,8°
21/07/2049	11:54	7,9°		17/11/2050	06:36	-5,2°
18/08/2049	14:18	7,9°		01/12/2050	06:02	5,6°
03/09/2049	12:43	-6,2°		13/12/2050	17:28	-5,1°
15/09/2049	16:54	7,2°		28/12/2050	13:34	4,8°

ETA' DELLA LUNA
AGE OF THE MOON
2000-2050

La lunghezza del mese sinodico è 29.5306 giorni. Ci si
aspetterebbe quindi che la Luna piena cada dopo 14.77 giorni ed
il primo quarto dopo 7.38. Ma questi sono valori medi e molto
variabili. Ciò è dovuto al fatto che la Luna non si muove con
moto costante attorno alla Terra, nè la Terra attorno al Sole. I
minimi e massimi sono 13g21h39m e 15g14h44m da Luna piena a
nuova, da 6g14h6m e 8g5h42m da Luna nuova al primo quarto e
6g15h47m e 8g5h42m da ultinmo quarto a Luna nuova

The length of the synodic month is 29.5306 days. It would wait
us therefore that the full Moon falls after 14.77 days and the
first quarter after 7.38 days. But these are mean and very
varying values. This is due to the fact that the Moon doesn't
move with a constant motion around the Earth, neither the Earth
around the Sun. The minima and maximum ones are 13d21h39m and
15d14h44m from full Moon to new Moon, 6d14h6m and 8d5h42m from
new Moon to the first quarter and 6d15h47m and 8d5h42m from last
quarter to the new Moon

```
Lune nuove e piene    Diff.          Lune nuove e piene    Diff.
Difference New Moon-Full M.          Difference New Moon-Full M.
                    GG/Days                              GG/Days
2000/01/06 18:14:42                  2002/02/12 07:41:57 14,3683
2000/01/21 04:41:31 14,4352          2002/02/27 09:17:45 15,0665
2000/02/05 13:04:20 15,3491          2002/03/14 02:03:36 14,6985
2000/02/19 16:27:44 14,1412          2002/03/28 18:25:57 14,6821
2000/03/06 05:17:47 15,5347          2002/04/12 19:22:12 15,0390
2000/03/20 04:45:25 13,9775          2002/04/27 03:00:59 14,3186
2000/04/04 18:13:04 15,5608          2002/05/12 10:46:09 15,3230
2000/04/18 17:42:35 13,9788          2002/05/26 11:52:19 14,0459
2000/05/04 04:13:08 15,4378          2002/06/10 23:47:35 15,4967
2000/05/18 07:35:30 14,1405          2002/06/24 21:43:26 13,9137
2000/06/02 12:15:01 15,1941          2002/07/10 10:27:06 15,5303
2000/06/16 22:28:07 14,4257          2002/07/24 09:08:04 13,9451
2000/07/01 19:20:59 14,8700          2002/08/08 19:16:15 15,4223
2000/07/16 13:56:17 14,7745          2002/08/22 22:30:19 14,1347
2000/07/31 02:26:13 14,5207          2002/09/07 03:11:23 15,1951
2000/08/15 05:13:43 15,1163          2002/09/21 14:00:20 14,4506
2000/08/29 10:20:22 14,2129          2002/10/06 11:18:38 14,8877
2000/09/13 19:37:54 15,3871          2002/10/21 07:21:06 14,8350
2000/09/27 19:54:01 14,0112          2002/11/04 20:35:31 14,5516
2000/10/13 08:54:02 15,5416          2002/11/20 01:34:44 15,2077
2000/10/27 07:59:05 13,9618          2002/12/04 07:35:26 14,2504
2000/11/11 21:15:41 15,5531          2002/12/19 19:11:14 15,4832
2000/11/25 23:12:22 14,0810          2003/01/02 20:23:54 14,0504
2000/12/11 09:03:52 15,4107          2003/01/18 10:48:43 15,6005
2000/12/25 17:22:41 14,3464          2003/02/01 10:49:27 14,0005
2001/01/09 20:25:28 15,1269          2003/02/16 23:52:15 15,5436
2001/01/24 13:07:54 14,6961          2003/03/03 02:36:03 14,1137
2001/02/08 07:12:44 14,7533          2003/03/18 10:35:38 15,3330
2001/02/23 08:22:10 15,0482          2003/04/01 19:19:47 14,3639
2001/03/09 17:24:08 14,3763          2003/04/16 19:36:46 15,0118
2001/03/25 01:22:04 15,3319          2003/05/01 12:15:52 14,6938
2001/04/08 03:22:56 14,0839          2003/05/16 03:37:02 14,6396
2001/04/23 15:26:41 15,5026          2003/05/31 04:20:57 15,0305
2001/05/07 13:53:36 13,9353          2003/06/14 11:16:59 14,2889
2001/05/23 02:47:06 15,5371          2003/06/29 18:39:45 15,3074
2001/06/06 01:40:25 13,9536          2003/07/13 19:22:28 14,0296
2001/06/21 11:58:49 15,4294          2003/07/29 06:53:48 15,4800
2001/07/05 15:04:51 14,1291          2003/08/12 04:49:17 13,9135
2001/07/20 19:45:29 15,1948          2003/08/27 17:27:25 15,5264
2001/08/04 05:56:48 14,4245          2003/09/10 16:37:19 13,9652
2001/08/19 02:56:20 14,8746          2003/09/26 03:10:16 15,4395
2001/09/02 21:44:05 14,7831          2003/10/10 07:28:33 14,1793
2001/09/17 10:28:25 14,5307          2003/10/25 12:51:23 15,2241
2001/10/02 13:49:53 15,1399          2003/11/09 01:14:26 14,5160
2001/10/16 19:24:23 14,2322          2003/11/23 23:00:01 14,9066
2001/11/01 05:42:05 15,4289          2003/12/08 20:37:46 14,9012
2001/11/15 06:41:03 14,0409          2003/12/23 09:44:04 14,5460
2001/11/30 20:50:07 15,5896          2004/01/07 15:41:14 15,2480
2001/12/14 20:48:27 13,9988          2004/01/21 21:05:58 14,2255
2001/12/30 10:41:37 15,5785          2004/02/06 08:47:58 15,4875
2002/01/13 13:29:40 14,1167          2004/02/20 09:18:46 14,0213
2002/01/28 22:51:34 15,3902          2004/03/06 23:15:21 15,5809
```

Lune nuove e piene	Diff.		Lune nuove e piene	Diff.
Difference	New Moon-Full M.		Difference	New Moon-Full M.
	GG/Days			GG/Days
2004/03/20 22:42:25	13,9771		2006/04/27 19:44:58	14,1276
2004/04/05 11:03:49	15,5148		2006/05/13 06:52:08	15,4633
2004/04/19 13:22:16	14,0961		2006/05/27 05:26:42	13,9406
2004/05/04 20:34:31	15,3001		2006/06/11 18:04:12	15,5260
2004/05/19 04:53:01	14,3461		2006/06/25 16:06:21	13,9181
2004/06/03 04:20:39	14,9775		2006/07/11 03:02:58	15,4559
2004/06/17 20:27:51	14,6716		2006/07/25 04:32:00	14,0618
2004/07/02 11:09:59	14,6125		2006/08/09 10:55:03	15,2660
2004/07/17 11:24:51	15,0103		2006/08/23 19:10:51	14,3443
2004/07/31 18:06:15	14,2787		2006/09/07 18:43:09	14,9807
2004/08/16 01:24:58	15,3046		2006/09/22 11:46:08	14,7104
2004/08/30 02:23:20	14,0405		2006/10/07 03:13:54	14,6442
2004/09/14 14:30:07	15,5047		2006/10/22 05:15:09	15,0841
2004/09/28 13:10:22	13,9446		2006/11/05 12:59:21	14,3223
2004/10/14 02:49:20	15,5687		2006/11/20 22:19:05	15,3887
2004/10/28 03:08:27	14,0132		2006/12/05 00:25:54	14,0880
2004/11/12 14:28:15	15,4720		2006/12/20 14:01:52	15,5666
2004/11/26 20:08:20	14,2361		2007/01/03 13:58:28	13,9976
2004/12/12 01:30:06	15,2234		2007/01/19 04:01:47	15,5856
2004/12/26 15:07:24	14,5675		2007/02/02 05:46:23	14,0726
2005/01/10 12:03:53	14,8725		2007/02/17 16:15:23	15,4368
2005/01/25 10:33:25	14,9371		2007/03/03 23:18:12	14,2936
2005/02/08 22:29:07	14,4970		2007/03/19 02:43:39	15,1426
2005/02/24 04:54:48	15,2678		2007/04/02 17:16:07	14,6058
2005/03/10 09:11:26	14,1782		2007/04/17 11:37:06	14,7645
2005/03/25 20:59:36	15,4917		2007/05/02 10:10:30	14,9398
2005/04/08 20:33:05	13,9815		2007/05/16 19:28:19	14,3873
2005/04/24 10:07:33	15,5656		2007/06/01 01:04:45	15,2336
2005/05/08 08:46:31	13,9437		2007/06/15 03:14:14	14,0899
2005/05/23 20:19:14	15,4810		2007/06/30 13:49:48	15,4413
2005/06/06 21:56:10	14,0673		2007/07/14 12:04:52	13,9271
2005/06/22 04:14:55	15,2630		2007/07/30 00:48:50	15,5305
2005/07/06 12:03:34	14,3254		2007/08/12 23:03:36	13,9269
2005/07/21 11:01:19	14,9567		2007/08/28 10:36:11	15,4809
2005/08/05 03:05:50	14,6698		2007/09/11 12:45:19	14,0896
2005/08/19 17:54:05	14,6168		2007/09/26 19:46:14	15,2923
2005/09/03 18:46:30	15,0364		2007/10/11 05:01:45	14,3857
2005/09/18 02:01:51	14,3023		2007/10/26 04:52:38	14,9936
2005/10/03 10:28:57	15,3521		2007/11/09 23:04:10	14,7580
2005/10/17 12:14:43	14,0734		2007/11/24 14:30:55	14,6435
2005/11/02 01:25:41	15,5492		2007/12/09 17:41:30	15,1323
2005/11/16 00:58:37	13,9812		2007/12/24 01:16:41	14,3161
2005/12/01 15:02:01	15,5856		2008/01/08 11:38:15	15,4316
2005/12/15 16:16:37	14,0518		2008/01/22 13:35:47	14,0816
2005/12/31 03:12:49	15,4556		2008/02/07 03:45:36	15,5901
2006/01/14 09:49:12	14,2752		2008/02/21 03:31:36	13,9902
2006/01/29 14:15:43	15,1850		2008/03/07 17:15:19	15,5720
2006/02/13 04:45:19	14,6038		2008/03/21 18:41:03	14,0595
2006/02/28 00:31:51	14,8239		2008/04/06 03:56:23	15,3856
2006/03/14 23:36:31	14,9615		2008/04/20 10:26:28	14,2709
2006/03/29 10:16:20	14,4443		2008/05/05 12:19:19	15,0783
2006/04/13 16:41:12	15,2672		2008/05/20 02:12:28	14,5785

Lune nuove e piene	Diff. Difference New Moon-Full M. GG/Days	Lune nuove e piene	Diff. Difference New Moon-Full M. GG/Days
2008/06/03 19:23:39	14,7161	2010/07/11 19:41:34	15,3403
2008/06/18 17:31:34	14,9221	2010/07/26 01:37:39	14,2472
2008/07/03 02:19:41	14,3667	2010/08/10 03:09:15	15,0636
2008/07/18 08:00:10	15,2364	2010/08/24 17:05:40	14,5808
2008/08/01 10:13:39	14,0927	2010/09/08 10:30:56	14,7258
2008/08/16 21:17:33	15,4610	2010/09/23 09:18:19	14,9495
2008/08/30 19:59:08	13,9455	2010/10/07 18:45:35	14,3939
2008/09/15 09:14:28	15,5523	2010/10/23 01:37:38	15,2861
2008/09/29 08:13:20	13,9575	2010/11/06 04:52:53	14,1355
2008/10/14 20:03:33	15,4932	2010/11/21 17:28:27	15,5247
2008/10/28 23:14:56	14,1329	2010/12/05 17:36:49	14,0058
2008/11/13 06:18:25	15,2940	2010/12/21 08:14:34	15,6095
2008/11/27 16:55:41	14,4425	2011/01/04 09:03:43	14,0341
2008/12/12 16:38:14	14,9878	2011/01/19 21:22:31	15,5130
2008/12/27 12:23:29	14,8230	2011/02/03 02:31:46	14,2147
2009/01/11 03:27:52	14,6280	2011/02/18 08:36:46	15,2534
2009/01/26 07:56:23	15,1864	2011/03/04 20:46:58	14,5070
2009/02/09 14:50:16	14,2874	2011/03/19 18:11:10	14,8918
2009/02/25 01:36:10	15,4485	2011/04/03 14:33:26	14,8488
2009/03/11 02:38:50	14,0435	2011/04/18 02:45:06	14,5081
2009/03/26 16:07:01	15,5612	2011/05/03 06:51:48	15,1713
2009/04/09 14:56:55	13,9513	2011/05/17 11:09:45	14,1791
2009/04/25 03:23:39	15,5185	2011/06/01 21:03:43	15,4124
2009/05/09 04:02:31	14,0269	2011/06/15 20:14:41	13,9659
2009/05/24 12:12:06	15,3399	2011/07/01 08:55:02	15,5280
2009/06/07 18:12:50	14,2505	2011/07/15 06:40:43	13,9067
2009/06/22 19:36:04	15,0578	2011/07/30 18:40:55	15,5001
2009/07/07 09:22:31	14,5739	2011/08/13 18:58:37	14,0122
2009/07/22 02:35:42	14,7174	2011/08/29 03:05:12	15,3379
2009/08/06 00:55:58	14,9307	2011/09/12 09:27:46	14,2656
2009/08/20 10:02:41	14,3796	2011/09/27 11:09:47	15,0708
2009/09/04 16:03:42	15,2507	2011/10/12 02:06:50	14,6229
2009/09/18 18:45:25	14,1123	2011/10/26 19:56:54	14,7431
2009/10/04 06:11:17	15,4762	2011/11/10 20:17:13	15,0141
2009/10/18 05:34:11	13,9742	2011/11/25 06:10:48	14,4122
2009/11/02 19:15:01	15,5700	2011/12/10 14:37:29	15,3518
2009/11/16 19:14:50	13,9998	2011/12/24 18:07:30	14,1458
2009/12/02 07:31:33	15,5116	2012/01/09 07:31:12	15,5581
2009/12/16 12:03:12	14,1886	2012/01/23 07:40:23	14,0063
2009/12/31 19:13:51	15,2990	2012/02/07 21:54:51	15,5933
2010/01/15 07:12:28	14,4990	2012/02/21 22:35:42	14,0283
2010/01/30 06:18:41	14,9626	2012/03/08 09:40:35	15,4617
2010/02/14 02:52:25	14,8567	2012/03/22 14:38:13	14,2066
2010/02/28 16:38:59	14,574	2012/04/06 19:19:47	15,1955
2010/03/15 21:02:11	15,1827	2012/04/21 07:19:31	14,4998
2010/03/30 02:26:31	14,2252	2012/05/06 03:36:11	14,8449
2010/04/14 12:30:01	15,4191	2012/05/20 23:48:08	14,8416
2010/04/28 12:19:34	13,9927	2012/06/04 11:12:40	14,4753
2010/05/14 01:05:30	15,5318	2012/06/19 15:03:13	15,1601
2010/05/27 23:08:25	13,9186	2012/07/03 18:53:00	14,1595
2010/06/12 11:15:41	15,5050	2012/07/19 04:25:09	15,3973
2010/06/26 11:31:28	14,0109	2012/08/02 03:28:34	13,9607

```
Lune nuove e piene   Diff.        Lune nuove e piene   Diff.
Difference New Moon-Full M.       Difference New Moon-Full M.
                 GG/Days                           GG/Days
2012/08/17 15:55:33 15,5187       2014/09/24 06:14:54 15,1913
2012/08/31 13:59:14 13,9192       2014/10/08 10:51:43 14,1922
2012/09/16 02:11:45 15,5086       2014/10/23 21:57:47 15,4625
2012/09/30 03:19:44 14,0472       2014/11/06 22:23:57 14,0181
2012/10/15 12:03:38 15,3638       2014/11/22 12:33:23 15,5898
2012/10/29 19:50:34 14,3242       2014/12/06 12:27:52 13,9961
2012/11/13 22:09:07 15,0962       2014/12/22 01:36:59 15,5479
2012/11/28 14:47:03 14,693        2015/01/05 04:54:23 14,1371
2012/12/13 08:42:44 14,747        2015/01/20 13:14:49 15,3475
2012/12/28 10:22:18 15,0691       2015/02/03 23:10:03 14,4133
2013/01/11 19:44:44 14,3905       2015/02/18 23:48:23 15,0266
2013/01/27 04:39:29 15,3713       2015/03/05 18:06:31 14,7626
2013/02/10 07:21:14 14,1123       2015/03/20 09:37:18 14,6463
2013/02/25 20:27:11 15,5458       2015/04/04 12:06:42 15,1037
2013/03/11 19:52:08 13,9756       2015/04/18 18:57:58 14,2856
2013/03/27 09:28:26 15,5668       2015/05/04 03:43:12 15,3647
2013/04/10 09:36:25 14,0055       2015/05/18 04:14:22 14,0216
2013/04/25 19:58:14 15,4318       2015/06/02 16:20:09 15,5040
2013/05/10 00:29:31 14,1883       2015/06/16 14:06:28 13,9071
2013/05/25 04:26:03 15,1642       2015/07/02 02:20:43 15,5098
2013/06/08 15:57:28 14,4801       2015/07/16 01:25:29 13,9616
2013/06/23 11:33:22 14,8166       2015/07/31 10:44:02 15,3878
2013/07/08 07:15:25 14,8208       2015/08/14 14:54:32 14,1739
2013/07/22 18:16:39 14,4591       2015/08/29 18:36:20 15,1540
2013/08/06 21:51:49 15,1494       2015/09/13 06:42:24 14,5042
2013/08/21 01:45:44 14,1624       2015/09/28 02:51:38 14,8397
2013/09/05 11:37:16 15,4107       2015/10/13 00:06:51 14,8855
2013/09/19 11:13:58 13,9838       2015/10/27 12:06:15 14,4995
2013/10/05 00:35:39 15,5567       2015/11/11 17:48:16 15,2375
2013/10/18 23:38:47 13,9605       2015/11/25 22:45:23 14,2063
2013/11/03 12:51:05 15,5502       2015/12/11 10:30:32 15,4896
2013/11/17 15:16:51 14,1012       2015/12/25 11:12:36 14,0292
2013/12/03 00:23:29 15,3796       2016/01/10 01:31:40 15,5965
2013/12/17 09:29:11 14,3789       2016/01/24 01:46:53 14,0105
2014/01/01 11:15:17 15,0736       2016/02/08 14:40:03 15,5369
2014/01/16 04:53:17 14,7347       2016/02/22 18:21:00 14,1534
2014/01/30 21:39:39 14,6988       2016/03/09 01:55:38 15,3157
2014/02/14 23:54:08 15,0933       2016/03/23 12:01:58 14,4210
2014/03/01 08:00:47 14,3379       2016/04/07 11:24:48 14,9741
2014/03/16 17:09:28 15,3810       2016/04/22 05:24:44 14,7499
2014/03/30 18:45:48 14,0669       2016/05/06 19:30:38 14,5874
2014/04/15 07:43:25 15,5400       2016/05/21 21:15:33 15,0728
2014/04/29 06:15:28 13,9389       2016/06/05 03:00:44 14,2397
2014/05/14 19:17:02 15,5427       2016/06/20 11:03:27 15,3352
2014/05/28 18:41:21 13,9752       2016/07/04 11:02:09 13,9990
2014/06/13 04:12:36 15,3967       2016/07/19 22:57:43 15,4969
2014/06/27 08:09:36 14,1645       2016/08/02 20:45:41 13,9083
2014/07/12 11:26:02 15,1364       2016/08/18 09:27:42 15,5291
2014/07/26 22:42:53 14,4700       2016/09/01 09:04:14 13,9837
2014/08/10 18:10:29 14,8108       2016/09/16 19:06:14 15,4180
2014/08/25 14:13:54 14,8356       2016/10/01 00:12:31 14,2127
2014/09/09 01:39:18 14,4759       2016/10/16 04:24:14 15,1748
```

Lune nuove e piene	Diff.		Lune nuove e piene	Diff.
Difference New Moon-Full M.			Difference New Moon-Full M.	
	GG/Days			GG/Days
2016/10/30 17:39:19	14,5521		2018/12/07 07:21:30	14,0702
2016/11/14 13:53:11	14,8429		2018/12/22 17:49:44	15,4362
2016/11/29 12:19:22	14,9348		2019/01/06 01:29:20	14,3191
2016/12/14 00:06:41	14,4912		2019/01/21 05:17:14	15,1582
2016/12/29 06:54:20	15,2830		2019/02/04 21:04:44	14,6579
2017/01/12 11:35:06	14,1949		2019/02/19 15:54:44	14,7847
2017/01/28 00:08:10	15,5229		2019/03/06 16:05:07	15,0072
2017/02/11 00:34:01	14,0179		2019/03/21 01:44:01	14,402
2017/02/26 14:59:31	15,6010		2019/04/05 08:51:38	15,2969
2017/03/12 14:54:56	13,9968		2019/04/19 11:13:19	14,0983
2017/03/28 02:58:21	15,5023		2019/05/04 22:46:39	15,4814
2017/04/11 06:09:14	14,1325		2019/05/18 21:12:30	13,9346
2017/04/26 12:17:17	15,2555		2019/06/03 10:03:06	15,5351
2017/05/10 21:43:38	14,3933		2019/06/17 08:31:49	13,9366
2017/05/25 19:45:36	14,9180		2019/07/02 19:17:22	15,4483
2017/06/09 13:10:44	14,7257		2019/07/16 21:39:22	14,0986
2017/06/24 02:31:51	14,5563		2019/08/01 03:13:04	15,2317
2017/07/09 04:07:43	15,0665		2019/08/15 12:30:24	14,3870
2017/07/23 09:46:44	14,2354		2019/08/30 10:38:18	14,9221
2017/08/07 18:11:46	15,3507		2019/09/14 04:33:55	14,7469
2017/08/21 18:31:20	14,0135		2019/09/28 18:27:31	14,5788
2017/09/06 07:03:57	15,5226		2019/10/13 21:09:01	15,1121
2017/09/20 05:31:01	13,9354		2019/10/28 03:39:37	14,2712
2017/10/05 18:41:16	15,5487		2019/11/12 13:35:33	15,4138
2017/10/19 19:13:12	14,0221		2019/11/26 15:06:44	14,0633
2017/11/04 05:24:03	15,4242		2019/12/12 05:13:25	15,5879
2017/11/18 11:43:16	14,2633		2019/12/26 05:14:17	14,0006
2017/12/03 15:48:07	15,1700		2020/01/10 19:22:27	15,5890
2017/12/18 06:31:34	14,6135		2020/01/24 21:43:09	14,0977
2018/01/02 02:25:14	14,8289		2020/02/09 07:34:26	15,4106
2018/01/17 02:18:23	14,9952		2020/02/23 15:33:10	14,3324
2018/01/31 13:27:53	14,4649		2020/03/09 17:48:54	15,0942
2018/02/15 21:06:21	15,3183		2020/03/24 09:29:22	14,6531
2018/03/02 00:52:29	14,1570		2020/04/08 02:36:14	14,7131
2018/03/17 13:12:43	15,5140		2020/04/23 02:27:00	14,9935
2018/03/31 12:38:00	13,9758		2020/05/07 10:46:23	14,3467
2018/04/16 01:58:17	15,5557		2020/05/22 17:40:01	15,2872
2018/04/30 00:59:20	13,9590		2020/06/05 19:13:32	14,0649
2018/05/15 11:48:55	15,4511		2020/06/21 06:42:37	15,4785
2018/05/29 14:20:43	14,1054		2020/07/05 04:45:34	13,9187
2018/06/13 19:44:23	15,2247		2020/07/20 17:34:07	15,5337
2018/06/28 04:54:07	14,3817		2020/08/03 15:59:55	13,9345
2018/07/13 02:49:01	14,9131		2020/08/19 02:42:49	15,4464
2018/07/27 20:21:30	14,7308		2020/09/02 05:23:14	14,1113
2018/08/11 09:58:53	14,5676		2020/09/17 11:01:22	15,2348
2018/08/26 11:57:20	15,0822		2020/10/01 21:06:25	14,4201
2018/09/09 18:02:37	14,2536		2020/10/16 19:32:12	14,9345
2018/09/25 02:53:34	15,3687		2020/10/31 14:50:18	14,8042
2018/10/09 03:48:00	14,0378		2020/11/15 05:08:20	14,5958
2018/10/24 16:46:20	15,5405		2020/11/30 09:30:50	15,1822
2018/11/07 16:03:12	13,9700		2020/12/14 16:17:44	14,2825
2018/11/23 05:40:21	15,5674		2020/12/30 03:29:22	15,4664

Lune nuove e piene	Diff.		Lune nuove e piene	Diff.	
Difference New Moon-Full M.			Difference New Moon-Full M.		
		GG/Days			GG/Days
2021/01/13	05:01:20	14,0638	2023/02/20	07:07:00	14,5258
2021/01/28	19:17:23	15,5944	2023/03/07	12:41:31	15,2323
2021/02/11	19:06:50	13,9926	2023/03/21	17:24:18	14,1963
2021/02/27	08:18:29	15,5497	2023/04/06	04:35:41	15,4662
2021/03/13	10:22:19	14,0859	2023/04/20	04:13:41	13,9847
2021/03/28	18:49:20	15,3521	2023/05/05	17:35:12	15,5566
2021/04/12	02:32:00	14,3213	2023/05/19	15:54:26	13,9300
2021/04/27	03:32:42	15,0421	2023/06/04	03:42:53	15,4919
2021/05/11	19:00:57	14,6446	2023/06/18	04:38:18	14,0384
2021/05/26	11:15:02	14,6764	2023/07/03	11:39:51	15,2927
2021/06/10	10:53:48	14,9852	2023/07/17	18:32:59	14,2869
2021/06/24	18:40:51	14,3243	2023/08/01	18:32:49	14,9998
2021/07/10	01:17:47	15,2756	2023/08/16	09:39:20	14,6295
2021/07/24	02:38:04	14,0557	2023/08/31	01:36:47	14,6648
2021/08/08	13:51:17	15,4675	2023/09/15	01:40:58	15,0029
2021/08/22	12:03:07	13,9248	2023/09/29	09:58:42	14,3456
2021/09/07	00:52:56	15,5345	2023/10/14	17:56:18	15,3316
2021/09/20	23:55:52	13,9603	2023/10/28	20:25:12	14,1034
2021/10/06	11:06:33	15,4657	2023/11/13	09:28:33	15,544
2021/10/20	14:57:51	14,1606	2023/11/27	09:17:28	13,9923
2021/11/04	21:15:46	15,2624	2023/12/12	23:33:11	15,5942
2021/11/19	08:58:37	14,4880	2023/12/27	00:34:22	14,0424
2021/12/04	07:44:11	14,9483	2024/01/11	11:58:34	15,4751
2021/12/19	04:36:40	14,8697	2024/01/25	17:55:09	14,2476
2022/01/02	18:34:40	14,5819	2024/02/09	23:00:20	15,2119
2022/01/17	23:49:35	15,2187	2024/02/24	12:31:35	14,5633
2022/02/01	05:47:11	14,2483	2024/03/10	09:01:35	14,8541
2022/02/16	16:57:41	15,4656	2024/03/25	07:01:29	14,9165
2022/03/02	17:35:56	14,0265	2024/04/08	18:22:01	14,4726
2022/03/18	07:18:44	15,5713	2024/04/23	23:50:08	15,2278
2022/04/01	06:25:34	13,9630	2024/05/08	03:23:05	14,1478
2022/04/16	18:56:12	15,5212	2024/05/23	13:54:18	15,4383
2022/04/30	20:29:15	14,0646	2024/06/06	12:38:53	13,9476
2022/05/16	04:15:19	15,3236	2024/06/22	01:09:02	15,5209
2022/05/30	11:31:27	14,3028	2024/07/05	22:58:33	13,9093
2022/06/14	11:52:55	15,0149	2024/07/21	10:18:18	15,4720
2022/06/29	02:53:26	14,6253	2024/08/04	11:14:13	14,0388
2022/07/13	18:38:47	14,6565	2024/08/19	18:26:58	15,3005
2022/07/28	17:56:11	14,9704	2024/09/03	01:56:45	14,3123
2022/08/12	01:36:54	14,3199	2024/09/18	02:35:37	15,027
2022/08/27	08:18:17	15,2787	2024/10/02	18:50:26	14,6769
2022/09/10	10:00:13	14,0707	2024/10/17	11:27:34	14,6924
2022/09/25	21:55:43	15,4968	2024/11/01	12:48:18	15,0560
2022/10/09	20:56:08	13,9586	2024/11/15	21:29:40	14,3620
2022/10/25	10:49:52	15,5789	2024/12/01	06:22:34	15,3700
2022/11/08	11:03:18	14,0093	2024/12/15	09:02:50	14,1112
2022/11/23	22:58:23	15,4965	2024/12/30	22:27:57	15,5591
2022/12/08	04:09:20	14,2159	2025/01/13	22:28:04	14,0000
2022/12/23	10:18:02	15,2560	2025/01/29	12:37:08	15,5896
2023/01/06	23:09:03	14,5354	2025/02/12	13:54:33	14,0537
2023/01/21	20:54:24	14,9065	2025/02/28	00:45:59	15,4523
2023/02/05	18:29:43	14,8995	2025/03/14	06:55:48	14,2568

Lune nuove e piene	Diff.		Lune nuove e piene	Diff.
Difference New Moon-Full M.			Difference New Moon-Full M.	
	GG/Days			GG/Days
2025/03/29 10:58:59	15,1688		2027/05/06 10:59:47	15,5218
2025/04/13 00:23:25	14,5586		2027/05/20 11:00:11	14,0002
2025/04/27 19:32:18	14,7978		2027/06/04 19:41:30	15,3620
2025/05/12 16:57:05	14,8922		2027/06/19 00:45:30	14,2111
2025/05/27 03:03:30	14,4211		2027/07/04 03:03:14	15,0956
2025/06/11 07:44:59	15,1954		2027/07/18 15:46:05	14,5297
2025/06/25 10:32:46	14,1165		2027/08/02 10:06:24	14,7641
2025/07/10 20:37:57	15,4202		2027/08/17 07:29:51	14,8912
2025/07/24 19:12:21	13,9405		2027/08/31 17:42:20	14,4253
2025/08/09 07:56:13	15,5304		2027/09/15 23:04:41	15,2238
2025/08/23 06:07:42	13,9246		2027/09/30 02:37:14	14,1476
2025/09/07 18:10:03	15,5016		2027/10/15 13:48:10	15,4659
2025/09/21 19:55:17	14,0730		2027/10/29 13:37:43	13,9927
2025/10/07 03:48:46	15,3288		2027/11/14 03:27:05	15,5759
2025/10/21 12:26:20	14,3594		2027/11/28 03:25:36	13,9989
2025/11/05 13:20:28	15,0375		2027/12/13 16:09:57	15,5308
2025/11/20 06:48:25	14,7277		2027/12/27 20:13:29	14,1691
2025/12/04 23:15:14	14,6852		2028/01/12 04:04:14	15,3269
2025/12/20 01:44:30	15,1036		2028/01/26 15:13:40	14,4648
2026/01/03 10:04:04	14,3469		2028/02/10 15:04:55	14,9939
2026/01/18 19:53:08	15,4090		2028/02/25 10:38:35	14,8150
2026/02/01 22:10:24	14,0953		2028/03/11 01:07:14	14,6032
2026/02/17 12:02:18	15,5777		2028/03/26 04:32:29	15,1425
2026/03/03 11:39:03	13,9838		2028/04/09 10:27:47	14,2467
2026/03/19 01:24:38	15,5733		2028/04/24 19:48:06	15,3891
2026/04/02 02:13:07	14,0336		2028/05/08 19:50:06	14,0013
2026/04/17 11:52:57	15,4026		2028/05/24 08:17:28	15,5190
2026/05/01 17:24:20	14,2301		2028/06/07 06:09:58	13,9114
2026/05/16 20:02:12	15,1096		2028/06/22 18:28:43	15,5130
2026/05/31 08:46:22	14,5306		2028/07/06 18:11:58	13,9883
2026/06/15 02:55:19	14,7562		2028/07/22 03:02:52	15,3686
2026/06/29 23:57:50	14,8767		2028/08/05 08:10:59	14,2139
2026/07/14 09:44:46	14,4075		2028/08/20 10:45:01	15,1069
2026/07/29 14:36:53	15,2028		2028/09/03 23:48:45	14,5442
2026/08/12 17:37:54	14,1257		2028/09/18 18:24:55	14,7751
2026/08/28 04:19:41	15,4456		2028/10/03 16:26:09	14,9175
2026/09/11 03:28:09	13,9642		2028/10/18 02:57:58	14,4387
2026/09/26 16:50:11	15,5569		2028/11/02 09:18:31	15,2642
2026/10/10 15:51:14	13,9590		2028/11/16 13:19:11	14,1671
2026/10/26 04:12:58	15,5150		2028/12/02 01:41:24	15,5154
2026/11/09 07:03:16	14,1182		2028/12/16 02:07:29	14,0181
2026/11/24 14:54:43	15,3273		2028/12/31 16:49:41	15,6126
2026/12/09 00:53:00	14,4154		2029/01/14 17:25:41	14,0249
2026/12/24 01:29:23	15,0252		2029/01/30 06:04:47	15,5271
2027/01/07 20:25:32	14,789		2029/02/13 10:32:41	14,1860
2027/01/22 12:18:32	14,6618		2029/02/28 17:11:25	15,2769
2027/02/06 15:57:16	15,1519		2029/03/15 04:20:25	14,4645
2027/02/20 23:24:48	14,3107		2029/03/30 02:27:34	14,9216
2027/03/08 09:30:38	15,4207		2029/04/13 21:41:20	14,8012
2027/03/22 10:44:57	14,0516		2029/04/28 10:37:58	14,5393
2027/04/06 23:52:19	15,5467		2029/05/13 13:43:19	15,1287
2027/04/20 22:28:19	13,9416		2029/05/27 18:38:40	14,2051

| Lune nuove e piene | Diff. |
| Difference New Moon-Full M. | |
	GG/Days
2029/06/12 03:51:43	15,3840
2029/06/26 03:23:30	13,9804
2029/07/11 15:52:14	15,5199
2029/07/25 13:36:55	13,9060
2029/08/10 01:56:57	15,5139
2029/08/24 01:52:23	13,9968
2029/09/08 10:45:33	15,3702
2029/09/22 16:30:28	14,2395
2029/10/07 19:15:43	15,1147
2029/10/22 09:28:44	14,5923
2029/11/06 04:25:17	14,7892
2029/11/21 04:04:08	14,9853
2029/12/05 14:53:18	14,4508
2029/12/20 22:47:41	15,3294
2030/01/04 02:50:43	14,1687
2030/01/19 15:55:32	15,545
2030/02/02 16:08:41	14,0091
2030/02/18 06:20:59	15,5918
2030/03/04 06:35:50	14,0103
2030/03/19 17:57:40	15,4734
2030/04/02 22:03:43	14,1708
2030/04/18 03:21:11	15,2204
2030/05/02 14:13:19	14,4528
2030/05/17 11:20:19	14,8798
2030/06/01 06:22:31	14,7931
2030/06/15 18:42:10	14,5136
2030/06/30 21:35:39	15,1204
2030/07/15 02:13:09	14,1927
2030/07/30 11:12:10	15,3743
2030/08/13 10:45:34	13,9815
2030/08/28 23:08:32	15,5159
2030/09/11 21:19:06	13,924
2030/09/27 09:55:51	15,5255
2030/10/11 10:48:01	14,0362
2030/10/26 20:18:10	15,3959
2030/11/10 03:31:28	14,3009
2030/11/25 06:47:39	15,1362
2030/12/09 22:41:37	14,6624
2030/12/24 17:33:24	14,7859
2031/01/08 18:27:00	15,0372
2031/01/23 04:32:10	14,4202
2031/02/07 12:47:23	15,3438
2031/02/21 15:50:02	14,1268
2031/03/09 04:30:49	15,5283
2031/03/23 03:50:16	13,9718
2031/04/07 17:22:30	15,5640
2031/04/21 16:58:15	13,9831
2031/05/07 03:41:03	15,4463
2031/05/21 07:18:23	14,1509
2031/06/05 11:59:42	15,1953
2031/06/19 22:25:52	14,4348
2031/07/04 19:02:32	14,8588

| Lune nuove e piene | Diff. |
| Difference New Moon-Full M. | |
	GG/Days
2031/07/19 13:41:25	14,777
2031/08/03 01:46:47	14,5037
2031/08/18 04:33:28	15,1157
2031/09/01 09:21:42	14,2001
2031/09/16 18:48:04	15,3933
2031/09/30 18:59:02	14,0076
2031/10/16 08:21:54	15,5575
2031/10/30 07:33:52	13,9666
2031/11/14 21:10:48	15,5673
2031/11/28 23:19:38	14,0894
2031/12/14 09:06:59	15,4078
2031/12/28 17:34:11	14,3522
2032/01/12 20:07:53	15,1067
2032/01/27 12:53:40	14,6984
2032/02/11 06:25:26	14,7303
2032/02/26 07:44:25	15,0548
2032/03/11 16:25:51	14,3621
2032/03/27 00:47:29	15,3483
2032/04/10 02:40:41	14,0786
2032/04/25 15:10:51	15,5209
2032/05/09 13:36:55	13,9347
2032/05/25 02:38:24	15,5427
2032/06/08 01:33:17	13,9547
2032/06/23 11:33:43	15,4169
2032/07/07 14:42:42	14,1312
2032/07/22 18:52:45	15,1736
2032/08/06 05:12:43	14,4305
2032/08/21 01:48:02	14,8578
2032/09/04 20:57:48	14,7984
2032/09/19 09:31:27	14,5233
2032/10/04 13:27:33	15,1639
2032/10/18 18:59:19	14,2303
2032/11/03 05:46:07	15,4491
2032/11/17 06:43:14	14,0396
2032/12/02 20:54:03	15,5908
2032/12/16 20:50:11	13,9973
2033/01/01 10:18:12	15,5611
2033/01/15 13:08:17	14,1181
2033/01/30 22:01:03	15,3699
2033/02/14 07:05:23	14,3780
2033/03/01 08:24:43	15,0550
2033/03/16 01:38:36	14,7179
2033/03/30 17:52:49	14,6765
2033/04/14 19:18:34	15,0595
2033/04/29 02:47:22	14,3116
2033/05/14 10:43:54	15,3309
2033/05/28 11:37:43	14,0373
2033/06/12 23:20:24	15,4879
2033/06/26 21:08:14	13,9082
2033/07/12 09:29:46	15,5149
2033/07/26 08:13:45	13,9472
2033/08/10 18:08:53	15,4132

Lune nuove e piene Diff. Difference New Moon-Full M. GG/Days	Lune nuove e piene Diff. Difference New Moon-Full M. GG/Days
2033/08/24 21:40:59 14,1473	2035/10/01 13:08:01 13,9467
2033/09/09 02:21:45 15,1949	2035/10/17 02:36:45 15,5616
2033/09/23 13:40:58 14,4716	2035/10/31 02:59:54 14,0160
2033/10/08 10:59:19 14,8877	2035/11/15 13:50:05 15,4515
2033/10/23 07:29:36 14,8543	2035/11/29 19:38:47 14,2421
2033/11/06 20:33:16 14,5442	2035/12/15 00:34:22 15,2052
2033/11/22 01:40:18 15,2132	2035/12/29 14:32:07 14,5817
2033/12/06 07:23:15 14,2381	2036/01/13 11:17:18 14,8647
2033/12/21 18:47:40 15,4752	2036/01/28 10:18:23 14,9590
2034/01/04 19:48:17 14,0421	2036/02/11 22:09:53 14,4940
2034/01/20 10:02:44 15,5933	2036/02/27 05:00:28 15,2851
2034/02/03 10:05:44 14,0020	2036/03/12 09:10:40 14,1737
2034/02/18 23:11:26 15,5456	2036/03/27 20:57:56 15,4911
2034/03/05 02:11:20 14,1249	2036/04/10 20:23:45 13,9762
2034/03/20 10:15:45 15,3364	2036/04/26 09:34:25 15,5490
2034/04/03 19:20:04 14,3779	2036/05/10 08:10:45 13,9419
2034/04/18 19:27:05 15,0048	2036/05/25 19:18:10 15,4634
2034/05/03 12:16:53 14,7012	2036/06/08 21:03:11 14,0729
2034/05/18 03:13:46 14,6228	2036/06/24 03:10:50 15,2553
2034/06/02 03:55:11 15,0287	2036/07/08 11:20:31 14,3400
2034/06/16 10:27:07 14,2721	2036/07/23 10:18:12 14,9567
2034/07/01 17:45:44 15,3045	2036/08/07 02:50:08 14,6888
2034/07/15 18:16:27 14,0213	2036/08/21 17:36:33 14,6155
2034/07/31 05:55:41 15,4855	2036/09/05 18:46:46 15,0487
2034/08/14 03:54:15 13,9156	2036/09/20 01:52:47 14,2958
2034/08/29 16:50:28 15,5390	2036/10/05 10:16:21 15,3497
2034/09/12 16:15:00 13,9753	2036/10/19 11:51:13 14,0658
2034/09/28 02:58:00 15,4465	2036/11/04 00:45:29 15,5376
2034/10/12 07:33:51 14,1915	2036/11/18 00:15:42 13,9793
2034/10/27 12:43:41 15,2151	2036/12/03 14:09:43 15,5791
2034/11/11 01:17:25 14,5234	2036/12/17 15:35:40 14,0596
2034/11/25 22:33:21 14,8860	2037/01/02 02:36:29 15,4589
2034/12/10 20:15:36 14,9043	2037/01/16 09:35:36 14,2910
2034/12/25 08:55:40 14,5278	2037/01/31 14:05:21 15,1873
2035/01/09 15:04:17 15,2559	2037/02/15 04:55:17 14,618
2035/01/23 20:17:47 14,2177	2037/03/02 00:29:22 14,8153
2035/02/08 08:23:20 15,5038	2037/03/16 23:37:25 14,9639
2035/02/22 08:55:06 14,0220	2037/03/31 09:54:44 14,4286
2035/03/09 23:10:39 15,5941	2037/04/15 16:08:54 15,2598
2035/03/23 22:43:19 13,9810	2037/04/29 18:55:05 14,1154
2035/04/08 10:59:00 15,5108	2037/05/15 05:55:33 15,4586
2035/04/22 13:21:56 14,0992	2037/05/29 04:25:21 13,9373
2035/05/07 20:05:06 15,2799	2037/06/13 17:11:28 15,5320
2035/05/22 04:26:59 14,3485	2037/06/27 15:21:08 13,9233
2035/06/06 03:21:55 14,9548	2037/07/13 02:33:00 15,4665
2035/06/20 19:38:40 14,6783	2037/07/27 04:16:21 14,0717
2035/07/05 10:00:31 14,5985	2037/08/11 10:42:47 15,2683
2035/07/20 10:38:03 15,0260	2037/08/25 19:10:32 14,3526
2035/08/03 17:13:00 14,2742	2037/09/09 18:26:41 14,9695
2035/08/19 01:01:30 15,3253	2037/09/24 11:32:54 14,7126
2035/09/02 02:00:44 14,0411	2037/10/09 02:35:44 14,6269
2035/09/17 14:24:43 15,5166	2037/10/24 04:37:44 15,0847

| Lune nuove e piene | Diff. |
Difference New Moon-Full M.	GG/Days
2037/11/07 12:04:20	14,3101
2037/11/22 21:36:27	15,3973
2037/12/06 23:39:34	14,0854
2037/12/22 13:39:50	15,5835
2038/01/05 13:42:34	14,0018
2038/01/21 04:01:10	15,5962
2038/02/04 05:53:23	14,0779
2038/02/19 16:10:36	15,4286
2038/03/05 23:16:12	14,2955
2038/03/21 02:10:47	15,1212
2038/04/04 16:44:12	14,6065
2038/04/19 10:37:13	14,7451
2038/05/04 09:20:51	14,9469
2038/05/18 18:24:45	14,3777
2038/06/03 00:25:26	15,2504
2038/06/17 02:31:45	14,0877
2038/07/02 13:33:22	15,4594
2038/07/16 11:49:27	13,9278
2038/08/01 00:41:32	15,5361
2038/08/14 22:58:01	13,9281
2038/08/30 10:13:59	15,4694
2038/09/13 12:25:38	14,0914
2038/09/28 18:58:48	15,2730
2038/10/13 04:23:04	14,3918
2038/10/28 03:54:04	14,9798
2038/11/11 22:28:24	14,7738
2038/11/26 13:47:56	14,6385
2038/12/11 17:31:37	15,1553
2038/12/26 01:03:11	14,3135
2039/01/10 11:46:44	15,4469
2039/01/24 13:37:19	14,0768
2039/02/09 03:40:26	15,5855
2039/02/23 03:18:44	13,9849
2039/03/10 16:36:12	15,5537
2039/03/24 18:00:43	14,0587
2039/04/09 02:53:58	15,3703
2039/04/23 09:35:58	14,2791
2039/05/08 11:21:13	15,0731
2039/05/23 01:39:14	14,5958
2039/06/06 18:48:54	14,7150
2039/06/21 17:22:39	14,9401
2039/07/06 02:04:42	14,3625
2039/07/21 07:55:18	15,2434
2039/08/04 09:57:52	14,0851
2039/08/19 20:51:45	15,4540
2039/09/02 19:24:46	13,9395
2039/09/18 08:24:14	15,5413
2039/10/02 07:24:30	13,9585
2039/10/17 19:10:14	15,4900
2039/10/31 22:37:28	14,1439
2039/11/16 05:47:18	15,2984
2039/11/30 16:50:47	14,4607
2039/12/15 16:33:15	14,9878
2039/12/30 12:38:56	14,8372
2040/01/14 03:26:28	14,6163
2040/01/29 07:55:53	15,1871
2040/02/12 14:25:39	14,2706
2040/02/28 01:00:45	15,4410
2040/03/13 01:47:19	14,0323
2040/03/28 15:12:55	15,5594
2040/04/11 14:01:25	13,9503
2040/04/27 02:39:05	15,5261
2040/05/11 03:29:05	14,0347
2040/05/26 11:48:18	15,3466
2040/06/09 18:04:17	14,2611
2040/06/24 19:20:30	15,0529
2040/07/09 09:15:57	14,5801
2040/07/24 02:06:50	14,7020
2040/08/08 00:27:37	14,9311
2040/08/22 09:10:53	14,3633
2040/09/06 15:14:54	15,2527
2040/09/20 17:44:00	14,1035
2040/10/06 05:27:07	15,4882
2040/10/20 04:51:04	13,9749
2040/11/04 18:57:12	15,5875
2040/11/18 19:07:22	14,0070
2040/12/04 07:34:22	15,5187
2040/12/18 12:16:57	14,1962
2041/01/02 19:08:59	15,2861
2041/01/17 07:12:35	14,5025
2041/02/01 05:44:07	14,9385
2041/02/16 02:22:28	14,8599
2041/03/02 15:40:32	14,5542
2041/03/17 20:20:20	15,1943
2041/04/01 01:30:40	14,2155
2041/04/16 12:01:52	15,4383
2041/04/30 11:47:33	13,9900
2041/05/16 00:53:35	15,5458
2041/05/29 22:57:11	13,9191
2041/06/14 10:59:55	15,5019
2041/06/28 11:18:07	14,0126
2041/07/13 19:02:02	15,3221
2041/07/28 01:03:31	14,2510
2041/08/12 02:05:54	15,0433
2041/08/26 16:17:22	14,5913
2041/09/10 09:25:04	14,7136
2041/09/25 08:42:29	14,9704
2041/10/09 18:03:53	14,3898
2041/10/25 01:31:32	15,3108
2041/11/08 04:44:42	14,1341
2041/11/23 17:37:56	15,5369
2041/12/07 17:43:25	14,0038
2041/12/23 08:07:35	15,6001
2042/01/06 08:55:08	14,0330

Lune nuove e piene	Diff.		Lune nuove e piene	Diff.
Difference	New Moon-Full M.		Difference	New Moon-Full M.
	GG/Days			GG/Days
2042/01/21 20:43:19	15,4917		2044/02/28 20:13:36	15,5629
2042/02/05 01:59:00	14,2192		2044/03/13 19:42:24	13,9783
2042/02/20 07:40:08	15,2368		2044/03/29 09:27:14	15,5728
2042/03/06 20:11:09	14,5215		2044/04/12 09:40:23	14,0091
2042/03/21 17:24:14	14,8840		2044/04/27 19:43:21	15,4187
2042/04/05 14:17:09	14,8700		2044/05/12 00:17:54	14,1906
2042/04/20 02:20:32	14,5023		2044/05/27 03:40:50	15,1409
2042/05/05 06:49:48	15,1869		2044/06/10 15:17:22	14,4837
2042/05/19 10:56:04	14,1710		2044/06/25 10:25:34	14,7973
2042/06/03 20:49:30	15,4121		2044/07/10 06:23:15	14,8317
2042/06/17 19:49:23	13,9582		2044/07/24 17:11:44	14,4503
2042/07/03 08:10:36	15,5147		2044/08/08 21:15:07	15,1690
2042/07/17 05:53:06	13,9045		2044/08/23 01:07:14	14,1611
2042/08/01 17:34:32	15,4871		2044/09/07 11:25:39	15,4294
2042/08/15 18:02:31	14,0194		2044/09/21 11:04:43	13,9854
2042/08/31 02:03:34	15,3340		2044/10/07 00:31:18	15,5601
2042/09/14 08:51:24	14,2832		2044/10/20 23:37:40	13,9627
2042/09/29 10:35:31	15,0723		2044/11/05 12:27:59	15,5349
2042/10/14 02:04:21	14,6450		2044/11/19 14:59:02	14,1049
2042/10/28 19:49:36	14,7397		2044/12/04 23:35:09	15,3584
2042/11/12 20:29:39	15,0278		2044/12/19 08:54:24	14,3883
2042/11/27 06:07:13	14,4011		2045/01/03 10:21:43	15,0606
2042/12/12 14:30:53	15,3497		2045/01/18 04:26:44	14,7534
2042/12/26 17:43:57	14,1340		2045/02/01 21:06:46	14,6944
2043/01/11 06:54:30	15,5489		2045/02/16 23:52:23	15,1150
2043/01/25 06:57:51	14,0023		2045/03/03 07:53:54	14,3343
2043/02/09 21:08:57	15,5910		2045/03/18 17:16:07	15,3904
2043/02/23 21:59:11	14,0348		2045/04/01 18:44:13	14,0611
2043/03/11 09:10:32	15,4662		2045/04/17 07:27:56	15,5303
2043/03/25 14:27:31	14,2201		2045/05/01 05:53:25	13,9343
2043/04/09 19:07:51	15,1946		2045/05/16 18:27:52	15,5239
2043/04/24 07:24:14	14,5113		2045/05/30 17:53:39	13,9762
2043/05/09 03:22:27	14,8320		2045/06/15 03:06:04	15,3836
2043/05/23 23:38:11	14,8442		2045/06/29 07:17:03	14,1743
2043/06/07 10:36:17	14,4570		2045/07/14 10:29:38	15,1337
2043/06/22 14:21:51	15,1566		2045/07/28 22:11:50	14,4876
2043/07/06 17:52:10	14,1460		2045/08/12 17:40:30	14,8115
2043/07/22 03:25:26	15,3981		2045/08/27 14:08:55	14,8530
2043/08/05 02:23:58	13,9573		2045/09/11 01:28:59	14,4722
2043/08/20 15:05:45	15,5290		2045/09/26 06:12:47	15,1970
2043/09/03 13:18:34	13,9255		2045/10/10 10:38:07	14,1842
2043/09/19 01:48:18	15,5206		2045/10/25 21:32:26	15,4543
2043/10/03 03:13:24	14,0590		2045/11/08 21:50:11	14,0123
2043/10/18 11:56:54	15,3635		2045/11/24 11:44:48	15,5795
2043/11/01 19:58:41	14,3345		2045/12/08 11:42:38	13,9984
2043/11/16 21:53:42	15,0798		2045/12/24 00:50:31	15,5471
2043/12/01 14:38:12	14,6975		2046/01/07 04:25:17	14,1491
2043/12/16 08:03:14	14,7257		2046/01/22 12:52:33	15,3522
2043/12/31 09:49:18	15,0736		2046/02/05 23:10:57	14,4294
2044/01/14 18:52:22	14,3771		2046/02/20 23:45:32	15,0240
2044/01/30 04:05:45	15,3842		2046/03/07 18:16:36	14,7715
2044/02/13 06:43:01	14,1092		2046/03/22 09:28:11	14,6330

Lune nuove e piene		Diff.		Lune nuove e piene		Diff.
Difference	New Moon-Full M.			Difference	New Moon-Full M.	
		GG/Days				GG/Days
2046/04/06	11:52:55	15,1005		2048/05/12	20:59:26	14,4064
2046/04/20	18:22:20	14,2704		2048/05/27	18:58:29	14,9160
2046/05/06	02:57:20	15,3576		2048/06/11	12:51:11	14,7449
2046/05/20	03:16:32	14,0133		2048/06/26	02:09:20	14,5542
2046/06/04	15:23:42	15,5049		2048/07/11	04:05:27	15,0806
2046/06/18	13:11:16	13,9080		2048/07/25	09:35:09	14,2289
2046/07/04	01:40:08	15,5200		2048/08/09	18:00:10	15,3507
2046/07/18	00:56:17	13,9695		2048/08/23	18:08:24	14,0057
2046/08/02	10:26:44	15,3961		2048/09/08	06:25:50	15,5121
2046/08/16	14:51:22	14,1837		2048/09/22	04:47:47	13,9319
2046/08/31	18:26:41	15,1495		2048/10/07	17:46:28	15,5407
2046/09/15	06:40:37	14,5096		2048/10/21	18:26:12	14,0275
2046/09/30	02:26:46	14,8237		2048/11/06	04:39:36	15,4259
2046/10/14	23:42:33	14,8859		2048/11/20	11:20:45	14,2785
2046/10/29	11:18:17	14,4831		2048/12/05	15:31:22	15,1740
2046/11/13	17:05:42	15,2412		2048/12/20	06:40:27	14,6313
2046/11/27	21:51:21	14,1983		2049/01/04	02:25:44	14,8231
2046/12/13	09:56:42	15,5037		2049/01/19	02:30:20	15,0031
2046/12/27	10:40:09	14,0301		2049/02/02	13:17:06	14,4491
2047/01/12	01:22:35	15,6128		2049/02/17	20:48:39	15,3135
2047/01/26	01:45:01	14,0155		2049/03/04	00:12:47	14,1417
2047/02/10	14:41:05	15,5389		2049/03/19	12:24:32	15,5081
2047/02/24	18:27:08	14,1569		2049/04/02	11:40:27	13,9693
2047/03/12	01:38:14	15,2993		2049/04/18	01:05:57	15,5593
2047/03/26	11:45:26	14,4216		2049/05/02	00:12:16	13,9627
2047/04/10	10:36:32	14,9521		2049/05/17	11:15:00	15,4602
2047/04/25	04:41:04	14,7531		2049/05/31	14:01:22	14,1155
2047/05/09	18:25:43	14,5726		2049/06/15	19:28:02	15,2268
2047/05/24	20:28:48	15,0854		2049/06/30	04:51:34	14,3913
2047/06/08	02:06:08	14,2342		2049/07/15	02:30:53	14,9023
2047/06/23	10:37:05	15,3548		2049/07/29	20:08:30	14,7344
2047/07/07	10:35:05	13,9986		2049/08/13	09:20:49	14,5502
2047/07/22	22:50:35	15,5107		2049/08/28	11:19:54	15,0827
2047/08/05	20:39:44	13,9091		2049/09/11	17:05:38	14,2400
2047/08/21	09:17:30	15,5262		2049/09/27	02:06:20	15,3754
2047/09/04	08:55:26	13,9846		2049/10/11	02:54:31	14,0334
2047/09/19	18:32:40	15,4008		2049/10/26	16:16:22	15,5568
2047/10/03	23:43:17	14,2157		2049/11/09	15:39:10	13,9741
2047/10/19	03:29:12	15,1568		2049/11/25	05:36:57	15,5817
2047/11/02	16:59:24	14,5626		2049/12/09	07:29:17	14,0780
2047/11/17	13:00:11	14,8338		2049/12/24	17:53:01	15,4331
2047/12/02	11:56:20	14,9556		2050/01/08	01:40:16	14,3244
2047/12/16	23:39:30	14,4883		2050/01/23	04:58:12	15,1374
2048/01/01	06:58:20	15,3047		2050/02/06	20:48:43	14,6600
2048/01/15	11:33:41	14,1912		2050/02/21	15:04:45	14,7611
2048/01/31	00:15:32	15,5290		2050/03/08	15:24:29	15,0137
2048/02/14	00:32:46	14,0119		2050/03/23	00:42:10	14,3872
2048/02/29	14:39:22	15,5879		2050/04/07	08:13:21	15,3133
2048/03/14	14:28:55	13,9927		2050/04/21	10:27:00	14,0928
2048/03/30	02:05:38	15,4838		2050/05/06	22:27:20	15,5002
2048/04/13	05:20:58	14,1356		2050/05/20	20:52:16	13,9339
2048/04/28	11:14:13	15,2453		2050/06/05	09:52:23	15,5417

```
Lune nuove e piene    Diff.            Lune nuove e piene    Diff.
Difference New Moon-Full M.            Difference New Moon-Full M.
                    GG/Days                                GG/Days
2050/06/19 08:23:05 13,9379            2050/09/30 17:33:01 14,5711
2050/07/04 18:52:11 15,4368            2050/10/15 20:49:51 15,1366
2050/07/18 21:18:03 14,1012            2050/10/30 03:17:09 14,2689
2050/08/03 02:21:42 15,2108            2050/11/14 13:42:38 15,4343
2050/08/17 11:48:42 14,3937            2050/11/28 15:10:59 14,0613
2050/09/01 09:32:05 14,9051            2050/12/14 05:19:20 15,5891
2050/09/16 03:50:33 14,7628            2050/12/28 05:16:48 13,9982
```

LUNA A BARCHETTA
MOON LIKE A SMALL BOAT
2013-2019

A molti sarà capitato di osservare, specie nelle regioni più a sud, il fenomeno particolare in cui la Luna poco prima del tramonto, dopo il novilunio, assume una caratteristica forma di barchetta, con le cuspidi rivolte verso l'alto quasi a pari altezza. Molto meno osservato il fenomeno reciproco in cui il nostro satellite al suo sorgere si presenta con le cuspidi verso il basso che toccando l'orizzonte formano un curioso ponticello. Se la parte illuminata è sotto quella oscura si parla quindi di Luna a barchetta mentre se la parte illuminata è sopra si parla di Luna a ponte. Man mano che dopo la levata l'altezza della Luna aumenta, la falce si raddrizza fino ad essere perfettamente verticale quando la Luna passa in meridiano. Molto interessante a livello fotografico per riprese d'effetto è ovviamente la luna "seduta", quando galleggiando nell'aria sembra scivolare sul nostro orizzonte. Nel mese di marzo, ed ancor meglio in aprile, potremo cominciare ad osservarla; la Luna nei primissimi giorni dopo la congiunzione con il Sole si presenterà bassa sull'orizzonte con la caratteristica posizione a barchetta. Poiché il fenomeno è fortemente dipendente sia dalla latitudine dell'osservatore che dalla longitudine eclittica della Luna, sarà bene iniziare già in questa primavera a prendere confidenza con questo evento all'inizio un po' elusivo poi sempre più evidente visto che il nodo ascendente lunare sarà a 270° nel febbraio 2011. Ovviamente il tutto ha una precisa spiegazione astronomica che si avvale delle leggi di trigonometria e meccanica celeste che regolano il complicato moto lunare. La variabile che determina se e quando possiamo osservare la barchetta è il parametro ZABL, dall'inglese zenithal angle of bright limb, ossia l'angolo di posizione del punto di mezzo del lembo lunare illuminato, calcolato non rispetto al nord lunare ma rispetto allo zenit dell'osservatore. Poiché la faccia illuminata della Luna è sempre quella rivolta verso il Sole, questo angolo ci permette quindi di sapere la posizione della falce rispetto all'orizzonte, specie quando il Sole è tramontato. Se tale angolo è vicino a 180° la falce lunare assume la forma a barchetta. Ovviamente non è necessario che si raggiunga il valore preciso, diciamo che un in range di circa ±5° si ha comunque una visione ottimale del fenomeno. Condizione necessaria è che la fase sia minore del 50%, in quanto più è piccola e più le cuspidi sono appuntite, e che il Sole sia sufficientemente distante da permettere di vedere la Luna al crepuscolo. Come detto lo ZABL risente molto della latitudine dell'osservatore: appare evidente che nelle regioni equatoriali , in cui l'eclittica è molto inclinata sull'orizzonte, sia frequente vedere la Luna coricata, mentre in Italia è più raro, ed alle latitudini oltre i 50° è addirittura impossibile. Pertanto può persino succedere che due luoghi tra loro distanti anche solo un paio di gradi di latitudine siano uno escluso ed uno favorevole all'osservazione. Nella tabella seguente sono indicate le città dalle quali il fenomeno sarà visibile, con i tempi consigliati di inizio e fine osservazione, in base ai parametri sopra indicati. In ogni caso sarà bene guardare attentamente verso ovest subito dopo il tramonto del Sole per scorgere il prima possibile la falce lunare ed approntare l'attrezzatura fotografica.

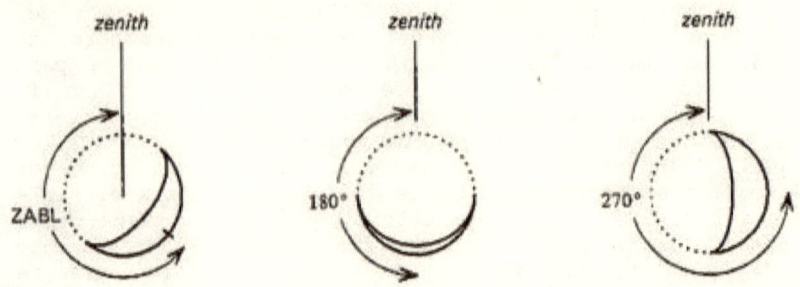

Come detto lo ZABL risente molto della latitudine dell'osservatore: appare evidente che nelle regioni equatoriali , in cui l'eclittica è molto inclinata sull'orizzonte, sia frequente vedere la Luna coricata, mentre in Italia è più raro, ed alle latitudini oltre i 50° è addirittura impossibile. Pertanto può persino succedere che due luoghi tra loro distanti anche solo un paio di gradi di latitudine siano uno escluso ed uno favorevole all'osservazione. Nella tabella seguente sono indicate le città dalle quali il fenomeno sarà visibile, con i tempi consigliati di inizio e fine osservazione, in base ai parametri sopra indicati. In ogni caso sarà bene guardare attentamente verso ovest subito dopo il tramonto del Sole per scorgere il prima possibile la falce lunare ed approntare l'attrezzatura fotografica.

K = % di Luna illuminata
ALT. = altezza della Luna sull'orizzonte, in gradi
ALT.S. = altezza del Sole sull'orizzonte, in gradi

To many it will be happened to observe, expecially in the southern regions, the particular phenomena in which the Moon, a little before the sunset, after the new Moon, has a characteristic shape of a small boat, with the cuspids turned towards the high one nearly to equal height. Much less observed the mutual phenomenon in which the our satellite before its rising appears with the cuspids towards the bottom that touching the horizon form an onlooker little bridge. If the illuminated part is under that dark one it speaks therefore about "Moon like a boat", while if the illuminated part is over it speaks about "Moon like a bridge". After the rising the height of the Moon increases, the scythe is straightened until to being perfectly vertical when the Moon passes in meridian. A lot interesting to photograp is obviously the moon "seated", when floating in the air seems to slip on our horizon. In March and still better in April, we will be able to begin to observe it; the Moon in the first days after the conjunction with the Sun will be lowland on the horizon with the characteristic position like a small boat. Since the phenomena is strongly dependent as from the latitude of the observer as from the ecliptical longitude of the Moon, will be well to begin in this spring to take to learn to see this event, initially unsatisfactory then more and more obvious inasmuch as the lunar ascending node will be to 270° in February 2011. Obviously all it has a precise astronomical explanation that are taken advantage of the trigonometry laws and celestial mechanics that regulate the complicated lunar motion. The variable that determines if and when we can observe the small boat is the parameter ZABL, zenithal angle of bright limb, that is the angle of position of the means point of the illuminated lunar border, calculated not regarding the lunar north but regarding the zenith of the observer. Since the illuminated face of the Moon is always revolted towards the Sun, this angle allows us therefore to know the position of the scythe regarding the horizon, expecially when the Sun is set down. If such angle is close to 180° the lunar scythe it assumes the shape to a little boat. Obviously it is not necessary that the precise value is caught up, we say that in range of approximately ±5° is however an optimal vision of the phenomenon. Necessary condition is that the phase is smaller of 50%, in how much the more is small and more the cuspids are sharp, and that the Sun is sufficiently distant to allow to see the Moon to the twilight.

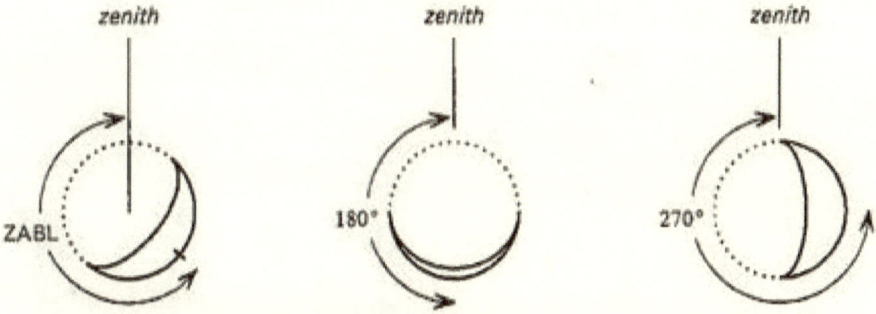

The ZABL depends a lot from the latitude of the observer: it

175

appears obvious that in the equatorial regions, in which the
ecliptic it is much tilting on the horizon, it is frequent to
see the Moon as a boat, while in Italy it is rarer, and at the
latitudes beyond the 50° it is quite impossible. Therefore it
can even succeed that two places distant they also only a pair
of latitude degrees are one excluded and one favorable to the
observation. In the following table are indicated the cities
from which the phenomenon will be visible, with the times of
beginning and ending observation, based on the parameters over
indicated to you. In any case it will be well to watch carefully
towards the west after the sunset of the Sun in order to notice
the first possible the lunar scythe and to prepare the
photographic equipment.

K = % of illuminated Moon
ALT. = height of the Moon above the horizon, in degrees
ALT.S. = height of the Sun above the horizon, in degrees

ANCONA

176

GG MM AAAA	HH MM	ZABL	K	ALT	ALT.S.
11/ 2/2013	17: 0	189.8	3	12	-6
11/ 2/2013	17:10	189.4	3	10	-8
11/ 2/2013	17:20	189.0	3	8	-9
11/ 2/2013	17:30	188.7	3	7	-11
11/ 2/2013	17:40	188.5	3	5	-13
11/ 2/2013	17:50	188.3	3	3	-15
11/ 2/2013	18: 0	188.1	3	2	-17
11/ 2/2013	18:10	188.0	3	0	-18
12/ 3/2013	17:30	182.3	1	6	-5
12/ 3/2013	17:40	182.4	1	4	-7
12/ 3/2013	17:50	182.7	1	3	-8
12/ 3/2013	18: 0	183.0	1	1	-10
12/ 3/2013	18:10	183.3	1	-0	-12
31/ 1/2014	16:40	185.2	1	6	-5
31/ 1/2014	16:50	184.8	1	5	-7
31/ 1/2014	17: 0	184.5	1	3	-8
31/ 1/2014	17:10	184.2	1	1	-10
31/ 1/2014	17:20	183.9	1	0	-12
19/ 2/2015	17:10	188.4	1	4	-6
19/ 2/2015	17:20	188.3	1	2	-8
19/ 2/2015	17:30	188.2	1	0	-10
10/ 1/2016	16:20	187.7	1	2	-6
10/ 1/2016	16:30	187.3	1	0	-8
10/ 1/2016	16:40	186.9	1	-0	-9
19/10/2017	4:40	188.9	1	-0	-8
19/10/2017	4:50	189.1	1	1	-7
17/11/2017	4:40	171.6	2	0	-14
17/11/2017	4:50	171.2	2	2	-13
17/11/2017	5: 0	170.8	2	3	-11
17/11/2017	5:10	170.3	2	5	-9
9/ 9/2018	3:50	175.9	1	-0	-9
9/ 9/2018	4: 0	176.7	1	1	-7
8/10/2018	4: 0	177.4	1	0	-13
8/10/2018	4:10	177.7	1	1	-11
8/10/2018	4:20	177.9	1	3	-10
8/10/2018	4:30	178.0	1	5	-8
8/10/2018	4:40	178.1	1	7	-6
8/10/2018	4:50	178.1	1	8	-4
6/11/2018	4: 0	171.7	3	-0	-19
6/11/2018	4:10	171.5	3	1	-17
6/11/2018	4:20	171.3	3	3	-16
6/11/2018	4:30	171.0	3	4	-14
6/11/2018	4:40	170.7	3	6	-12
6/11/2018	4:50	170.3	3	8	-10
27/ 9/2019	4:20	170.1	4	15	-7
27/ 9/2019	4:30	170.1	4	16	-5
27/ 9/2019	4:40	170.2	4	18	-4
27/ 9/2019	4:50	170.1	4	20	-2
28/ 9/2019	4:10	188.6	1	0	-9
28/ 9/2019	4:20	189.1	1	1	-7
28/ 9/2019	4:30	189.6	1	3	-6
27/10/2019	4:20	178.0	2	0	-14
27/10/2019	4:30	177.9	2	2	-12

```
27/10/2019   4:40   177.8   2   3   -10
27/10/2019   4:50   177.7   2   5   -8
27/10/2019   5: 0   177.5   2   7   -6
27/10/2019   5:10   177.2   1   9   -5
```

AOSTA

GG MM AAAA	HH MM	ZABL	K	ALT	ALT.S.
12/ 3/2013	17:50	184.7	1	7	-4
12/ 3/2013	18: 0	184.8	1	5	-6
12/ 3/2013	18:10	185.0	1	4	-7
12/ 3/2013	18:20	185.3	1	2	-9
12/ 3/2013	18:30	185.6	1	0	-11
12/ 3/2013	18:40	186.0	1	-0	-13
31/ 1/2014	17: 0	187.9	1	6	-5
31/ 1/2014	17:10	187.5	1	5	-7
31/ 1/2014	17:20	187.1	1	3	-8
31/ 1/2014	17:30	186.8	1	2	-10
31/ 1/2014	17:40	186.5	1	0	-12
10/ 1/2016	17: 0	189.7	1	-0	-9
9/ 9/2018	4:20	174.9	1	0	-7
9/ 9/2018	4:30	175.7	1	2	-6
8/10/2018	4:20	175.5	1	-0	-14
8/10/2018	4:30	175.8	1	1	-12
8/10/2018	4:40	176.0	1	2	-10
8/10/2018	4:50	176.2	1	4	-9
8/10/2018	5: 0	176.3	1	6	-7
8/10/2018	5:10	176.3	1	7	-5
28/ 9/2019	4:30	186.9	1	-0	-10
28/ 9/2019	4:40	187.5	1	1	-8
28/ 9/2019	4:50	188.0	1	2	-6
27/10/2019	4:40	176.2	2	-0	-14
27/10/2019	4:50	176.2	2	0	-13
27/10/2019	5: 0	176.1	2	2	-11
27/10/2019	5:10	176.0	1	4	-9
27/10/2019	5:20	175.8	1	5	-8
27/10/2019	5:30	175.6	1	7	-6
27/10/2019	5:40	175.3	1	9	-4

BARI

GG MM AAAA	HH MM	ZABL	K	ALT	ALT.S.
12/ 1/2013	16:20	189.9	1	5	-7
12/ 1/2013	16:30	189.3	1	3	-8
12/ 1/2013	16:40	188.7	1	2	-10
12/ 1/2013	16:50	188.2	1	0	-12
11/ 2/2013	16:30	188.0	3	15	-2
11/ 2/2013	16:40	187.5	3	14	-4
11/ 2/2013	16:50	187.1	3	12	-6
11/ 2/2013	17: 0	186.7	3	10	-8
11/ 2/2013	17:10	186.3	3	8	-10
11/ 2/2013	17:20	186.1	3	7	-12
11/ 2/2013	17:30	185.8	3	5	-13
11/ 2/2013	17:40	185.6	3	3	-15
11/ 2/2013	17:50	185.5	3	1	-17

```
11/ 2/2013   18: 0   185.4    3    -0   -19
12/ 3/2013   17:10   179.4    1     7    -4
12/ 3/2013   17:20   179.6    1     5    -5
12/ 3/2013   17:30   179.8    1     3    -7
12/ 3/2013   17:40   180.1    1     2    -9
12/ 3/2013   17:50   180.4    1     0   -11
31/ 1/2014   16:30   182.5    1     6    -5
31/ 1/2014   16:40   182.1    1     5    -7
31/ 1/2014   16:50   181.7    1     3    -8
31/ 1/2014   17: 0   181.4    1     1   -10
31/ 1/2014   17:10   181.1    1     0   -12
22/12/2014   16: 0   189.7    1     2    -6
22/12/2014   16:10   189.2    1     1    -8
22/12/2014   16:20   188.7    1    -0   -10
19/ 2/2015   17: 0   185.7    1     3    -6
19/ 2/2015   17:10   185.6    1     2    -8
19/ 2/2015   17:20   185.5    1     0   -10
10/ 1/2016   16:20   184.4    1     1    -7
10/ 1/2016   16:30   184.0    1    -0    -9
30/ 9/2016    4: 0   170.5    1    -0    -9
30/ 9/2016    4:10   170.7    1     1    -7
30/ 9/2016    4:20   170.9    1     3    -6
29/10/2016    3:50   170.8    2    -0   -17
29/10/2016    4: 0   170.7    2     1   -15
29/10/2016    4:10   170.5    2     3   -13
29/10/2016    4:20   170.2    2     5   -11
28/11/2016    4:30   170.2    2    -0   -15
18/10/2017    3:30   171.8    3     0   -19
18/10/2017    3:40   171.8    3     2   -17
18/10/2017    3:50   171.8    3     4   -15
18/10/2017    4: 0   171.8    3     6   -13
18/10/2017    4:10   171.7    3     7   -11
18/10/2017    4:20   171.5    3     9    -9
18/10/2017    4:30   171.3    3    11    -7
18/10/2017    4:40   171.0    3    13    -5
18/10/2017    4:50   170.7    3    15    -3
18/10/2017    5: 0   170.3    3    16    -2
17/11/2017    4:20   174.2    2    -0   -15
17/11/2017    4:30   173.8    2     1   -13
17/11/2017    4:40   173.4    2     3   -11
17/11/2017    4:50   172.9    2     5   -10
17/11/2017    5: 0   172.4    2     6    -8
17/11/2017    5:10   171.8    2     8    -6
17/11/2017    5:20   171.1    2    10    -4
13/ 5/2018   14:20     9.8    5    14    39
13/ 5/2018   14:30     9.6    5    12    37
13/ 5/2018   14:40     9.5    5    10    35
13/ 5/2018   14:50     9.5    5     8    33
13/ 5/2018   15: 0     9.5    5     7    31
13/ 5/2018   15:10     9.6    5     5    30
13/ 5/2018   15:20     9.7    5     3    28
13/ 5/2018   15:30     9.8    5     1    26
 9/ 9/2018    3:40   178.3    1    -0    -9
 9/ 9/2018    3:50   179.0    1     1    -7
 8/10/2018    3:50   179.8    1     0   -13
```

179

8/10/2018	4: 0	180.1	1	2	-11
8/10/2018	4:10	180.2	1	4	-9
8/10/2018	4:20	180.4	1	6	-7
8/10/2018	4:30	180.4	1	7	-5
6/11/2018	3:50	174.0	3	0	-18
6/11/2018	4: 0	173.8	3	2	-17
6/11/2018	4:10	173.6	3	4	-15
6/11/2018	4:20	173.3	3	5	-13
6/11/2018	4:30	172.9	3	7	-11
6/11/2018	4:40	172.5	3	9	-9
6/11/2018	4:50	172.1	3	11	-7
6/11/2018	5: 0	171.5	3	12	-5
6/11/2018	5:10	170.9	3	14	-4
6/11/2018	5:20	170.3	3	16	-2
2/ 5/2019	14:10	9.8	6	11	39
2/ 5/2019	14:20	9.5	6	10	37
2/ 5/2019	14:30	9.2	6	8	35
2/ 5/2019	14:40	9.1	6	6	33
2/ 5/2019	14:50	8.9	6	4	32
2/ 5/2019	15: 0	8.8	6	2	30
2/ 5/2019	15:10	8.8	6	0	28
2/ 5/2019	15:20	8.8	6	-0	26
27/ 9/2019	2:50	170.1	4	1	-22
27/ 9/2019	3: 0	170.6	4	3	-20
27/ 9/2019	3:10	171.0	4	5	-18
27/ 9/2019	3:20	171.4	4	6	-16
27/ 9/2019	3:30	171.8	4	8	-14
27/ 9/2019	3:40	172.1	4	10	-12
27/ 9/2019	3:50	172.3	4	12	-11
27/ 9/2019	4: 0	172.5	4	13	-9
27/ 9/2019	4:10	172.6	4	15	-7
27/ 9/2019	4:20	172.7	4	17	-5
27/ 9/2019	4:30	172.7	4	19	-3
26/10/2019	2:50	171.4	6	0	-28
26/10/2019	3: 0	171.5	6	2	-26
26/10/2019	3:10	171.6	6	4	-24
26/10/2019	3:20	171.6	6	5	-22
26/10/2019	3:30	171.5	6	7	-20
26/10/2019	3:40	171.5	6	9	-18
26/10/2019	3:50	171.3	6	11	-16
26/10/2019	4: 0	171.1	6	13	-14
26/10/2019	4:10	170.9	6	14	-12
26/10/2019	4:20	170.5	6	16	-11
26/10/2019	4:30	170.2	6	18	-9
27/10/2019	4: 0	180.3	2	-0	-15
27/10/2019	4:10	180.3	2	1	-13
27/10/2019	4:20	180.2	2	3	-11
27/10/2019	4:30	180.1	2	5	-9
27/10/2019	4:40	179.9	2	6	-7
27/10/2019	4:50	179.7	2	8	-5

BOLOGNA

180

GG MM AAAA	HH MM	ZABL	K	ALT	ALT.S.
11/ 2/2013	17:30	189.9	3	8	-10
11/ 2/2013	17:40	189.6	3	6	-12
11/ 2/2013	17:50	189.4	3	5	-13
11/ 2/2013	18: 0	189.2	3	3	-15
11/ 2/2013	18:10	189.0	3	1	-17
11/ 2/2013	18:20	189.0	3	0	-19
12/ 3/2013	17:40	183.3	1	6	-5
12/ 3/2013	17:50	183.5	1	4	-7
12/ 3/2013	18: 0	183.7	1	2	-9
12/ 3/2013	18:10	184.0	1	1	-10
12/ 3/2013	18:20	184.3	1	-0	-12
31/ 1/2014	16:40	186.6	1	7	-4
31/ 1/2014	16:50	186.2	1	6	-5
31/ 1/2014	17: 0	185.8	1	4	-7
31/ 1/2014	17:10	185.4	1	3	-9
31/ 1/2014	17:20	185.1	1	1	-11
31/ 1/2014	17:30	184.9	1	-0	-12
19/ 2/2015	17:20	189.4	1	3	-6
19/ 2/2015	17:30	189.3	1	2	-8
19/ 2/2015	17:40	189.2	1	0	-10
10/ 1/2016	16:30	188.7	1	1	-6
10/ 1/2016	16:40	188.3	1	0	-8
19/10/2017	4:50	188.4	1	-0	-8
19/10/2017	5: 0	188.5	1	1	-6
17/11/2017	4:50	170.8	2	0	-14
17/11/2017	5: 0	170.4	2	2	-13
17/11/2017	5:10	170.0	2	3	-11
9/ 9/2018	4: 0	175.4	1	-0	-8
9/ 9/2018	4:10	176.2	1	1	-7
8/10/2018	4:10	176.7	1	0	-13
8/10/2018	4:20	176.9	1	2	-11
8/10/2018	4:30	177.1	1	3	-9
8/10/2018	4:40	177.3	1	5	-7
8/10/2018	4:50	177.3	1	7	-6
8/10/2018	5: 0	177.4	1	8	-4
6/11/2018	4:10	170.9	3	-0	-19
6/11/2018	4:20	170.7	3	1	-17
6/11/2018	4:30	170.5	3	3	-16
6/11/2018	4:40	170.2	3	4	-14
28/ 9/2019	4:20	188.0	1	0	-9
28/ 9/2019	4:30	188.6	1	2	-7
27/10/2019	4:30	177.2	2	0	-13
27/10/2019	4:40	177.2	2	2	-12
27/10/2019	4:50	177.1	2	3	-10
27/10/2019	5: 0	176.9	2	5	-8
27/10/2019	5:10	176.7	1	7	-6
27/10/2019	5:20	176.4	1	8	-4

CAGLIARI

```
GG MM AAAA  HH MM    ZABL    K   ALT  ALT.S.
12/ 1/2013  16:40   189.3    1    8    -4
12/ 1/2013  16:50   188.6    1    6    -6
12/ 1/2013  17: 0   188.0    1    5    -8
12/ 1/2013  17:10   187.4    1    3    -9
12/ 1/2013  17:20   186.8    1    1   -11
12/ 1/2013  17:30   186.3    1   -0   -13
11/ 2/2013  17: 0   186.5    3   16    -2
11/ 2/2013  17:10   185.9    3   14    -4
11/ 2/2013  17:20   185.5    3   13    -5
11/ 2/2013  17:30   185.1    3   11    -7
11/ 2/2013  17:40   184.7    3    9    -9
11/ 2/2013  17:50   184.4    3    7   -11
11/ 2/2013  18: 0   184.2    3    5   -13
11/ 2/2013  18:10   184.0    3    4   -15
11/ 2/2013  18:20   183.8    3    2   -17
11/ 2/2013  18:30   183.8    3    0   -19
12/ 2/2013  18:30   189.7    8   12   -19
12/ 2/2013  18:40   189.5    8   10   -21
12/ 2/2013  18:50   189.4    8    8   -23
12/ 2/2013  19: 0   189.3    8    6   -24
12/ 2/2013  19:10   189.2    8    5   -26
12/ 2/2013  19:20   189.2    8    3   -28
12/ 2/2013  19:30   189.3    8    1   -30
12/ 2/2013  19:40   189.4    8   -0   -32
12/ 3/2013  17:50   178.1    1    6    -5
12/ 3/2013  18: 0   178.4    1    4    -7
12/ 3/2013  18:10   178.6    1    2    -9
12/ 3/2013  18:20   178.9    1    0   -11
13/ 3/2013  17:20   189.9    4   23     0
13/ 3/2013  17:30   189.7    4   21    -1
13/ 3/2013  17:40   189.6    4   19    -3
13/ 3/2013  17:50   189.5    4   17    -5
13/ 3/2013  18: 0   189.5    4   15    -7
13/ 3/2013  18:10   189.5    4   13    -9
13/ 3/2013  18:20   189.6    4   12   -11
13/ 3/2013  18:30   189.7    4   10   -13
13/ 3/2013  18:40   189.9    4    8   -15
 9/ 8/2013   7: 0   351.3    6    0    27
 9/ 8/2013   7:10   351.4    6    2    29
 9/ 8/2013   7:20   351.4    6    4    31
 9/ 8/2013   7:30   351.3    6    6    33
 9/ 8/2013   7:40   351.2    6    7    35
 9/ 8/2013   7:50   351.0    6    9    37
 9/ 8/2013   8: 0   350.8    6   11    39
 9/ 8/2013   8:10   350.5    6   13    41
 9/ 8/2013   8:20   350.2    6   15    42
31/ 1/2014  17: 0   181.3    1    7    -4
31/ 1/2014  17:10   180.8    1    6    -6
31/ 1/2014  17:20   180.5    1    4    -8
31/ 1/2014  17:30   180.1    1    2   -10
31/ 1/2014  17:40   179.9    1    0   -11
31/ 1/2014  17:50   179.6    1   -1   -13
 1/ 2/2014  18:40   189.8    5    3   -23
```

182

1/ 2/2014	18:50	189.6	5	1	-25
1/ 2/2014	19: 0	189.4	5	-0	-27
2/ 3/2014	17:30	189.5	3	15	-3
2/ 3/2014	17:40	189.3	3	13	-5
2/ 3/2014	17:50	189.1	3	11	-7
2/ 3/2014	18: 0	189.0	3	9	-9
2/ 3/2014	18:10	188.9	3	7	-11
2/ 3/2014	18:20	188.9	3	5	-13
2/ 3/2014	18:30	189.0	3	4	-15
2/ 3/2014	18:40	189.1	3	2	-17
2/ 3/2014	18:50	189.2	3	0	-19
22/12/2014	16:40	188.4	1	2	-7
22/12/2014	16:50	187.8	1	0	-9
21/ 1/2015	17:40	189.9	2	2	-13
21/ 1/2015	17:50	189.4	2	1	-15
21/ 1/2015	18: 0	189.0	2	-0	-17
19/ 2/2015	17:30	184.3	1	4	-6
19/ 2/2015	17:40	184.2	1	2	-8
19/ 2/2015	17:50	184.1	1	0	-10
19/ 2/2015	18: 0	184.0	1	-0	-12
10/ 1/2016	16:50	183.6	1	2	-6
10/ 1/2016	17: 0	183.2	1	0	-8
30/ 9/2016	4:30	172.8	1	-1	-10
30/ 9/2016	4:40	173.0	1	0	-8
30/ 9/2016	4:50	173.1	1	2	-6
29/10/2016	4:20	172.9	2	-0	-17
29/10/2016	4:30	172.8	2	1	-15
29/10/2016	4:40	172.6	2	3	-13
29/10/2016	4:50	172.3	2	5	-11
29/10/2016	5: 0	172.0	2	7	-9
29/10/2016	5:10	171.6	2	8	-7
29/10/2016	5:20	171.2	2	10	-6
29/10/2016	5:30	170.7	2	12	-4
29/10/2016	5:40	170.2	2	14	-2
28/11/2016	5: 0	172.4	2	-0	-15
28/11/2016	5:10	171.9	2	1	-13
28/11/2016	5:20	171.3	2	3	-11
28/11/2016	5:30	170.7	2	4	-9
28/11/2016	5:40	170.0	2	6	-8
24/ 4/2017	15:20	9.8	5	5	31
24/ 4/2017	15:30	9.7	5	3	29
24/ 4/2017	15:40	9.6	5	2	27
24/ 4/2017	15:50	9.5	5	0	25
19/ 9/2017	4:10	170.3	1	1	-11
19/ 9/2017	4:20	170.7	1	3	-10
19/ 9/2017	4:30	171.0	1	4	-8
19/ 9/2017	4:40	171.3	1	6	-6
19/ 9/2017	4:50	171.5	1	8	-4
18/10/2017	4: 0	173.8	3	0	-19
18/10/2017	4:10	173.9	3	2	-17
18/10/2017	4:20	173.9	3	4	-15
18/10/2017	4:30	173.8	3	5	-13
18/10/2017	4:40	173.8	3	7	-11
18/10/2017	4:50	173.6	3	9	-9
18/10/2017	5: 0	173.4	3	11	-7

18/10/2017	5:10	173.2	3	13	-5
18/10/2017	5:20	172.8	3	15	-3
16/11/2017	3:50	170.5	5	-0	-26
16/11/2017	4: 0	170.3	5	1	-24
16/11/2017	4:10	170.0	5	3	-22
17/11/2017	4:50	176.3	2	0	-15
17/11/2017	5: 0	176.0	2	1	-13
17/11/2017	5:10	175.5	2	3	-11
17/11/2017	5:20	175.0	2	5	-9
17/11/2017	5:30	174.5	2	7	-7
17/11/2017	5:40	173.9	2	8	-5
17/11/2017	5:50	173.3	2	10	-4
13/ 5/2018	13:50	9.9	5	25	51
13/ 5/2018	14: 0	9.4	5	24	49
13/ 5/2018	14:10	8.9	5	22	47
13/ 5/2018	14:20	8.5	5	20	45
13/ 5/2018	14:30	8.2	5	18	43
13/ 5/2018	14:40	8.0	5	16	41
13/ 5/2018	14:50	7.8	5	14	39
13/ 5/2018	15: 0	7.6	5	13	38
13/ 5/2018	15:10	7.5	5	11	36
13/ 5/2018	15:20	7.5	5	9	34
13/ 5/2018	15:30	7.5	5	7	32
13/ 5/2018	15:40	7.5	5	5	30
13/ 5/2018	15:50	7.6	5	3	28
13/ 5/2018	16: 0	7.8	5	1	26
13/ 5/2018	16:10	8.0	5	0	24
9/ 9/2018	4:20	181.6	1	0	-8
9/ 9/2018	4:30	182.3	1	2	-6
7/10/2018	3:10	170.0	6	0	-26
7/10/2018	3:20	170.4	6	2	-24
7/10/2018	3:30	170.7	6	3	-22
7/10/2018	3:40	171.0	5	5	-21
7/10/2018	3:50	171.2	5	7	-19
7/10/2018	4: 0	171.4	5	9	-17
7/10/2018	4:10	171.5	5	11	-15
7/10/2018	4:20	171.6	5	13	-13
7/10/2018	4:30	171.6	5	14	-11
7/10/2018	4:40	171.6	5	16	-9
7/10/2018	4:50	171.5	5	18	-7
7/10/2018	5: 0	171.3	5	20	-5
7/10/2018	5:10	171.1	5	22	-3
7/10/2018	5:20	170.8	5	24	-1
7/10/2018	5:30	170.5	5	25	0
7/10/2018	5:40	170.1	5	27	2
8/10/2018	4:20	182.1	1	0	-13
8/10/2018	4:30	182.4	1	2	-11
8/10/2018	4:40	182.6	1	3	-9
8/10/2018	4:50	182.7	1	5	-7
8/10/2018	5: 0	182.8	1	7	-5
5/11/2018	3:10	171.2	8	-0	-32
5/11/2018	3:20	171.2	8	1	-30
5/11/2018	3:30	171.2	8	3	-28
5/11/2018	3:40	171.1	8	5	-26
5/11/2018	3:50	170.9	8	7	-24

5/11/2018	4: 0	170.7	8	9	-22
5/11/2018	4:10	170.5	8	10	-20
5/11/2018	4:20	170.2	8	12	-18
6/11/2018	4:20	176.1	3	0	-18
6/11/2018	4:30	175.9	3	2	-17
6/11/2018	4:40	175.7	3	4	-15
6/11/2018	4:50	175.4	3	5	-13
6/11/2018	5: 0	175.0	3	7	-11
6/11/2018	5:10	174.6	3	9	-9
6/11/2018	5:20	174.2	3	11	-7
6/11/2018	5:30	173.7	3	13	-5
6/11/2018	5:40	173.1	3	14	-3
1/ 5/2019	14:50	9.8	11	-0	38
2/ 5/2019	14: 0	9.6	6	19	47
2/ 5/2019	14:10	9.1	6	18	45
2/ 5/2019	14:20	8.6	6	16	43
2/ 5/2019	14:30	8.2	6	14	41
2/ 5/2019	14:40	7.8	6	12	40
2/ 5/2019	14:50	7.5	6	10	38
2/ 5/2019	15: 0	7.3	6	8	36
2/ 5/2019	15:10	7.1	6	6	34
2/ 5/2019	15:20	6.9	6	5	32
2/ 5/2019	15:30	6.9	6	3	30
2/ 5/2019	15:40	6.8	6	1	28
2/ 5/2019	15:50	6.8	6	-0	26
27/ 9/2019	3:20	172.1	4	0	-22
27/ 9/2019	3:30	172.6	4	2	-20
27/ 9/2019	3:40	173.0	4	4	-19
27/ 9/2019	3:50	173.4	4	6	-17
27/ 9/2019	4: 0	173.8	4	7	-15
27/ 9/2019	4:10	174.1	4	9	-13
27/ 9/2019	4:20	174.4	4	11	-11
27/ 9/2019	4:30	174.6	4	13	-9
27/ 9/2019	4:40	174.8	4	15	-7
27/ 9/2019	4:50	174.9	4	17	-5
27/ 9/2019	5: 0	174.9	4	18	-3
25/10/2019	3:20	170.0	13	13	-28
25/10/2019	3:30	170.0	13	15	-26
26/10/2019	3:20	173.4	6	-0	-28
26/10/2019	3:30	173.5	6	1	-26
26/10/2019	3:40	173.6	6	3	-24
26/10/2019	3:50	173.6	6	5	-22
26/10/2019	4: 0	173.6	6	7	-20
26/10/2019	4:10	173.5	6	9	-18
26/10/2019	4:20	173.4	6	11	-16
26/10/2019	4:30	173.2	6	12	-14
26/10/2019	4:40	172.9	6	14	-12
26/10/2019	4:50	172.6	6	16	-11
26/10/2019	5: 0	172.3	6	18	-9
26/10/2019	5:10	171.9	6	20	-7
26/10/2019	5:20	171.4	6	21	-5
26/10/2019	5:30	170.8	6	23	-3
26/10/2019	5:40	170.2	6	25	-1
27/10/2019	4:30	182.6	2	-0	-15
27/10/2019	4:40	182.6	2	1	-13

GG MM AAAA	HH MM	ZABL	K	ALT	ALT.S.
27/10/2019	4:50	182.5	2	3	-11
27/10/2019	5: 0	182.4	2	4	-9
27/10/2019	5:10	182.2	1	6	-7
27/10/2019	5:20	182.0	1	8	-5

CAMPOBASSO

GG MM AAAA	HH MM	ZABL	K	ALT	ALT.S.
12/ 1/2013	16:40	189.7	1	3	-9
12/ 1/2013	16:50	189.1	1	1	-11
12/ 1/2013	17: 0	188.6	1	0	-12
11/ 2/2013	16:40	188.5	3	15	-3
11/ 2/2013	16:50	188.0	3	13	-4
11/ 2/2013	17: 0	187.5	3	12	-6
11/ 2/2013	17:10	187.1	3	10	-8
11/ 2/2013	17:20	186.8	3	8	-10
11/ 2/2013	17:30	186.5	3	6	-12
11/ 2/2013	17:40	186.3	3	5	-14
11/ 2/2013	17:50	186.1	3	3	-16
11/ 2/2013	18: 0	186.0	3	1	-17
11/ 2/2013	18:10	185.9	3	-0	-19
12/ 3/2013	17:20	180.0	1	7	-4
12/ 3/2013	17:30	180.2	1	5	-6
12/ 3/2013	17:40	180.4	1	3	-8
12/ 3/2013	17:50	180.7	1	2	-9
12/ 3/2013	18: 0	181.0	1	0	-11
31/ 1/2014	16:40	183.0	1	6	-5
31/ 1/2014	16:50	182.6	1	4	-7
31/ 1/2014	17: 0	182.2	1	3	-9
31/ 1/2014	17:10	181.9	1	1	-11
31/ 1/2014	17:20	181.7	1	-0	-12
22/12/2014	16:20	189.8	1	0	-8
22/12/2014	16:30	189.3	1	-1	-10
19/ 2/2015	17:10	186.2	1	3	-7
19/ 2/2015	17:20	186.1	1	1	-8
19/ 2/2015	17:30	186.0	1	0	-10
10/ 1/2016	16:20	185.5	1	2	-6
10/ 1/2016	16:30	185.0	1	0	-8
10/ 1/2016	16:40	184.6	1	-0	-9
30/ 9/2016	4:10	170.2	1	-0	-9
30/ 9/2016	4:20	170.4	1	1	-7
29/10/2016	4: 0	170.4	2	-0	-17
29/10/2016	4:10	170.3	2	1	-15
29/10/2016	4:20	170.1	2	3	-13
18/10/2017	3:30	171.3	3	-1	-20
18/10/2017	3:40	171.4	3	0	-18
18/10/2017	3:50	171.4	3	2	-16
18/10/2017	4: 0	171.4	3	4	-15
18/10/2017	4:10	171.4	3	6	-13
18/10/2017	4:20	171.3	3	8	-11
18/10/2017	4:30	171.1	3	9	-9
18/10/2017	4:40	170.9	3	11	-7
18/10/2017	4:50	170.6	3	13	-5
18/10/2017	5: 0	170.3	3	15	-3
17/11/2017	4:30	173.8	2	0	-15

17/11/2017	4:40	173.4	2	1	-13
17/11/2017	4:50	173.0	2	3	-11
17/11/2017	5: 0	172.5	2	5	-9
17/11/2017	5:10	172.0	2	6	-8
17/11/2017	5:20	171.4	2	8	-6
17/11/2017	5:30	170.7	2	10	-4
13/ 5/2018	14:50	9.9	5	10	35
13/ 5/2018	15: 0	9.9	5	8	33
13/ 5/2018	15:10	9.9	5	7	31
9/ 9/2018	3:50	178.2	1	-0	-9
9/ 9/2018	4: 0	178.9	1	1	-7
8/10/2018	3:50	179.3	1	-0	-14
8/10/2018	4: 0	179.5	1	0	-12
8/10/2018	4:10	179.8	1	2	-11
8/10/2018	4:20	179.9	1	4	-9
8/10/2018	4:30	180.1	1	6	-7
8/10/2018	4:40	180.1	1	8	-5
6/11/2018	4: 0	173.6	3	0	-18
6/11/2018	4:10	173.4	3	2	-16
6/11/2018	4:20	173.2	3	4	-15
6/11/2018	4:30	172.9	3	6	-13
6/11/2018	4:40	172.5	3	7	-11
6/11/2018	4:50	172.1	3	9	-9
6/11/2018	5: 0	171.6	3	11	-7
6/11/2018	5:10	171.1	3	12	-5
6/11/2018	5:20	170.5	3	14	-4
2/ 5/2019	14:30	9.9	6	9	37
2/ 5/2019	14:40	9.6	6	8	35
2/ 5/2019	14:50	9.4	6	6	33
2/ 5/2019	15: 0	9.3	6	4	31
2/ 5/2019	15:10	9.2	6	2	29
2/ 5/2019	15:20	9.2	6	0	28
2/ 5/2019	15:30	9.3	6	-1	26
27/ 9/2019	3:10	170.3	4	3	-19
27/ 9/2019	3:20	170.7	4	5	-18
27/ 9/2019	3:30	171.1	4	7	-16
27/ 9/2019	3:40	171.4	4	8	-14
27/ 9/2019	3:50	171.7	4	10	-12
27/ 9/2019	4: 0	171.9	4	12	-10
27/ 9/2019	4:10	172.1	4	14	-8
27/ 9/2019	4:20	172.2	4	15	-7
27/ 9/2019	4:30	172.3	4	17	-5
27/ 9/2019	4:40	172.3	4	19	-3
26/10/2019	3: 0	171.0	6	0	-27
26/10/2019	3:10	171.1	6	2	-25
26/10/2019	3:20	171.2	6	4	-24
26/10/2019	3:30	171.2	6	6	-22
26/10/2019	3:40	171.1	6	7	-20
26/10/2019	3:50	171.0	6	9	-18
26/10/2019	4: 0	170.9	6	11	-16
26/10/2019	4:10	170.7	6	13	-14
26/10/2019	4:20	170.4	6	14	-12
26/10/2019	4:30	170.1	6	16	-10
27/10/2019	4:10	180.0	2	-0	-14
27/10/2019	4:20	180.0	2	1	-12

```
27/10/2019    4:30   179.9    2    3    -11
27/10/2019    4:40   179.8    2    5     -9
27/10/2019    4:50   179.6    2    6     -7
27/10/2019    5: 0   179.3    2    8     -5
```

CATANZARO

```
GG MM AAAA   HH MM    ZABL    K   ALT   ALT.S.
12/ 1/2013   16:10   188.6    1    8    -4
12/ 1/2013   16:20   187.9    1    6    -6
12/ 1/2013   16:30   187.3    1    4    -7
12/ 1/2013   16:40   186.7    1    3    -9
12/ 1/2013   16:50   186.1    1    1   -11
12/ 1/2013   17: 0   185.6    1   -0   -13
11/ 2/2013   16:40   185.4    3   14    -3
11/ 2/2013   16:50   184.9    3   13    -5
11/ 2/2013   17: 0   184.5    3   11    -7
11/ 2/2013   17:10   184.2    3    9    -9
11/ 2/2013   17:20   183.9    3    7   -11
11/ 2/2013   17:30   183.6    3    5   -13
11/ 2/2013   17:40   183.5    3    3   -15
11/ 2/2013   17:50   183.3    3    2   -17
11/ 2/2013   18: 0   183.2    3    0   -19
12/ 2/2013   17:40   189.9    7   15   -15
12/ 2/2013   17:50   189.6    7   14   -17
12/ 2/2013   18: 0   189.3    7   12   -19
12/ 2/2013   18:10   189.1    8   10   -21
12/ 2/2013   18:20   189.0    8    8   -22
12/ 2/2013   18:30   188.9    8    6   -24
12/ 2/2013   18:40   188.8    8    4   -26
12/ 2/2013   18:50   188.8    8    2   -28
12/ 2/2013   19: 0   188.9    8    1   -30
12/ 2/2013   19:10   189.0    8   -0   -32
12/ 3/2013   17:20   177.4    1    5    -5
12/ 3/2013   17:30   177.6    1    4    -7
12/ 3/2013   17:40   177.9    1    2    -9
12/ 3/2013   17:50   178.2    1    0   -11
13/ 3/2013   17: 0   189.3    4   21    -1
13/ 3/2013   17:10   189.1    4   19    -3
13/ 3/2013   17:20   189.0    4   17    -5
13/ 3/2013   17:30   189.0    4   15    -7
13/ 3/2013   17:40   189.1    4   13    -9
13/ 3/2013   17:50   189.2    4   11   -11
13/ 3/2013   18: 0   189.3    4    9   -13
13/ 3/2013   18:10   189.5    4    8   -15
13/ 3/2013   18:20   189.7    4    6   -17
 9/ 8/2013    6:30   351.7    6    0    27
 9/ 8/2013    6:40   351.8    6    2    29
 9/ 8/2013    6:50   351.8    6    4    31
 9/ 8/2013    7: 0   351.7    6    6    33
 9/ 8/2013    7:10   351.6    6    8    35
 9/ 8/2013    7:20   351.4    6   10    37
 9/ 8/2013    7:30   351.2    6   11    39
 9/ 8/2013    7:40   350.9    6   13    41
 9/ 8/2013    7:50   350.6    6   15    43
```

```
 9/ 8/2013    8: 0   350.2    6   17    44
31/ 1/2014   16:30   180.4    1    7    -4
31/ 1/2014   16:40   180.0    1    6    -6
31/ 1/2014   16:50   179.6    1    4    -8
31/ 1/2014   17: 0   179.3    1    2    -9
31/ 1/2014   17:10   179.0    1    0   -11
 1/ 2/2014   17:50   189.9    5    6   -19
 1/ 2/2014   18: 0   189.6    5    4   -21
 1/ 2/2014   18:10   189.4    5    2   -23
 1/ 2/2014   18:20   189.1    5    1   -25
 1/ 2/2014   18:30   189.0    5   -0   -27
 2/ 3/2014   17: 0   189.0    3   14    -3
 2/ 3/2014   17:10   188.8    3   13    -5
 2/ 3/2014   17:20   188.6    3   11    -7
 2/ 3/2014   17:30   188.5    3    9    -9
 2/ 3/2014   17:40   188.5    3    7   -11
 2/ 3/2014   17:50   188.4    3    5   -13
 2/ 3/2014   18: 0   188.5    3    3   -15
 2/ 3/2014   18:10   188.6    3    1   -17
 2/ 3/2014   18:20   188.7    3    0   -19
29/ 7/2014    6:30   350.0    5    3    29
29/ 7/2014    6:40   350.2    5    5    31
29/ 7/2014    6:50   350.3    5    7    33
29/ 7/2014    7: 0   350.3    5    9    35
29/ 7/2014    7:10   350.3    5   11    36
29/ 7/2014    7:20   350.3    5   13    38
29/ 7/2014    7:30   350.2    5   15    40
29/ 7/2014    7:40   350.0    5   17    42
22/12/2014   16:10   187.3    1    2    -7
22/12/2014   16:20   186.7    1    0    -9
21/ 1/2015   17: 0   189.8    2    4   -11
21/ 1/2015   17:10   189.3    2    2   -13
21/ 1/2015   17:20   188.8    2    1   -15
21/ 1/2015   17:30   188.4    2   -0   -17
19/ 2/2015   17: 0   183.5    1    4    -6
19/ 2/2015   17:10   183.4    1    2    -8
19/ 2/2015   17:20   183.3    1    0   -10
10/ 1/2016   16:20   182.5    1    2    -6
10/ 1/2016   16:30   182.0    1    0    -8
30/ 9/2016    4: 0   172.7    1   -0   -10
30/ 9/2016    4:10   172.9    1    1    -8
30/ 9/2016    4:20   173.1    1    3    -6
29/10/2016    3:50   173.1    2   -0   -17
29/10/2016    4: 0   172.9    2    1   -15
29/10/2016    4:10   172.7    2    3   -13
29/10/2016    4:20   172.4    2    5   -11
29/10/2016    4:30   172.1    2    7    -9
29/10/2016    4:40   171.7    2    9    -7
29/10/2016    4:50   171.3    2   10    -5
29/10/2016    5: 0   170.8    2   12    -4
29/10/2016    5:10   170.3    2   14    -2
28/11/2016    4:30   172.4    2   -0   -15
28/11/2016    4:40   171.9    2    1   -13
28/11/2016    4:50   171.3    2    3   -11
28/11/2016    5: 0   170.7    2    5    -9
```

28/11/2016	5:10	170.0	2	6	-7
24/ 4/2017	14:40	9.8	5	7	33
24/ 4/2017	14:50	9.6	5	5	31
24/ 4/2017	15: 0	9.4	5	3	29
24/ 4/2017	15:10	9.4	5	1	27
24/ 4/2017	15:20	9.3	5	-0	25
19/ 9/2017	3:40	170.4	1	1	-12
19/ 9/2017	3:50	170.7	1	3	-10
19/ 9/2017	4: 0	171.1	1	5	-8
19/ 9/2017	4:10	171.4	1	6	-6
19/ 9/2017	4:20	171.6	1	8	-4
18/10/2017	3:30	174.0	3	0	-19
18/10/2017	3:40	174.0	3	2	-17
18/10/2017	3:50	174.0	3	4	-15
18/10/2017	4: 0	174.0	3	6	-13
18/10/2017	4:10	173.9	3	7	-11
18/10/2017	4:20	173.8	3	9	-9
18/10/2017	4:30	173.5	3	11	-7
18/10/2017	4:40	173.3	3	13	-5
18/10/2017	4:50	173.0	3	15	-3
16/11/2017	3:20	170.8	5	0	-26
16/11/2017	3:30	170.5	5	1	-24
16/11/2017	3:40	170.2	5	3	-22
17/11/2017	4:20	176.4	2	0	-15
17/11/2017	4:30	176.0	2	2	-13
17/11/2017	4:40	175.6	2	3	-11
17/11/2017	4:50	175.1	2	5	-9
17/11/2017	5: 0	174.5	2	7	-7
17/11/2017	5:10	173.9	2	9	-5
17/11/2017	5:20	173.3	2	10	-4
13/ 5/2018	13:20	9.6	5	25	51
13/ 5/2018	13:30	9.1	5	24	49
13/ 5/2018	13:40	8.7	5	22	47
13/ 5/2018	13:50	8.3	5	20	45
13/ 5/2018	14: 0	8.0	5	18	43
13/ 5/2018	14:10	7.7	5	16	41
13/ 5/2018	14:20	7.5	5	14	40
13/ 5/2018	14:30	7.4	5	12	38
13/ 5/2018	14:40	7.3	5	11	36
13/ 5/2018	14:50	7.2	5	9	34
13/ 5/2018	15: 0	7.3	5	7	32
13/ 5/2018	15:10	7.3	5	5	30
13/ 5/2018	15:20	7.4	5	3	28
13/ 5/2018	15:30	7.6	5	1	26
13/ 5/2018	15:40	7.8	5	-0	24
9/ 9/2018	3:50	181.1	1	0	-8
9/ 9/2018	4: 0	181.8	1	2	-6
7/10/2018	2:40	170.2	6	0	-26
7/10/2018	2:50	170.6	6	2	-24
7/10/2018	3: 0	170.9	6	4	-23
7/10/2018	3:10	171.2	6	5	-21
7/10/2018	3:20	171.4	6	7	-19
7/10/2018	3:30	171.6	6	9	-17
7/10/2018	3:40	171.7	5	11	-15
7/10/2018	3:50	171.8	5	13	-13

7/10/2018	4: 0	171.8	5	15	-11
7/10/2018	4:10	171.8	5	17	-9
7/10/2018	4:20	171.7	5	18	-7
7/10/2018	4:30	171.5	5	20	-5
7/10/2018	4:40	171.3	5	22	-3
7/10/2018	4:50	171.0	5	24	-1
7/10/2018	5: 0	170.7	5	26	0
7/10/2018	5:10	170.3	5	28	2
8/10/2018	3:50	182.0	1	0	-13
8/10/2018	4: 0	182.3	1	2	-11
8/10/2018	4:10	182.5	1	4	-9
8/10/2018	4:20	182.6	1	6	-7
8/10/2018	4:30	182.7	1	7	-5
5/11/2018	2:40	171.5	8	0	-32
5/11/2018	2:50	171.5	8	1	-30
5/11/2018	3: 0	171.4	8	3	-28
5/11/2018	3:10	171.3	8	5	-26
5/11/2018	3:20	171.2	8	7	-24
5/11/2018	3:30	171.0	8	9	-22
5/11/2018	3:40	170.7	8	11	-20
5/11/2018	3:50	170.4	8	12	-18
5/11/2018	4: 0	170.0	8	14	-16
6/11/2018	3:50	176.3	3	0	-18
6/11/2018	4: 0	176.1	3	2	-17
6/11/2018	4:10	175.8	3	4	-15
6/11/2018	4:20	175.5	3	6	-13
6/11/2018	4:30	175.2	3	8	-11
6/11/2018	4:40	174.7	3	9	-9
6/11/2018	4:50	174.3	3	11	-7
6/11/2018	5: 0	173.8	3	13	-5
6/11/2018	5:10	173.2	3	15	-3
1/ 5/2019	14:10	9.7	11	1	40
1/ 5/2019	14:20	9.6	11	-0	38
2/ 5/2019	13:30	9.4	6	19	47
2/ 5/2019	13:40	8.8	6	17	45
2/ 5/2019	13:50	8.3	6	16	43
2/ 5/2019	14: 0	7.9	6	14	42
2/ 5/2019	14:10	7.6	6	12	40
2/ 5/2019	14:20	7.3	6	10	38
2/ 5/2019	14:30	7.0	6	8	36
2/ 5/2019	14:40	6.8	6	6	34
2/ 5/2019	14:50	6.7	6	4	32
2/ 5/2019	15: 0	6.6	6	3	30
2/ 5/2019	15:10	6.6	6	1	28
2/ 5/2019	15:20	6.6	6	-0	26
27/ 9/2019	2:50	172.2	4	0	-22
27/ 9/2019	3: 0	172.7	4	2	-21
27/ 9/2019	3:10	173.2	4	4	-19
27/ 9/2019	3:20	173.6	4	6	-17
27/ 9/2019	3:30	174.0	4	8	-15
27/ 9/2019	3:40	174.3	4	9	-13
27/ 9/2019	3:50	174.5	4	11	-11
27/ 9/2019	4: 0	174.7	4	13	-9
27/ 9/2019	4:10	174.9	4	15	-7
27/ 9/2019	4:20	175.0	4	17	-5

```
27/ 9/2019    4:30   175.1    4    19    -3
25/10/2019    2:20   170.0   13     8   -34
25/10/2019    2:30   170.1   13     9   -32
25/10/2019    2:40   170.2   13    11   -30
25/10/2019    2:50   170.3   13    13   -28
25/10/2019    3: 0   170.3   13    15   -26
25/10/2019    3:10   170.2   13    17   -24
25/10/2019    3:20   170.1   13    19   -22
26/10/2019    2:50   173.6    6     0   -28
26/10/2019    3: 0   173.7    6     2   -26
26/10/2019    3:10   173.8    6     3   -24
26/10/2019    3:20   173.8    6     5   -22
26/10/2019    3:30   173.8    6     7   -20
26/10/2019    3:40   173.7    6     9   -18
26/10/2019    3:50   173.6    6    11   -16
26/10/2019    4: 0   173.4    6    13   -14
26/10/2019    4:10   173.2    6    14   -12
26/10/2019    4:20   172.9    6    16   -11
26/10/2019    4:30   172.5    6    18    -9
26/10/2019    4:40   172.1    6    20    -7
26/10/2019    4:50   171.6    6    22    -5
26/10/2019    5: 0   171.0    6    24    -3
26/10/2019    5:10   170.4    6    25    -1
27/10/2019    4: 0   182.6    2    -0   -15
27/10/2019    4:10   182.5    2     1   -13
27/10/2019    4:20   182.5    2     3   -11
27/10/2019    4:30   182.3    2     5    -9
27/10/2019    4:40   182.1    2     6    -7
27/10/2019    4:50   181.9    2     8    -5


FIRENZE

GG MM AAAA  HH MM   ZABL    K   ALT  ALT.S.
11/ 2/2013  17:10   189.9    3    12    -6
11/ 2/2013  17:20   189.5    3    10    -8
11/ 2/2013  17:30   189.2    3     8   -10
11/ 2/2013  17:40   188.9    3     7   -11
11/ 2/2013  17:50   188.6    3     5   -13
11/ 2/2013  18: 0   188.5    3     3   -15
11/ 2/2013  18:10   188.3    3     2   -17
11/ 2/2013  18:20   188.2    3     0   -19
12/ 3/2013  17:40   182.5    1     6    -5
12/ 3/2013  17:50   182.7    1     4    -7
12/ 3/2013  18: 0   183.0    1     2    -9
12/ 3/2013  18:10   183.3    1     1   -10
12/ 3/2013  18:20   183.6    1    -0   -12
31/ 1/2014  16:50   185.5    1     6    -5
31/ 1/2014  17: 0   185.1    1     5    -7
31/ 1/2014  17:10   184.7    1     3    -9
31/ 1/2014  17:20   184.4    1     1   -10
31/ 1/2014  17:30   184.2    1     0   -12
19/ 2/2015  17:20   188.7    1     3    -6
19/ 2/2015  17:30   188.6    1     2    -8
19/ 2/2015  17:40   188.5    1     0   -10
10/ 1/2016  16:30   188.1    1     2    -6
```

```
10/ 1/2016   16:40   187.6   1    0    -8
10/ 1/2016   16:50   187.2   1   -0    -9
19/10/2017    4:50   189.1   1   -0    -8
19/10/2017    5: 0   189.3   1    1    -6
17/11/2017    4:50   171.5   2    0   -14
17/11/2017    5: 0   171.2   2    2   -12
17/11/2017    5:10   170.7   2    3   -11
17/11/2017    5:20   170.2   2    5    -9
 9/ 9/2018    4: 0   176.1   1   -0    -9
 9/ 9/2018    4:10   176.9   1    1    -7
 8/10/2018    4:10   177.4   1    0   -13
 8/10/2018    4:20   177.7   1    2   -11
 8/10/2018    4:30   177.9   1    3    -9
 8/10/2018    4:40   178.0   1    5    -8
 8/10/2018    4:50   178.1   1    7    -6
 8/10/2018    5: 0   178.1   1    8    -4
 6/11/2018    4:10   171.6   3   -0   -19
 6/11/2018    4:20   171.4   3    1   -17
 6/11/2018    4:30   171.2   3    3   -15
 6/11/2018    4:40   170.9   3    4   -14
 6/11/2018    4:50   170.6   3    6   -12
 6/11/2018    5: 0   170.2   3    8   -10
27/ 9/2019    4:30   170.0   4   15    -7
27/ 9/2019    4:40   170.1   4   16    -5
27/ 9/2019    4:50   170.1   4   18    -3
27/ 9/2019    5: 0   170.1   4   20    -2
28/ 9/2019    4:20   188.7   1    0    -9
28/ 9/2019    4:30   189.3   1    1    -7
27/10/2019    4:30   178.0   2    0   -13
27/10/2019    4:40   177.9   2    2   -12
27/10/2019    4:50   177.8   2    4   -10
27/10/2019    5: 0   177.6   2    5    -8
27/10/2019    5:10   177.4   1    7    -6
27/10/2019    5:20   177.2   1    9    -4
```

GENOVA

```
GG MM AAAA   HH MM   ZABL    K   ALT  ALT.S.
11/ 2/2013   17:40   189.9   3    8   -10
11/ 2/2013   17:50   189.6   3    6   -12
11/ 2/2013   18: 0   189.4   3    5   -13
11/ 2/2013   18:10   189.2   3    3   -15
11/ 2/2013   18:20   189.0   3    1   -17
11/ 2/2013   18:30   189.0   3    0   -19
12/ 3/2013   17:50   183.4   1    6    -5
12/ 3/2013   18: 0   183.6   1    4    -7
12/ 3/2013   18:10   183.8   1    2    -9
12/ 3/2013   18:20   184.1   1    1   -10
12/ 3/2013   18:30   184.4   1   -0   -12
31/ 1/2014   16:50   186.7   1    7    -4
31/ 1/2014   17: 0   186.3   1    6    -6
31/ 1/2014   17:10   185.9   1    4    -7
31/ 1/2014   17:20   185.5   1    3    -9
31/ 1/2014   17:30   185.2   1    1   -11
31/ 1/2014   17:40   185.0   1   -0   -12
```

```
19/ 2/2015   17:30   189.5    1    3    -6
19/ 2/2015   17:40   189.4    1    2    -8
19/ 2/2015   17:50   189.3    1    0   -10
10/ 1/2016   16:40   188.9    1    1    -7
10/ 1/2016   16:50   188.5    1    0    -8
19/10/2017    5: 0   188.7    1   -0    -8
17/11/2017    5: 0   171.0    2    0   -14
17/11/2017    5:10   170.6    2    2   -12
17/11/2017    5:20   170.1    2    3   -11
 9/ 9/2018    4:10   175.8    1   -0    -8
 9/ 9/2018    4:20   176.5    1    1    -7
 8/10/2018    4:20   176.9    1    0   -13
 8/10/2018    4:30   177.2    1    2   -11
 8/10/2018    4:40   177.3    1    3    -9
 8/10/2018    4:50   177.5    1    5    -7
 8/10/2018    5: 0   177.6    1    7    -6
 8/10/2018    5:10   177.6    1    8    -4
 6/11/2018    4:20   171.0    3   -0   -19
 6/11/2018    4:30   170.8    3    1   -17
 6/11/2018    4:40   170.6    3    3   -15
 6/11/2018    4:50   170.3    3    4   -14
 6/11/2018    5: 0   170.0    3    6   -12
28/ 9/2019    4:30   188.4    1    0    -9
28/ 9/2019    4:40   188.9    1    1    -7
27/10/2019    4:40   177.4    2    0   -13
27/10/2019    4:50   177.4    2    2   -11
27/10/2019    5: 0   177.3    2    3   -10
27/10/2019    5:10   177.1    1    5    -8
27/10/2019    5:20   176.9    1    7    -6
27/10/2019    5:30   176.6    1    8    -4
```

L AQUILA

```
GG MM AAAA   HH MM    ZABL    K   ALT  ALT.S.
12/ 1/2013   17: 0   189.7    1    0   -12
12/ 1/2013   17:10   189.2    1   -0   -13
11/ 2/2013   16:40   189.6    3   16    -2
11/ 2/2013   16:50   189.0    3   14    -4
11/ 2/2013   17: 0   188.6    3   12    -6
11/ 2/2013   17:10   188.1    3   11    -7
11/ 2/2013   17:20   187.8    3    9    -9
11/ 2/2013   17:30   187.5    3    7   -11
11/ 2/2013   17:40   187.2    3    5   -13
11/ 2/2013   17:50   187.0    3    4   -15
11/ 2/2013   18: 0   186.9    3    2   -17
11/ 2/2013   18:10   186.8    3    0   -18
12/ 3/2013   17:30   181.0    1    6    -5
12/ 3/2013   17:40   181.2    1    4    -7
12/ 3/2013   17:50   181.4    1    3    -8
12/ 3/2013   18: 0   181.7    1    1   -10
12/ 3/2013   18:10   182.0    1   -0   -12
31/ 1/2014   16:40   184.1    1    7    -4
31/ 1/2014   16:50   183.6    1    5    -6
31/ 1/2014   17: 0   183.3    1    3    -8
31/ 1/2014   17:10   183.0    1    2   -10
```

31/ 1/2014	17:20	182.7	1	0	-12
19/ 2/2015	17:10	187.2	1	4	-6
19/ 2/2015	17:20	187.0	1	2	-8
19/ 2/2015	17:30	186.9	1	0	-9
19/ 2/2015	17:40	186.9	1	-0	-11
10/ 1/2016	16:30	186.2	1	1	-7
10/ 1/2016	16:40	185.7	1	-0	-9
18/10/2017	3:40	170.6	3	-0	-19
18/10/2017	3:50	170.6	3	1	-17
18/10/2017	4: 0	170.7	3	3	-15
18/10/2017	4:10	170.6	3	5	-14
18/10/2017	4:20	170.5	3	7	-12
18/10/2017	4:30	170.4	3	8	-10
18/10/2017	4:40	170.2	3	10	-8
18/10/2017	4:50	170.0	3	12	-6
17/11/2017	4:40	172.9	2	0	-14
17/11/2017	4:50	172.5	2	2	-12
17/11/2017	5: 0	172.0	2	4	-11
17/11/2017	5:10	171.5	2	5	-9
17/11/2017	5:20	171.0	2	7	-7
17/11/2017	5:30	170.4	2	9	-5
9/ 9/2018	4: 0	177.9	1	0	-7
9/ 9/2018	4:10	178.6	1	2	-6
8/10/2018	4: 0	178.7	1	0	-13
8/10/2018	4:10	178.9	1	1	-12
8/10/2018	4:20	179.1	1	3	-10
8/10/2018	4:30	179.3	1	5	-8
8/10/2018	4:40	179.4	1	7	-6
8/10/2018	4:50	179.4	1	8	-4
6/11/2018	4: 0	172.9	3	-0	-19
6/11/2018	4:10	172.8	3	1	-17
6/11/2018	4:20	172.6	3	3	-16
6/11/2018	4:30	172.3	3	4	-14
6/11/2018	4:40	172.0	3	6	-12
6/11/2018	4:50	171.6	3	8	-10
6/11/2018	5: 0	171.1	3	10	-8
6/11/2018	5:10	170.6	3	11	-6
6/11/2018	5:20	170.1	3	13	-5
27/ 9/2019	3:30	170.1	4	6	-17
27/ 9/2019	3:40	170.5	4	7	-15
27/ 9/2019	3:50	170.8	4	9	-13
27/ 9/2019	4: 0	171.0	4	11	-11
27/ 9/2019	4:10	171.2	4	13	-9
27/ 9/2019	4:20	171.4	4	15	-7
27/ 9/2019	4:30	171.5	4	16	-6
27/ 9/2019	4:40	171.5	4	18	-4
27/ 9/2019	4:50	171.5	4	20	-2
28/ 9/2019	4:10	189.8	1	-0	-9
26/10/2019	3: 0	170.1	6	-0	-28
26/10/2019	3:10	170.3	6	1	-26
26/10/2019	3:20	170.4	6	3	-24
26/10/2019	3:30	170.4	6	5	-23
26/10/2019	3:40	170.4	6	6	-21
26/10/2019	3:50	170.3	6	8	-19
26/10/2019	4: 0	170.2	6	10	-17

```
26/10/2019   4:10   170.0    6   12   -15
27/10/2019   4:20   179.3    2    0   -13
27/10/2019   4:30   179.2    2    2   -12
27/10/2019   4:40   179.1    2    4   -10
27/10/2019   4:50   178.9    2    5    -8
27/10/2019   5: 0   178.7    2    7    -6
27/10/2019   5:10   178.5    1    9    -4
```

MILANO

GG MM AAAA	HH MM	ZABL	K	ALT	ALT.S.
12/ 3/2013	17:50	184.4	1	6	-5
12/ 3/2013	18: 0	184.6	1	4	-7
12/ 3/2013	18:10	184.8	1	2	-9
12/ 3/2013	18:20	185.1	1	1	-10
12/ 3/2013	18:30	185.5	1	-0	-12
31/ 1/2014	16:50	187.6	1	7	-4
31/ 1/2014	17: 0	187.2	1	5	-6
31/ 1/2014	17:10	186.8	1	4	-8
31/ 1/2014	17:20	186.5	1	2	-9
31/ 1/2014	17:30	186.2	1	1	-11
31/ 1/2014	17:40	185.9	1	-0	-13
10/ 1/2016	16:40	189.8	1	1	-7
10/ 1/2016	16:50	189.3	1	-0	-9
19/10/2017	5: 0	187.7	1	-0	-8
9/ 9/2018	4:10	174.8	1	0	-8
9/ 9/2018	4:20	175.5	1	1	-6
8/10/2018	4:20	175.9	1	0	-13
8/10/2018	4:30	176.1	1	2	-11
8/10/2018	4:40	176.3	1	4	-9
8/10/2018	4:50	176.4	1	5	-7
8/10/2018	5: 0	176.5	1	7	-5
8/10/2018	5:10	176.5	1	9	-4
28/ 9/2019	4:30	187.4	1	0	-9
28/ 9/2019	4:40	187.9	1	2	-7
27/10/2019	4:40	176.4	2	0	-13
27/10/2019	4:50	176.3	2	2	-11
27/10/2019	5: 0	176.2	2	3	-10
27/10/2019	5:10	176.0	1	5	-8
27/10/2019	5:20	175.8	1	7	-6
27/10/2019	5:30	175.6	1	8	-4

NAPOLI

GG MM AAAA	HH MM	ZABL	K	ALT	ALT.S.
12/ 1/2013	16:30	189.8	1	5	-7
12/ 1/2013	16:40	189.2	1	4	-8
12/ 1/2013	16:50	188.6	1	2	-10
12/ 1/2013	17: 0	188.1	1	0	-12
12/ 1/2013	17:10	187.6	1	-1	-14
11/ 2/2013	16:40	187.9	3	15	-2
11/ 2/2013	16:50	187.4	3	14	-4
11/ 2/2013	17: 0	186.9	3	12	-6
11/ 2/2013	17:10	186.5	3	10	-8
11/ 2/2013	17:20	186.2	3	8	-10

11/ 2/2013	17:30	185.9	3	7	-11
11/ 2/2013	17:40	185.6	3	5	-13
11/ 2/2013	17:50	185.5	3	3	-15
11/ 2/2013	18: 0	185.3	3	1	-17
11/ 2/2013	18:10	185.2	3	0	-19
12/ 3/2013	17:30	179.5	1	5	-5
12/ 3/2013	17:40	179.7	1	4	-7
12/ 3/2013	17:50	180.0	1	2	-9
12/ 3/2013	18: 0	180.3	1	0	-11
31/ 1/2014	16:40	182.4	1	7	-5
31/ 1/2014	16:50	182.0	1	5	-6
31/ 1/2014	17: 0	181.7	1	3	-8
31/ 1/2014	17:10	181.3	1	1	-10
31/ 1/2014	17:20	181.1	1	0	-12
22/12/2014	16:10	189.8	1	2	-6
22/12/2014	16:20	189.3	1	1	-8
22/12/2014	16:30	188.7	1	-0	-9
19/ 2/2015	17:10	185.6	1	4	-6
19/ 2/2015	17:20	185.5	1	2	-8
19/ 2/2015	17:30	185.4	1	0	-10
10/ 1/2016	16:30	184.5	1	1	-7
10/ 1/2016	16:40	184.1	1	-0	-9
30/ 9/2016	4:10	170.9	1	-0	-9
30/ 9/2016	4:20	171.1	1	1	-8
30/ 9/2016	4:30	171.2	1	3	-6
29/10/2016	4: 0	171.2	2	-0	-17
29/10/2016	4:10	171.0	2	1	-15
29/10/2016	4:20	170.8	2	3	-13
29/10/2016	4:30	170.5	2	5	-11
29/10/2016	4:40	170.2	2	6	-10
28/11/2016	4:40	170.6	2	-0	-15
28/11/2016	4:50	170.1	2	1	-13
18/10/2017	3:40	172.1	3	0	-19
18/10/2017	3:50	172.1	3	2	-17
18/10/2017	4: 0	172.1	3	4	-15
18/10/2017	4:10	172.1	3	6	-13
18/10/2017	4:20	172.0	3	7	-11
18/10/2017	4:30	171.8	3	9	-9
18/10/2017	4:40	171.6	3	11	-7
18/10/2017	4:50	171.4	3	13	-5
18/10/2017	5: 0	171.0	3	15	-4
18/10/2017	5:10	170.7	3	16	-2
17/11/2017	4:30	174.5	2	-0	-15
17/11/2017	4:40	174.2	2	1	-13
17/11/2017	4:50	173.7	2	3	-11
17/11/2017	5: 0	173.3	2	5	-10
17/11/2017	5:10	172.7	2	6	-8
17/11/2017	5:20	172.2	2	8	-6
17/11/2017	5:30	171.5	2	10	-4
13/ 5/2018	14:20	9.7	5	16	41
13/ 5/2018	14:30	9.5	5	14	39
13/ 5/2018	14:40	9.3	5	12	37
13/ 5/2018	14:50	9.2	5	10	35
13/ 5/2018	15: 0	9.2	5	9	33
13/ 5/2018	15:10	9.2	5	7	32

13/ 5/2018	15:20	9.2	5	5	30
13/ 5/2018	15:30	9.4	5	3	28
13/ 5/2018	15:40	9.5	5	1	26
13/ 5/2018	15:50	9.7	5	0	24
9/ 9/2018	3:50	178.8	1	-0	-9
9/ 9/2018	4: 0	179.5	1	0	-7
8/10/2018	4: 0	180.2	1	0	-13
8/10/2018	4:10	180.5	1	2	-11
8/10/2018	4:20	180.6	1	4	-9
8/10/2018	4:30	180.8	1	6	-7
8/10/2018	4:40	180.9	1	7	-5
6/11/2018	4: 0	174.4	3	0	-19
6/11/2018	4:10	174.2	3	2	-17
6/11/2018	4:20	173.9	3	4	-15
6/11/2018	4:30	173.6	3	5	-13
6/11/2018	4:40	173.3	3	7	-11
6/11/2018	4:50	172.9	3	9	-9
6/11/2018	5: 0	172.4	3	11	-7
6/11/2018	5:10	171.9	3	12	-5
6/11/2018	5:20	171.3	3	14	-4
6/11/2018	5:30	170.7	3	16	-2
2/ 5/2019	14:10	9.9	6	13	41
2/ 5/2019	14:20	9.5	6	12	39
2/ 5/2019	14:30	9.2	6	10	37
2/ 5/2019	14:40	9.0	6	8	35
2/ 5/2019	14:50	8.8	6	6	34
2/ 5/2019	15: 0	8.6	6	4	32
2/ 5/2019	15:10	8.5	6	2	30
2/ 5/2019	15:20	8.5	6	1	28
2/ 5/2019	15:30	8.5	6	-0	26
27/ 9/2019	3: 0	170.4	4	1	-22
27/ 9/2019	3:10	170.9	4	3	-20
27/ 9/2019	3:20	171.3	4	4	-18
27/ 9/2019	3:30	171.7	4	6	-16
27/ 9/2019	3:40	172.1	4	8	-14
27/ 9/2019	3:50	172.4	4	10	-13
27/ 9/2019	4: 0	172.6	4	11	-11
27/ 9/2019	4:10	172.8	4	13	-9
27/ 9/2019	4:20	173.0	4	15	-7
27/ 9/2019	4:30	173.0	4	17	-5
27/ 9/2019	4:40	173.1	4	19	-3
26/10/2019	3: 0	171.7	6	0	-28
26/10/2019	3:10	171.8	6	2	-26
26/10/2019	3:20	171.9	6	3	-24
26/10/2019	3:30	171.9	6	5	-22
26/10/2019	3:40	171.9	6	7	-20
26/10/2019	3:50	171.8	6	9	-18
26/10/2019	4: 0	171.6	6	11	-16
26/10/2019	4:10	171.4	6	12	-14
26/10/2019	4:20	171.2	6	14	-13
26/10/2019	4:30	170.9	6	16	-11
26/10/2019	4:40	170.5	6	18	-9
26/10/2019	4:50	170.1	6	19	-7
27/10/2019	4:10	180.7	2	-0	-15
27/10/2019	4:20	180.7	2	1	-13

```
27/10/2019    4:30   180.6    2    3    -11
27/10/2019    4:40   180.5    2    4     -9
27/10/2019    4:50   180.3    2    6     -7
27/10/2019    5: 0   180.1    2    8     -5
```

PALERMO

```
GG MM AAAA   HH MM   ZABL     K   ALT   ALT.S.
12/ 1/2013   16:30   187.6    1    7     -5
12/ 1/2013   16:40   186.9    1    5     -7
12/ 1/2013   16:50   186.3    1    4     -9
12/ 1/2013   17: 0   185.7    1    2    -10
12/ 1/2013   17:10   185.2    1    0    -12
11/ 2/2013   16:50   184.9    3   15     -3
11/ 2/2013   17: 0   184.4    3   13     -5
11/ 2/2013   17:10   184.0    3   12     -6
11/ 2/2013   17:20   183.6    3   10     -8
11/ 2/2013   17:30   183.3    3    8    -10
11/ 2/2013   17:40   183.0    3    6    -12
11/ 2/2013   17:50   182.8    3    4    -14
11/ 2/2013   18: 0   182.7    3    2    -16
11/ 2/2013   18:10   182.6    3    0    -18
12/ 2/2013   17:40   189.6    7   18    -12
12/ 2/2013   17:50   189.2    7   16    -14
12/ 2/2013   18: 0   188.9    7   14    -16
12/ 2/2013   18:10   188.6    8   13    -18
12/ 2/2013   18:20   188.4    8   11    -20
12/ 2/2013   18:30   188.3    8    9    -22
12/ 2/2013   18:40   188.2    8    7    -24
12/ 2/2013   18:50   188.1    8    5    -26
12/ 2/2013   19: 0   188.1    8    3    -28
12/ 2/2013   19:10   188.2    8    1    -30
12/ 2/2013   19:20   188.3    8   -0    -32
12/ 3/2013   17:30   176.7    1    6     -5
12/ 3/2013   17:40   176.9    1    4     -7
12/ 3/2013   17:50   177.2    1    2     -9
12/ 3/2013   18: 0   177.5    1    0    -11
13/ 3/2013   17: 0   188.7    4   23      0
13/ 3/2013   17:10   188.5    4   21     -1
13/ 3/2013   17:20   188.4    4   20     -3
13/ 3/2013   17:30   188.3    4   18     -5
13/ 3/2013   17:40   188.3    4   16     -6
13/ 3/2013   17:50   188.3    4   14     -8
13/ 3/2013   18: 0   188.4    4   12    -10
13/ 3/2013   18:10   188.5    4   10    -12
13/ 3/2013   18:20   188.7    4    8    -14
13/ 3/2013   18:30   188.9    4    6    -16
13/ 3/2013   18:40   189.2    4    4    -18
13/ 3/2013   18:50   189.6    4    3    -20
13/ 3/2013   19: 0   189.9    4    1    -22
10/ 7/2013    8:20   350.7    4   27     50
10/ 7/2013    8:30   350.4    4   29     52
10/ 7/2013    8:40   350.1    4   31     54
 9/ 8/2013    6:40   352.5    6   -0     27
 9/ 8/2013    6:50   352.5    6    1     29
```

9/ 8/2013	7: 0	352.5	6	3	31
9/ 8/2013	7:10	352.5	6	5	32
9/ 8/2013	7:20	352.4	6	7	34
9/ 8/2013	7:30	352.2	6	9	36
9/ 8/2013	7:40	352.0	6	11	38
9/ 8/2013	7:50	351.7	6	13	40
9/ 8/2013	8: 0	351.4	6	15	42
9/ 8/2013	8:10	351.0	6	16	44
9/ 8/2013	8:20	350.6	6	18	46
9/ 8/2013	8:30	350.1	6	20	48
31/ 1/2014	16:50	179.6	1	6	−5
31/ 1/2014	17: 0	179.2	1	5	−7
31/ 1/2014	17:10	178.9	1	3	−9
31/ 1/2014	17:20	178.6	1	1	−11
31/ 1/2014	17:30	178.3	1	−0	−13
1/ 2/2014	17:50	189.7	5	9	−16
1/ 2/2014	18: 0	189.3	5	7	−18
1/ 2/2014	18:10	189.0	5	5	−20
1/ 2/2014	18:20	188.7	5	3	−22
1/ 2/2014	18:30	188.5	5	1	−24
1/ 2/2014	18:40	188.3	5	−0	−26
2/ 3/2014	17:10	188.4	3	15	−3
2/ 3/2014	17:20	188.1	3	13	−5
2/ 3/2014	17:30	188.0	3	11	−7
2/ 3/2014	17:40	187.8	3	10	−9
2/ 3/2014	17:50	187.8	3	8	−11
2/ 3/2014	18: 0	187.7	3	6	−13
2/ 3/2014	18:10	187.8	3	4	−15
2/ 3/2014	18:20	187.9	3	2	−17
2/ 3/2014	18:30	188.0	3	0	−18
29/ 7/2014	6:20	350.2	5	−0	24
29/ 7/2014	6:30	350.4	5	1	26
29/ 7/2014	6:40	350.7	5	3	28
29/ 7/2014	6:50	350.9	5	5	30
29/ 7/2014	7: 0	351.0	5	7	32
29/ 7/2014	7:10	351.1	5	8	34
29/ 7/2014	7:20	351.1	5	10	36
29/ 7/2014	7:30	351.1	5	12	38
29/ 7/2014	7:40	351.0	5	14	40
29/ 7/2014	7:50	350.8	5	16	42
29/ 7/2014	8: 0	350.7	5	18	44
29/ 7/2014	8:10	350.4	5	20	46
29/ 7/2014	8:20	350.1	5	22	48
22/12/2014	16:20	187.1	1	3	−6
22/12/2014	16:30	186.5	1	1	−8
22/12/2014	16:40	186.0	1	−0	−10
21/ 1/2015	17: 0	189.9	2	7	−9
21/ 1/2015	17:10	189.4	2	5	−11
21/ 1/2015	17:20	188.8	2	3	−13
21/ 1/2015	17:30	188.3	2	1	−15
21/ 1/2015	17:40	187.9	2	0	−16
19/ 2/2015	17:20	182.9	1	3	−7
19/ 2/2015	17:30	182.8	1	1	−9
19/ 2/2015	17:40	182.7	1	−0	−11
12/10/2015	4:30	170.0	1	−0	−8

10/11/2015	4:10	170.0	2	-0	-18
10/ 1/2016	16:40	181.8	1	1	-7
10/ 1/2016	16:50	181.4	1	-0	-9
30/ 9/2016	4:20	173.8	1	0	-8
30/ 9/2016	4:30	174.0	1	2	-6
29/10/2016	4: 0	173.9	2	-0	-18
29/10/2016	4:10	173.8	2	1	-16
29/10/2016	4:20	173.6	2	3	-14
29/10/2016	4:30	173.3	2	4	-12
29/10/2016	4:40	173.0	2	6	-10
29/10/2016	4:50	172.7	2	8	-8
29/10/2016	5: 0	172.3	2	10	-6
29/10/2016	5:10	171.8	2	12	-4
29/10/2016	5:20	171.3	2	14	-2
28/11/2016	4:40	173.4	2	-0	-15
28/11/2016	4:50	172.9	2	1	-13
28/11/2016	5: 0	172.3	2	3	-11
28/11/2016	5:10	171.7	2	4	-10
28/11/2016	5:20	171.1	2	6	-8
28/11/2016	5:30	170.4	2	8	-6
24/ 4/2017	14:20	9.9	5	13	39
24/ 4/2017	14:30	9.6	5	11	37
24/ 4/2017	14:40	9.3	5	9	35
24/ 4/2017	14:50	9.0	5	8	33
24/ 4/2017	15: 0	8.8	5	6	31
24/ 4/2017	15:10	8.7	5	4	30
24/ 4/2017	15:20	8.6	5	2	28
24/ 4/2017	15:30	8.5	5	0	26
19/ 9/2017	3:50	171.1	1	0	-12
19/ 9/2017	4: 0	171.5	1	2	-10
19/ 9/2017	4:10	171.9	1	4	-8
19/ 9/2017	4:20	172.2	1	6	-6
19/ 9/2017	4:30	172.4	1	8	-4
18/10/2017	3:40	174.8	3	-0	-19
18/10/2017	3:50	174.9	3	1	-17
18/10/2017	4: 0	174.9	3	3	-16
18/10/2017	4:10	174.9	3	5	-14
18/10/2017	4:20	174.8	3	7	-12
18/10/2017	4:30	174.6	3	9	-10
18/10/2017	4:40	174.5	3	11	-8
18/10/2017	4:50	174.2	3	13	-6
18/10/2017	5: 0	173.9	3	14	-4
18/10/2017	5:10	173.6	3	16	-2
16/11/2017	3:30	171.6	5	-0	-27
16/11/2017	3:40	171.4	5	1	-25
16/11/2017	3:50	171.1	5	3	-23
16/11/2017	4: 0	170.7	5	5	-21
16/11/2017	4:10	170.3	5	6	-19
17/11/2017	4:30	177.3	2	-0	-15
17/11/2017	4:40	177.0	2	1	-13
17/11/2017	4:50	176.5	2	3	-11
17/11/2017	5: 0	176.1	2	5	-9
17/11/2017	5:10	175.5	2	7	-8
17/11/2017	5:20	175.0	2	8	-6
17/11/2017	5:30	174.3	2	10	-4

201

13/ 4/2018	14:40	9.9	7	3	33
13/ 4/2018	14:50	9.6	7	1	31
13/ 4/2018	15: 0	9.3	7	-0	30
12/ 5/2018	14: 0	9.9	11	8	46
12/ 5/2018	14:10	9.7	11	7	44
12/ 5/2018	14:20	9.6	11	5	42
12/ 5/2018	14:30	9.5	11	3	40
12/ 5/2018	14:40	9.5	11	1	38
12/ 5/2018	14:50	9.5	10	-0	36
13/ 5/2018	13:20	9.5	5	28	53
13/ 5/2018	13:30	8.9	5	26	52
13/ 5/2018	13:40	8.4	5	24	50
13/ 5/2018	13:50	8.0	5	22	48
13/ 5/2018	14: 0	7.6	5	21	46
13/ 5/2018	14:10	7.2	5	19	44
13/ 5/2018	14:20	7.0	5	17	42
13/ 5/2018	14:30	6.7	5	15	40
13/ 5/2018	14:40	6.6	5	13	38
13/ 5/2018	14:50	6.5	5	11	36
13/ 5/2018	15: 0	6.4	5	9	34
13/ 5/2018	15:10	6.4	5	7	32
13/ 5/2018	15:20	6.5	5	6	30
13/ 5/2018	15:30	6.6	5	4	28
13/ 5/2018	15:40	6.7	5	2	26
13/ 5/2018	15:50	6.9	5	0	24
9/ 9/2018	4: 0	182.0	1	-0	-9
9/ 9/2018	4:10	182.7	1	1	-7
7/10/2018	2:50	170.9	6	-0	-27
7/10/2018	3: 0	171.3	6	1	-25
7/10/2018	3:10	171.7	6	3	-23
7/10/2018	3:20	171.9	6	5	-21
7/10/2018	3:30	172.2	6	7	-19
7/10/2018	3:40	172.4	5	8	-17
7/10/2018	3:50	172.5	5	10	-15
7/10/2018	4: 0	172.6	5	12	-14
7/10/2018	4:10	172.6	5	14	-12
7/10/2018	4:20	172.6	5	16	-10
7/10/2018	4:30	172.6	5	18	-8
7/10/2018	4:40	172.4	5	20	-6
7/10/2018	4:50	172.2	5	22	-4
7/10/2018	5: 0	172.0	5	23	-2
7/10/2018	5:10	171.7	5	25	-0
7/10/2018	5:20	171.3	5	27	1
7/10/2018	5:30	170.8	5	29	3
7/10/2018	5:40	170.3	5	31	5
8/10/2018	4: 0	182.9	1	-0	-14
8/10/2018	4:10	183.1	1	1	-12
8/10/2018	4:20	183.4	1	3	-10
8/10/2018	4:30	183.5	1	5	-8
8/10/2018	4:40	183.6	1	7	-6
8/10/2018	4:50	183.7	1	9	-4
5/11/2018	2:50	172.2	8	-0	-33
5/11/2018	3: 0	172.3	8	1	-31
5/11/2018	3:10	172.2	8	3	-29
5/11/2018	3:20	172.2	8	5	-27

```
 5/11/2018     3:30   172.0     8     6    -25
 5/11/2018     3:40   171.8     8     8    -23
 5/11/2018     3:50   171.6     8    10    -21
 5/11/2018     4: 0   171.3     8    12    -19
 5/11/2018     4:10   171.0     8    14    -17
 5/11/2018     4:20   170.6     8    16    -15
 5/11/2018     4:30   170.1     8    18    -13
 6/11/2018     4: 0   177.1     3     0    -19
 6/11/2018     4:10   177.0     3     2    -17
 6/11/2018     4:20   176.7     3     3    -15
 6/11/2018     4:30   176.4     3     5    -13
 6/11/2018     4:40   176.1     3     7    -11
 6/11/2018     4:50   175.7     3     9     -9
 6/11/2018     5: 0   175.3     3    11     -7
 6/11/2018     5:10   174.8     3    13     -5
 6/11/2018     5:20   174.2     3    14     -4
 6/11/2018     5:30   173.6     3    16     -2
 2/ 4/2019    14:50     9.8     7    -0     29
 1/ 5/2019    13:50     9.9    11     7     46
 1/ 5/2019    14: 0     9.6    11     5     44
 1/ 5/2019    14:10     9.3    11     4     42
 1/ 5/2019    14:20     9.0    11     2     40
 1/ 5/2019    14:30     8.8    11     0     38
 2/ 5/2019    13:30     9.3     6    22     50
 2/ 5/2019    13:40     8.7     6    20     48
 2/ 5/2019    13:50     8.2     6    18     46
 2/ 5/2019    14: 0     7.7     6    16     44
 2/ 5/2019    14:10     7.2     6    14     42
 2/ 5/2019    14:20     6.9     6    13     40
 2/ 5/2019    14:30     6.6     6    11     39
 2/ 5/2019    14:40     6.3     6     9     37
 2/ 5/2019    14:50     6.1     6     7     35
 2/ 5/2019    15: 0     5.9     6     5     33
 2/ 5/2019    15:10     5.8     6     3     31
 2/ 5/2019    15:20     5.8     6     1     29
 2/ 5/2019    15:30     5.8     6    -0     27
 1/ 6/2019    14:10     9.9     4    24     46
 1/ 6/2019    14:20     9.8     4    22     44
 1/ 6/2019    14:30     9.8     4    20     42
29/ 8/2019     4:20   170.2     2    14     -3
27/ 9/2019     3: 0   172.9     4     0    -23
27/ 9/2019     3:10   173.4     4     1    -21
27/ 9/2019     3:20   173.9     4     3    -19
27/ 9/2019     3:30   174.3     4     5    -17
27/ 9/2019     3:40   174.7     4     7    -16
27/ 9/2019     3:50   175.0     4     9    -14
27/ 9/2019     4: 0   175.3     4    11    -12
27/ 9/2019     4:10   175.5     4    12    -10
27/ 9/2019     4:20   175.7     4    14     -8
27/ 9/2019     4:30   175.9     4    16     -6
27/ 9/2019     4:40   176.0     4    18     -4
27/ 9/2019     4:50   176.0     4    20     -2
25/10/2019     2:10   170.2    13     3    -38
25/10/2019     2:20   170.5    13     5    -36
25/10/2019     2:30   170.7    13     7    -34
```

203

25/10/2019	2:40	170.9	13	9	-32
25/10/2019	2:50	171.0	13	11	-30
25/10/2019	3: 0	171.1	13	12	-29
25/10/2019	3:10	171.1	13	14	-27
25/10/2019	3:20	171.1	13	16	-25
25/10/2019	3:30	171.0	13	18	-23
25/10/2019	3:40	170.8	13	20	-21
25/10/2019	3:50	170.6	13	22	-19
25/10/2019	4: 0	170.4	13	24	-17
25/10/2019	4:10	170.0	13	26	-15
26/10/2019	3: 0	174.3	6	-0	-29
26/10/2019	3:10	174.5	6	1	-27
26/10/2019	3:20	174.6	6	3	-25
26/10/2019	3:30	174.6	6	5	-23
26/10/2019	3:40	174.6	6	6	-21
26/10/2019	3:50	174.6	6	8	-19
26/10/2019	4: 0	174.5	6	10	-17
26/10/2019	4:10	174.3	6	12	-15
26/10/2019	4:20	174.1	6	14	-13
26/10/2019	4:30	173.8	6	16	-11
26/10/2019	4:40	173.4	6	18	-9
26/10/2019	4:50	173.0	6	19	-7
26/10/2019	5: 0	172.6	6	21	-5
26/10/2019	5:10	172.1	6	23	-3
26/10/2019	5:20	171.5	6	25	-1
26/10/2019	5:30	170.8	6	27	0
26/10/2019	5:40	170.0	6	28	2
27/10/2019	4:20	183.5	2	0	-13
27/10/2019	4:30	183.4	2	2	-11
27/10/2019	4:40	183.3	2	4	-9
27/10/2019	4:50	183.1	2	6	-7
27/10/2019	5: 0	182.9	2	8	-5

PERUGIA

GG MM AAAA	HH MM	ZABL	K	ALT	ALT.S.
11/ 2/2013	17: 0	189.5	3	13	-5
11/ 2/2013	17:10	189.1	3	11	-7
11/ 2/2013	17:20	188.7	3	9	-9
11/ 2/2013	17:30	188.4	3	8	-10
11/ 2/2013	17:40	188.1	3	6	-12
11/ 2/2013	17:50	187.9	3	4	-14
11/ 2/2013	18: 0	187.7	3	2	-16
11/ 2/2013	18:10	187.6	3	1	-18
11/ 2/2013	18:20	187.5	3	-0	-19
12/ 3/2013	17:30	181.7	1	7	-4
12/ 3/2013	17:40	181.9	1	5	-6
12/ 3/2013	17:50	182.1	1	3	-8
12/ 3/2013	18: 0	182.4	1	2	-9
12/ 3/2013	18:10	182.7	1	0	-11
31/ 1/2014	16:40	185.0	1	7	-4
31/ 1/2014	16:50	184.6	1	6	-6
31/ 1/2014	17: 0	184.2	1	4	-8
31/ 1/2014	17:10	183.9	1	2	-9
31/ 1/2014	17:20	183.6	1	1	-11

```
31/ 1/2014   17:30   183.4   1   -0   -13
19/ 2/2015   17:20   187.9   1    3    -7
19/ 2/2015   17:30   187.8   1    1    -9
19/ 2/2015   17:40   187.7   1   -0   -11
10/ 1/2016   16:30   187.1   1    1    -7
10/ 1/2016   16:40   186.7   1    0    -8
19/10/2017    4:50   189.7   1    0    -7
17/11/2017    4:40   172.3   2   -0   -15
17/11/2017    4:50   172.0   2    1   -13
17/11/2017    5: 0   171.5   2    3   -11
17/11/2017    5:10   171.1   2    4   -10
17/11/2017    5:20   170.5   2    6    -8
17/11/2017    5:30   170.0   2    8    -6
 9/ 9/2018    4: 0   177.0   1    0    -8
 9/ 9/2018    4:10   177.7   1    1    -6
 8/10/2018    4: 0   177.9   1   -0   -14
 8/10/2018    4:10   178.1   1    1   -12
 8/10/2018    4:20   178.4   1    2   -10
 8/10/2018    4:30   178.5   1    4    -9
 8/10/2018    4:40   178.6   1    6    -7
 8/10/2018    4:50   178.7   1    8    -5
 6/11/2018    4:10   172.1   3    0   -18
 6/11/2018    4:20   171.9   3    2   -16
 6/11/2018    4:30   171.7   3    4   -15
 6/11/2018    4:40   171.4   3    5   -13
 6/11/2018    4:50   171.0   3    7   -11
 6/11/2018    5: 0   170.6   3    9    -9
 6/11/2018    5:10   170.1   3   10    -7
27/ 9/2019    4: 0   170.2   4   10   -12
27/ 9/2019    4:10   170.4   4   12   -10
27/ 9/2019    4:20   170.6   4   14    -8
27/ 9/2019    4:30   170.7   4   16    -6
27/ 9/2019    4:40   170.7   4   17    -4
27/ 9/2019    4:50   170.7   4   19    -3
28/ 9/2019    4:10   189.0   1   -0   -10
28/ 9/2019    4:20   189.5   1    0    -8
27/10/2019    4:20   178.6   2   -0   -14
27/10/2019    4:30   178.5   2    1   -12
27/10/2019    4:40   178.5   2    3   -11
27/10/2019    4:50   178.3   2    4    -9
27/10/2019    5: 0   178.1   2    6    -7
27/10/2019    5:10   177.9   1    8    -5
```

POTENZA

```
GG MM AAAA   HH MM   ZABL    K  ALT  ALT.S.
12/ 1/2013   16:20   189.8   1    6    -6
12/ 1/2013   16:30   189.1   1    4    -8
12/ 1/2013   16:40   188.5   1    3    -9
12/ 1/2013   16:50   188.0   1    1   -11
12/ 1/2013   17: 0   187.5   1   -0   -13
11/ 2/2013   16:40   187.3   3   14    -3
11/ 2/2013   16:50   186.8   3   13    -5
11/ 2/2013   17: 0   186.4   3   11    -7
11/ 2/2013   17:10   186.0   3    9    -9
```

11/ 2/2013	17:20	185.7	3	7	-11
11/ 2/2013	17:30	185.5	3	6	-13
11/ 2/2013	17:40	185.3	3	4	-14
11/ 2/2013	17:50	185.1	3	2	-16
11/ 2/2013	18: 0	185.0	3	0	-18
12/ 3/2013	17:20	179.1	1	6	-5
12/ 3/2013	17:30	179.3	1	4	-7
12/ 3/2013	17:40	179.5	1	2	-8
12/ 3/2013	17:50	179.8	1	1	-10
12/ 3/2013	18: 0	180.2	1	-0	-12
9/ 8/2013	6:30	350.0	6	0	26
9/ 8/2013	6:40	350.0	6	1	28
9/ 8/2013	6:50	350.0	6	3	30
9/ 8/2013	7: 0	350.0	6	5	32
31/ 1/2014	16:30	182.3	1	7	-4
31/ 1/2014	16:40	181.8	1	6	-6
31/ 1/2014	16:50	181.5	1	4	-7
31/ 1/2014	17: 0	181.1	1	2	-9
31/ 1/2014	17:10	180.9	1	0	-11
31/ 1/2014	17:20	180.6	1	-0	-13
22/12/2014	16:10	189.1	1	1	-7
22/12/2014	16:20	188.6	1	0	-9
19/ 2/2015	17:10	185.2	1	2	-7
19/ 2/2015	17:20	185.1	1	1	-9
19/ 2/2015	17:30	185.0	1	-0	-11
10/ 1/2016	16:20	184.3	1	2	-6
10/ 1/2016	16:30	183.9	1	0	-8
30/ 9/2016	4:10	171.2	1	0	-8
30/ 9/2016	4:20	171.3	1	2	-6
29/10/2016	3:50	171.4	2	-1	-18
29/10/2016	4: 0	171.3	2	0	-16
29/10/2016	4:10	171.1	2	2	-14
29/10/2016	4:20	170.8	2	4	-12
29/10/2016	4:30	170.5	2	6	-10
29/10/2016	4:40	170.2	2	8	-8
28/11/2016	4:40	170.4	2	0	-14
18/10/2017	3:30	172.2	3	-0	-19
18/10/2017	3:40	172.3	3	1	-17
18/10/2017	3:50	172.3	3	3	-16
18/10/2017	4: 0	172.3	3	5	-14
18/10/2017	4:10	172.2	3	7	-12
18/10/2017	4:20	172.1	3	9	-10
18/10/2017	4:30	171.9	3	10	-8
18/10/2017	4:40	171.6	3	12	-6
18/10/2017	4:50	171.3	3	14	-4
18/10/2017	5: 0	171.0	3	16	-2
17/11/2017	4:20	174.8	2	-0	-16
17/11/2017	4:30	174.5	2	1	-14
17/11/2017	4:40	174.1	2	2	-12
17/11/2017	4:50	173.6	2	4	-10
17/11/2017	5: 0	173.1	2	6	-8
17/11/2017	5:10	172.5	2	8	-7
17/11/2017	5:20	171.9	2	9	-5
13/ 5/2018	14: 0	9.9	5	18	44
13/ 5/2018	14:10	9.6	5	17	42

13/ 5/2018	14:20	9.4	5	15	40
13/ 5/2018	14:30	9.2	5	13	38
13/ 5/2018	14:40	9.1	5	11	36
13/ 5/2018	14:50	9.0	5	9	34
13/ 5/2018	15: 0	9.0	5	7	32
13/ 5/2018	15:10	9.0	5	6	30
13/ 5/2018	15:20	9.1	5	4	28
13/ 5/2018	15:30	9.3	5	2	27
13/ 5/2018	15:40	9.5	5	0	25
9/ 9/2018	3:50	179.3	1	0	-8
9/ 9/2018	4: 0	180.0	1	2	-6
7/10/2018	3:50	170.0	5	12	-13
7/10/2018	4: 0	170.0	5	14	-11
7/10/2018	4:10	170.0	5	16	-10
8/10/2018	3:50	180.3	1	-0	-14
8/10/2018	4: 0	180.5	1	1	-12
8/10/2018	4:10	180.7	1	3	-10
8/10/2018	4:20	180.9	1	5	-8
8/10/2018	4:30	181.0	1	7	-6
8/10/2018	4:40	181.0	1	9	-4
6/11/2018	3:50	174.6	3	-0	-19
6/11/2018	4: 0	174.4	3	1	-17
6/11/2018	4:10	174.2	3	3	-15
6/11/2018	4:20	173.9	3	5	-14
6/11/2018	4:30	173.6	3	7	-12
6/11/2018	4:40	173.2	3	8	-10
6/11/2018	4:50	172.8	3	10	-8
6/11/2018	5: 0	172.3	3	12	-6
6/11/2018	5:10	171.7	3	14	-4
6/11/2018	5:20	171.1	3	15	-2
2/ 5/2019	14: 0	9.8	6	14	42
2/ 5/2019	14:10	9.4	6	12	40
2/ 5/2019	14:20	9.1	6	10	38
2/ 5/2019	14:30	8.8	6	9	36
2/ 5/2019	14:40	8.6	6	7	34
2/ 5/2019	14:50	8.5	6	5	32
2/ 5/2019	15: 0	8.4	6	3	31
2/ 5/2019	15:10	8.3	6	1	29
2/ 5/2019	15:20	8.3	6	-0	27
27/ 9/2019	2:50	170.4	4	0	-22
27/ 9/2019	3: 0	170.9	4	2	-21
27/ 9/2019	3:10	171.4	4	4	-19
27/ 9/2019	3:20	171.8	4	5	-17
27/ 9/2019	3:30	172.1	4	7	-15
27/ 9/2019	3:40	172.4	4	9	-13
27/ 9/2019	3:50	172.7	4	11	-11
27/ 9/2019	4: 0	172.9	4	13	-10
27/ 9/2019	4:10	173.1	4	14	-8
27/ 9/2019	4:20	173.2	4	16	-6
27/ 9/2019	4:30	173.3	4	18	-4
27/ 9/2019	4:40	173.3	4	20	-2
26/10/2019	2:50	171.8	6	-0	-28
26/10/2019	3: 0	171.9	6	1	-27
26/10/2019	3:10	172.0	6	3	-25
26/10/2019	3:20	172.1	6	5	-23

26/10/2019	3:30	172.1	6	6	-21
26/10/2019	3:40	172.0	6	8	-19
26/10/2019	3:50	171.9	6	10	-17
26/10/2019	4: 0	171.7	6	12	-15
26/10/2019	4:10	171.5	6	14	-13
26/10/2019	4:20	171.2	6	15	-11
26/10/2019	4:30	170.8	6	17	-9
26/10/2019	4:40	170.4	6	19	-8
26/10/2019	4:50	170.0	6	21	-6
27/10/2019	4:10	180.9	2	0	-13
27/10/2019	4:20	180.8	2	2	-12
27/10/2019	4:30	180.7	2	4	-10
27/10/2019	4:40	180.5	2	6	-8
27/10/2019	4:50	180.3	2	7	-6
27/10/2019	5: 0	180.0	2	9	-4

ROMA

GG MM AAAA	HH MM	ZABL	K	ALT	ALT.S.
12/ 1/2013	17: 0	189.5	1	1	-11
12/ 1/2013	17:10	189.0	1	-0	-13
11/ 2/2013	16:50	188.8	3	15	-3
11/ 2/2013	17: 0	188.3	3	13	-5
11/ 2/2013	17:10	187.9	3	11	-7
11/ 2/2013	17:20	187.5	3	10	-8
11/ 2/2013	17:30	187.2	3	8	-10
11/ 2/2013	17:40	186.9	3	6	-12
11/ 2/2013	17:50	186.7	3	4	-14
11/ 2/2013	18: 0	186.5	3	3	-16
11/ 2/2013	18:10	186.4	3	1	-18
11/ 2/2013	18:20	186.3	3	-0	-20
12/ 3/2013	17:30	180.5	1	7	-4
12/ 3/2013	17:40	180.7	1	5	-6
12/ 3/2013	17:50	180.9	1	3	-8
12/ 3/2013	18: 0	181.2	1	1	-10
12/ 3/2013	18:10	181.5	1	0	-11
31/ 1/2014	16:40	183.9	1	8	-4
31/ 1/2014	16:50	183.5	1	6	-5
31/ 1/2014	17: 0	183.1	1	4	-7
31/ 1/2014	17:10	182.7	1	3	-9
31/ 1/2014	17:20	182.4	1	1	-11
31/ 1/2014	17:30	182.2	1	-0	-13
19/ 2/2015	17:20	186.7	1	3	-7
19/ 2/2015	17:30	186.6	1	1	-9
19/ 2/2015	17:40	186.5	1	-0	-10
10/ 1/2016	16:30	186.0	1	2	-6
10/ 1/2016	16:40	185.6	1	0	-8
30/ 9/2016	4:20	170.0	1	-0	-9
30/ 9/2016	4:30	170.2	1	1	-7
29/10/2016	4:10	170.1	2	0	-17
18/10/2017	3:40	171.0	3	-0	-20
18/10/2017	3:50	171.1	3	1	-18
18/10/2017	4: 0	171.1	3	2	-16
18/10/2017	4:10	171.1	3	4	-14
18/10/2017	4:20	171.0	3	6	-12

18/10/2017	4:30	170.9	3	8	-11
18/10/2017	4:40	170.8	3	9	-9
18/10/2017	4:50	170.5	3	11	-7
18/10/2017	5: 0	170.2	3	13	-5
17/11/2017	4:40	173.5	2	0	-15
17/11/2017	4:50	173.1	2	1	-13
17/11/2017	5: 0	172.7	2	3	-11
17/11/2017	5:10	172.2	2	5	-9
17/11/2017	5:20	171.6	2	6	-8
17/11/2017	5:30	171.1	2	8	-6
17/11/2017	5:40	170.4	2	10	-4
9/ 9/2018	4: 0	178.1	1	-0	-8
9/ 9/2018	4:10	178.8	1	1	-6
8/10/2018	4: 0	179.1	1	-0	-14
8/10/2018	4:10	179.3	1	1	-12
8/10/2018	4:20	179.5	1	2	-10
8/10/2018	4:30	179.7	1	4	-9
8/10/2018	4:40	179.8	1	6	-7
8/10/2018	4:50	179.9	1	8	-5
6/11/2018	4:10	173.3	3	0	-18
6/11/2018	4:20	173.1	3	2	-16
6/11/2018	4:30	172.8	3	4	-14
6/11/2018	4:40	172.5	3	6	-13
6/11/2018	4:50	172.2	3	7	-11
6/11/2018	5: 0	171.8	3	9	-9
6/11/2018	5:10	171.3	3	11	-7
6/11/2018	5:20	170.8	3	12	-5
6/11/2018	5:30	170.2	3	14	-3
2/ 5/2019	15: 0	9.8	6	6	33
2/ 5/2019	15:10	9.7	6	4	31
2/ 5/2019	15:20	9.6	6	2	29
2/ 5/2019	15:30	9.6	6	0	27
27/ 9/2019	3:20	170.0	4	3	-19
27/ 9/2019	3:30	170.4	4	5	-17
27/ 9/2019	3:40	170.8	4	7	-15
27/ 9/2019	3:50	171.1	4	8	-14
27/ 9/2019	4: 0	171.4	4	10	-12
27/ 9/2019	4:10	171.6	4	12	-10
27/ 9/2019	4:20	171.8	4	14	-8
27/ 9/2019	4:30	171.9	4	16	-6
27/ 9/2019	4:40	172.0	4	17	-4
27/ 9/2019	4:50	172.0	4	19	-3
26/10/2019	3: 0	170.5	6	-1	-29
26/10/2019	3:10	170.7	6	0	-27
26/10/2019	3:20	170.8	6	2	-25
26/10/2019	3:30	170.8	6	4	-23
26/10/2019	3:40	170.8	6	6	-21
26/10/2019	3:50	170.8	6	7	-20
26/10/2019	4: 0	170.7	6	9	-18
26/10/2019	4:10	170.5	6	11	-16
26/10/2019	4:20	170.3	6	13	-14
26/10/2019	4:30	170.0	6	14	-12
27/10/2019	4:20	179.8	2	-0	-14
27/10/2019	4:30	179.7	2	1	-12
27/10/2019	4:40	179.6	2	3	-10

GG MM AAAA	HH MM	ZABL	K	ALT	ALT.S.
27/10/2019	4:50	179.5	2	5	−9
27/10/2019	5: 0	179.3	2	6	−7
27/10/2019	5:10	179.1	1	8	−5

TORINO

GG MM AAAA	HH MM	ZABL	K	ALT	ALT.S.
11/ 2/2013	18:10	189.9	3	4	−14
11/ 2/2013	18:20	189.8	3	2	−16
11/ 2/2013	18:30	189.7	3	1	−18
11/ 2/2013	18:40	189.6	3	−0	−20
12/ 3/2013	17:50	184.0	1	7	−4
12/ 3/2013	18: 0	184.2	1	5	−6
12/ 3/2013	18:10	184.4	1	3	−8
12/ 3/2013	18:20	184.7	1	2	−9
12/ 3/2013	18:30	185.0	1	0	−11
31/ 1/2014	17: 0	187.2	1	6	−5
31/ 1/2014	17:10	186.8	1	5	−7
31/ 1/2014	17:20	186.4	1	3	−8
31/ 1/2014	17:30	186.1	1	2	−10
31/ 1/2014	17:40	185.8	1	0	−12
10/ 1/2016	16:40	189.9	1	2	−6
10/ 1/2016	16:50	189.4	1	0	−8
10/ 1/2016	17: 0	189.0	1	−0	−9
17/11/2017	5: 0	170.6	2	−0	−15
17/11/2017	5:10	170.2	2	0	−13
9/ 9/2018	4:10	174.9	1	−1	−9
9/ 9/2018	4:20	175.7	1	0	−7
8/10/2018	4:20	176.2	1	−0	−14
8/10/2018	4:30	176.5	1	1	−12
8/10/2018	4:40	176.7	1	2	−10
8/10/2018	4:50	176.8	1	4	−8
8/10/2018	5: 0	176.9	1	6	−7
8/10/2018	5:10	177.0	1	8	−5
6/11/2018	4:30	170.3	3	0	−18
6/11/2018	4:40	170.1	3	2	−16
28/ 9/2019	4:30	187.6	1	−0	−10
28/ 9/2019	4:40	188.2	1	1	−8
28/ 9/2019	4:50	188.7	1	2	−6
27/10/2019	4:40	176.8	2	−0	−14
27/10/2019	4:50	176.8	2	1	−12
27/10/2019	5: 0	176.7	2	2	−11
27/10/2019	5:10	176.6	1	4	−9
27/10/2019	5:20	176.4	1	6	−7
27/10/2019	5:30	176.2	1	7	−5
27/10/2019	5:40	175.9	1	9	−4

TRENTO

GG MM AAAA	HH MM	ZABL	K	ALT	ALT.S.
12/ 3/2013	17:40	184.9	1	6	-5
12/ 3/2013	17:50	185.0	1	4	-7
12/ 3/2013	18: 0	185.3	1	3	-8
12/ 3/2013	18:10	185.5	1	1	-10
12/ 3/2013	18:20	185.9	1	-0	-12
31/ 1/2014	16:40	188.1	1	7	-4
31/ 1/2014	16:50	187.7	1	5	-6
31/ 1/2014	17: 0	187.3	1	4	-7
31/ 1/2014	17:10	187.0	1	2	-9
31/ 1/2014	17:20	186.7	1	1	-11
31/ 1/2014	17:30	186.4	1	-0	-13
10/ 1/2016	16:40	189.8	1	-0	-9
19/10/2017	4:50	186.8	1	-0	-8
19/10/2017	5: 0	187.0	1	0	-7
9/ 9/2018	4: 0	173.9	1	0	-8
9/ 9/2018	4:10	174.6	1	1	-6
8/10/2018	4:10	175.1	1	0	-13
8/10/2018	4:20	175.4	1	2	-11
8/10/2018	4:30	175.6	1	3	-9
8/10/2018	4:40	175.7	1	5	-8
8/10/2018	4:50	175.8	1	7	-6
8/10/2018	5: 0	175.8	1	8	-4
28/ 9/2019	4:20	186.5	1	0	-9
28/ 9/2019	4:30	187.0	1	2	-7
27/10/2019	4:30	175.7	2	0	-14
27/10/2019	4:40	175.6	2	1	-12
27/10/2019	4:50	175.5	2	3	-10
27/10/2019	5: 0	175.4	2	5	-8
27/10/2019	5:10	175.2	1	6	-7
27/10/2019	5:20	174.9	1	8	-5

TRIESTE

GG MM AAAA	HH MM	ZABL	K	ALT	ALT.S.
12/ 3/2013	17:30	184.3	1	6	-5
12/ 3/2013	17:40	184.5	1	4	-7
12/ 3/2013	17:50	184.7	1	2	-8
12/ 3/2013	18: 0	185.0	1	1	-10
12/ 3/2013	18:10	185.3	1	-0	-12
31/ 1/2014	16:30	187.5	1	7	-4
31/ 1/2014	16:40	187.1	1	5	-6
31/ 1/2014	16:50	186.7	1	4	-7
31/ 1/2014	17: 0	186.4	1	2	-9
31/ 1/2014	17:10	186.1	1	1	-11
31/ 1/2014	17:20	185.8	1	-0	-13
10/ 1/2016	16:20	189.5	1	1	-7
10/ 1/2016	16:30	189.1	1	-0	-8
19/10/2017	4:40	186.9	1	-0	-8
19/10/2017	4:50	187.1	1	1	-7
9/ 9/2018	3:50	174.1	1	0	-8
9/ 9/2018	4: 0	174.8	1	1	-6
8/10/2018	4: 0	175.4	1	0	-13
8/10/2018	4:10	175.7	1	2	-11

```
8/10/2018    4:20   175.8    1    3    -9
8/10/2018    4:30   176.0    1    5    -8
8/10/2018    4:40   176.1    1    7    -6
8/10/2018    4:50   176.1    1    8    -4
28/ 9/2019   4:10   186.6    1    0    -9
28/ 9/2019   4:20   187.1    1    2    -7
27/10/2019   4:20   176.0    2    0   -13
27/10/2019   4:30   175.9    2    2   -12
27/10/2019   4:40   175.8    2    3   -10
27/10/2019   4:50   175.7    2    5    -8
27/10/2019   5: 0   175.4    2    7    -7
27/10/2019   5:10   175.2    1    8    -5
```

VENEZIA

GG MM AAAA	HH MM	ZABL	K	ALT	ALT.S.
11/ 2/2013	18:10	189.9	3	1	-18
11/ 2/2013	18:20	189.9	3	-0	-19
12/ 3/2013	17:30	184.1	1	7	-4
12/ 3/2013	17:40	184.2	1	5	-6
12/ 3/2013	17:50	184.5	1	3	-7
12/ 3/2013	18: 0	184.7	1	2	-9
12/ 3/2013	18:10	185.0	1	0	-11
31/ 1/2014	16:40	187.2	1	6	-5
31/ 1/2014	16:50	186.8	1	5	-6
31/ 1/2014	17: 0	186.5	1	3	-8
31/ 1/2014	17:10	186.1	1	2	-10
31/ 1/2014	17:20	185.9	1	0	-12
10/ 1/2016	16:20	189.7	1	2	-6
10/ 1/2016	16:30	189.3	1	0	-8
10/ 1/2016	16:40	188.9	1	-0	-9
19/10/2017	4:50	187.4	1	0	-8
19/10/2017	5: 0	187.5	1	1	-6
17/11/2017	4:40	170.1	2	-0	-16
9/ 9/2018	3:50	174.0	1	-0	-9
9/ 9/2018	4: 0	174.7	1	0	-7
9/ 9/2018	4:10	175.4	1	2	-6
8/10/2018	4: 0	175.5	1	-0	-14
8/10/2018	4:10	175.8	1	1	-12
8/10/2018	4:20	176.0	1	2	-10
8/10/2018	4:30	176.2	1	4	-9
8/10/2018	4:40	176.3	1	6	-7
8/10/2018	4:50	176.4	1	7	-5
28/ 9/2019	4:10	186.6	1	-0	-10
28/ 9/2019	4:20	187.2	1	1	-8
28/ 9/2019	4:30	187.7	1	2	-6
27/10/2019	4:20	176.3	2	-0	-14
27/10/2019	4:30	176.2	2	1	-13
27/10/2019	4:40	176.2	2	2	-11
27/10/2019	4:50	176.0	2	4	-9
27/10/2019	5: 0	175.8	2	6	-7
27/10/2019	5:10	175.6	1	7	-6
27/10/2019	5:20	175.3	1	9	-4

MESI CON SOLO 3 FASI LUNARI E MESI CON 5 MONTHS WITH 3 LUNAR PHASES MONTHS AND WITH 5 LUNAR PHASES
2000-2100

```
ANNO FASE MANCANTE
YEAR MISSING PHASE
2012   PQ
2014   LN
2018   LP
2031   PQ
2033   LN
2035   UQ
2037   LP
2052   LN
2054   UQ
2058   PQ
2067   LP
2071   LN
2077   PQ
2081   UQ
2090   LN
2092   UQ
2094   LP
```

ANNI CON UN MESE DI 5 FASI - YEAR WITH A MONTH OF 5 PHASES

ANNO YEAR	MESE	MONTH	ANNO YEAR	MESE	MONTH
2001	Apr	Apr	2020	Apr	Apr
2001	Nov	Nov	2020	Ott	Oct
2002	Ago	Aug	2021	Lug	Jul
2003	Mag	May	2022	Apr	Apr
2003	Nov	Nov	2022	Nov	Nov
2004	Lug	Jul	2023	Ago	Aug
2005	Mag	May	2024	Mag	May
2005	Dic	Dec	2024	Dic	Dec
2006	Ago	Aug	2025	Ago	Aug
2007	Giu	Jun	2026	Mag	May
2007	Dic	Dec	2026	Dic	Dec
2008	Ago	Aug	2027	Ago	Aug
2009	Mag	May	2028	Mag	May
2009	Dic	Dec	2028	Dic	Dec
2010	Ott	Oct	2029	Set	Sep
2011	Lug	Jul	2030	Giu	Jun
2012	Gen	Jan	2030	Dic	Dec
2012	Mar	Mar	2031	Mar	Mar
2012	Ago	Aug	2031	Set	Sep
2013	Mag	May	2032	Mag	May
2014	Gen	Jan	2033	Gen	Jan
2014	Mar	Mar	2033	Mar	Mar
2014	Ott	Oct	2033	Ott	Oct
2015	Lug	Jul	2034	Lug	Jul
2016	Mar	Mar	2035	Gen	Jan
2016	Ott	Oct	2035	Mar	Mar
2017	Lug	Jul	2035	Ott	Oct
2018	Gen	Jan	2036	Giu	Jun
2018	Mar	Mar	2037	Gen	Jan
2018	Ott	Oct	2037	Mar	Mar
2019	Ago	Aug	2037	Ott	Oct

Anno			Anno		
2038	Ago	Aug	2071	Gen	Jan
2039	Mag	May	2071	Mar	Mar
2039	Ott	Oct	2071	Ott	Oct
2040	Lug	Jul	2072	Mag	May
2041	Apr	Apr	2073	Gen	Jan
2041	Nov	Nov	2073	Ott	Oct
2042	Ago	Aug	2074	Lug	Jul
2043	Mag	May	2075	Apr	Apr
2043	Dic	Dec	2075	Ott	Oct
2044	Lug	Jul	2076	Lug	Jul
2045	Mag	May	2077	Gen	Jan
2045	Dic	Dec	2077	Mar	Mar
2046	Ago	Aug	2077	Ott	Oct
2047	Giu	Jun	2078	Lug	Jul
2048	Gen	Jan	2079	Mag	May
2048	Ago	Aug	2079	Dic	Dec
2049	Mag	May	2080	Lug	Jul
2049	Dic	Dec	2081	Gen	Jan
2050	Set	Sep	2081	Apr	Apr
2051	Lug	Jul	2081	Nov	Nov
2052	Gen	Jan	2082	Ago	Aug
2052	Mar	Mar	2083	Mag	May
2052	Ott	Oct	2084	Gen	Jan
2053	Lug	Jul	2084	Ago	Aug
2054	Gen	Jan	2085	Mag	May
2054	Mar	Mar	2085	Dic	Dec
2054	Ott	Oct	2086	Ago	Aug
2055	Lug	Jul	2087	Giu	Jun
2056	Mar	Mar	2088	Gen	Jan
2056	Ott	Oct	2088	Set	Sep
2057	Lug	Jul	2089	Lug	Jul
2058	Gen	Jan	2089	Dic	Dec
2058	Apr	Apr	2090	Mar	Mar
2058	Ott	Oct	2090	Set	Sep
2059	Lug	Jul	2091	Lug	Jul
2060	Apr	Apr	2092	Gen	Jan
2060	Nov	Nov	2092	Mar	Mar
2061	Ago	Aug	2092	Ott	Oct
2062	Mag	May	2093	Lug	Jul
2062	Nov	Nov	2094	Gen	Jan
2063	Ago	Aug	2094	Apr	Apr
2064	Mag	May	2094	Ott	Oct
2064	Dic	Dec	2095	Lug	Jul
2065	Ago	Aug	2096	Mar	Mar
2066	Giu	Jun	2096	Ott	Oct
2066	Dic	Dec	2097	Ago	Aug
2067	Mar	Mar	2098	Mag	May
2067	Ago	Aug	2098	Nov	Nov
2068	Mag	May	2099	Ago	Aug
2068	Dic	Dec	2100	Mag	May
2069	Set	Sep	2100	Dic	Dec
2070	Lug	Jul			

PERIGEI LUNARI ESTREMI
EXTREME LUNAR PERIGEES
0-10000

La distanza media della Luna dalla Terra è 384400 km.
Considerando che l'eccentricità dell'orbita lunare è e=0.0549 ci
si aspetterebbe che il suo perigeo minimo e massimo sono
rispettivamente 363296 e 405504 km.
Tuttavia a causa del suo moto fortemente perturbato
dall'attrazione solare, dai pianeti e dalla forma della Terra,
questi valori sono molto lontani dal reale. Ogni 206 giorni,
quando l'asse maggiore dell'orbita lunare è diretto verso il
Sole, l'eccentricità lunare raggiunge un massimo e la distanza
del perigeo è più piccola del normale. La tabella elenca i
giorni dell'anno fino al 10000 in cui il perigeo è inferiore a
356500 km; in tali occasioni con una foto lunare il disco del
nostro satellite sarà dell'8% più grande della media.

The medium distance of the Moon from the Earth is 384400 km.
Considering that the eccentricity of the lunar orbit is e=0.0549
we know that its least and maximum perigees are respectively
363296 and 405504 km.
Nevertheless because of its motion is strongly perturbed by the
solar attraction, from the planets and from the form of the
Earth, this values are very distant from the reality. Every 206
days, when the greatest axis of the lunar orbit is directed
toward the Sun, the lunar eccentricity reaches a maximum and the
distance of perigeum is smaller than the normal one. The chart
lists the days of the year up to 10000 in which the perigeum is
inferior to 356500 km; in such occasions with a lunar photo the
disk of our satellite will be 8% greater than the average.

Data	TT	Dist (km)	Data	TT	Dist (km)
8/12/01	09:42:16	356491	973/12/12	23:04:11	356482
25/10/25	10:06:14	356459	983/01/01	23:04:15	356454
26/12/12	20:41:56	356455	999/11/25	23:18:42	356480
43/11/05	20:59:11	356443	1001/01/12	09:56:09	356438
44/12/23	07:39:01	356463	1017/12/06	10:15:29	356487
61/11/16	07:50:42	356470	1019/01/23	20:47:13	356465
70/12/06	07:56:50	356464	1078/10/23	21:00:14	356497
88/12/16	18:55:36	356406	1105/11/23	07:36:14	356461
106/12/28	05:51:37	356391	1123/12/04	18:32:58	356401
125/01/07	16:46:26	356418	1141/12/15	05:28:29	356382
143/01/19	03:35:22	356487	1159/12/26	16:25:30	356404
149/11/03	05:22:10	356487	1178/01/06	03:18:19	356468
167/11/14	16:19:28	356451	1185/12/08	16:43:33	356479
185/11/25	03:14:24	356456	1203/12/20	03:39:36	356438
211/11/08	03:35:46	356440	1221/12/30	14:36:17	356436
229/11/18	14:32:56	356381	1240/01/11	01:29:10	356475
247/11/30	01:28:30	356366	1264/11/05	14:09:54	356441
265/12/10	12:19:40	356394	1282/11/17	00:59:21	356419
283/12/21	23:11:48	356469	1300/11/27	11:46:56	356439
293/01/09	23:18:53	356482	1326/11/10	12:16:31	356500
311/01/21	10:09:16	356463	1327/12/28	22:49:18	356476
329/01/31	20:54:40	356485	1344/11/20	23:08:27	356454
370/10/21	10:13:51	356453	1346/01/08	09:43:42	356451
371/12/08	20:53:14	356481	1362/12/02	09:57:29	356451
388/10/31	20:58:28	356447	1364/01/19	20:35:56	356468
389/12/19	07:47:09	356487	1380/12/12	20:46:47	356492
406/11/12	07:49:09	356482	1408/01/13	07:52:22	356466
415/12/02	08:03:53	356437	1426/01/23	18:44:15	356456
433/12/12	19:01:26	356379	1444/02/04	05:27:48	356486
451/12/24	05:54:56	356362	1468/11/29	18:15:54	356439
470/01/03	16:43:16	356392	1486/12/11	05:07:54	356409
488/01/15	03:32:31	356466	1504/12/21	15:56:44	356426
556/11/03	03:39:45	356432	1523/01/02	02:47:53	356484
574/11/14	14:26:47	356376	1530/12/04	16:27:03	356456
592/11/25	01:17:18	356364	1548/12/15	03:19:53	356403
610/12/06	12:13:07	356399	1566/12/26	14:09:22	356393
628/12/16	23:10:58	356473	1585/01/16	00:57:52	356429
638/01/05	23:21:51	356455	1609/11/11	13:44:31	356490
656/01/17	10:08:06	356437	1627/11/23	00:27:51	356464
674/01/27	20:50:38	356462	1645/12/03	11:18:10	356482
715/10/17	10:13:22	356475	1671/11/16	11:52:21	356491
733/10/27	21:01:40	356468	1689/11/26	22:35:56	356441
760/11/27	07:57:31	356431	1691/01/14	09:16:58	356475
778/12/08	18:47:31	356374	1707/12/09	09:26:20	356431
796/12/19	05:40:38	356363	1709/01/25	20:04:12	356482
814/12/30	16:36:25	356394	1725/12/19	20:21:10	356462
833/01/10	03:30:45	356466	1735/01/08	20:34:55	356494
858/12/24	03:48:01	356475	1753/01/19	07:24:35	356433
877/01/03	14:44:09	356485	1771/01/30	18:10:03	356417
901/10/30	03:26:26	356457	1789/02/10	04:55:43	356444
919/11/10	14:17:16	356402	1813/12/07	17:40:52	356488
937/11/21	01:11:29	356386	1831/12/19	04:31:15	356453
955/12/02	12:07:26	356414	1849/12/29	15:26:59	356460

Data	TT	Dist (km)	Data	TT	Dist (km)
1875/12/12	15:48:46	356454	3087/12/02	06:20:03	356493
1893/12/23	02:37:57	356393	3105/12/13	17:05:16	356455
1912/01/04	13:32:38	356375	3123/12/25	03:49:28	356454
1930/01/15	00:26:40	356397	3142/01/04	14:32:38	356496
1948/01/26	11:20:51	356460	3151/01/24	14:36:25	356497
2034/11/25	22:07:09	356445	3169/02/04	01:29:05	356451
2052/12/06	08:57:14	356421	3185/12/29	01:50:10	356482
2070/12/17	19:48:51	356437	3187/02/15	12:20:07	356444
2080/01/06	19:47:43	356499	3204/01/09	12:35:03	356496
2088/12/28	06:39:12	356491	3205/02/25	23:08:54	356475
2098/01/17	06:38:46	356432	3231/02/08	23:29:33	356491
2116/01/29	17:32:28	356402	3249/02/19	10:19:19	356458
2134/02/09	04:22:20	356416	3267/03/02	21:07:06	356460
2152/02/20	15:11:12	356467	3291/12/27	09:48:14	356494
2194/12/27	14:55:06	356494	3310/01/07	20:38:07	356435
2220/12/10	15:06:34	356481	3328/01/19	07:24:22	356418
2238/12/22	01:58:29	356406	3346/01/29	18:09:59	356441
2257/01/01	12:52:47	356370	3372/01/12	18:39:17	356463
2275/01/12	23:45:41	356374	3390/01/23	05:27:02	356418
2293/01/23	10:33:45	356421	3408/02/04	16:12:15	356416
2379/11/24	21:31:00	356460	3426/02/15	02:59:01	356456
2397/12/05	08:13:23	356420	3450/12/11	15:50:28	356496
2415/12/16	18:56:12	356423	3468/12/22	02:30:08	356477
2433/12/27	05:44:07	356469	3487/01/02	13:17:24	356496
2443/01/16	05:54:27	356454	3530/12/28	00:28:16	356465
2461/01/26	16:47:36	356407	3532/02/14	11:01:15	356476
2479/02/07	03:36:14	356400	3549/01/07	11:15:23	356456
2497/02/17	14:19:00	356435	3550/02/24	21:45:07	356484
2583/12/20	01:11:04	356434	3567/01/18	22:05:56	356486
2601/12/31	11:57:06	356380	3594/02/18	08:59:24	356449
2620/01/11	22:44:08	356372	3612/02/29	19:40:49	356429
2638/01/22	09:35:38	356405	3630/03/12	06:24:08	356451
2656/02/02	20:29:04	356480	3673/01/16	05:58:43	356464
2682/01/15	20:44:41	356475	3691/01/27	16:50:52	356462
2700/01/27	07:35:06	356485	3709/02/08	03:41:35	356498
2724/11/22	20:33:26	356500	3717/01/10	17:10:15	356490
2742/12/04	07:14:31	356446	3735/01/22	03:56:23	356424
2760/12/14	18:02:20	356432	3753/02/01	14:47:06	356395
2778/12/26	04:51:21	356456	3771/02/13	01:37:26	356406
2788/01/15	04:57:28	356496	3789/02/23	12:27:55	356454
2806/01/25	15:43:39	356434	3875/12/25	23:08:29	356479
2824/02/06	02:30:46	356412	3894/01/05	09:54:07	356436
2842/02/16	13:20:32	356433	3912/01/17	20:42:05	356433
2860/02/28	00:09:25	356489	3930/01/28	07:27:22	356468
2886/02/10	00:33:53	356495	3939/02/17	07:23:33	356483
2904/02/22	11:22:26	356487	3957/02/27	18:13:16	356437
2928/12/18	00:03:49	356494	3975/03/11	04:59:49	356426
2946/12/29	10:52:28	356425	3993/03/21	15:45:00	356454
2965/01/08	21:44:53	356393	4036/01/26	15:26:52	356499
2983/01/20	08:36:46	356403	4054/02/06	02:15:00	356500
3001/01/31	19:29:46	356452	4080/01/20	02:26:45	356466
3027/01/14	19:45:38	356464	4098/01/30	13:16:26	356404
3045/01/25	06:37:31	356445	4116/02/12	00:05:02	356378
3063/02/05	17:31:05	356467	4134/02/22	10:48:44	356394

Data	TT	Dist (km)	Data	TT	Dist (km)
4152/03/04	21:31:20	356454	5505/01/27	02:52:03	356483
4239/01/04	08:18:38	356445	5550/03/10	00:10:14	356498
4257/01/14	18:57:41	356413	5567/02/01	00:38:41	356497
4275/01/26	05:41:34	356420	5568/03/20	10:57:08	356470
4293/02/05	16:30:57	356467	5585/02/11	11:16:28	356492
4302/02/26	16:37:34	356482	5586/03/31	21:42:11	356482
4320/03/09	03:22:54	356437	5630/03/25	08:43:18	356478
4338/03/20	14:01:17	356430	5648/04/04	19:28:10	356456
4356/03/31	00:39:07	356466	5666/04/16	06:05:23	356473
4443/01/29	11:28:14	356454	5709/02/21	05:39:04	356458
4461/02/08	22:11:03	356398	5727/03/04	16:17:53	356452
4479/02/20	08:57:40	356384	5745/03/15	02:59:40	356485
4497/03/02	19:47:42	356406	5771/02/26	03:26:25	356460
4515/03/15	06:34:15	356468	5789/03/08	14:06:13	356424
4602/01/13	17:12:36	356438	5807/03/21	00:45:54	356429
4620/01/25	03:57:03	356409	5825/03/31	11:30:37	356469
4638/02/04	14:45:02	356415	5868/02/05	11:02:12	356496
4656/02/16	01:30:44	356461	5930/02/10	08:46:10	356467
4683/03/18	12:07:38	356464	5948/02/21	19:30:05	356452
4701/03/29	22:52:37	356462	5966/03/04	06:14:18	356474
4719/04/10	09:33:36	356495	5993/04/03	16:50:43	356491
4760/12/27	23:10:52	356493	6011/04/15	03:28:11	356462
4779/01/08	09:45:13	356490	6029/04/25	14:08:04	356472
4806/02/07	20:19:32	356474	6090/03/13	00:31:05	356487
4824/02/19	07:06:43	356418	6134/03/07	11:28:35	356471
4842/03/01	17:55:50	356401	6152/03/17	22:14:07	356426
4860/03/12	04:39:25	356420	6170/03/29	08:58:45	356414
4878/03/23	15:19:00	356480	6188/04/08	19:42:13	356439
4904/03/06	15:43:15	356498	6206/04/21	06:21:01	356499
4922/03/18	02:27:57	356491	6293/02/18	16:55:29	356452
4965/01/22	02:00:57	356440	6311/03/03	03:35:53	356417
4983/02/02	12:40:31	356407	6329/03/13	14:13:15	356424
5001/02/13	23:21:08	356418	6347/03/25	00:53:04	356469
5019/02/25	10:07:36	356465	6374/04/24	11:31:00	356495
5045/02/07	10:29:09	356499	6392/05/04	22:08:07	356483
5063/02/18	21:10:46	356480	6452/02/02	22:15:13	356490
5064/04/07	07:34:55	356495	6470/02/13	08:51:17	356482
5081/03/01	07:56:30	356499	6515/03/28	06:11:12	356442
5124/01/07	07:41:22	356489	6533/04/07	16:47:23	356414
5142/01/17	18:21:10	356487	6551/04/19	03:25:19	356428
5187/02/28	15:41:27	356445	6569/04/29	14:05:09	356476
5205/03/11	02:23:33	356428	6656/02/29	00:37:06	356462
5223/03/22	13:09:37	356451	6674/03/11	11:18:31	356416
5267/03/16	00:13:26	356477	6692/03/21	22:03:13	356406
5285/03/26	10:57:52	356470	6710/04/03	08:46:09	356431
5303/04/07	21:42:34	356499	6728/04/13	19:30:11	356491
5328/02/01	10:28:27	356467	6815/02/12	06:02:24	356479
5346/02/11	21:14:21	356431	6833/02/22	16:41:49	356445
5364/02/23	08:00:41	356435	6851/03/06	03:18:37	356449
5382/03/05	18:47:53	356472	6869/03/16	13:54:48	356486
5408/02/17	19:01:46	356479	6896/04/16	00:28:21	356455
5426/02/28	05:47:47	356452	6914/04/28	11:09:29	356444
5444/03/10	16:35:07	356462	6932/05/08	21:48:00	356467
5487/01/15	16:14:44	356498	7037/03/20	19:03:00	356442

Data	TT	Dist (km)	Data	TT	Dist (km)
7055/04/01	05:41:37	356407	8339/05/05	05:24:01	356484
7073/04/11	16:17:15	356411	8357/05/15	15:55:58	356481
7091/04/23	02:54:02	356452	8419/05/20	13:26:39	356498
7178/02/21	13:30:36	356490	8437/05/30	23:57:32	356498
7196/03/04	00:03:38	356439	8480/04/05	23:29:36	356492
7214/03/15	10:42:50	356424	8498/04/17	10:07:01	356464
7232/03/25	21:24:56	356442	8516/04/28	20:47:07	356472
7250/04/06	08:07:27	356495	8560/04/22	07:37:21	356495
7277/05/06	18:30:44	356486	8578/05/03	18:17:55	356469
7295/05/18	05:03:44	356492	8596/05/14	04:55:24	356476
7355/02/16	05:25:05	356490	8657/04/01	15:06:04	356486
7373/02/26	16:00:55	356487	8675/04/13	01:40:49	356496
7418/04/10	12:58:36	356452	8719/04/07	12:33:06	356495
7436/04/20	23:39:59	356434	8737/04/17	23:09:31	356474
7454/05/02	10:20:36	356447	8755/04/29	09:42:26	356484
7472/05/12	20:59:34	356495	8959/05/24	11:27:37	356472
7559/03/14	07:28:08	356476	8977/06/03	21:56:06	356472
7577/03/24	18:08:46	356430	9038/04/22	08:03:20	356494
7595/04/05	04:46:26	356420	9100/04/27	05:30:43	356478
7613/04/15	15:20:59	356446	9118/05/08	16:08:17	356453
7718/02/25	12:34:35	356487	9136/05/19	02:45:47	356460
7736/03/07	23:04:55	356458	9154/05/30	13:22:54	356499
7754/03/19	09:41:06	356463	9259/04/10	10:19:36	356490
7799/04/30	06:53:35	356485	9277/04/20	20:55:12	356464
7817/05/11	17:25:59	356473	9295/05/02	07:26:59	356475
7835/05/23	03:59:01	356495	9481/05/16	22:29:55	356499
7940/04/03	01:05:40	356481	9499/05/28	09:00:50	356458
7958/04/14	11:45:26	356447	9517/06/08	19:29:42	356457
7976/04/24	22:26:32	356444	9535/06/20	05:58:57	356487
7994/05/06	09:05:58	356478	9640/04/30	02:57:14	356478
8038/04/29	19:59:11	356498	9658/05/11	13:33:33	356447
8056/05/10	06:38:32	356496	9676/05/22	00:09:30	356446
8099/03/17	06:11:18	356482	9694/06/02	10:46:06	356478
8117/03/28	16:49:44	356451	9799/04/14	07:41:33	356496
8135/04/09	03:26:12	356454	9817/04/25	18:15:05	356464
8153/04/19	13:59:50	356494	9835/05/07	04:46:46	356462
8197/04/13	00:56:59	356486	9853/05/17	15:15:18	356497
8215/04/25	11:31:07	356493	9898/06/28	12:03:44	356499
8276/03/11	21:41:42	356496			

APOGEI LUNARI ESTREMI
EXTREME LUNAR APOGEES
2000-2500

La distanza media della Luna dalla Terra è 384400 km.
Considerando che l'eccentricità dell'orbita lunare è e=0.0549 ci
si aspetterebbe che il suo perigeo minimo e massimo sono
rispettivamente 363296 e 405504 km.
Tuttavia a causa del suo moto fortemente perturbato
dall'attrazione solare, dai pianeti e dalla forma della Terra,
questi valori sono molto lontani dal reale. Ogni 206 giorni,
quando l'asse maggiore dell'orbita lunare è diretto verso il
Sole, l'eccentricità lunare raggiunge un massimo e la distanza
dell'apogeo è più grande del normale. La tabella elenca i giorni
dell'anno fino al 3000 in cui l'apogeo è superiore a 406500 km.
Si noti come a differenza dei perigei estremi, gli apogei si
discostino molto meno dal valor medio.

The medium distance of the Moon from the Earth is 384400 km.
Considering that the eccentricity of the lunar orbit is e=0.0549
we know that its least and maximum perigees are respectively
363296 and 405504 km.
Nevertheless because of its motion is strongly perturbed by the
solar attraction, from the planets and from the form of the
Earth, this values are very distant from the reality. Every 206
days, when the greatest axis of the lunar orbit is directed
toward the Sun, the lunar eccentricity reaches a maximum and the
distance of apogeum is greatest than the normal one. The chart
lists the days of the year up to 3000 in which the apogeum is
greatest than 405500 km.

Data	TT	Dist (km)	Data	TT	Dist (km)
2001/01/24	19:04:37	406562	2056/04/15	19:36:00	406633
2002/03/14	01:10:25	406707	2056/05/12	22:16:18	406547
2003/05/01	07:39:07	406529	2058/07/21	10:16:48	406576
2004/06/17	16:01:52	406575	2059/02/26	13:16:08	406510
2005/08/04	21:49:27	406632	2059/09/07	16:11:06	406622
2006/09/22	05:21:46	406500	2060/10/25	00:24:44	406528
2007/11/09	12:32:52	406671	2061/12/12	07:29:06	406707
2008/12/26	17:46:56	406601	2063/01/29	13:00:45	406594
2010/02/13	02:07:37	406540	2064/03/17	21:15:39	406579
2011/03/06	07:50:47	406583	2065/05/05	03:21:58	406673
2011/04/02	09:01:46	406656	2067/08/09	18:32:11	406598
2014/01/16	01:54:24	406532	2068/09/26	00:01:45	406615
2014/07/28	03:28:46	406567	2069/11/13	07:38:50	406511
2014/08/24	06:10:14	406523	2070/12/31	14:11:35	406679
2016/10/31	19:30:13	406661	2070/12/04	13:37:52	406587
2016/11/27	20:09:38	406554	2072/02/17	20:20:40	406548
2017/12/19	01:26:22	406603	2073/04/06	05:23:46	406520
2019/02/05	09:29:33	406555	2074/05/24	12:01:35	406577
2020/03/24	15:24:21	406692	2074/04/27	09:31:18	406589
2021/05/11	21:54:50	406512	2076/08/01	00:13:59	406563
2022/06/29	06:09:00	406580	2077/03/09	03:32:11	406512
2023/08/16	11:55:10	406634	2077/09/18	06:18:18	406605
2024/10/02	19:40:18	406516	2078/11/05	14:47:09	406524
2025/11/20	02:50:05	406691	2079/12/23	21:47:47	406701
2027/01/07	08:08:35	406607	2080/01/19	22:46:16	406533
2028/02/24	16:28:32	406561	2081/02/09	03:25:20	406577
2029/03/16	21:33:36	406527	2082/03/29	11:35:32	406576
2029/04/12	23:06:30	406670	2083/05/16	17:30:11	406662
2031/07/18	14:29:32	406532	2085/08/20	08:38:51	406622
2032/08/07	17:17:52	406529	2086/10/07	14:13:12	406629
2032/01/27	16:14:35	406529	2087/11/24	22:01:57	406536
2032/09/03	19:58:28	406561	2088/12/15	03:27:37	406544
2034/11/12	09:38:42	406646	2089/01/11	04:26:15	406703
2034/12/09	10:02:33	406606	2090/02/28	10:36:29	406560
2035/12/30	15:45:17	406572	2091/04/17	19:30:29	406548
2036/01/26	16:06:23	406501	2092/05/07	23:18:55	406537
2037/02/15	23:47:47	406540	2092/06/04	01:52:53	406600
2038/05/02	08:35:36	406509	2094/09/08	16:40:37	406543
2038/04/05	05:32:58	406668	2094/08/12	14:06:47	406543
2040/07/09	20:14:12	406581	2095/09/29	20:22:50	406578
2041/08/27	02:02:16	406632	2095/03/20	17:50:48	406502
2042/10/14	10:01:37	406526	2095/10/26	21:50:05	406525
2043/12/01	17:09:12	406704	2096/11/16	05:06:45	406510
2045/01/17	22:34:20	406605	2098/01/30	12:35:29	406584
2046/03/07	06:52:19	406575	2098/01/03	12:03:12	406686
2047/04/24	13:13:35	406677	2099/02/20	17:46:43	406551
2049/07/29	04:28:56	406569	2100/04/10	01:49:55	406564
2050/09/15	09:56:17	406593	2101/05/28	07:35:29	406642
2050/02/07	06:33:18	406516	2103/09/01	22:47:04	406636
2052/11/22	23:41:41	406621	2104/10/19	04:28:46	406633
2052/12/20	00:03:44	406647	2105/12/06	12:28:14	406552
2054/01/10	05:58:41	406534	2107/01/23	18:45:04	406715
2054/02/06	06:10:52	406529	2108/03/12	00:55:48	406563
2055/02/27	13:59:39	406515	2109/04/29	09:38:55	406569

Data	TT	Dist (km)	Data	TT	Dist (km)
2110/06/16	15:47:20	406616	2170/02/17	19:50:01	406527
2112/09/20	06:35:31	406591	2170/03/16	20:49:48	406691
2112/08/24	03:53:20	406516	2172/12/30	14:40:05	406533
2113/10/11	10:23:47	406543	2172/06/20	12:27:30	406548
2113/11/07	11:45:59	406559	2173/07/11	15:10:37	406502
2116/02/12	02:31:21	406626	2173/08/07	18:09:15	406562
2116/01/16	02:13:02	406662	2175/10/16	07:08:50	406621
2117/03/04	08:02:36	406518	2175/11/12	08:18:01	406606
2118/04/21	15:58:27	406546	2176/12/02	13:40:17	406565
2119/06/08	21:36:46	406619	2176/12/29	13:52:28	406511
2121/09/12	12:56:04	406645	2178/01/19	22:05:17	406538
2122/10/30	18:47:29	406629	2179/04/05	05:58:19	406551
2123/12/18	02:56:18	406561	2179/03/09	03:48:36	406672
2125/02/03	09:05:11	406720	2181/06/12	18:12:59	406577
2126/03/23	15:18:19	406558	2182/01/18	21:05:41	406511
2127/05/10	23:49:27	406582	2182/07/30	23:56:51	406615
2128/06/27	05:46:27	406626	2183/09/17	07:55:22	406508
2130/10/01	20:38:51	406630	2184/11/03	15:15:24	406697
2131/11/19	01:51:34	406583	2185/12/21	20:49:10	406606
2133/01/05	09:47:33	406516	2187/02/08	04:55:36	406581
2134/02/22	16:33:21	406657	2188/03/27	11:02:01	406696
2134/01/26	16:14:25	406627	2190/07/02	02:26:25	406575
2136/05/02	05:59:20	406519	2191/01/11	04:57:33	406523
2136/12/08	10:00:36	406521	2191/08/19	08:05:02	406588
2137/06/19	11:33:43	406586	2193/10/26	21:05:19	406597
2139/09/24	03:03:28	406645	2193/11/22	22:18:01	406649
2140/11/10	09:06:55	406615	2194/12/14	03:50:00	406528
2141/12/28	17:23:09	406561	2195/01/10	03:56:36	406541
2143/02/14	23:23:19	406713	2196/01/31	12:15:26	406516
2144/04/03	05:39:35	406545	2196/02/27	12:45:44	406513
2145/05/21	13:59:54	406588	2197/03/19	17:52:30	406638
2146/07/08	19:47:56	406630	2197/04/15	19:46:01	406587
2148/10/12	10:46:47	406662	2199/06/24	08:12:52	406563
2149/11/29	16:05:16	406599	2200/08/11	13:59:42	406598
2151/01/17	00:05:46	406545	2200/01/30	11:20:37	406526
2152/02/07	06:06:50	406582	2201/09/28	22:12:53	406509
2152/03/05	06:39:43	406679	2202/11/16	05:32:53	406701
2154/12/20	00:20:32	406533	2204/01/03	11:15:10	406596
2154/06/09	22:31:56	406515	2205/02/19	19:20:46	406587
2155/07/01	01:25:03	406548	2206/04/09	01:15:33	406690
2155/07/28	04:20:08	406531	2208/07/13	16:28:16	406596
2157/10/04	17:07:54	406638	2209/01/22	19:11:06	406501
2157/10/31	18:26:52	406555	2209/08/30	22:06:32	406604
2158/11/21	23:25:48	406595	2210/10/18	05:54:05	406506
2160/01/09	07:47:05	406554	2211/11/08	10:56:41	406560
2161/02/25	13:38:51	406698	2211/12/05	12:26:00	406680
2161/03/24	16:16:30	406510	2213/01/21	18:08:13	406559
2162/04/14	19:58:07	406524	2214/03/11	02:54:36	406546
2163/06/02	04:09:00	406586	2215/04/01	07:47:58	406594
2164/07/19	09:52:40	406626	2215/04/28	09:37:42	406612
2165/09/05	17:39:03	406502	2217/07/05	22:06:29	406541
2166/10/24	01:00:03	406684	2218/02/11	01:38:09	406529
2167/12/11	06:25:49	406606	2218/08/23	03:59:20	406573
2169/01/27	14:29:51	406566	2219/10/10	12:27:25	406501

223

Data	TT	Dist (km)
2220/11/26	19:48:52	406694
2220/12/23	20:26:02	406543
2222/01/14	01:39:56	406578
2223/03/03	09:42:43	406584
2224/04/19	15:26:15	406678
2226/07/25	06:32:16	406612
2227/09/11	12:12:49	406616
2228/10/28	20:11:58	406530
2229/11/19	00:42:23	406518
2229/12/16	02:40:04	406703
2231/02/02	08:26:57	406571
2232/03/21	17:07:24	406574
2233/05/08	23:34:06	406631
2233/04/11	21:34:17	406541
2235/08/13	14:49:12	406543
2235/07/17	11:54:22	406515
2236/02/22	15:56:56	406524
2236/09/02	17:56:16	406544
2236/09/29	20:07:15	406520
2238/12/08	10:01:28	406679
2239/01/04	10:14:03	406595
2240/01/25	16:02:21	406552
2241/03/14	00:00:17	406573
2242/05/01	05:34:26	406655
2244/08/04	20:37:46	406621
2245/09/22	02:23:34	406619
2246/11/09	10:34:30	406546
2247/12/27	16:57:03	406715
2249/02/12	22:50:37	406573
2250/04/02	07:22:50	406590
2251/05/20	13:33:43	406639
2253/08/24	04:43:07	406586
2254/03/05	06:14:54	406507
2254/10/11	10:02:33	406554
2254/09/14	07:49:04	406506
2256/12/19	00:07:41	406655
2257/01/15	00:09:51	406636
2258/02/05	06:18:14	406518
2259/03/25	14:10:44	406552
2260/05/11	19:37:23	406624
2262/08/16	10:41:18	406625
2263/10/03	16:37:17	406614
2264/11/20	00:58:55	406556
2266/01/07	07:15:55	406720
2267/02/24	13:14:52	406568
2268/04/12	21:39:14	406600
2269/05/31	03:36:27	406641
2271/09/04	18:43:30	406623
2272/10/22	00:07:28	406581
2273/12/09	07:55:52	406518
2274/12/30	14:08:31	406621
2275/01/26	14:13:35	406669
2277/05/02	06:15:30	406509
2277/04/05	04:12:56	406523

Data	TT	Dist (km)
2277/11/11	08:15:55	406505
2278/05/23	09:35:03	406585
2278/06/19	12:32:08	406516
2280/08/27	00:42:24	406619
2281/10/14	06:51:23	406601
2282/12/01	15:24:27	406557
2284/01/18	21:34:29	406714
2285/03/07	03:38:50	406554
2286/04/24	11:53:08	406601
2287/06/11	17:41:03	406634
2289/09/15	08:48:25	406650
2290/11/02	14:18:50	406596
2291/12/20	22:15:00	406547
2293/01/10	04:00:56	406578
2293/02/06	04:23:17	406692
2294/03/26	11:23:10	406510
2295/05/13	20:11:30	406543
2295/11/22	22:33:44	406520
2296/06/30	02:15:26	406546
2296/06/02	23:25:24	406539
2298/09/07	14:39:54	406607
2298/10/04	16:42:27	406551
2299/10/25	21:03:16	406580
2300/12/13	05:46:26	406550
2302/01/30	11:51:01	406700
2302/02/26	13:22:26	406547
2303/03/19	17:59:54	406535
2304/05/06	02:03:46	406596
2305/06/23	07:45:15	406624
2307/09/27	22:57:23	406670
2308/11/14	04:36:46	406604
2310/01/01	12:39:16	406570
2311/02/18	18:38:39	406706
2311/01/22	17:45:57	406525
2312/04/07	01:37:29	406520
2313/12/04	12:52:44	406525
2313/05/25	10:11:55	406571
2314/07/12	16:05:25	406571
2316/09/19	04:33:25	406586
2316/10/16	06:33:07	406602
2317/11/06	11:12:54	406549
2317/12/03	11:53:52	406514
2318/12/24	20:02:54	406534
2320/03/09	03:11:12	406588
2320/02/11	02:02:49	406675
2321/03/30	08:17:10	406505
2322/12/23	19:19:31	406508
2322/05/17	16:09:59	406582
2323/07/04	21:47:24	406605
2325/10/08	13:08:47	406681
2326/11/25	18:57:53	406602
2328/01/13	03:04:49	406582
2329/03/01	08:55:03	406710
2330/04/18	15:54:07	406521

Data	TT	Dist (km)
2331/12/16	03:08:54	406520
2331/06/06	00:14:34	406592
2332/07/23	06:00:49	406589
2334/09/30	18:22:02	406559
2334/10/27	20:31:54	406644
2335/11/18	01:17:37	406511
2335/12/15	01:56:42	406543
2337/01/31	10:17:59	406526
2337/01/04	10:12:07	406511
2338/02/21	16:06:28	406642
2338/03/20	17:05:04	406621
2340/05/28	06:10:32	406562
2341/01/03	09:34:36	406529
2341/07/15	11:47:17	406582
2343/10/20	03:20:55	406685
2344/12/06	09:21:59	406593
2346/01/23	17:30:43	406589
2347/03/12	23:11:36	406704
2348/04/29	06:11:52	406517
2349/12/26	17:20:37	406504
2349/06/16	14:20:01	406606
2350/08/03	20:01:44	406601
2352/11/07	10:37:58	406678
2352/10/11	08:05:59	406523
2353/12/25	16:09:23	406562
2355/02/12	00:30:37	406559
2356/03/04	06:02:19	406596
2356/03/31	07:04:10	406643
2358/06/08	20:04:37	406532
2358/07/05	22:58:30	406507
2359/01/14	23:52:33	406536
2359/07/27	01:43:40	406550
2361/10/30	17:30:49	406679
2361/11/26	18:24:16	406545
2362/12/17	23:45:47	406575
2364/02/04	07:53:42	406585
2365/03/23	13:25:30	406688
2366/05/10	20:26:53	406503
2367/06/28	04:24:49	406613
2368/08/14	10:06:24	406605
2369/10/01	18:10:31	406520
2370/11/19	00:49:17	406701
2372/01/06	06:27:51	406574
2373/02/22	14:48:05	406586
2374/04/11	21:06:16	406658
2374/03/15	19:48:13	406542
2376/07/16	12:46:12	406550
2377/08/06	15:35:17	406513
2377/01/25	14:11:29	406535
2377/09/02	18:18:01	406517
2379/11/11	07:38:05	406666
2379/12/08	08:10:46	406600
2380/12/28	14:05:31	406552
2382/02/14	22:12:46	406576

Data	TT	Dist (km)
2383/04/04	03:36:01	406665
2385/07/08	18:27:42	406613
2386/08/26	00:13:59	406603
2387/10/13	08:29:42	406536
2388/11/29	15:05:10	406714
2390/01/16	20:51:36	406577
2391/03/06	05:08:27	406604
2392/04/22	11:12:34	406663
2394/07/28	02:39:53	406585
2395/09/14	08:11:25	406547
2395/02/06	04:29:41	406520
2397/11/21	21:41:11	406641
2397/12/18	22:05:52	406641
2399/01/09	04:20:01	406518
2400/03/24	13:39:18	406504
2400/02/26	12:23:14	406557
2401/05/11	20:26:31	406518
2401/04/14	17:41:40	406632
2403/07/20	08:27:17	406607
2404/02/25	11:13:04	406505
2404/09/05	14:20:47	406592
2405/10/23	22:50:04	406543
2406/12/11	05:22:50	406718
2408/01/28	11:17:02	406572
2409/03/16	19:27:57	406614
2410/05/04	01:20:02	406661
2412/08/07	16:37:29	406615
2413/09/24	22:12:30	406571
2414/11/12	06:06:48	406515
2415/12/03	11:38:42	406608
2415/12/30	12:09:55	406674
2417/02/15	18:40:20	406514
2418/04/05	03:38:43	406544
2418/03/09	02:24:56	406530
2419/04/26	07:39:49	406592
2419/05/23	10:09:29	406551
2421/07/30	22:23:19	406596
2422/03/08	01:26:49	406508
2422/09/17	04:27:01	406577
2423/11/04	13:09:11	406544
2424/12/21	19:41:24	406712
2425/01/17	20:53:09	406516
2426/02/08	01:43:12	406559
2427/03/28	09:46:18	406614
2428/05/14	15:27:43	406651
2430/08/19	06:39:54	406637
2431/10/06	12:19:56	406587
2432/11/22	20:22:56	406544
2433/12/14	01:29:52	406564
2434/01/10	02:19:51	406695
2435/02/27	08:54:44	406529
2436/04/15	17:41:25	406574
2437/05/06	21:29:38	406541
2437/06/02	23:57:24	406574

Data	TT	Dist (km)
2439/08/11	12:15:16	406577
2439/09/07	14:51:15	406547
2440/03/18	15:42:07	406501
2440/09/27	18:31:06	406553
2441/11/15	03:25:01	406536
2443/01/29	10:35:42	406567
2443/01/02	09:55:34	406697
2444/02/19	16:06:40	406538
2445/04/08	00:00:11	406606
2446/05/26	05:33:33	406633
2448/08/29	20:45:04	406655
2449/10/17	02:33:26	406596
2450/12/04	10:44:07	406567
2451/12/25	15:12:27	406513
2452/01/21	16:34:00	406710
2453/03/09	23:13:40	406538
2454/11/06	10:46:18	406505
2454/04/27	07:47:38	406598
2455/06/14	13:50:12	406591
2457/09/18	04:40:33	406598
2457/08/22	02:01:56	406552
2458/10/09	08:33:15	406522
2458/11/05	10:02:31	406513
2459/11/26	17:37:10	406522
2461/01/13	00:05:14	406673
2461/02/09	00:26:17	406609
2462/03/02	06:24:49	406508
2463/04/19	14:09:42	406589
2464/06/05	19:36:57	406606
2466/09/10	10:51:03	406663
2467/10/28	16:51:37	406595
2468/12/15	01:08:28	406581
2470/02/01	06:51:10	406714
2471/03/21	13:33:57	406538
2472/11/17	00:58:04	406501
2472/05/07	21:55:15	406611
2473/06/25	03:47:26	406598
2475/09/29	18:36:32	406637
2475/09/02	15:42:29	406518
2476/11/16	00:04:44	406542
2478/01/03	08:04:18	406530
2479/01/24	14:07:58	406641
2479/02/20	14:23:14	406642
2481/04/30	04:10:43	406565
2481/12/06	07:47:17	406519
2482/06/17	09:35:54	406573
2484/09/21	00:55:33	406664
2485/11/08	07:10:54	406587
2486/12/26	15:33:48	406589
2488/02/12	21:08:43	406711
2489/04/01	03:54:52	406533
2490/05/19	12:02:24	406621
2491/07/06	17:48:20	406602
2493/10/10	08:39:31	406669

Data	TT	Dist (km)
2494/11/27	14:15:00	406562
2496/01/14	22:18:51	406565
2497/02/04	04:04:15	406598
2497/03/03	04:27:23	406666
2499/05/11	18:03:39	406533
2499/06/07	20:37:52	406532
2499/12/17	22:04:21	406532
2500/06/28	23:30:31	406535

INDICE - INDEX